Bürgels Himmelskunde

Bürgels Himmelskunde

Entdeckungsreisen zu fernen Welten

Neu bearbeitet
und herausgegeben von
Erich Krug

Bertelsmann Lexikon-Verlag

Verlagsgruppe Bertelsmann GmbH/
Bertelsmann Lexikon-Verlag
Gütersloh · Berlin · München · Wien 1975 A
Gesamtherstellung Mohndruck, Reinhard Mohn OHG Gütersloh
Layout: Georg Füller
Printed in Germany
ISBN 3–570–01634–X

Inhalt

Tafelverzeichnis

Vorwort

Nur wenige Bücher auf dem Gebiet der Astronomie haben so viele Laien für die Sternenwelt begeistert und zur Beschäftigung mit astronomischen Fragen angeregt wie Bürgels volkstümliche Himmelskunde »Aus fernen Welten«. Die Bezeichnung »volkstümlich« galt hier als eine Verpflichtung, die Bürgel sehr ernst nahm. Sie war die Richtlinie für sein Schaffen und eigentlich etwas anderes, als man gemeinhin unter »populär« versteht. Er widmete sein Buch den breiten Schichten des arbeitenden Volkes, und es lag ihm daran, Menschen zu fesseln und anzuregen, die einen harten Arbeitstag hinter sich hatten, aber trotzdem in ihren Mußestunden am Fortschritt und an den Erkenntnissen der Wissenschaft teilhaben wollten. Ihnen die Augen zu öffnen für das ewig Schöne, Große und Erhabene einer Welt von Welten über uns, das war seine Absicht. Die Loslösung von den Sorgen und Unzulänglichkeiten des Alltags sollte einer größeren, gütigeren Weltanschauung den Weg ebnen, die sich dann im Verhalten der Menschen zueinander auswirken würde. Bürgels umfangreiches Wissen, seine poetische Sprache und seine Darstellungskunst befähigten ihn zur Erfüllung einer derartig anspruchsvollen Aufgabe. Für seine vielen Leser, Hörer und Verehrer war er der »Dichter-Astronom«.

Schon häufig wurde angeregt, Bürgels astronomisches Hauptwerk »Aus fernen Welten«, nach dem immer wieder gefragt wird, erneut zugänglich zu machen. Die Verwirklichung dieser Neuausgabe warf aber verschiedene Probleme auf. Es ist verständlicherweise nicht möglich, ein astronomisches Buch, dessen letzte vom Verfasser bearbeitete Auflage 1939 erschien, der Öffentlichkeit nach Jahrzehnten unverändert vorzulegen. Die wissenschaftliche Forschung ist inzwischen fortgeschritten, Entdeckungen und neue Erkennt-

nisse können nicht unberücksichtigt bleiben. Größere Ergänzungen oder die Umarbeitung ganzer Kapitel würden aber bedeuten, daß Bürgels charakteristische Sprache und plastische Darstellung mehr oder weniger verdrängt werden.
Hier mußte man also einen Weg wählen, der es ermöglichte, die von vielen Lesern geschätzte Bürgelsche Darstellungsform weitestgehend zu erhalten. Bei der vorliegenden Neubearbeitung wurde versucht, die notwendigen Ergänzungen auf ein erträgliches Maß zu beschränken und mit dem Text harmonisch zu verbinden. Das frühere Bildmaterial ist im wesentlichen durch aktuelle Fotos ersetzt. Der Text zu diesen Aufnahmen enthält ebenfalls ergänzende Angaben und macht damit manche Einschaltungen in den Buchtext entbehrlich. Es waren aber Kürzungen notwendig, um das Werk nicht allzu umfangreich werden zu lassen.
Was der Verfasser damals im Vorwort sagte, darf auch für die Neuausgabe gelten: »Es lag mir bei der Abfassung dieses zuerst im Jahre 1910 herausgegebenen Buches gar nicht daran, hier in die allertiefsten, oft noch sehr umstrittenen Probleme der astronomischen Forschung einzudringen, sondern in großen Zügen den im großen und ganzen gesicherten Besitzstand der Himmelsforschung darzustellen. – Etwas anspruchsvollen Kritikern unter den Fachleuten muß man immer wieder sagen, daß es in einem solchen Buche nicht angängig ist, bis zur zehnten Dezimale zu gehen. Der Leser, der nach Durcharbeitung dieser Schrift in die engeren Gänge des Labyrinths der Forschung hinabsteigen will, wird zu schwierigeren Werken greifen.«
Das beliebte und lange vergriffene Werk kann in seiner Neubearbeitung hoffentlich ebenso viele Freunde des Sternenhimmels gewinnen wie die ursprüngliche Ausgabe und im Sinne des Verfassers den Leser anregen, dann und wann den Blick von seinen Alltagsproblemen weg auf jene »fernen Welten« zu richten, für die dieses Buch das nötige Verständnis wecken will.

Erich Krug

Ein Mensch steigt zu den Sternen auf

Bruno H. Bürgels Leben und Werk
Von Erich Krug

»Die Wissenschaft ist wie ein großes Feuer«, so sagte Gustav Freytag einmal, »das in einem Volke unaufhörlich unterhalten werden muß, weil ihm Stahl und Stein unbekannt sind. Die *einen* haben die Pflicht, immer neue Scheite in das große Feuer zu werfen, *andere* haben die Aufgabe, die heilige Flamme durch das Land, in Dörfer und Hütten zu tragen.« Diesen Weg ging Bruno H. Bürgel.

Am 14. November 1875 wurde er in Berlin geboren. Niemand hätte ihm damals eine bedeutende Zukunft voraussagen können. Seine Mutter, die früh verwaist aus Mecklenburg nach Berlin kam, arbeitete als Näherin. Seinen Vater, den bedeutenden Archäologen Geheimrat Professor Dr. Adolf Trendelenburg, hat Bürgel nie gesehen. Er wuchs in der einfachen, aber rechtschaffenen Familie des Schuhmachermeisters Gustav Bürgel auf, deren Name durch den berühmt gewordenen Adoptivsohn in der Erinnerung weiterlebt. Seine Mutter hatte bei diesen nicht mehr jungen Handwerksleuten, mit denen sie im Laufe der Zeit aufrichtige und herzliche Freundschaft verband, ein Zimmer gemietet. Um der kränkelnden Mutter die Sorge für ihr Kind abzunehmen, adoptierte die Familie Bürgel den Sohn im Januar 1877. Die Pflegeeltern betreuten ihn auf das sorgfältigste, und mit tiefer Liebe hing er bis zuletzt an ihnen, so daß er die wirklichen Eltern nicht vermißte. Als Bürgel acht Jahre alt war, zogen seine Eltern mit ihm nach Weißensee, einem damals noch ländlichen Berliner Vorort. »Welch eine Wandlung in meinem Herzen!«, so sagt er in seinen Lebenserinnerungen. »Zum ersten Male spürte ich Glückhaftigkeit! Verschwunden waren die riesigen Steinkästen, die langen, schmalen, dunklen Schluchten der Straßen . . . verschwunden die schmutzigen Höfe mit ihrem Elendströdel. Hoch wölbte sich der

Himmel in die Weite, an dem die strahlende Kugel der Sonne vom Aufgang zum Niedergang wandelte. Von den Feldern zog frischer Hauch daher, in dem verwilderten Garten, der die alte Baracke umgab, blühten die Blumen, duftete der Flieder und . . . ich kann die Seligkeit, die ich empfand, überhaupt nicht beschreiben. Es war so etwas wie Andacht in mir, wie sie einem Berliner Jungen in diesem Flegelalter eigentlich gar nicht zukommt.«

Obwohl Bürgel in der Schule nie etwas über astronomische Dinge gehört hatte, erwachte in ihm eine wahre Sehnsucht nach dem gestirnten Himmel. Zweifellos hat sein Naturerleben wesentlich zur Entfaltung in ihm schlummernder Neigungen und Eigenschaften beigetragen. »Da lag ich denn«, so erzählte er, »an Sommerabenden oft einsam auf dem Felde und starrte stundenlang die zarte Sichel des Mondes, die flimmernden Sterne an, die aus der Unendlichkeit herniedergrüßen zu dem kleinen Erdenrund. Es machte mir das ein nicht zu beschreibendes Vergnügen, eine stille Freude, von der niemand wußte und in der mich auch niemand störte.«

Die reine Bewunderung des Firmaments wurde im Laufe der Zeit mehr und mehr mit Fragen verknüpft, an die Stelle des Träumens trat der Wunsch, zu begreifen und zu lernen. Manche Anregung mag dabei der volkstümliche Kalender gegeben haben, den der Vater alljährlich kaufte und der im voraus auf bestimmte Himmelserscheinungen hinwies. Vor allem die nicht alltäglichen Vorgänge weckten Bürgels Wissensdrang. Mit großem Interesse verfolgte er zu jener Zeit einmal den Verlauf einer totalen Mondfinsternis, deren Zustandekommen er sich nicht erklären konnte. Großen Eindruck machte auf ihn die totale Sonnenfinsternis am 19. August 1887. Als Zwölfjähriger stellte Bürgel also schon astronomische Beobachtungen an, bei denen er unbewußt manches lernte. Immer stärker wurde bei ihm der Wunsch, die fernen Welten zu studieren, die hoch über der Erde ihre Bahn ziehen. Bürgels Lehrer beobachteten den aufgeweckten Jungen mit besonderem Interesse. Kurz vor der Schulentlassung boten sie an, ihm durch ein Gesuch des Schulleiters an die vorgesetzte Behörde den unentgeltlichen Besuch einer höheren Schule zu ermöglichen. Bürgel war glücklich, denn der Weg zum Lernen und zum Studium der Sterne schien frei zu sein. Aber sein Vater war arm, er mußte den weiteren Schulbesuch ablehnen, und er fürchtete auch, daß sich ein ersehnter, nach vielen Jahren intensivsten Studiums erworbener Beruf als brotlose Kunst erweisen könnte. Später erfuhr Bürgel selbst, wie recht der alte Mann in vielen Dingen hatte.

»Der Erwachsene kann den Schmerz eines Kindes selten begreifen. Der meine war tief und bitter. Ich tat, was ich mußte, ich entsagte«, berichtet Bürgel in seiner Selbstbiographie.

Da das Studieren der Sterne sich als ein unerfüllbarer Wunsch erwies, war es dem Vierzehnjährigen nach der Schulentlassung gleichgültig, was aus ihm werden sollte. Ein paar Wochen versuchte Bürgel als Lehrling seines Vaters die Kunst der Schuhmacherei zu erlernen, aber seine alte Sehnsucht, zu lesen und zu lernen, ließ ihn nicht los. Auf die Zeitungsanzeige einer Druckerei, die einen Arbeitsburschen suchte, fuhr er nach Berlin und nahm die Stellung an in der Hoffnung, hier lehrreiche Druckerzeugnisse in die Hand zu bekommen. Seine Vorstellungen erfüllten sich nicht. In den folgenden Jahren wechselte Bürgel mehrfach den Arbeitsplatz und hatte das bedrückende Gefühl, daß er es zu nichts bringen würde.

Unausgesetzt grübelte er darüber nach, wie er sich weiterbilden könne. Der Anfang seines Selbststudiums war noch ein schüchternes und zaghaftes Vortasten. In der Umgebung, in der er aufgewachsen war, hatte er nie etwas von wissenschaftlichen Problemen oder Himmelsforschung gehört. »Da stand nun ein nach Wissen Heißhungriger im Labyrinth der Erkenntnis«, so sagt Bürgel über diesen Lebensabschnitt, »und suchte nach dem Ariadnefaden.«

»Das Reclam-Bändchen war es, jene buchhändlerische Kulturtat ersten Ranges, die für zwanzig Pfennig die Gedanken der größten Geister aller Zeiten vermittelt, das mir Wegweiser wurde. Einst sah ich bei einem Buchbinder eine Anzahl jener bekannten gelblichroten Bändchen. Eins davon trug einen Titel, der mich sofort mit Interesse erfüllte: ›Auf der Sternwarte, oder wie der Astronom zu den Resultaten seiner Forschung gelangt‹. Es stammte von dem bekannten Astronomen Dr. M. Wilhelm Meyer, dem Gründer der Berliner ›Urania‹, der wie kein zweiter in Deutschland die Wissenschaft von den Sternen volkstümlich zu machen verstanden hat, dafür aber auch nie zu Amt und Würden gelangte. Als mir der Buchbindermeister dieses Buch für zwanzig Pfennig aushändigte, ahnte ich nicht, daß er mir damit den Baedeker für meine Lebensreise überreichte, denn mit diesem Reclam-Heftchen begann eigentlich für mich der Aufstieg zu den Sternen, wenn auch in der Tat ›auf rauhen Pfaden‹. Ich besitze das kleine Büchelchen noch heute. Es ist arg zerfleddert und verblichen, aber es nimmt den Ehrenplatz in meiner Bibliothek ein und steht meinem Herzen näher als die kostbaren Prachtbände ringsum. Aus diesem Bändchen ersah ich nun endlich was, wie und wo. Ich erfuhr das Wichtigste von den Sternen, lernte, daß es Institute gibt, Sternwarten genannt, auf denen man die Gestirne unter Anwendung bestimmter Hilfsmittel erforscht, und bekam eine erste Vorstellung davon, welche Summe von Kenntnissen auf sehr verschiedenen Wissensgebieten notwendig ist, um überhaupt in das Reich der Naturwissenschaft einzudringen.«

Für sein Selbststudium hatte Bürgel sich einen ganz bestimmten Arbeitsplan ausgedacht und lernte danach jeden Abend. »Ich hatte meine geliebten Bücher immer bei mir«, berichtete er. »Auf meinem Wege von und zur Arbeit las ich dann und wann einen Satz und dachte darüber nach, und all diese unermüdliche Kleinarbeit hat in den vielen Jahren ihre Früchte getragen. Aber wie oft stand ich vor unlösbaren Rätseln, wie oft vermißte ich die führende Hand, die mir so leicht hätte weiterhelfen können!«

»Wenn ich auch nach und nach in alle möglichen Wissensgebiete eindrang, so blieb doch die Himmelskunde mein Spezialfeld. Hier griff ich langsam zu immer ernsteren Werken, und vor allem fing ich an, selbst Himmelsbeobachtungen zu machen. Ich baute mir mit bescheidenen Mitteln Meßinstrumente, und nach langem Sparen konnte ich mir endlich ein kleines Fernrohr anschaffen, das ich im Schaufenster eines Trödlers entdeckt hatte. Es genügte, um die Bewegungen der Monde des Planeten Jupiter zu verfolgen und Sonnenflecken unter Benutzung von schützenden Blendgläsern zu erkennen und abzubilden. Auch die Gebirge des Mondes, die Ringe des Saturn und ähnliche auffälligere Objekte wurden mir dadurch zugänglich. Welch eine Freude erfüllte mich, das mit eigenen Augen, wenn auch zunächst unvollkommen, zu sehen, was ich nur aus Büchern kannte!«

Im Jahre 1895 kam es zu Arbeiterentlassungen infolge einer wirtschaftlichen Krise, und auch Bürgel verlor seinen Arbeitsplatz. Jede Beschäftigung wäre ihm recht gewesen, denn für die Beschaffung von Weiterbildungsmitteln benötigte er dringend Geld. Aber sogar Gelegenheitsarbeiten waren selten, und der Verdienst reichte kaum bis zum nächsten Tag. Bürgel wollte seinen Eltern, bei denen er viel Verständnis für sein geistiges Streben fand, nicht länger zur Last fallen und beschloß, auf Wanderschaft in Richtung Oranienburg zu gehen. Vergebens fragte er auf den Bauernhöfen nach Arbeit. Hatte das Leben noch einen Sinn? Er hatte den Glauben an sich und die Welt verloren.

Doch mitten in dieser Verzweiflung fand Bürgel Beschäftigung bei einem Gärtner. »Acht bis zehn Tage mochte ich meines Amtes gewaltet haben«, erzählt er, »als der Landbriefträger mir ein Schreiben in die Hand drückte, das die große Wendung brachte, auf die ich im stillen all die Wochen und Monate gehofft. Ich habe schon erzählt, daß ich als junger Arbeiter einst des Astronomen und Direktors der Berliner Urania-Sternwarte Dr. M. W. Meyer reizendes Büchlein ›Auf der Sternwarte‹ gekauft, und daß dieses Reclam-Heftchen richtunggebend für mein ganzes Leben wurde. In diesem Büchelchen spricht Meyer davon, daß es zuweilen dem Astronomen auch an bescheidenen Hilfsarbeitern fehle, die ihm zur Hand gingen und so seine

Kräfte für wichtige Dinge freihielten. Nachdem ich einige Monate als Arbeitsloser in Berlin umhergelaufen, faßte ich eines Tages den kühnen Entschluß, an diesen Gelehrten zu schreiben, ihm mein Streben und meine Lage zu schildern und ihm meine Hilfe für solche kleinen Arbeiten auf der Sternwarte anzubieten. Wenn du auch nur so viel Lohn bekommst, daß du dich satt essen kannst – so sagte ich mir –, wirst du glücklich sein, denn du wirst der Wissenschaft, wirst den Sternen nahe sein.«

»Ich erhielt darauf von der ›Urania‹ die Mitteilung, daß der Direktor auf Reisen sei und man ihm mein Schreiben nach seiner Rückkehr vorlegen würde. – An jenem Tage, an dem – um mit Christian Morgenstern zu sprechen – der Nebelweber mich im Wald umwebte und ich verzweifelnd nahe daran war, der hereinbrechenden Nacht zu entfliehen, um in die ewige zu versinken, war die Antwort auf diesen Brief an mich schon unterwegs und wurde mir nun nachgesandt in diese ländliche Zufluchtsstätte. Der freundliche Gelehrte forderte mich auf, ihn zu besuchen und alle meine Arbeiten und Instrumente mitzubringen, denn er interessiere sich sehr für die Angelegenheit und möchte den jungen Arbeiterastronomen gern einmal kennenlernen.«

Die Begegnung mit Dr. Meyer war für Bürgel ein außerordentliches Ereignis. Er war zunächst sehr befangen, denn eine bekannte Persönlichkeit in einflußreicher Stellung hatte ihn zu sich gebeten. Außerdem sollte die Unterhaltung zugleich eine gewisse Prüfung seiner astronomischen Kenntnisse sein. Aber die überaus freundliche und wohlwollende Art des Gelehrten nahm ihm bald das Gefühl der Unsicherheit. Seine Arbeiten gefielen. Der Direktor behielt sie zur näheren Prüfung. Mit aufrichtiger Anteilnahme hörte er das mühevolle Streben des jungen Arbeiters an, schenkte ihm einige astronomische Werke zur Vertiefung seines Wissens und gab ihm Freikarten zum Besuch der wissenschaftlichen Vorträge. Er nannte ihm eine ganze Reihe von Außenseitern, die es in der Astronomie zu bedeutenden Leistungen gebracht hatten, und ermutigte ihn in jeder Weise. Das Wichtigste aber war sein Versprechen, ihm zu helfen.

Er hielt Wort. Schon nach kurzer Zeit bekam Bürgel die Mitteilung, daß er sein »Amt« im Hause der »Urania« antreten könnte. Es war nur ein kleiner Posten mit einem bescheidenen Gehalt (fünfzig Mark im Monat!), aber Bürgel war dadurch einigermaßen sichergestellt. Darüber hinaus hatte er von Dr. Wilhelm Meyer die ausdrückliche Erlaubnis erhalten, nach der Tagesarbeit auf der Sternwarte den Astronomen mit kleinen Handreichungen bei ihren Arbeiten zu helfen und unter ihrer Anleitung selbst bestimmte Studien zu treiben.

»Ich erinnere mich noch deutlich des Tages«, so berichtet Bürgel, »an dem ich zum ersten Male die Sternwarte betrat. Es war ein seltsam feierliches Gefühl. So ähnlich muß dem Gläubigen zumute sein, der nach langer Pilgerfahrt endlich den Fuß in den geweihten Tempel setzt. Vor mir tat sich die mächtige Kuppel auf, das Riesenfernrohr mit seinen blinkenden Hebeln, Kreisen, Schrauben, Lupen stand vor mir, ich befand mich an der Pforte zur Unendlichkeit, von der aus der kleine Mensch hineintritt in die Sternenräume, von wo er mit seinem Lichtstümpfchen, ›Wissen‹ genannt, hineinzuleuchten sucht in die aschgraue Unermeßlichkeit. Und zum ersten Male erblickte ich dann durch das mächtige Instrument die stille, ferne Welt des Mondes vor mir, mit ihren im Sonnenlicht wie flüssiges Silber glänzenden Bergketten, den in tiefe Nacht getauchten Kraterlöchern und Schluchten; zum ersten Male lag die ferne Weltkugel des Jupiter mit ihren wogenden Wolkenzügen vor mir, umgeben von den vier Monden, die langsam ihre Kreise zogen, wie sie drei Jahrhunderte früher Galilei in Florenz sah, der diese Sterne zum Ausgangspunkt seines Kampfes gegen die Lehren der Kirchenväter nahm. – Ich sah die Nebelschleier der Milchstraße sich auflösen in Millionen Sonnen, sah in den fernsten Tiefen des Raumes die Gasschwaden sich winden, aus denen die schöpferische Natur im Laufe unausdenkbarer Zeiten neue Welten, neue Sonnen formt.«

»Zwischen Dr. Meyer und mir bestanden mancherlei Parallelen, wie ich später merkte, und er, der mir als armem, jungem Arbeiter die Hand reichte und mir in die Steigbügel half, hat später mehrfach öffentlich in Wort und Schrift das gleiche zum Ausdruck gebracht und gesagt, unter all seinen Schülern sei ich derjenige, der am meisten berufen sei, in seinem Geiste zu wirken. Er, zu dem ich damals als ein abgerissener und bittender Arbeiter kam, überschrieb später in liebenswürdiger Überschätzung seine Briefe an mich: ›Mein lieber Freund und Kollege‹.«

»Etwa fünf Jahre habe ich meine Tätigkeit in der ›Urania‹ ausgeübt und reiche Gelegenheit gehabt, mich auf allen Gebieten der Naturwissenschaft, insbesondere der Astronomie und ihrer praktischen Ausübung, zu vervollkommnen. Das war nicht immer leicht, denn die nächtliche Tätigkeit auf einer Sternwarte, insbesondere in kalten, langen Wintermonaten, ist in hohem Maße anstrengend, besonders dann, wenn man am Tage nicht seiner Bequemlichkeit leben kann, sondern noch einer Beschäftigung nachgehen muß.

Aber wie herrlich waren jene Sternennächte doch trotz aller kleinen Sorgen! Die Welt ringsum war in Schlaf gesunken, leise rauschten unten im Park die hohen Bäume und hoch wölbte sich das sternbedeckte Firmament. In den

großen Drehkuppeln reckten sich die Fernrohre zum Himmel auf, in tiefer Stille wurde gearbeitet, selten fiel ein Wort. Leise surrten die Triebwerke, die die Instrumente dem Gang der Sterne nachführten, monoton pochte der Pendelschlag der Uhren, und dann und wann rasselte der Telegraphenhebel des Zeitschreibers. Mit Blendlaternen schlich man durch die stillen Korridore zur Bibliothek, um in Kartenwerken dies und jenes nachzuschlagen, und dann ruhte das Auge wieder Stunden am Fernrohr, um dem Lichtwechsel oder der Bewegung irgendeines fernen Sternleins zu folgen.
In kalten Winternächten freilich (und wir hatten damals ganze Wochen mit Nachttemperaturen von minus 12 bis 15 Grad!) kostete es mich viel Überwindung, bei der Stange zu bleiben. Oft fror ich entsetzlich, und zuweilen nickte ich ein, denn am Tage hatte ich wenig Schlaf und auch meine Ernährung war nicht zum besten. Und doch waren auch diese Winternächte mit ihren im strengen Frost glitzernden weißen Flächen und der wundervollen Klarheit des Himmels in dieser weltabgeschiedenen Stille voll Zauber, der alles kleine Leid ertragen ließ und hinweghob über den rauhen Alltag mit all seinem Plunder.«

Viele interessierte Menschen besuchten die »Urania«, und Bürgel konnte im Laufe der Zeit so manche namhafte und bedeutende Persönlichkeit kennenlernen. Da zu seinen Aufgaben auch die Führungen der Besucher durch die Ausstellungs- und Experimentiersäle und Einrichtungen der Sternwarte gehörten, ergaben sich für ihn oft sehr anregende Gespräche. Eine Begegnung dieser Art hätte seinem Leben fast eine neue Wendung gegeben. Eines Tages besuchten die damals sehr bekannten Schauspieler Albert Patry und Otto Sommerstorf die »Urania«. Es entspann sich zwischen ihnen und dem nun dreiundzwanzigjährigen Bürgel eine lebhafte Unterhaltung. Sie fanden Gefallen an dem jungen, intelligenten »Urania«-Angestellten und luden ihn zu einer Flasche Wein in den bekannten Weinkeller von Lutter und Wegner, nahe dem damaligen Königlichen Schauspielhaus, ein. Hier sprach der literaturbegeisterte Bürgel den beiden Künstlern über eine Stunde lang Stellen aus den Werken der Klassiker vor.
Die beiden Künstler waren äußerst überrascht über das, was Bürgel ihnen – gewissermaßen aus dem Handgelenk – vortrug. Sie lobten ihn begreiflicherweise sehr und rieten ihm dringend, zur Bühne zu gehen und Schauspieler zu werden, da er außer dem fabelhaften Gedächtnis auch ein ausgesprochenes darstellerisches Talent habe, dazu eine prächtige Figur und eine gute Stimme. Sie würden ihm behilflich sein und ihm den Weg zur Schauspielkunst ebnen.

Das war ein verlockendes Angebot. Es läßt sich denken, daß Bürgel dadurch in gewisse seelische Konflikte geriet und ein wenig unsicher wurde, welchen Weg er gehen solle. Die »Urania« hatte mit wirtschaftlichen Schwierigkeiten zu kämpfen. Hier gab es kaum ein Weiterkommen, und das Gehalt reichte kaum zum Allernotwendigsten. Sollte er wirklich die Naturwissenschaft, die Astronomie, aufgeben und zur Bühne überwechseln? In seinem Innern war die Frage sicher schon beantwortet, bevor sie ernsthaft gestellt worden war. Seine Liebe zu den Sternen war stärker als alles andere.

Noch immer hatte Bürgel die leise Hoffnung, auf irgendeinem Wege doch noch zu einem regelrechten Studium gelangen zu können und Vorlesungen an der Universität zu hören, um dann als »richtiger« Astronom eine Anstellung an einer kleinen Sternwarte zu finden. Von berufener Seite wurde ihm aber klargemacht, wie wenig Hoffnung es für einen Außenseiter und Autodidakten gab, ein derartiges Berufsziel zu erreichen.

Ein Zufall führte Bürgel eines Tages auf den Weg des Schriftstellers. Als er die erste Anregung, einen Aufsatz zu schreiben, erhielt, machte er sich recht zaghaft an die Arbeit, denn er traute sich auf diesem Gebiet keine besonderen Fähigkeiten zu. Aber die Klarheit und Lebendigkeit der Darstellung gefiel, und auch einige weitere astronomische Plaudereien fanden Anklang. Es ist zu verstehen, daß Bürgel den Entschluß faßte, sich öfter in dieser Richtung zu betätigen und damit neben seinem kümmerlichen Gehalt ein paar Mark zu verdienen. In dieser Absicht wurde er durch eine Feststellung bestärkt, die er bei seinen Führungen durch die Einrichtungen der Sternwarte und bei abendlichen Beobachtungen der Besucher häufig machen konnte. Er war immer wieder überrascht über die Unkenntnis des Publikums in astronomischen Dingen. Selbst von gebildeten Leuten wurden Fragen gestellt, die er nicht für möglich gehalten hätte. Auf seiner Dorfschule hatte er nichts von Astronomie gehört, aber auf den Gymnasien schien es nicht viel anders zu sein. Und dann die Zeitungen! Über nicht wenige astronomische Berichte konnte der Fachmann nur den Kopf schütteln. Gute Aufsätze auf diesem Gebiet waren also nötig und erwünscht.

Vielleicht hätte er sich schriftstellerischen Aufgaben nie so stark zugewendet, wenn nicht bestimmte äußere Umstände und Verhältnisse ihn in diese Richtung weitergedrängt hätten. Auf der »Urania« waren einschneidende Veränderungen eingetreten. Dr. Meyer hatte nach schweren Zerwürfnissen mit dem Aufsichtsrat das Institut verlassen. Damit fehlte dem Hause die Seele, der anfeuernde Geist, die treibende Kraft. Und Bürgel verlor den wohlwollenden, verständnisvollen Förderer. Die »Urania« nahm in ihrem ganzen Aufbau einen anderen Charakter an. Für Bürgel blieb weder Zeit noch

Bürgels Eltern *Emilie Sommer (1851–1884), Bürgels Mutter (oben links). – Geheimrat Professor Dr. Adolf Trendelenburg (1844–1941), Bürgels Vater (unten links). – In Berlin nahe dem Schönhauser Tor in der Lottumstraße 6 liegt Bürgels Geburtshaus (rechts)*

Jugendzeit *Bruno H. Bürgel als junger Fabrikarbeiter, 1891 (links). – Gustav Bürgel, nach einer Bleistiftzeichnung von Bruno H. Bürgel (rechts). – Im »Grauen Elend«, wie dieses Haus in Berlin-Weißensee genannt wurde, verlebte Bürgel den größten Teil seiner Jugendzeit (unten)*

Gelegenheit, nach der Tagesarbeit auf der Sternwarte zu arbeiten oder sich in die wissenschaftlichen Werke und Zeitschriften der Bibliothek zu vertiefen. Ein Vorwärtskommen war nun nicht mehr möglich. Er mußte sich umstellen und außerhalb der »Urania« seinen Weg gehen.

Inzwischen hatte er sich als astronomischer Schriftsteller bereits einen gewissen Namen gemacht. Schon seine ersten Veröffentlichungen hatten erkennen lassen, wie ausgezeichnet er es verstand, sich in die Vorstellungswelt jener Menschen zu versetzen, die ohne die entsprechende Vorbildung an den Fortschritten und Erkenntnissen der Wissenschaft teilhaben möchten. Tageszeitungen und illustrierte Zeitschriften schlossen mit ihm Verträge über periodisch zu liefernde Aufsätze ab, und sein Name wurde bald zu einem Begriff bester volkstümlich-wissenschaftlicher Darstellungskunst. In seinen Mußestunden arbeitete er unablässig an seiner weiteren Ausbildung, dazu gehörte neben den Naturwissenschaften auch das Studium von Fremdsprachen. Die zunehmenden beruflichen Erfolge machten Bürgel frei. Er konnte in eine freundliche Umgebung ziehen, wo er der Natur nahe und der Blick zum Sternenhimmel frei war, und sich eine gute Bibliothek und eine kleine Privatsternwarte mit dem wichtigsten Instrumentarium anschaffen.

Es blieb nicht lange bei der freiberuflichen Tätigkeit. Das Berliner Verlagshaus Bong & Co. stellte ihn als wissenschaftlichen Redakteur ein. Bürgel leitete viele Jahre eine Zeitschrift, gab teils allein, teils in Verbindung mit anderen Autoren einige wissenschaftliche Werke heraus (»Weltall und Menschheit«, »Wunder der Natur« usw.) und schrieb außerdem regelmäßig seine Feuilletons für eine große Tageszeitung und angesehene Monatsblätter.

Die Erfüllung dieser Aufgaben machte ihm viel Freude. Er war in eine ganz neue Welt eingetreten, in der er sich wohl fühlte. Seine schriftstellerische und redaktionelle Tätigkeit brachte ihn mit zahlreichen namhaften Persönlichkeiten zusammen. Zu ihnen gehörte auch der Direktor der alten Königlichen Sternwarte am ehemaligen Enckeplatz in Berlin, Prof. Dr. Wilhelm Foerster. Dieser Wissenschaftler war nicht nur ein bedeutender Gelehrter, sondern auch ein weitschauender, gütiger Mensch mit hohen Idealen. Für den Verlag Bong & Co. schrieb er zu jener Zeit gerade sein Werk »Die Erforschung des Weltalls«. Bürgel konnte ihn als Redakteur dabei unterstützen und u. a. bei der Beschaffung von Illustrationsmaterial behilflich sein. Er war von dem philosophischen Geist Foersters, der die Dinge in ihren Zusammenhängen sah, sehr beeindruckt. Sein eigenes Weltbild erschien ihm mit einemmal noch recht unzulänglich, noch sehr materialistisch, und er sprach mit Prof. Foerster darüber.

Der Gelehrte, der Bürgels Lebensweg kannte, gab ihm den dringenden Rat, noch jetzt die Universität zu besuchen. Ganz besonders empfahl er ihm, außer den naturwissenschaftlichen auch philosophische Kollegs zu hören. Sie seien besonders geeignet, so sagte er, sein etwas zusammenhanglos erworbenes Wissen abzurunden und ein geschlossenes, vertieftes Weltbild zu erlangen.

So kam Bürgel mit Hilfe von Prof. Foerster im Alter von achtundzwanzig Jahren zur Universität und hörte als Gast einige Semester lang astronomische, naturwissenschaftliche und philosophische Vorlesungen. Bekannte und bedeutende Dozenten gehörten zu seinen Lehrern. Der Traum vergangener Jahre wurde damit Wirklichkeit. Aber welch ein Aufwand an physischer und geistiger Kraft war auch hier wieder notwendig. Das Studium mußte er ja *neben* seiner Redaktions- und Verlagstätigkeit betreiben, neben seinen Verpflichtungen als Mitarbeiter verschiedener Zeitungen und Zeitschriften. Außerdem hatte er bereits einen eigenen Hausstand gegründet und hatte Frau und Sohn.

»Nach und nach fühlte ich mich hinein, aber ich gestehe offen, daß ich auch heute noch der Ansicht bin, daß man vieles im stillen Kämmerlein aus dem Buche besser lernt als im Vortrag. Die experimentellen Vorlesungen im Physikalischen Institut freilich sind ja auf solche Weise nicht zu ersetzen, aber anderes doch sehr wohl. Dennoch war mir der Besuch des Instituts von außerordentlichem Nutzen, und gerade das, was mir Geheimrat Foerster vorausgesagt, trat ein: Ich bekam langsam eine andere Weltanschauung.«

»Es gibt eine große Klippe in der wissenschaftlichen Weltanschauung, an der – besonders in unserer zum Materialismus neigenden Zeit, die das Äußerliche, das Gegenständliche dem rein Geistigen vorzieht – vor allem der Autodidakt, der Mann aus dem Volke, der nach einer Weltanschauung ringt, leicht scheitert, ja, die er in der Mehrzahl der Fälle überhaupt nicht sieht, da sie zum Teil nicht einmal von den Akademikern erkannt wird. Es ist die Klippe des krassen Materialismus, der Überschätzung des Naturwissenschaftlich-Technischen, das oft genug mit einem eleganten Bogen über die größten und tiefsten Probleme des Weltganzen hinwegspringt und ihnen ›mit Hebeln und mit Schrauben‹, wie Goethes Faust sagt, beizukommen wähnt.«

»Auch ich zog lange Zeit in dieser Bahn dahin und glaubte, die Naturwissenschaft hätte den lieben Gott sozusagen in der Tasche, und sie hätte ihm all seine Rätsel abgelauscht, wie der vorwitzige Knabe, der hinter die Kulissen des Jahrmarktzauberkünstlers geblickt. Warum ein Schneesternchen sich so und so bilden muß, wie es das Samenkorn anfängt, sich so und nicht anders zur Pflanze mit all ihren komplizierten Organen zu entwickeln, wie die Welt-

körper einander ›anziehen‹, was das Licht ist, wie in unserm Hirn ein Gedanke zustande kommt, durch welchen unerkennbaren Kreisprozeß das ewige Werden und Vergehen der Sternenwelt garantiert wird – all das erschien mir weiter nicht rätselhaft. – Ich glaubte, die Naturwissenschaft könne das alles, wenn nicht heut', so morgen, ›erklären‹.
»Von diesem Glauben, der auch eine Art Aberglauben ist, abgekommen zu sein, das verdanke ich dem Universitätsstudium.
Mehr und mehr begriff ich die Gedankengänge Platos, Kants, Schopenhauers, Berkeleys, und eine Umwandlung meines ganzen Denkens trat ein. Die Errungenschaften der Naturwissenschaft, die mir vordem als ein erzener Block erschienen, kamen mir nun wie eine sich langsam umformende Nebelmasse vor, die in ihrem Innern Kerne barg, die man mehr ahnen als sehen konnte, und die Welt erschien mir mit einem Male unendlich viel komplizierter, als ich sie bis dahin angesehen hatte. Ich landete endlich beim ›Ignorabimus‹ Emil Du Bois-Reymonds. Immer deutlicher wurde mir, daß die Naturwissenschaft nur die Dinge beschreibt, die Erscheinungen untersuchen kann und gewisse Zusammenhänge aufzudecken vermag, daß sie aber ins Innere, in den Kern, in die Welt des wirklich Wirklichen nicht einzudringen vermag und es hier ewig heißen wird: ›Wir werden nicht wissen!‹
Dieser Eindruck hat sich bei mir, je älter ich wurde, vertieft, und er ist auch meiner populären Darstellung wissenschaftlicher Dinge zugute gekommen. Die Gefahr, zur Verbreitung von Halbbildung und oberflächlicher Weltanschauung beizutragen, wurde dadurch wesentlich vermindert. Aber auch meine eigene kleine Welt wurde durch immer tiefere Beschäftigung mit philosophischen Problemen reicher, schöner, ausgeglichener. Die Eitelkeit so vieler Dinge, auf die wir übergroßen Wert legen, wurde mir klar, und ich lernte die Dinge nach ihrem wahren Wert messen, die Torheit des Alltags begreifen und verachten.«
»Rauh ist der Weg, der von der Erde zu den Sternen führt!« Dieses Wort des Philosophen Seneca gilt nicht zuletzt auch für Bruno H. Bürgel. Seit seinem vierzehnten Lebensjahr hatte er ununterbrochen gearbeitet, der Kampf mit wirtschaftlichen Schwierigkeiten war viele Jahre lang bei ihm eine Selbstverständlichkeit. Nach fünf Semestern erzwang eine schwere nervöse Erschöpfung den Abbruch der Studien. Viele Monate brauchte Bürgel zu seiner Erholung. Besonders eine Reise in den Harz gab ihm neue Lebenskraft. Die Eindrücke und das Naturerleben jener Tage haben ihn tief berührt und spiegeln sich in manchem seiner Werke wider.
Zurückgezogen lebte Bürgel fortan in Berlin. Die Jahre waren angefüllt mit Mühe und Arbeit, aber auch mit frohem Schaffen. Im Jahre 1910 erschien

sein Buch »Aus fernen Welten«, das sein astronomisches Hauptwerk geblieben ist. Es wurde ein großer Erfolg. Eine wunderbare Welt, farbig wie im Märchen und doch Wirklichkeit, entstand vor den Augen des Lesers. Geist und Phantasie streiften durch den Sternenraum zu fernen Welten, deren Eigenarten und Geheimnisse in einer Sprache geschildert wurden, die das Volk versteht. Neben der Belehrung war es vor allem der Hauch der Feierlichkeit, der den Blick auf das Große und Erhabene, auf das Unermeßliche lenkte und den Leser fesselte. Rund einhundertfünfzigtausend Exemplare sind allein in deutscher Sprache erschienen. Das Buch kann als die verbreitetste volkstümliche Himmelskunde bezeichnet werden. Auch so mancher unter den Fachastronomen, der als Wissenschaftler und Forscher auf einer Sternwarte arbeitet, hat bekannt, daß er in der Jugend durch Bürgels Buch »Aus fernen Welten« die erste Anregung zur Beschäftigung mit den Sternen erhielt, daß es Interesse und Begeisterung für die Astronomie in ihm entfachte, bis dann später aus der Liebhaberei der Schülerjahre der Beruf fürs Leben wurde.

Der Krieg riß Bürgel aus der Stille seiner Arbeit. Auf Grund seiner naturwissenschaftlichen und technischen Kenntnisse wurde er dem Luftschifferbataillon zugeteilt. In dieser Zeit entstand die Idee, ein Buch für Kinder zu schreiben. Bürgel erfand für dieses Werk eine Erzählergestalt, die später sehr bekannt und beliebt wurde: den Doktor Ulebuhle.

Eines Tages erhielt Bürgel mit der Feldpost ein Paket von dem großen Naturforscher Ernst Haeckel in Jena. Es enthielt einige Werke des berühmten Gelehrten. Eines davon trug die Widmung: »Herrn Bürgel, dem denkenden Astronomen, dem verdienstvollen Verfasser der besten volkstümlichen Himmelskunde. Mit bestem Dank für genußreiche Belehrung. Ernst Haeckel, Jena, 6. 10. 1916.« Diese freundlichen Worte zeigen, daß sein Werk den Beifall eines der Berufensten gefunden hatte. Der große Forscher hatte Bürgels Buch »Aus fernen Welten« irgendwo gesehen und nicht verschmäht, es zu kaufen. Im Arbeitszimmer seiner Jenaer Villa Medusa lag es als gern benutzte Lektüre auf seinem Schreibtisch. Noch in den letzten Lebenstagen hat er darin gelesen, und die vielen Lesezeichen und handschriftlichen Anmerkungen geben zu erkennen, wie sehr Haeckel sich auch für diesen Zweig der Naturwissenschaft interessierte und wie sehr er die vom Verfasser vorgetragene Darstellung des astronomischen Weltbildes schätzte.

Als Bürgel aus dem Krieg zurückkehrte, stand er, wie viele Menschen damals, vor dem Nichts und mußte von vorn anfangen. Er knüpfte an seine schriftstellerischen Arbeiten vor dem Kriege an, und es gelang ihm, langsam wieder emporzukommen. Das erste Buch dieses Lebensabschnittes erschien im Jahre 1919. Es war seine Biographie »Vom Arbeiter zum Astronomen«. Er ahnte damals nicht, welch einen Widerhall dieses Buch finden sollte. Im Laufe der Jahre hat Bürgel allein auf dieses Buch hin über zehntausend Zuschriften bekommen. Oft war es warme, menschliche Teilnahme an seinem Lebensgang, immer wieder aber begeisterte Zustimmung zu seinen weltanschaulichen Gedankengängen und Erkenntnissen. Weitere Bücher folgten: »Die seltsamen Geschichten des Doktor Ulebuhle«, »Menschen untereinander«, »Du und das Weltall«, »Der Stern von Afrika«, »Im Garten Gottes«, »Weltall und Weltgefühl« usw. Einundzwanzig Bücher schrieb Bürgel, die in Millionen von Exemplaren verbreitet sind und zum Teil in neun Sprachen übersetzt wurden. Dazu kamen Tausende von astronomischen, naturwissenschaftlichen und philosophischen Aufsätzen, die in Zeitungen und Zeitschriften, auch im Ausland, erschienen. Auf großen Vortragsreisen, die ihn durch ganz Deutschland führten, sprach Bürgel vor einem begeisterten Publikum über »Sterne und Menschen«, »Eine Reise zum Monde«, »Bewohnbarkeit der Welten«, »Die Welt als Rätsel« usw.

Im Jahre 1927 baute Bürgel sich in Babelsberg ein Haus mit einer Privatsternwarte ohne Kuppel, aber mit einem großen Beobachtungsbalkon. Bürgel hatte große Freude am Experimentieren. Viele Versuche, die in den entsprechenden wissenschaftlichen Werken erwähnt werden, führte er selbst aus. Ebenso gern bastelte er, und mit Geschick fertigte er nach eigenen Ideen manches an, was der Veranschaulichung diente oder sein Instrumentarium ergänzte. An seinem Fernrohr unterzog er sich gelegentlich der Mühe, nach eingehenden Beobachtungen einige Landschaften des Mondes aus Gips oder anderem plastischen Material mit großer Ausdauer nachzuformen. Dadurch erhielt er ein paar schöne Reliefansichten von bestimmten Gebieten unseres Trabanten. Wie überrascht waren wir einmal, als er uns mitten im Sommer einige Glasplatten mit – Eisblumen zeigte. Er hatte sich ein einfaches Verfahren ausgedacht, die Formen dieser Kunstgebilde, die der Winter schuf, ihrer Vergänglichkeit zu entreißen, die wunderbaren, zarten Zeichnungen in voller Naturtreue festzuhalten und damit in die warme Jahreszeit hinüberzuretten. Nur nebenbei sei erwähnt, daß Bürgel auch ein begabter Zeichner war, daß er sich zuweilen gern selbst karikierte, und daß es einige schöne astronomische Aquarelle von ihm gibt.

Es war ein Genuß besonderer Art, an klaren Abenden mit ihm auf dem großen Balkon seines Hauses zu stehen, mit seinem ausgezeichneten Fernrohr interessante Objekte des Himmels zu beobachten und mit ihm über Sterne und Menschen, über gelöste und ungelöste Probleme zu plaudern.

Trotz seines mühevollen Lebensweges hatte er sich ein heiteres Gemüt bewahrt. Er war ein lächelnder Weiser, ein gütiger Mensch, dessen Erkenntnisse und Weltbetrachtungen durchwoben sind von einem sonnigen Humor.

Nur wenige wissen, wie sehr Bürgel unter der Katastrophe litt, die er zum zweitenmal über die Menschheit hereinbrechen sah, und in der alles, was wahre Kultur und Menschenwürde bedeutete, zu versinken drohte. Wie vergeblich erschien ihm da manchmal sein ganzes Streben, wie nutzlos die vielen Mühen und die Arbeit seines Lebens. Mehr denn je zog er sich zurück, um die Stille zu suchen. Und während überall Tod und Vernichtung über die Erde gingen, schrieb er eines seiner reifsten Bücher: »Saat und Ernte. Betrachtungen über Leben und Tod.« Hier geht er, selbst schon im Spätherbst des Lebens stehend, den tiefsten Fragen nach, dem Rätsel um Leben und Tod, dem Sinn des Daseins und dem Gesetz des Todes, und er erzählt von den letzten Stunden der Unsterblichen. Es sind Fragen, die jeden denkenden Menschen bewegen.
Als man nach dem Zusammenbruch unter den Trümmern nach neuen Wegen zum Licht, nach haltbaren Fundamenten und dauerhaften Werten suchte, da war auch Bürgel, der »ewige Jüngling«, wie ihn seine Freunde nannten, wieder unter denen, die bereitwillig Kraft und Können, Wissen und Erfahrung für einen neuen Aufbau zur Verfügung stellten. Zwei Bücher schrieb er noch, die in eine ferne, bessere Zukunft weisen: »Der Weg der Menschheit« und das der jungen Generation gewidmete Buch »Die Fackelträger«. Noch einmal zeigt Bürgel hier in der ihm eigenen Art die weitgespannten Zusammenhänge, die großen Linien der Entwicklung, zeigt er die Taten und Leistungen der Großen, die als Fackelträger dem Kulturwagen voranschritten, um der Menschheit den Weg zu weisen, der aufwärts führt. Ein Fackelträger, ein Verkünder des Aufstiegs und der Menschenwürde, war er selbst sein ganzes arbeitsreiches Leben lang, bis der Tod ihm die Fackel aus der Hand nahm.
Am 8. Juli 1948 schloß Bürgel nach kurzer, schwerer Krankheit für immer die Augen. In Babelsberg, wo er so viele Jahre gelebt hatte und von wo die meisten seiner Bücher und Aufsätze in die Welt gingen, wurde er auf dem Goethe-Friedhof zur ewigen Ruhe gebettet. Sein Leben, das durch Tiefen und über Höhen führte, war Kampf und Arbeit, Sehnsucht und Erfüllung.
Wie eine Mahnung klingt eines seiner Worte in unsere unruhige, friedlose Zeit: »Einst waren die Sterne Wegweiser auf den Meeren, laßt sie uns heute als leuchtende Symbole einer größeren, höheren Weltanschauung betrachten.«

Ein Blick zum Sternenhimmel

Monoton, ein melancholisches Wiegenlied, schlagen die Wellen gegen den Strand. Weit draußen, jenseits der Düne, zieht einsam ein verspätetes Segel heimwärts, dem Fischerdörfchen zu, von dem der Abendwind Hundegebell herüberträgt in meine Einsamkeit. Im Westen ist der Sonne letztes Gold verglüht, feine Wölkchen schwimmen in einem rosenroten Meer, das langsam, langsam verblaßt, je schneller der Sonne Wagen unter dem Horizont hinüberlenkt zu den Ländern fern im Westen, wo nun die lange Nacht entflieht. Leise fährt der Abendwind durch die feinen Gräser am Strande; sie nicken wie träumend und rascheln leise, als raunten sie seltsame Geschichten, wie Kinder, die unter die Decke schlüpfen, ehe der Sandmann kommt.

Das ist die Stunde, in der die Sterne erwachen. Verblaßt ist das Rosenrot im Westen, versprüht der Feuerstreif, der drunten am Horizont wie ein Strom flüssigen Goldes hinzog, und mit ihren blauschwarzen Flügeln senkt sich die Nacht auf Land und Meer. Drüben über dem Dörfchen, aus dessen Häusern hie und da ein Lichtchen herüberblinkt, hängt das silberne Wächterhorn des Mondes, und drunten im Spiegel der See tanzt es auf und nieder, auf und nieder. Und wir stehen und blicken schweigend empor zu den ewigen Lichtern da droben. Langsam kommen sie gezogen, eines nach dem anderen, die hellen, großen erst, und dann die kleineren, und nun, da sich der Mond drüben zum Untergange anschickt, liegt der Sternenmantel der Himmelsgöttin vor uns ausgebreitet, und sein reicher Schmuck blitzt wie Diamantsplitter. »Zähle die Sterne, kannst du sie zählen? Also soll dein Same sein!« – unwillkürlich fällt es uns ein, das alte Bibelwort, und in Erinnerung versunken, ist es uns wohl, als klängen aus fernen Jugendtagen viel frische Kinderstimmen herüber, und als jauchzte des Schulmeisters alte Geige dazwischen: »Weißt du, wieviel Sternlein stehen an dem blauen Himmelszelt?« – Nun sind wir groß geworden und haben von den Sternen viel gelernt, aber sie sind uns wunderbar geblieben, wie damals, als wir verständnislos und gläubigen Herzens zu ihnen aufblickten wie zu den Lichtern des Christbaumes. In diesem Meer von Lichtern, in dieser Welt von Welten verliert sich der Blick! Der kleine Mensch, ein Bakterium, ein Parasit auf diesem im Weltall umherwirbelnden Sandkorn, Erde genannt, sieht sich der Unendlichkeit gegenüber, in der seit Ewigkeiten ein unabsehbares Auf und Nieder von Milliarden Weltkugeln herrscht. Und je tiefer er eindringt in dieses mächtige Getriebe, je rätselvoller, je gewaltiger wird es.

Einst galt ihm die Erde als der *Mittelpunkt*, als das Herz der Welt, ja als die Welt selbst in des Wortes unendlichster Bedeutung; im Luftkreis der Erde, so glaubte er, schwebten die Sterne, und er hielt sie – wie einst vor zweieinhalb Jahrtausenden der griechische Forscher Anaximander – für die Köpfe goldener Nägel, eingeschlagen in die Kristallglocke des Himmelsgewölbes. Und wenn auch große Geister schon in den ältesten Zeiten eine Ahnung von der Winzigkeit dieses Erdenrundes, von seiner Bedeutungslosigkeit im Universum, und die richtige Vermutung hatten, daß jene Lichter des Himmels Weltkörper in weiten Fernen sind, Jahrtausende brauchte der Menschengeist, um den Wahn abzustreifen, daß die Erde fest im Weltenmittelpunkt ruhe und alle Sterne um sie, die Krone des Alls, wie der Diener Troß um des Königs Majestät sich gruppieren. Die ersten, der Wahrheit nahe kommenden Weltbilder griechischer Denker im sechsten Jahrhundert v. Chr. waren vergessen, *Nikolaus Kopernikus* schleuderte im ersten Drittel des sechzehnten Jahrhunderts aufs neue die Erde mit mächtiger Hand aus dem Mittelpunkt der Welt, machte sie zu einem Stern unter Sternen, zu einem verschwindenden Tropfen im Ozean der Welten, dessen leuchtende Wellen die uferlose Unendlichkeit durchwogen.

Und der kleine Mensch, festgebannt an dieses Sandkorn, er eroberte es mit der Kraft seines Geistes. Jene Sterne, die ihm einst ewig und unveränderlich erschienen, er erkannte nach und nach, daß sie werden und vergehen wie die Blumen auf dem Felde, daß sie eine Geburts-, eine Todesstunde haben wie er selbst. Freilich, sein schnell abrollendes Lebensrad gestattet ihm nicht, das Werden und Vergehen der Sterne zu verfolgen; langsam, unendlich langsam rollt der Faden ihres Seins sich ab, Tausende von Generationen versinken, ehe sich kleine Veränderungen zeigen an jenen leuchtenden Gebilden des Himmels; aber könnten wir Jahrtausende zu Sekunden machen, wir sähen die Sterne aufglimmen wie Leuchtkäfer im abendlichen Wald, sähen sie heller und heller sich entzünden und wieder dunkler werden, sprühen und ver-

Mittelalterliche Darstellung des Weltgebäudes nach einem Holzschnitt aus dem 16. Jahrhundert

glühen wie die glimmende Kohle auf dem armseligen Herdfeuer – und in Nacht versinken. Sie kommen, sie gehen, wie wir! Hier Jahrmilliarden, hier wenige Jahrzehnte, aber Jahrmilliarden und Sekunden sind eins im Strome der Ewigkeit!

Die Wellen rauschen in ewig gleichem Takt gegen den Strand, sie rauschen und raunen seit Jahrtausenden die gleiche Melodie. Hier mögen einst in grauer Vorzeit, wie jetzt wir, Menschen in stiller Nacht emporgeblickt haben zu den blinkenden Sternen. Ihre Spur ist verweht, »nicht Sang, nicht Stein mehr zeugt von ihren Taten«, aber noch immer funkeln droben die alten Sterne, und wir sehen im großen und ganzen den Himmel so, wie sie ihn sahen. Noch immer steht dort das Sternbild des »Großen Wagens«, des Heerwagens der germanischen Völker des Nordens, noch immer zieht sich da mit seiner Kette kleiner Sterne der »Drache« hin, funkelt hier über uns in bläulichen Strahlen »Wega« im Bilde der »Leier«. Sie standen so, als vor

Jahrtausenden die Höhlenmenschen der Steinzeit die Intelligenz auf diesem Planeten verkörperten, und sie standen so, als dreizehnhundert Jahre vor Beginn unserer Zeitrechnung Ägyptens großer König Ramses II., dessen vertrocknete Mumie die Neugier nach vielhundertjährigem Schlaf aus dem Sarkophag gerissen, mit den Syrern seine großen Kriege führte. Kolumbus sah die Sterne und Sternbilder ebenso, als er in dunklen Nächten bangen Herzens nach dem ersehnten Land im Westen spähte, wie sie Napoleon in den Einöden Rußlands, wie sie Nansen in den Eis- und Schneeregionen des Pols, fern von aller Kultur, funkeln sah.

Und dennoch wissen wir, daß diese Sterne mit ungeheurer Geschwindigkeit hierhin und dahin, nach ganz verschiedener Richtung den Raum durcheilen, daß jene Sterne, die für unser Auge sich scheinbar zu bestimmten Figuren, »Sternbildern« gruppieren, in Wahrheit zumeist durch ungeheure Räume voneinander getrennt sind, nur *scheinbar*, infolge einer zufälligen Perspektive, *beieinander* stehen. Messungen zeigen uns, daß sich die Sterne mit einer Durchschnittsgeschwindigkeit von 1000 Kilometer in der Minute im Weltenraum weiterbewegen; oft streben verschiedene Sterne eines bestimmten Sternbildes aufeinander zu, während andere wieder voneinander forteilen oder miteinander gemeinsam durch das Universum wandern. Und trotzdem das alles mit einer rasenden Schnelligkeit geschieht, die mehrere tausendmal größer ist als die eines Eilzuges, sehen wir doch jahrtausendelang die Sternbilder in ihrer alten Gestalt, als ständen die Sterne, die sie zusammensetzen, unbeweglich still.

Wie ein Eisenbahnzug, den wir aus großer Nähe betrachten, so schnell an uns vorübereilt, daß wir mit den Augen kaum zu folgen vermögen, während er aus großer Entfernung gesehen nur träge durch die Landschaft zu kriechen scheint, so dort bei den Sternen; ihre Entfernung ist eine so ungeheure, daß sie trotz der Schnelligkeit ihrer Bewegung stillzustehen scheinen, erst nach vielen Jahrtausenden sind sie – von uns aus gesehen – um eine Vollmondbreite weitergewandert. Aber könnten wir Sonnenweiten zu Zollbreiten zusammendrängen, Jahrtausende zu Sekunden machen, wir sähen die Sterne dort oben wie Mücken, die im Sonnenstrahl durcheinanderwirbeln, wie glänzende Staubteilchen, die im Sonnenlicht durch unser Zimmer schwirren, hin und her wogen durch die Tiefen des Universums. *Scheinbar* ist die starre Ruhe des Firmamentes, scheinbar seine Ewigkeit, soweit sie seine einzelnen Glieder betrifft. Das kommt und geht, schwebt hin und her, taucht auf und nieder, wie alles im großen Reiche der Natur. Nur der Maßstab ist dort ein anderer. Aber lebt nicht auch der Mensch viel tausendmal länger als die Eintagsfliege, und übertreffen nicht wiederum jene Riesenbäume Kaliforniens, die drei Jahrtausende lang ihr mächtiges Blätterdach im Winde rauschen ließen, des Menschen Leben gewaltig? Blumen und Menschen, Berge und Sterne werden, vergehen, nur der Strom der Ewigkeit rauscht fort und fort. Der Mond, der bleiche Gesell, ist drüben hinter den Häusern des Dorfes zur Ruhe gegangen; ein feines Silberlicht noch zeigt seinen Weg, und schwarz, als Silhouetten, ragen die Fischerkaten, ruht des kleinen Dorfkirchleins dikker Turm, mit silbernen Rändern umgeben, auf dem lichten Grunde. Weit in der Ferne blitzt hin und wieder ein Leuchtfeuer auf, und nun wird dicht über der feinen Lichtlinie des Meeres in der Ferne ein rotes und ein weißes Licht sichtbar, die Signallampen eines heimkehrenden Ozeandampfers. Wie klein ist doch das Erdenrund! Dieses Fahrzeug, das nun dort in wenigen Stunden den Heimathafen erreicht haben wird, es hat ein Drittel dieser Weltkugel in wenigen Tagen umwandert, ein Drittel dieser Scholle im Weltenraum, die noch vor wenigen Jahrhunderten als das A und das O, der Anfang und das Ende der Welt galt. Wie klein ist doch das Erdenrund! Seitdem es der Mensch gelernt hat, die Naturkräfte vor seinen Reisewagen zu spannen, machen sich die »Globetrotter« einen Sport daraus, in immer kürzeren Zeiten den Planeten zu umwandern, die Welt ist ihnen in der Tat bald ein Dorf geworden. Rund 40 000 Kilometer mißt der Gürtel der alten Mutter Erde, eine Strecke, die ein modernes Flugzeug bei ununterbrochenem Flug in rund 13 Stunden durchmessen könnte. Aber was ist die Erde, dieser Wohnsitz von 3,8 Milliarden Menschen, gegenüber der Sonne, in deren Riesenleib mehr als $1^1/_4$ Millionen Erdkugeln Platz hätten! Und mit solchen Sonnen ist das Universum angefüllt wie unser Zimmer mit schwirrenden Stäubchen. Millionen solcher Sonnen bilden den schimmernden Gürtel der »*Milchstraße*«, Millionen Sonnen mit wahrscheinlich vielen Erden! Wie klein ist doch das Erdenrund, um dessen Besitz sich die Menschheit seit Jahrtausenden zerfleischt hat!

So nahe liegt die nächste Station zur Unendlichkeit: der Mond. Nur ein Katzensprung ist es im astronomischen Sinne, denn nur 384 000 Kilometer jenseits der Erde zieht er seine uralte Straße. Dreißig nebeneinandergelegte Erdkugeln vermöchten schon den Raum zwischen ihm und uns zu überbrükken, und wenig mehr als eine Sekunde brauchte eine drahtlose Depesche, um vom Sendeturm bis zu den öden Berglabyrinthen unserer Nachbarwelt zu kommen. Aber der Mond ist eben sozusagen noch ein Stück der Erde selbst, ist ihr getreuer Trabant, gewissermaßen eine kleine, dem Festland »Erde« vorgelagerte Insel. Gewaltig wachsen die Entfernungszahlen, wenn wir die Geschwister der Erde aufsuchen, jene Sterne, die wir Planeten nennen und die gleich der Erde die Sonne umwandeln, sich um sie scharen wie die Küchlein um die Henne. Dort drüben, wo die Sonne unterging, strahlt noch tief unten am Horizont der helle Abendstern, die *Venus*, wie eine reine Flamme. Sie kommt uns von all den Geschwistern der Erde am nächsten, bis auf 40 Millionen Kilometer! Wie leicht spricht sich das aus, und wie wenig begreifen wir doch dabei die Riesenentfernung! Das ist schon hundertviermal die Entfernung Erde–Mond. Die drahtlose Depesche erreicht allerdings den Planeten schon in 2¹/₄ Minuten, denn die elektrischen Wellen breiten sich mit der ganz unfaßbaren Geschwindigkeit von 300 000 Kilometer in der Sekunde im Raum aus. Wie weit erscheint uns das alles schon, und doch ist die schöne Venus unsere nächste »Nachbarin«, dieser Planet ist unsere »Nachbarstadt« im Reiche der Sonne, und die Sonne selbst ist schon wieder fast viermal weiter entfernt; 8¹/₃ Minuten flirrten die elektrischen Wellen mit unserm drahtlosen Telegramm, denn rund 150 Millionen Kilometer sind zu durchmessen!

Aber auch diese Sonne befindet sich ja noch in erdnahen Räumen, noch immer sind wir in unserer Heimat im Weltenraum, solange wir das Planetenreich durchwandern. Fünfeinhalbmal weiter als die Sonne ist schon der größte Bruder der Erde, der *Jupiter*, von uns entfernt, fast zehnmal ferner als sie steht uns der mit den Ringen geschmückte *Saturn*, noch weiter draußen im Raum schweben *Uranus* und *Neptun*, und bis zum fernsten bis jetzt bekannten Planeten, dem *Pluto*, der erst im Jahre 1930 aufgefunden wurde, ist es eine halbe Ewigkeit! Der Planet steht der Sonne rund vierzigmal ferner als unsere Erde, 249 Jahre braucht er, um sie einmal zu umwandern, und unser drahtloses Telegramm benötigte 5¹/₂ Stunden, um diesen Stern zu erreichen, obwohl es in einer einzigen Sekunde mehr als siebenmal den Erdball umsausen würde.

Selbst da ist das Reich der Sonne nicht zu Ende, denn Kometen und Sternschnuppenwolken ziehen in noch viel ausgedehnteren Bahnen um die strahlende Kugel, die uns wärmt und leuchtet.

Uns schwindelt! Was sollen uns diese Zahlen, wir verstehen sie nicht mehr, sie schwirren vor unseren Augen wie die Milliarden Flocken eines Schneegestöbers, verwirrend, beängstigend. Und doch sind wir noch immer in der Heimat, sehen noch immer sozusagen in der Ferne den Turm unseres Dorfkirchleins, werden noch immer in diesen Bezirken vom Strahl derselben Sonne, wenn auch schwächer, erhellt, die dort, auf der fernen, nun unsichtbar gewordenen Erde, die Ähren reifen läßt und Feuer in die Traube gießt, fühlen noch immer ihre Wärme, sehen noch immer die Sternbilder in alter Gestalt, so wenig hat sich trotz unseres veränderten Standpunktes die Perspektive geändert. Wir stehen an der Grenze des Sonnensystems, aber das

Universum wimmelt von solchen Sonnensystemen. Wieder machen wir uns auf und fliegen durch den Raum, den fernen Sternen zu, die dem Menschen einst noch im Luftkreis der Erde zu liegen schienen. Lange, unendlich lange dauert es, ehe wir wieder einer Sonne begegnen; gewaltige Räume liegen zwischen den einzelnen Provinzen des Universums, aber die Meßkünste der heutigen Sternforschung erlauben es, die Entfernungen der näheren Sternströme mit recht hoher Genauigkeit zu messen. Als nächsten aller Fixsterne dürfen wir den hellen Stern ansprechen, der am Südhimmel im Sternbild des Zentaur leuchtet und den die Astronomen »*Alpha Centauri*« nennen; nach neueren Messungen hat er einen dem unbewaffneten Auge nicht sichtbaren Begleiter *(»Proxima Centauri«)*, der noch etwas geringeren Abstand von uns hat, aber bleiben wir hier bei dem helleren der beiden Gestirne. Alpha Centauri ist 271 000mal weiter von uns entfernt als die Erde von der Sonne, nämlich nahezu 41 Billionen Kilometer. Die drahtlose Depesche brauchte 4,3 Jahre, um die Entfernung zu überbrücken. Diese Zahlen geben uns kein Bild mehr; versuchen wir es anders, verkleinern wir den Maßstab ins menschlich Greifbare: Nehmen wir einmal an, die Sonne stände von der Erde nicht weiter entfernt als eines unserer Augen vom andern, und rechnen wir aus, wie weit im gleichen Maßverhältnis dann jener Stern im Zentaur von unseren Augen abstehen müßte; wir werden finden, daß es noch immer über 17 Kilometer sind.

Und er ist unserer Sonne Nachbar! Selbst der Astronom, der ja das Rechnen mit gewaltigen Zahlen gewöhnt ist, greift – um die Riesenentfernungen im Weltgebäude besser ausdrücken zu können – zu besonderen Maßstäben. Er gibt die Entfernung der Fixsterne häufig in »*Lichtjahren*« an. Mag tausend Kilometer fern von dir ein Licht aufblitzen, du wirst es in demselben Augenblick wahrnehmen, in dem es sich in dieser Ferne entzündet, denn die Lichtstrahlen eilen mit einer Geschwindigkeit durch den Äther, die für irdische Verhältnisse unendlich groß ist. Man hat diese Geschwindigkeit der Fortpflanzung des Lichtes messen können und hat gefunden, daß die Lichtwellen in jeder Sekunde 300 000 Kilometer (genauer 299 796 Kilometer) zurücklegen, also in der Sekunde fast achtmal rings um den Erdball wandern können. Ihre Geschwindigkeit ist die gleiche wie die der elektrischen Wellen, von denen wir bereits mehrfach gehört haben. Eine einfache Rechnung zeigt uns, daß das Licht nur 1 und $^1/_4$ Sekunde braucht, um vom Monde zur Erde zu gelangen, nur $8^1/_3$ Minuten, um den Raum zwischen Erde und Sonne zu durchmessen. Die Strecke nun, zu deren Durchwanderung das Licht ein ganzes Jahr braucht, nennt der Astronom ein Lichtjahr. Da ein Jahr 31 556 926 Sekunden hat und die Lichtwellen in jeder Sekunde 300 000 Kilometer fortschreiten, so repräsentiert ein Lichtjahr die gewaltige Strecke von 9 467 077 800 000 Kilometer. Jener allernächste Fixstern, Alpha Centauri, ist nun, wie die Messungen ergeben haben, 4,3 Lichtjahre von uns entfernt; 4,3 Jahre brauchen die Lichtstrahlen, um von ihm bis zu unserem Sonnensystem zu gelangen! Nähme in diesem Augenblick die Hand eines Allmächtigen diesen Stern vom Firmament fort, wir sähen ihn noch 4,3 Jahre an der alten Stelle funkeln, denn so lange wären die letzten Strahlen, die er vor seinem Verschwinden aussandte, unterwegs, ehe sie unser Erdenrund erreichten! Und das ist unser Nachbar! Andere Fixsterne sind zehnmal, hundertmal, tausendmal weiter in den Raum hinausgerückt. Der Sirius ist 9 Lichtjahre fern, Wega in der Leier 26, einige Sterne im »Großen Wagen« schweben 70 bis 90 Lichtjahre fern von uns. Das Siebengestirn, der Polarstern, Deneb im Schwan liegen annähernd gleich weit draußen im Raum, rund 300 bis 325 Jahre braucht das Licht, um von ihnen bis zu uns zu dringen, und für die fernsten Sternwolken der *Milchstraße* sind etwa 45 000 Lichtjahre anzusetzen. Fünfundvierzigtausend Lichtjahre! Es hat keinen Sinn, über solche Weiten nachdenken zu wollen, sie sich vorstellen zu wollen; wir begreifen sie ebensowenig, wie das Wimpertierchen im Wassertropfen die Größe des Ozeans begriffe. Aber wenn wir bis zu diesen Sternen der Milchstraße vorgedrungen wären, so hätten wir abermals die Grenze eines mächtigen Komplexes mit den Siebenmeilenstiefeln unserer Phantasie erreicht, wie wir früher die Grenze des so unendlich viel kleineren Sonnensystems erreicht hatten! Schauen wir empor! Über uns am Sternenzelt spannt sich in seinem zarten Licht der Bogen der Milchstraße, aber auch am Himmel der südlichen Erdhälfte setzt er sich fort, und wir erkennen, daß es ein ungeheurer Ring ist, der um das ganze Himmelsgewölbe gelegt ist und das große Heer von Sternbildern und Sternen umschließt. Dieses gewaltige Band, das den Himmel umsäumt, besteht aus Milliarden von Sternen, Milliarden von Sonnen, und innerhalb seines vielleicht 100 000 Lichtjahre breiten Raumes liegen abermals neue Sonnenscharen, liegt auch unsere eigene Sonne mit der Erde und den anderen Planeten. Wir sehen das alles von der Erde aus perspektivisch verzerrt, es bedurfte sehr langer, mühsamer Forschungsarbeit, um über den wirklichen Charakter dessen, was wir Milchstraße nennen, klarzuwerden. Heute wissen wir, daß die Milchstraße eine mächtige Aneinanderreihung von Sternwolken ist, die insgesamt annähernd hundert Milliarden Fixstern-Sonnen fassen. Wäre es uns möglich, in den Raum hinauszufliegen, weit hinweg über die letzten Sternströme, so würden wir endlich die wahre Situation erkennen. Wir sähen, daß diese hundert Milliarden Sonnen als ein in sich abgeschlossener Körper, als eine riesenhafte Insel, im All schweben.

»*Milchstraßen-System*« nennt der Astronom diese Weltinsel von etwa 100 000 Lichtjahren Durchmesser. Eine Insel aus Sonnen, eine von der anderen durch ungeheure Räume getrennt, und mitten in diesem Gewühl, ein Sandkörnlein am Meere des Raumes, unsere eigene Sonne, der Fixstern, den wir umkreisen.

Aber auch hier ist die Welt noch nicht zu Ende! Wie jenes Hirtenbüblein im Märchen dem König antwortete, als er von ihm wissen wollte, wie lange die Ewigkeit währe: »Weit hinten im Morgenland liegt ein Diamantberg, eine Meile lang, eine Meile breit, eine Meile hoch, dahin kommt alle hundert Jahre ein Vögelchen und wetzt seinen Schnabel, und wenn der ganze Berg abgewetzt sein wird, dann ist eine Sekunde der Ewigkeit verflossen« – genauso kann man von der Unendlichkeit sagen, daß die Milchstraßeninsel eine Schrittlänge im endlosen Raum sei. Wie die Erde und ihr Mond ein System für sich sind, wie die Sonne mit ihren Planeten abermals ein größeres abgeschlossenes Ganzes bildet, so ist auch das Milchstraßensystem wieder ein Einzelkörper im Raum. Und wie es wahrscheinlich viele Erden, unzählige Sonnen in den Tiefen des Universums gibt, so gibt es vielleicht unzählige solcher Milchstraßeninseln. Unsere Fernrohre zeigen uns in unmeßbaren Weiten *jenseits* des Milchstraßenringes mattschimmernde Wölkchen, die die optische Kraft der Fernrohrobjektive in Verbindung mit der lichtempfindlichen Platte vor unseren erstaunten Augen in ungeheure Sternen-Staaten auflöst. Milchstraßensysteme jenseits der Milchstraße! Mit einiger Sicherheit läßt sich die Entfernung der nächsten dieser Inseln zu rund $2^1/_2$ Millionen Lichtjahren bestimmen, die fernsten liegen in Räumen, aus denen der Lichtstrahl erst nach vielen Jahrmillionen zu uns dringen kann, wir sehen sie heute in dem Licht, das von ihnen ausging, als noch keine Menschen auf Erden lebten, die Saurier der Jurazeit durch die Landschaften stapften.

Und zu wissen, daß all diese Sonnenschwärme in unablässiger Bewegung sind, mit großer Geschwindigkeit durch das All eilen! Auch die Sternströme unserer Nachbarschaft wandern, wie Fischschwärme durch die Meere ziehen; Sternbilder lösen sich im Laufe langer Zeiten auf, unser eigener Standpunkt im Raum ändert sich, da die Sonne (ihre Planeten selbstverständlich mit sich reißend) mit 20 Kilometer Sekundengeschwindigkeit einem Punkt im Universum zustrebt, in dessen Nähe wir den hellen Stern Wega in der Leier leuchten sehen. Der Polarstern nähert sich uns in jeder Sekunde um 15 Kilometer, Sirius um 8, Aldebaran, der Hauptstern im Stier, strebt mit 55 Kilometer Sekundengeschwindigkeit von uns fort, Kapella im Fuhrmann vergrößert ihren Abstand von uns mit jedem Herzschlag um 30 Kilometer. Ja, die ganze gewaltige Insel des Milchstraßensystems rast durch den Raum. Eine

phantastische Vorstellung, wenn man überlegt, daß hier gegen 100 Milliarden Sonnen fliegen, von denen manche unsere eigene Sonne ein paar hundertmal an Durchmesser übertreffen, Glutbälle, denen gegenüber die Erde zu einem nebensächlichen Stäubchen wird.
Vervollständigt wird die Großartigkeit dieser Weltschau durch die Erkenntnis, daß diese Sonnen Sitz komplizierter physikalischer Prozesse sind, daß auch sie offenbar eine Entwicklung durchmachen, Jugend und Alter haben, daß der Astrophysiker heute ihre Lebensdauer, die sich auf viele Jahrmilliarden angeben läßt, einigermaßen überblicken und annähernd bestimmen kann.
Was für ungeheure Perspektiven eröffnen sich, wenn wir so forschend und grübelnd zum Himmel aufblicken! »Die Welt ist tief, und tiefer als der Tag gedacht!« Zunächst freilich will uns das fast verwirren! Welche ungeheuren Weiten! Wir erfassen diese Räume, diese Zahlen nicht mehr, sie lösen bei uns nur das Gefühl der eigenen Kleinheit aus, und wir erkennen, wie verloren der Punkt, der unser ganzes, der das Sein von Hunderttausenden von Generationen ausmacht, im Universum ist. Erscheint er uns nicht wie das einzelne Schneesternchen, das im Sturm einen Augenblick an unserem Auge vorüberrast mit Millionen anderen in tagelangem dichtem Schneegestöber und das im nächsten Augenblick verschwunden, zerronnen, verflüchtigt ist? Und will es uns nicht einen Augenblick erscheinen, als sei all unser Ringen und Schaffen nutzlos, als sei dieses ewige Hasten und Jagen, als sei dieser ewige Hader mit unseren Brüdern, als sei dieses blutige Ringen um einzelne Länderfetzen dieses winzigen Erdenballes ein Wahnsinn, der uns zermürbt, zerreibt, die kurze Spanne unseres Daseins mit armseligem, vergänglichem Trug ausfüllend, verkürzend?! Einen Moment fliegt es uns durch das Hirn, wie wenig die Menschheit in all den Jahrtausenden es gelernt hat, die kurze Gastfreundschaft, die uns Allmutter Natur auf diesem Stern bietet, in heiterer Ruhe, in edler Freude miteinander zu verbringen, aber wir erkennen auch, daß der Mensch, der kleine Parasit der Erde, mit seinem Hirn sich dieses Universum erobert hat und sich – sei's abermals nach tausend Jahren – auch zu den Zeiten ringen wird, von denen es uns seit grauen Tagen in alten schönen Liedern klingt. – »Der gestirnte Himmel über uns und das moralische Gesetz in uns!« – *Kant* nennt sie mit Recht als die beiden Dinge, die uns immer wieder mit neuer Bewunderung erfüllen müssen. Was ist eigentlich wunderbarer, dieses unermeßliche Meer von Sternen, diese im Nebel der Unendlichkeit verschwindenden Scharen von Sonnen und Planeten, oder das Gehirn des Menschen, der, einem Wimpertierchen in einem winzigen Wassertropfen des Ozeans vergleichbar, über seine Stellung in diesem gewaltigen

Urania-Sternwarte *Die Urania-Sternwarte am Lehrter Bahnhof in Berlin (1898). Sie wurde zur großen Wende in Bürgels Leben (oben). – Bruno H. Bürgel am Vierzöller der Urania-Sternwarte (unten links). – Das Reclam-Bändchen »Auf der Sternwarte« von Dr. Wilhelm Meyer, das für Bürgel zum Baedeker für seine Lebensreise wurde (unten rechts)*

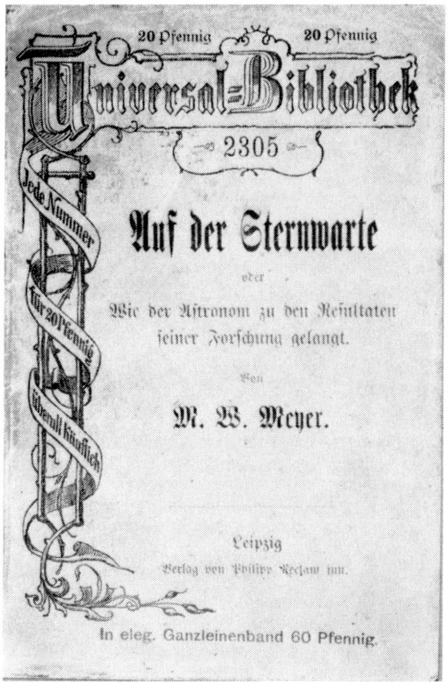
20 Pfennig 20 Pfennig

Universal-Bibliothek

2305

Jede Nummer für 20 Pfennig überall käuflich

Auf der Sternwarte

oder

Wie der Astronom zu den Resultaten seiner Forschung gelangt.

Von

M. W. Meyer.

Leipzig

Verlag von Philipp Reclam jun.

In eleg. Ganzleinenband 60 Pfennig.

Bruno H. Bürgel *Der Dichter-Astronom im Alter von sechzig Jahren (oben links). – »Bruno H. Bürgel als Straßenastronom«, Selbstkarikatur (oben rechts). – Bürgel an seinem großen Fernrohr auf dem Balkon seines Hauses in Babelsberg (unten)*

Getriebe der unendlichen Natur sich Klarheit schaffen, der den Kosmos in seinem Aufbau verstehen, seine Weiten messen konnte?!
Und bei dieser vertieften Betrachtung der Welt anlangend, ist es auch an der Zeit, uns loszulösen von der Überschätzung der Riesenzahlen, Riesenräume, Größen, Zeiten, mit denen der Astronom rechnen muß. Schiller ruft einmal den Sternforschern zu: »Schwatzet mir nicht so viel von Nebelflecken und Sonnen! Ist die Natur nur groß, weil sie zu zählen euch gibt? Euer Gegenstand ist der erhabenste freilich im Raume, aber, Freunde, im *Raum* wohnt das Erhabene nicht!« – Er hat recht! Wir würden die Ameise belächeln, die über die Riesengröße einer Weltstadt staunt, sie gar für unglaubhaft erklärt. So müssen wir auch die kleinen menschlichen Maßstäbe daheimlassen, diese für unsere kleine Menschenwelt bestimmten Maßstäbe, wenn wir die Erde verlassen und in den Sternenraum hinausdenken. Ist das Große wirklich wunderbarer als das Kleine? Ist es weniger wunderbar, daß aus winzigen Keimzellen, die nur kleine Bruchteile eines Millimeters groß sind und doch in sich die Geheimnisse der Vererbung bergen, ein Goethe werden kann? Ist es weniger wunderbar, daß die Natur Milliarden wundervoller, überaus regelmäßig geformter Schneesternchen vom Himmel rieseln läßt, die wir achtlos zerstampfen? Ist eine Alpenwiese im Sommer, mit ihren Blumen, Gräsern, winzigen Insekten, jedes in seiner Art vollkommen gebaut, weniger wunderbar als die Sternenheere der Milchstraße?
Wissen wir nicht, daß auch das kleinste Gebilde auf Erden aus ungezählten Milliarden allerkleinster Körperchen besteht, die wir Moleküle und Atome nennen, und daß diese Körperchen in fortwährender Bewegung sind, selbst im scheinbar unbeweglich ruhenden Stein zu unseren Füßen? Hat uns die moderne Physik nicht gezeigt, daß es auch sozusagen »Atomsonnen« und »Atomplaneten« gibt, die, von unendlicher Kleinheit, in jedem noch so winzigen und wie immer gearteten Körperchen, das wir zur Hand nehmen, in ungeheurer Anzahl enthalten sind, es zusammensetzen, seine Beschaffenheit bedingen? Betrachten wir unter diesen Gesichtspunkten den Kiesel zu unseren Füßen, das Salzkörnchen in unserer Hand, denken wir uns so klein wie ein Bakterium und noch hunderttausendmal kleiner, und als Geschöpfe auf so einem Atomplaneten in unserem Steinchen, wir würden dann – mit denselben Sinnen und demselben Denkapparat ausgestattet – die Milliarden durch große Zwischenräume voneinander getrennten Atome vielleicht ebenfalls als eine Art Sternenmeer wahrnehmen, das, wie jenes große am Himmel des Menschen, gleichfalls in ewiger Bewegung, Veränderung sich befindet. Für ein solches Wesen auf einem Atom in einem Steinchen wäre die Gesamtheit der den Stein bildenden Atome eine Art Milchstraße.

Drüben im Osten dämmert der Morgen. Die Sterne verblassen allmählich, wie mit schnellen Rossen der neue Tag sich wieder dem einsamen Strande nähert. Ein leichter Süd weht über das schweigende Land, und graue Nebel weben über den Wassern. Wie sie wallen, wie sie wogen! Und wie das unermüdliche Meer Welle um Welle gegen das Ufer wirft, ruht nichts um mich her, alles, alles ist in ständiger Bewegung, Veränderung, wie in jenem Heer von Welten dort droben, durch dessen leuchtende Scharen uns zu nächtlicher Stunde an einsamem Strande das schnelle Roß unserer Phantasie trug. Ob wohl auf vielen Sternen so uns ähnlich geartete Wesen in das All hinausstarren und Fragen über Gott und Welt und über das Wesen der Dinge zu lösen suchen. Wissen sie mehr von diesen Rätseln als wir? Unterscheiden sich vielleicht auf vielen dieser Welten die intelligenten Geschöpfe so stark von uns, wie der Kulturmensch des zwanzigsten Jahrhunderts sich vom primitiven Menschen der Vorzeit unterscheidet, und sind sie dem Weltgeist näher als wir? Bizarre Gedanken und Träumereien! Nun, wir dürfen sie haben! Nur einer darf sie nicht haben, nämlich gerade der Astronom, der Erforscher dieser Welten, der mit den Methoden und Hilfsmitteln moderner Physik und Mathematik ihre Natur und ihre Gesetzmäßigkeiten entschleiern soll.

Oktavheft

Von der Astronomie und den Astronomen

Von der Astronomie, der Wissenschaft von den leuchtenden Sternen im weiten Himmelsraum, und den Astronomen, den Vertretern dieser Wissenschaft, haben die Menschen meist eine gar sonderbare Vorstellung. Die widersprechendsten Meinungen über die Tätigkeit und den Beruf des Astronomen herrschen, und je nachdem, ob jemand idealistisch oder realistisch veranlagt ist, wird er bewundernd oder achselzuckend von der Sternkunde und dem, der sie ausübt, sprechen. So ein Astronom, der da oben auf dem Monde besser Bescheid weiß als andere Sterbliche hier unten auf der Erde, muß doch ein ganz besonders närrischer Kauz sein! Was in aller Welt gehen uns jene Sterne an, die dort unerreichbar fern von uns schweben und ja in der Tat ganz schön aussehen, aber sonst doch herzlich wenig Bedeutung für uns haben! Und nun kommen diese Sterngucker daher und schauen Nacht für Nacht mit ihren Riesenfernrohren hinein in dieses Sterngewimmel, zählen dem lieben Gott die Himmelslichter nach und passen auf, daß keines verlorengeht. In kalter Winternacht, wenn alles schläft, sitzen diese kuriosen Leute auf ihrem Observatorium und gucken frierend in den Mond; was für eine verrückte Passion! – So ungefähr urteilt ein ziemlich beträchtlicher Teil des großen Publikums über den Astronomen und seine Tätigkeit, die man für eine ganz brotlose Kunst hält. – Es gibt aber auch Leute, die den Sternforscher mit ganz anderen Augen betrachten, ihn für ein kleines Wundertier halten und mit einiger Ehrfurcht und Bewunderung anstaunen. Das muß doch ein ganz besonders interessanter Mensch sein, so sagen sich jene Verehrer der astronomischen Forschung, der da oben in jenen weiten Räumen des Universums Bescheid weiß, in denen die Weltenkugeln seit Jahrmilliarden schweben; er kennt ihren Gang, berechnet bis auf die Sekunde ihren Lauf und weiß, was auf ihren Oberflächen vor sich geht. Wie groß muß ein Mensch sein, der mit unendlichen, unmeßbar großen und unmeßbar lange währenden Dingen tagtäglich umgeht, wie mag er, dessen Blick sich in der Unendlichkeit verliert, in der der Erdball zu einem Stäubchen wird, über die kleinlichen Dinge des täglichen Lebens denken? Kann es wohl etwas Schöneres, etwas Erhabeneres und Poetischeres geben, als jenen fernen Welten, die in den Tiefen der Unendlichkeit schweben, nachzuspüren, den Blick zu richten auf die stille, starre Gebirgswelt des Mondes mit ihren ragenden Felszinnen, ihren tiefen Schluchten, über die die Sonnenstrahlen hinwegzittern? Die Planetenkugeln, umkreist von ihren Monden, im Teleskop schweben zu sehen und von der kleinen Erde mit den Gedanken hinauszuschweifen in die Sternenräume, wo sich die Sonnen wie Diamantsplitter zu Tausenden zusammendrängen, in Entfernungen, die der eilende Strahl des Lichtes in Jahrtausenden kaum durchmessen mag!

Man muß hier zwei Dinge scharf voneinander trennen! Die Sternforschung hat ohne Zweifel mit geradezu phantastischen, dem Alltagsdenken weltenfernen Objekten und Verhältnissen zu tun, aber es kann keinen größeren Irrtum geben als den, anzunehmen, Astronomie habe irgend etwas mit Phantastik zu schaffen. Um es mit einem runden Satz gleich im Anfang auszusprechen: *Astronomie ist nichts weiter als angewandte Physik und Mathematik. Für den poetischen Sternenträumer ist weder am Fernrohr noch im Rechenbüro Platz,* was ja nicht ausschließt, daß auch der Sternforscher in seinen Mußestunden, und wenn er Gabe und Veranlagung dazu hat, einmal über sachliche wissenschaftliche Feststellungen hinweg, mitgerissen von der Größe seines Gegenstandes, ein wenig über interessante Probleme philosophieren mag, die den Freund des Sternenhimmels und seiner Wunder und Geheimnisse besonders reizen. Ich habe in meinem Leben niemals Fach-Astronomen über die Frage diskutieren hören, ob die Sterne bewohnt sind, ob auf dem Mars uns ähnliche Wesen leben usw.; abgesehen davon, daß für sie andere Probleme weit wichtiger sind, wissen sie sehr genau, daß kein Astronom der Welt z. Z. darüber etwas aussagen kann. Leider ist es heute auch nötig, zu sagen, daß *Astronomie* nichts mit Astrologie, also mit »Sterndeutung«, zu tun hat, mit dem jahrtausendealten Glauben und Aberglauben, daß die Sterne des Menschen Geschick beeinflussen. Der Astronom stellt keine »Horoskope«, er lehnt diese Geistesrichtung ganz und gar ab, und es ist einigermaßen niederdrückend, feststellen zu müssen, daß im Volk immer wieder Astrologie mit Astronomie verwechselt oder zusammengeworfen wird.

Ein bekannter Astronom hat einmal das Wort geprägt: »*Die Astronomie ist die unbekannte Wissenschaft!*« Jeder, der die Verhältnisse kennt, kann das bestätigen. Daß jemand einen Bären mit einem Löwen, einen Kürbis mit einer Kartoffel verwechselt, ist nicht gut vorstellbar, in der Astronomie ist das an der Tagesordnung. Ein paar Beispiele: Eine große Zeitung berichtet im Jahre 1936, ein bedeutender englischer Astronom habe festgestellt, daß der Mond sich der Erde immer mehr nähern werde und sich endlich mit ihr vereinigen müsse. Diese Mitteilungen hätten in Paris weite Volkskreise beunruhigt.

Wie wir an einer anderen Stelle dieses Buches noch sehen werden, läßt sich eine solche Hypothese wohl vertreten, es ist nur vergessen worden, zu bedenken, daß Jahrmilliarden vergehen, ehe der Mond etwa bedrohlich naherücken kann. Die Pariser von heute haben keine Ursache, über diese sehr unaktuelle Möglichkeit besorgt zu sein.

In einer Gesellschaft von gebildeten Leuten fragt ein Knabe, weshalb nicht immer Sommer sei und weshalb denn Winter komme. Keiner von den acht Anwesenden kann darauf eine klare, runde Antwort geben; schließlich einigt man sich darauf, daß die Sonne im Winter ferner stehe und es darum kälter werde. – Es ist genau umgekehrt! Im Januar steht die Erde der Sonne 5 Millionen Kilometer näher als im Juli.

Unter »Wissenswerte Neuigkeiten« teilte einmal eine Zeitung mit, die Astronomen hätten gefunden, daß der Abendstern und der Morgenstern in Wirklichkeit ein und derselbe Stern wären, nämlich der Planet Venus. Das ist richtig, aber es war schon den alten Griechen bekannt und sollte einer modernen Zeitung nicht neu sein! Eine andere Zeitung bringt einen Bericht aus Südafrika und erwähnt, daß da alles auf dem Kopf stehe; die Sonne ginge dort im Westen auf und im Osten unter, und zur Mittagszeit stände sie im Norden, wie ja denn dort Winter sei, wenn wir Sommer hätten. Welch ein verwirrendes Durcheinander von Irrtum und Wahrheit!

Im Jahre 1930 teilt eine Großstadtzeitung mit, der amerikanische Physiker Professor Stevart hätte vor einem »Auditorium von Gelehrten« die überraschende Mitteilung gemacht, daß eine Nacht auf dem Monde zwei Wochen dauere. Seine Ausführungen hätten bei der Versammlung höchstes Erstaunen ausgelöst, ja seien auf Unglauben gestoßen, doch hätte er an Hand von Photographien, aufgenommen mit dem Riesenteleskop der meteorologischen (!) Station der Mount-Wilson-Sternwarte, die Richtigkeit seiner Mitteilungen bewiesen. Was für ein Wirrwarr von Unsinnigkeiten! Jeder würde lachen, wenn ein amerikanischer Professor erzählte und einem gelehrten Auditorium durch Photographien eines meteorologischen Instituts beweisen müßte, daß die Hühner in Europa Eier legen und auch unter Umständen ausbrüten, aber astronomische Selbstverständlichkeiten erzeugen erstaunten Unglauben! Man sollte meinen, die Tatsache, daß von einem Vollmond bis zum nächsten vier Wochen vergehen, müßte sich langsam herumgesprochen haben; es ist nicht der Fall, wie wir sehen.

Es ist gar nicht Mittag, wenn wir Mittag haben, klärt ein Blatt seine Leser auf, denn das Sonnenlicht braucht acht Minuten, um uns zu erreichen; daher sei der eigentliche Mittag schon acht Minuten früher. Aber die Astronomen rechneten auch gar nicht nach der wirklichen Sonne, sondern nach einer nur in Gedanken existierenden. – Dieser verfilzte Klumpen falsch verstandener Tatsachen erinnert verzweifelt an die bekannte »von dem Antroposophen Steinach entdeckte Relativitäts-Drüse«.

Wenn im Jahre 1929 eine Zeitung für Lehrer auseinandersetzt, daß bei einer Sonnenfinsternis der Schatten der Erde *die Sonne verdunkelt*, dann darf man wohl mit Recht sagen, daß Astronomie eine »unbekannte« Wissenschaft ist, und darf sich nicht mehr darüber wundern, daß heute massenhaft Broschüren mit den unsinnigsten »Weltanschauungen« verlegt und verkauft werden und amerikanische Bibelgesellschaften einen wütenden Kampf gegen das ins Unendliche gehende Sternenall der heutigen Sternforschung führen, weil in ihm »kein Platz mehr ist für Gottes Engelhimmel«.

Ach ja, die Sterne stehen uns sehr, sehr fern, und doch haben sie von jeher das Gemüt des einfachen Menschen wie den grübelnden Geist beschäftigt. Immanuel Kant, der große Philosoph, hat einmal den Ausspruch getan, daß zwei Dinge ihn mit immer wachsender Bewunderung und Ehrfurcht erfüllten: das moralische Gesetz in uns und der gestirnte Himmel über uns. Viel hat der scharfsinnige Denker über diese beiden Probleme gegrübelt, und Unzählige haben, auch als Forscher, den Zauber empfunden, der vom bestirnten Firmament ausgeht und den Diesterweg, der große Pädagoge, meinte, als er sagte: »Die Astronomie ist eine erhabene, weil erhebende Wissenschaft.«

Dennoch bleibt bestehen, was wir bereits ausführten: die Tätigkeit des Astronomen hat mit Phantasterei nichts zu tun, ebensowenig wie die des Arztes, des Physikers, des Biologen, wenn auch die Resultate seiner Forschung oft unsere Phantasie stark anregen mögen. Wir werden noch sehen, daß seine Hauptaufgabe eigentlich die ist, zu messen, zu messen und wieder zu messen, daß der praktische Astronom auf der Sternwarte von der »Poesie der mondbeglänzten Zaubernacht« sehr wenig zu spüren bekommt. Nur wer selber viele Nächte am Fernrohr gestanden hat, etwa bitter kalte Winternächte, weiß darum! Das Thermometer sinkt beständig; von 10 auf 12, von 12 auf 15 Grad Kälte. Alles ist einsam, alles in der weiten Runde schläft! Im

Park knirschen die Äste unter dem Eispanzer, der sich immer fester um sie schließt. Nur oben in dem kalten, eisigen Kuppelraum (Sternwarten dürfen nicht geheizt werden, um Luftströmungen und die Erwärmung der Meßinstrumente zu verhindern) steht der Astronom an seinem Fernrohr, dessen eiserne Stangen und Hebel sich fast wie Eiszapfen anfühlen. Durch den Kuppelspalt pfeift der Wind, und Reif legt sich um Bart und Augenlider. Da steht er nun, der einsame Mann, vielleicht von zwanzig bis um drei Uhr ans Fernrohr gebannt. Aber nicht die stille Welt des Mondes, nicht die Planetenoberflächen mit ihren Wolkenzügen, ihren Flecken und Landschaften, nicht die schimmernden Sternhaufen bewundert er träumend, sondern ein ganz harmloses, winziges Sternchen, das selbst in seinem Riesenoperngucker kaum erkennbar ist und ihm Augenschmerzen verursacht, verfolgt er, fortwährend seinen Abstand von den Meßfäden des Fernrohres kontrollierend.
Er verfolgt die Bewegung dieses kleinen Sternchens; es gilt, die Bahn dieses Himmelskörpers mit größter Genauigkeit festzulegen. Unablässig notiert er mit einem Telegraphenhebel auf einem abrollenden Papierstreifen, auf den sich auch die Zeitsignale der Pendeluhr selbsttätig aufzeichnen, Beobachtungsmomente, trägt er Mikrometer-Ablesungen ein, während die Sterne glitzernd zum geöffneten Beobachtungsraum hereinfunkeln, leise das Uhrwerk summt, das das große Fernrohr im Kreise dreht, während die Quecksilbersäule im Thermometer noch immer sinkt und das Blut trotz des Pelzes kühl bleibt bei all der Schönheit des gestirnten Himmels.
Und ein anderes Bild! Draußen scheint freundlich die Sonne. Am grünen Tisch sitzt der Astronom. Vor sich einen Wust von mathematischen Formeln, von langen Papierstreifen mit telegraphischen Zeitnotizen, die der »Observator« nachts am Fernrohr aus seinen Beobachtungen gewonnen. Eine langwierige, komplizierte Berechnung ist auszuführen, tausend Werte geschickt miteinander zu verknüpfen, so daß endlich aus dem Wirrwarr von Formeln und Zahlen, aus dem Heer von Orts- und Zeitbestimmungen die Bahn und die Umlaufszeit des Gestirns zutage tritt. Da sitzt er, der Zahlenmensch, die lebende Rechenmaschine; er hat jenes interessante Gestirn gar nicht gesehen, sein Kollege hat es beobachtet im Fernrohr, er aber führt die Rechnung aus. Es ist wie in einer großen Fabrik; dieser schneidet zu, jener heftet es zusammen. Namentlich auf den großen amerikanischen Berg-Observatorien, etwa der Lick-Sternwarte, dem Observatorium auf dem Mount Wilson und anderen, wo ein ganzer Stab von Forschern nach einem bestimmten, festgelegten Programm arbeitet, herrscht eine sehr planmäßige Arbeitsteilung; nur ein Teil der Beobachter ist jeweils auf den Berg-Sternwarten im Dienst, andere arbeiten unten in Laboratorien und Büros.

Es ist keineswegs interessant und poetisch, am Passage-Instrument den Durchgang von Hunderttausenden von Sternen durch die Meßfäden zu beobachten, ihren Ort mit höchster erreichbarer Genauigkeit festzulegen, eine Arbeit, die sich über viele Jahre erstreckt und geradezu langweilig genannt werden kann. Wie oft spielt auch der größte Feind aller astronomischen Beobachtungen, das Wetter, dem Observator einen schlechten Streich! Da ist zum Beispiel ein »veränderlicher Stern« zu beobachten, ein Fixstern, der aus noch nicht ersichtlichen Gründen ziemlich unregelmäßig seine Helligkeit ändert, eine ferne Sonne also, die irgendwie in ihrer Lichtaussendung gestört wird. Es gilt, mit Hilfe von Photometern oder durch Vergleich mit benachbarten, unbeeinflußten Sternen, oft monatelang, die Helligkeit jenes an sich ganz uninteressanten Sternchens zu messen, so etwas wie eine Fieberkurve der Strahlungsänderung zu erhalten. Gar nicht selten setzt nahe dem Abschluß der Beobachtungen schlechtes Wetter ein, bleibt der Himmel einige Tage, ja eine Woche, bedeckt, der Moment des tiefsten oder höchsten Standes der Helligkeit jenes Gestirns ist verpaßt, man muß alle Beobachtungen wiederholen.

Viele Arbeiten des Sternforschers sind so recht wenig unterhaltsam, erst die Resultate haben dann zuweilen etwas von jener, dem begeisterten Sternfreund phantastisch vorkommenden Größe, so etwa, wenn sich herausstellt, daß jene ferne Sonne, ein Feuerball millionenmal größer als unsere Erde, zuweilen wie eine riesige Seifenblase mächtig anschwillt und wieder zusammenschrumpft, ein Vorgang, der, träfe er bei unserer eigenen Sonne zu, alles Erdenleben vernichten würde.

Wir werden noch sehen, daß die Tätigkeit des Astronomen eine sehr vielseitige ist und eine hohe Summe von Kenntnissen erfordert. Es sei daher hier auch die oft gestellte Frage beantwortet, wie man Astronom wird. Nun, auch das zeigt wieder, daß die Sternforschung eine unbekannte Wissenschaft ist, denn es würde keinem Menschen einfallen, zu fragen, wie man Arzt, Richter oder Professor für Literaturgeschichte wird, denn jeder weiß, daß man, um es zu werden, die höhere Schule und die Universität, von anderen vorbereitenden Instituten zu schweigen, besuchen muß. Nicht anders ist es bei Astronomen. Aber es ist niemandem verwehrt, sich als Liebhaber-Astronom zu betätigen, und nicht wenige den Sternen zugetane, arbeitsfreudige und mit den unbedingt notwendigen Kenntnissen ausgestattete Männer haben mit bescheidenen Instrumenten da nicht nur sich selbst das Leben bereichert, sondern auch der Wissenschaft genützt. Ja namentlich in vergangenen Zeiten, als der Himmel noch weniger durchforscht war, noch wenige kleine und schwach besetzte Sternwarten bestanden, haben diese Privat-Astronomen

Hervorragendes geleistet, und sehr bedeutende Sternforscher sind in jungen Jahren Handwerker, kleine Beamte und so weiter gewesen. Der große Herschel war Regimentsmusikus, ehe er sich der Durchforschung des Himmels zuwandte, und Hansen hatte einen kleinen Uhrenladen in Tondern. Le Verrier, der Berechner des Neptun, war Steuerbeamter bei der Tabakregie in Paris, Hall und Newcomb waren Zimmerleute. Der alte Bruhns (1881 als Direktor der Leipziger Sternwarte verstorben) hatte das Schlosserhandwerk erlernt, und Alexander von Humboldt hatte ihn als Mathematiker entdeckt und gefördert. Der ausgezeichnete Sonnenbeobachter Weber in Pekeloh war in seiner Jugend Hirt und später Landmann, der »astronomische Bauer« Palitzsch aus Prohlis bei Dresden ist oft erwähnt worden. Dollond war Seidenweber, Fraunhofer Glasschleifer, der hervorragende amerikanische Astronom Barnard Photograph. Pfarrer, Ärzte, Lehrer haben gerade als Liebhaber-Astronomen in einer noch geruhsamen Zeit außerordentlich viel für den Fortschritt unserer Wissenschaft getan und sind später häufig Berufs-Astronomen geworden. Der Sonnenforscher Schwabe in Dessau war Apotheker, der Mondforscher Mädler in Berlin Schreiblehrer, der Planeten-Entdecker Olbers in Bremen war Arzt, Bessel in seiner Jugend Kaufmann.

So ließen sich bis in die neueste Zeit hinein viele Namen nennen, und wenn es auch nicht jedem beschieden ist, der Wissenschaft größere Dienste zu leisten, die Beschäftigung mit den Sternen wird für alle der Verinnerlichung zugewandten Menschen eine Bereicherung des Lebens bedeuten.

Pforten zur Unendlichkeit

Seltsam und geheimnisvoll erscheint dem Laien jenes stille Gebäude da draußen vor der Stadt, dessen hohe Kuppeldächer so fremdartig, wie Tempel fast im fernen Morgenlande, aus dem dunklen Grün der Parkanlagen zum Himmel aufstreben. Fern von der Stadt und ihrem Dunst und Lärm gelegen, unzugänglich jedem Fremden, erweckt das stille Haus der Astronomen, die Sternwarte, gar eigentümliche Empfindungen in uns. Die mittelalterlichen Sterndeuter, die uns Schiller im Wallenstein in ihrem geheimnisvollen Tun zeigt, kommen uns in den Sinn, wir denken unwillkürlich zurück an jene Zeiten, in denen die Astrologen mit allerlei wunderlichen Instrumenten aus den Gestirnen das Geschick der Großen, der Fürsten und Völker lasen oder zu lesen vorgaben.

Aber jene Zeiten sind längst vorüber, und der Schleier des Mystischen, den Unkenntnis und schlaue Berechnung um die Kunst des Astronomen woben, ist gefallen; der frische Wind der modernen Zeit hat die Nebel und Spukgeister zerstreut, der Mann der Wissenschaft braucht heute den Deckmantel der Magie nicht mehr, der Wunderglaube ist geschwunden, und dennoch staunen wir über das, was die moderne Wissenschaft entschleiert, mehr, als es in jenen dunklen Zeiten die Astrologen und Alchimisten mit ihren dunklen Zauberkünsten zu bewerkstelligen vermochten. – Aber ein eigener Zauber umweht auch heute die einsame Werkstatt des Sternkundigen. Hier ist die Stätte, von der aus der Mensch, der kleine Gott der Erde, mit seinen Gedanken hinausrankt in die unermeßlichen Sternenräume, hier ist sozusagen die Pforte zur Unendlichkeit. Dem gewöhnlichen Sterblichen liegt das ja alles so fern; er liest nur hin und wieder in der Zeitung von den Entdeckungen, die die Gelehrten da draußen auf ihrer einsamen Warte mit ihren komplizierten

Instrumenten im Reiche der Sterne gemacht haben, aber nur wenige dringen in diesen der Erforschung der Sterne gewidmeten Tempel.
Freie Aussicht und durchaus ruhige Lage sind unbedingt nötig, und so baut man die Sternwarte möglichst weit von den Adern des brausenden Verkehrs entfernt. Auch die Bahn darf nicht allzu nahe ihre eiserne Straße an das Observatorium heranführen, denn die äußerst empfindlichen Instrumente nehmen die geringsten Erschütterungen des Bodens auf, und die Sterne tanzen dann im Gesichtsfelde des Fernrohres auf und nieder, so daß an eine exakte Beobachtung nicht zu denken ist. Außerdem aber ist auch die Luft in der Nähe der Großstadt so wenig durchsichtig, daß man mehr und mehr in die freie Natur hinausrückt mit den Sternwartenbauten oder – noch besser – in die reine Luft der Höhen emporsteigt und die Observatorien auf Bergen errichtet. Man braucht nur die mit Staubzählern ermittelten Werte zu vergleichen, um zu erkennen, wie stark die Lufttrübung in großen Städten ist. Während man auf hohen Bergen rund 200 Teilchen in einem Kubikzentimeter Luft zählt, sind es in der Großstadt an einem trockenen Sommertag zuweilen 500000, und die Gesamtmenge des Staubes über einer mittleren Industriestadt wurde bis zu 50 Meter Höhe auf 300 Kilogramm berechnet. Die Lichtfluten unserer modernen Städte machen selbst die hellen Sterne unsichtbar, der flammende Reklamegiebel, der eine Sektmarke anpreist, überstrahlt die Millionen Sonnen der Milchstraße! Außerordentlich störend ist Luftunruhe, hervorgerufen durch Strömungen wärmerer und kälterer Schichten. Wer schon einmal über einen auf der Straße aufgestellten Koksofen hinwegsah, weiß, daß die starken Luftströmungen da alle Gegenstände, Häuser, Personen verschwommen und undeutlich machen. Betrachtet man bei starker Luftunruhe den Mond mit einem kräftigen Fernrohr, so hat man den Eindruck, als sei er in fließendes Wasser getaucht, so unruhig, zitternd, undeutlich werden die Umrisse der Bergformationen. Es muß bei der Anlage einer Sternwarte auf all diese Dinge geachtet werden; selbst die Bepflanzung des Parkes ringsum spielt eine Rolle, denn kahler Sandboden strahlt die empfangene Sonnenwärme anders zurück als grünes, saftiges Buschwerk und Rasen, und auch die ganze Anlage der Gebäude wirkt sich aus. Die Instrumente müssen auf tiefgründenden Steinpfeilern stehen, die vom Gebäude isoliert sind, um von Erschütterungen frei zu sein, ja selbst ganz minimale Änderungen des Mauerwerkes, wie sie durch die ungleiche Sonnenstrahlung in den verschiedenen Jahreszeiten hervorgerufen werden, können sich bei allerfeinsten Messungen störend bemerkbar machen. Vergessen wir nicht, daß hier zuweilen Spinnfadenbreiten eine Rolle spielen!
Wir haben in unserem Land eine Anzahl ganz moderner Sternwarten, bei

deren Anlage all diese langsam gewonnenen Erfahrungen verwertet wurden. Die Sternwarten zu Berlin-Babelsberg, Hamburg-Bergedorf, die Bergsternwarte auf dem Königsstuhl bei Heidelberg, das Astrophysikalische Observatorium zu Potsdam, die Universitäts-Sternwarten in Bonn, Göttingen und andere entsprechen allen Anforderungen der Gegenwart und sind wohlausgerüstet. Aber es kann nicht bestritten werden, daß wir in Deutschland bei weitem nicht so vom Klima und Wetter begünstigt sind wie die Astronomen in manchen anderen Gebieten der Erde. Einer der Beobachter der Universitäts-Sternwarte Berlin-Babelsberg, Professor Struve, hatte Gelegenheit, auch die Verhältnisse an außereuropäischen Observatorien zu studieren und mit den hiesigen zu vergleichen. Während in Berlin nur 40 vom Hundert der Nächte klar waren, waren auf der Lick-Sternwarte in Kalifornien 84, auf der Sternwarte zu Johannesburg (Südafrika) 81 vom Hundert klar, und in beiden Beobachtungsgebieten war die Ruhe und Durchsichtigkeit der Luft erheblich besser als in der Heimat.

»Amerika, du hast es besser als unser Kontinent, der alte . . .!« ruft einmal Goethe aus. In mancher Hinsicht läßt sich das auch in bezug auf amerikanische Sternwarten sagen, denn enorme Mittel, sehr häufig von wohlhabenden Privatleuten gestiftet, erlauben es, da drüben großartige Observatorien zu bauen. Eines der herrlichsten Institute dieser Art ist die vielgenannte Lick-Sternwarte auf dem Mount Hamilton in Kalifornien, 1280 Meter über dem Meere gelegen, die unter anderem das zweitgrößte Linsenfernrohr der Welt birgt und mit einem Kostenaufwand von mehreren Millionen Dollar von James Lick, einem ehemaligen Zimmermann, gestiftet wurde. Unter dem Fundament des mehrere hundert Zentner schweren Riesenrohrs steht der Sarg des eigenartigen Mannes, der sich ein so vornehmes Denkmal, und ein so sinniges zugleich, zu setzen wußte. In der Eingangshalle dieser Sternwarte steht die einfache Hobelbank, an der Lick einst selbst werkelte. – Auf einer Abendgesellschaft trifft der bekannte amerikanische Astronom Hale den Eisenbahnkönig Yerkes. Hale erzählt Wunderdinge von der Lick-Sternwarte, einer der größten der Welt. Daß die Kalifornier den Chikagoern so sehr über sind und ein ehemaliger Zimmermann und späterer Orgelbauer das bewirkt hat, ärgert Mister Yerkes ein wenig; man spricht hin und her, und mit der Großzügigkeit eines echten amerikanischen Nabobs sagt Yerkes schließlich zu Hale: »Gehen Sie hin, lassen Sie eine noch größere Sternwarte für Chikago bauen und senden Sie mir die Rechnungen!« – So wird eines der großartigsten Observatorien der Welt gegründet, das Yerkes-Observatorium, das zwischen sechs und sieben Millionen Mark gekostet hat: 19 Meter ist sein Riesenfernrohr lang, allein die große Linse von 1 Meter

Durchmesser wiegt 250 Kilo, das Rohr ohne Achsen, Gegengewichte, Teilkreise 6000 Kilo, der Riesenarm der Deklinationsachse ist 9 Meter lang. Ein riesenhafter Dom ist die Wohnung dieses gewaltigen himmlischen Opernguckers; 27 Meter hoch ist er, 140 000 Kilo wiegt die eiserne Drehkuppel mit dem Beobachtungsspalt, die Kuppel, die sich wie ein Karussell im Kreise herumdrehen läßt, wozu allein schon eine enorme Maschinerie in den Kellergewölben nötig ist.

Wieder andere Sternwarten dieses Landes der »unbegrenzten Möglichkeiten« verdanken ihre Entstehung, ihre großartigen und reichen Hilfsmittel der bekannten Carnegie-Stiftung; aber auch fast unbekannte Privatleute (wie der in Amerika lebende Rumäne Dina, der dem hervorragenden Astronomen Ritchey nahezu eine Million Mark übergibt, um ein großes Spiegelteleskop zu schaffen) machen, der Sternkunde zugetan, bedeutende Stiftungen. Nur so entstehen Forschungsinstitute von der Großartigkeit des Observatoriums auf dem Mount Wilson bei Pasadena in Kalifornien, mit seinen gigantischen Teleskopen, seinen Laboratorien, mechanischen Werkstätten, Stahltürmen und unterirdischen spektralphotometrischen Beobachtungsräumen, auf die wir noch zurückkommen. Hier wirken Astronomen, Physiker und Techniker zusammen, Berg-Sternwarte und Tal-Laboratorium ergänzen sich.

Leider kann man der sehr teuren Drehkuppeln nicht entraten, denn der Beobachtungsspalt, der dem Fernrohr die freie Aussicht verschafft, muß selbstverständlich nach jedem Punkt des Firmamentes gerichtet werden können. Ein Druck auf einen Knopf, Zug an einem Hebel, und der mächtige Dom dreht sich grollend; ebenso einfach kann der Aussichtsspalt geöffnet und geschlossen werden, und vielfach läßt sich auch der Fußboden, auf dem der Beobachter am Ende des Fernrohres steht, heben und senken, um das unbequeme Arbeiten auf hohen Leitern zu ersparen.

Besonderen Zwecken dienen die Turmbauten, sozusagen Fernrohre in Gestalt von Türmen. Ein 50 Meter hoher Stahlturm trägt oben einen Aufbau, der einen Spiegel von einem halben Meter im Durchmesser enthält und mittels eines Uhrwerkes immer dem Lauf der Sonne nachgeführt wird. Er wirft das Licht der Sonne auf eine horizontal gelagerte Linse, und diese erzeugt nahe dem Erdboden ein Sonnenbild von fast einem drittel Meter Durchmesser. Es kann dort photographiert oder aber, durch Umleitung der Strahlen, in eine 24 Meter tiefe, unterirdische Kammer geworfen werden, wo Spektralapparate eine Zerlegung des Sonnenlichtes und sehr sorgfältige Untersuchungen erlauben.

Unsere Ausführungen haben gezeigt, daß die Sternforschung unserer Tage mit gewaltigen und sehr kostspieligen Mitteln arbeitet; daß auch in der Wissenschaft das Geld eine nicht zu unterschätzende Rolle spielt. Dennoch wird immer bestehen bleiben, daß nicht die Instrumente, sondern geniale *Menschen* die Hauptsache sind, und an vielen Stellen dieses Buches wird uns bewußt, daß auch mit ganz bescheidenen Mitteln eine schöpferische Persönlichkeit unser Wissen über die Welt der Sterne stark zu fördern vermag.

Keine Erfindung hat unseren Blick so erweitert und vertieft wie die des Fernrohres und des Mikroskopes. Was wäre die Wissenschaft heute ohne diese beiden Hilfsmittel! Jenes enthüllt uns die Welt des unendlich Großen, dieses die Welt des unendlich Kleinen. Die sichtbare Welt wuchs durch die Anwendung dieser beiden wunderbaren Instrumente ins Ungemessene nach jeder Richtung, und Dinge tauchten in unserem Gesichtskreise auf, die wir nie geahnt und die das Weltbild plötzlich ganz anders erscheinen ließen. Und seltsam! Diese beiden großen Erfindungen haben wir dem Zufall zu verdanken, wenigstens ist dies sicher beim Fernrohr der Fall. Zwei mit Glaslinsen und Brillengläsern spielende Kinder des Middelburger Brillenmachers Jansen sollen zufällig, als sie zwei Gläser in verschiedener Entfernung vor die Augen hielten, bemerkt haben, daß entferntere Gegenstände auf diese Weise nähergerückt erschienen. Jansen soll dann auf das Spiel aufmerksam geworden sein, weitere Versuche angestellt haben und bald darauf zur Konstruktion des ersten Fernrohres geschritten sein. Manche Andeutungen in alten Werken scheinen zwar darauf hinzuweisen, daß bereits im Altertum die Wirkung solcher Linsenkombinationen bekannt war, aber all das ist doch recht unverbürgt. Neuerdings soll man in der Bibliothek des Britischen Museums zu London eine Mitteilung entdeckt haben, derzufolge ein Mann namens Leonard Digges um 1571 in England ein Instrument verfertigte, mit dem man entfernte Gegenstände näher und deutlicher sehen konnte. Feldhaus, der sich um die Geschichte der Technik verdient machte, berichtet von einem aus Italien stammenden Fernrohr mit der Jahreszahl 1590. Andererseits hat Professor Harting feststellen können, daß die erste verbürgte Nachricht von einem Fernrohr aus dem Jahre 1608 stammt. Hans Lippershey, geboren zu Wesel und ebenfalls Brillenmacher, in Middelburg ansässig, hat damals der holländischen Regierung ein »Instrument zur Verwendung im Kriege, um weit damit zu sehen« angeboten und als Gegenleistung eine Pension gefordert, wobei er versprach, die Erfindung nur dem Vaterlande zu verraten und anderen Fürsten geheimzuhalten. Während man noch verhandelte, trat ein gewisser Jakob Metius mit einer gleichen Erfindung an die Regierung heran, und da nun das Geheimnis nicht mehr gewahrt schien, lehnte diese den Kauf ab. Lippershey fand beim Herzog von Nassau Unterstützung, und bald finden wir überall Fernrohre im Gebrauch. Der große italienische Naturforscher *Galilei* hatte von dieser Erfindung gehört, und seine Kenntnisse machten es ihm leicht, sich nun selbst ein Fernrohr zu bauen, ein kleines, kurzes Ding mit Papphülse, das er im Sommer 1609 zum erstenmal zum Himmel richtet. Er erkennt die Berge des Mondes, Flecken auf der Sonne und entdeckt am 7. Januar 1610, daß der Planet Jupiter von vier Monden umkreist wird. In einem anderen Kapitel haben wir die Bedeutung dieser Feststellung und ihre Auswirkung eingehend besprochen.

Selbstverständlich waren die ersten Fernrohre sehr primitiv und leisteten kaum mehr als heute ein Opernglas; teilweise verwendete man, um bessere Bilder zu erhalten, wahre Ungetüme von 30 bis 50 Meter Länge, ein paar kümmerliche Linsen auf riesigen, höchst unbequemen Gestellen. Infolge der Brechung des Lichtes beim Durchgang durch die Gläser (ähnlich wie bei einem Prisma) zeigten alle Sterne, alle Gegenstände bunte Ränder, und alle Bilder wurden undeutlich. Erst dem englischen Optiker *Dollond* gelang es 1758, diesen großen Nachteil zu beheben, indem er zwei aus verschiedenen Glassorten hergestellte Linsen zu einem Linsensystem, einem »Objektivglas«, zusammenfügte. – Merkwürdigerweise ist in weiten Kreisen des Publikums der Glaube verbreitet, die kräftigsten astronomischen Fernrohre bestünden aus vielen starken Linsen; das ist nicht der Fall. Das aus der Flintglaslinse und Crownglaslinse zusammengesetzte *»Objektiv«* entwirft in der Nähe des unteren Endes des Fernrohres ein verkleinertes, umgekehrtes Bild des Gegenstandes. Mit Hilfe einer am unteren Ende des Rohres befestigten Lupe wird nun dieses Bild vergrößert und betrachtet. Diese Lupe nennt man *»Okular«* oder Augenglas. Je mehr diese Lupe vergrößert, um so größer resp. »näher« erscheint der Körper, und der Astronom setzt je nach Bedarf ein stärkeres oder schwächeres Okular ein. Wie schon erwähnt, kehren die Linsen das Bild um, und so erscheinen im astronomischen Fernrohr alle Gegenstände verkehrt, was bei astronomischen Objekten aber nichts ausmacht. Für Fernrohre, die zur Betrachtung irdischer Körper dienen sollen, muß zwischen Okular und Objektiv noch ein Linsensystem eingesetzt werden, das das Bild wieder aufrichtet.

Je stärker man das Bild, das das Objektivglas (sagen wir einmal vom Monde) entwirft, vergrößert, desto lichtschwächer wird es. Je größer man aber das die Lichtstrahlen des Mondes auffangende Objektivglas macht, um so mehr Strahlen kann es offenbar auf sich vereinigen und sammeln, um so heller wird das Bild, um so kräftiger vergrößernde Okulare kann man dann verwenden und wird die Mondlandschaften so deutlicher und auch noch hell genug beobachten können. Ein Fernrohr ist daher um so leistungsfähiger, je größer sein Objektiv ist. Das Objektiv des mächtigen Fernrohres der Sternwarte zu Potsdam hat einen Durchmesser von 80 Zentimeter und fängt gerade 1000mal mehr Licht von einem Gestirn auf als unser Auge, dessen Pupille etwa 8 Millimeter breit ist. Der Teleskop-Spiegel des Mount-Wilson-Observatoriums fängt rund 3500mal mehr Licht auf als das unbewaffnete Auge; während die Potsdamer Astronomen bei guter Luft mit ihrem Instrument noch gut 2000malige Vergrößerung der Objekte anwenden können, die sie betrachten wollen, gehen die Amerikaner unter Umständen bis auf 5000fache Vergrößerung. Aber immer wieder muß bemerkt werden, daß die Klarheit und Ruhe der Atmosphäre dabei eine Hauptrolle spielt, und so kommt es, daß man zuweilen mit einem mäßig großen Fernrohr auf den Kanarischen Inseln mehr sieht als mit einem Rieseninstrument in London oder in Hamburg.

»Auch der große Pan schläft einmal!« Auch geniale Leute begehen zuweilen Irrtümer! Ein Forscher von der Bedeutung *Newtons* hatte, bevor Dollond die »chromatische Abweichung«, die Farbenzerstreuung der Fernrohrlinsen beseitigte, behauptet, das werde nie gelingen, und vorgeschlagen, statt der Linsen Spiegel zu verwenden. So konstruierte man um 1670 die ersten *»Spiegelteleskope«* oder *»Reflektoren«*. Ein hohlgeschliffener Spiegel entwirft, wie man das an den in den Handel gekommenen Rasierspiegeln leicht beobachten kann, vor sich ebenso ein Bild der Gegenstände, auf die er gerichtet wird, wie die Linse dieses Bild hinter sich erzeugt. Newton brachte nun auf dem Grunde eines großen Rohres einen solchen schwachen Hohlspiegel an, dieser warf das Bild des zu beobachtenden Sternes auf einen ganz kleinen gewöhnlichen Spiegel im Innern des Rohres, und dieser reflektierte das Bild durch ein Loch in der Rohrwand nach außen, wo das Okularglas angebracht war, durch das der Beobachter den Stern betrachtete. Auch heute sind Spiegelteleskope der verschiedensten Konstruktion auf großen Sternwarten im Gebrauch, ja für spezielle Zwecke zieht man sie den Linsenfernrohren vor. Die größten Spiegelteleskope der älteren Zeit baute Herschel, der große englische Astronom, der – wie wir an anderer Stelle berichtet haben – in seiner Jugend Militärmusiker gewesen war. Sein größtes Instrument hatte einen Spiegel von 126 Zentimeter Durchmesser und eine Länge von 12 Meter; noch größer war das von Lord Rosse 1845 verfertigte Instrument, das bei Parsonstown in Irland zur Aufstellung gelangte. Das Rohr war 16 Meter lang, und sein Spiegel hatte 183 Zentimeter im Durchmesser; ein gewaltiges Himmelsgeschütz, mit dem man tief in das unendliche Meer der kleinsten Sterne in den letzten Tiefen des Universums zu schauen vermochte.

Dennoch waren diese alten Spiegel mit vielen Nachteilen behaftet, vor allem,

Spiegelteleskop *Das 5-m-Spiegelteleskop (Hale-Teleskop) auf dem Palomar Mountain in Kalifornien. Diese Aufnahme wurde bei einer astronomischen Tagung gemacht, die in der Kuppel unter dem großen Teleskop stattfand. Rund 400 Teilnehmer fanden hier bequem Platz*

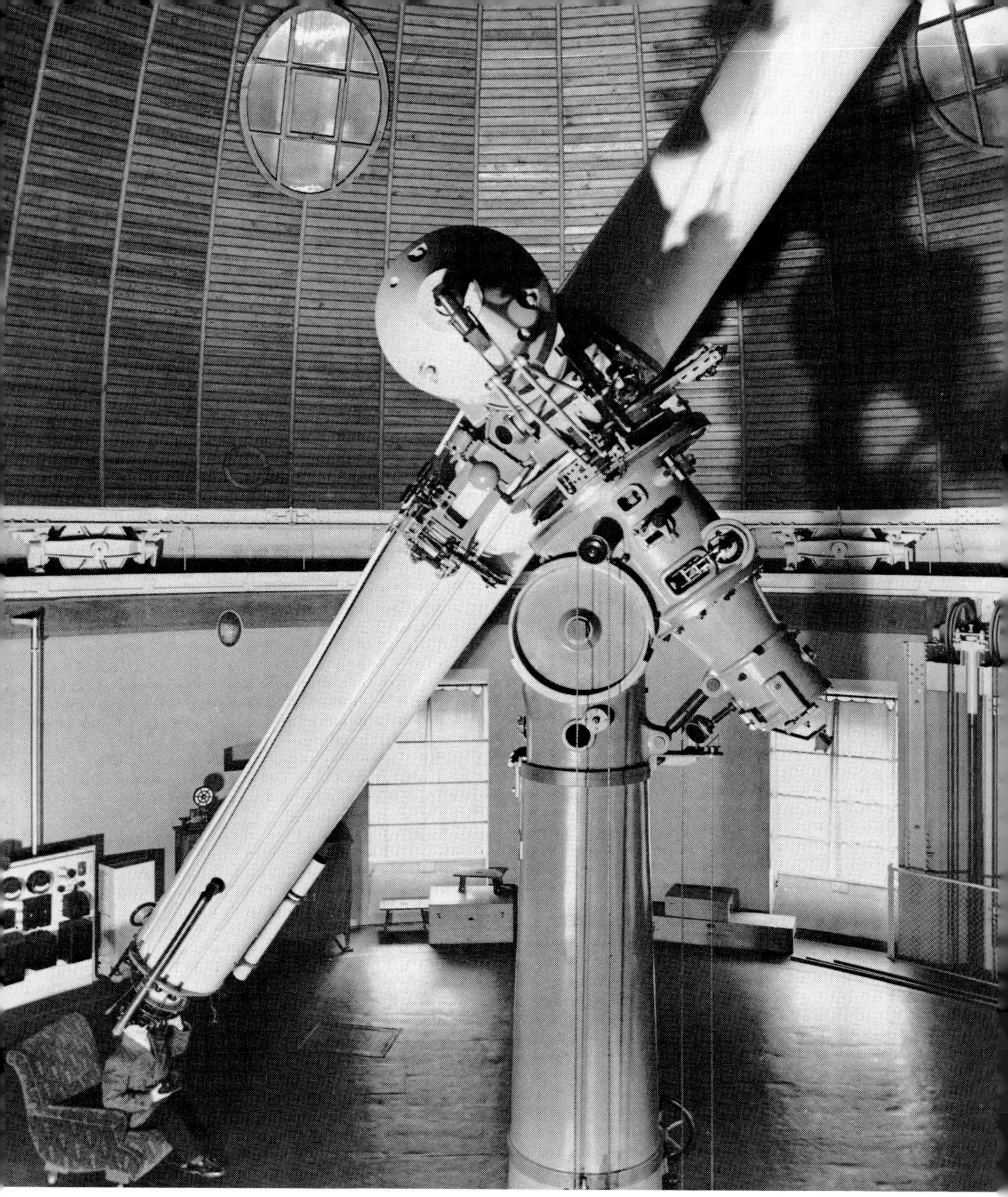

Pforten zur Unendlichkeit *Das große Zeiss-Fernrohr der Sternwarte Babelsberg. Es hat eine Länge von 10,5 m, seine Objektivlinse einen Durchmesser von 65 cm*

weil es Metallspiegel waren; erst der Franzose Foucault schuf 1875 die heute verwendeten, an der Oberfläche versilberten Glasspiegel, die, da die Neuzeit gelernt hat, sie in einer Größe herzustellen, die bei Linsen nicht erreicht werden kann, gerade in unseren Tagen eine immer wachsende Bedeutung erlangen. Die größten Fernrohre der Gegenwart sind Spiegelteleskope von geradezu phantastischen Ausmaßen, aber auch die Linsenfernrohre, die »Refraktoren«, wurden keineswegs verdrängt, haben gegenüber den Spiegeln manchen Vorteil; freilich, hier ist man wohl heute nahezu an der Grenze des Möglichen angelangt, technische Schwierigkeiten bewirken auch hier, daß die Bäume nicht in den Himmel wachsen.

Wie ganz anders sieht so ein moderner Himmelsoperngucker aus als jene Fernrohre der Altvorderen! Treten wir ein in den Kuppelraum, um es zu betrachten. Wer einen solchen Refraktor von 10, 15 und mehr Meter Länge nicht gesehen hat, kann sich kaum eine Vorstellung davon machen! Auf einer mächtigen eisernen Säule sehen wir ein gewaltiges Ungetüm mit allerlei Hebeln, Stangen, Rädern, Kontergewichten, Schrauben, Kreisen, Lupen, Beleuchtungsvorrichtungen ruhen, das kaum noch eine Ähnlichkeit mit dem Fernrohr hat und an dem noch »kleine«, will sagen mehrere Meter lange Fernrohre ganz nebenbei aufgeschraubt sind, »Sucher«, Hilfsfernrohre mit großem Gesichtsfeld. Da sind ganz verzwickte, allerkomplizierteste Meßvorrichtungen mit winzigen, niedlichen Silbertrommeln und Schrauben und allerlei äußerst ingeniösen Einrichtungen, und all dies Gewirr von Handhaben bedient der Astronom in dem stockfinsteren Raum, wenn er zur Nachtzeit beobachtet, mit unfehlbarer Sicherheit.

Wir bemerken zum Beispiel, daß der Astronom, wenn er einen Stern in das Gesichtsfeld des Instrumentes bringen will, gar nicht nach dem Himmel schaut, ja dieses Geschäft schon vornimmt, wenn der Kuppelspalt noch geschlossen ist und das Fernrohr also auf die Kuppeldecke gerichtet ist. Der Astronom sieht in seinen Tabellen nach, welche Lage das (dem freien Auge vielleicht ganz unsichtbare) Objekt am Himmel hat, und dreht nun das Fernrohr so lange nach zwei verschiedenen Richtungen, bis auf zwei großen, am Fernrohr angebrachten Kreisen mit Zahlen die Zeiger einen bestimmten Stand haben. Wird jetzt die Kuppel geöffnet, so steht das gesuchte Objekt in der Tat im Gesichtsfeld des Instrumentes. Genauso, wie man die Erdkugel in Längen- und Breitengrade eingeteilt hat und jeder Erdort leicht gefunden werden kann, wenn man seine geographische Länge und Breite kennt, so hat man auch die Himmelskugel eingeteilt, und in den Sternkatalogen ist der Ort eines jeden Sternleins nach seiner himmlischen Länge und Breite verzeichnet. Auf diese Länge und Breite stellt der Astronom nun die oben erwähnten beiden Teilkreise des Fernrohres ein, und dies ist so montiert, daß bei richtiger Einstellung der gesuchte Stern sofort im Rohr sichtbar wird. Auf diese Weise kann man dem Auge unsichtbare Himmelskörper in den Sehkreis des Instrumentes bringen und auch am Tage jeden gewünschten Stern einstellen, denn die hellsten Sterne sind in einem guten Fernrohr auch bei Sonnenschein sichtbar. Aber der Astronom muß mit seinem Fernrohr nicht nur die Weltkörper betrachten, er muß sie auch messen, ihre Größe und die Richtung und Schnelligkeit ihrer Bewegung feststellen. Zu dem Zweck ist ein außerordentlich feines Meßinstrument unten, wo der Beobachter hindurchschaut, am Fernrohr angesetzt, das sogenannte *Mikrometer*. In diesem Mikrometer sind eine Anzahl Spinnfäden senkrecht und waagerecht schnurgerade ausgespannt, die sozusagen die Meßlatten und Fixierpunkte darstellen. Mit Hilfe sehr feiner Schrauben ist ein Teil dieser Fäden zu bewegen, und wenn man nun beispielsweise im Gesichtsfeld des Rohres zwei Sterne hat, von denen der eine stillsteht, der andere aber weiterwandert, ohne jedoch zu wissen, welcher von beiden der stillstehende und welcher der bewegliche ist, so kann man das mit Hilfe jener Fäden schnell ermitteln. Man dreht mittels der Schrauben zwei Spinnfäden so, daß jeder über einen der beiden Sterne zu stehen kommt. Nach kurzer Zeit wird der bewegliche Stern neben seinem Faden stehen, während der unbewegliche noch vom Faden bedeckt wird. Auch die Richtung und Größe der Fortbewegung läßt sich mit diesen Fäden und den mit ihnen in Verbindung stehenden Meßapparaten ermitteln. Übrigens würde man auf dem dunklen Himmelshintergrund die feinen Spinnfäden gar nicht sehen können, wenn nicht wieder durch kleine Glühlampen die Fäden schwach beleuchtet würden.

Die Leistungen unserer heutigen großen Fernrohre sind gewaltig, sie wären noch viel großartiger, wenn nicht die Luftunruhe sich störend bemerkbar machte. Wenn wir sagen, daß wir mit diesem oder jenem Fernrohr den Mond mit tausendfacher Vergrößerung sehen, so bedeutet das, daß wir ihn so sehen, als stände er nicht 384 000, sondern nur 384 Kilometer von uns entfernt. Die kleinsten Objekte, die wir heute auf unserem Nachbarn im Weltenraum unter günstigen Bedingungen noch wahrnehmen, mögen einen Durchmesser von rund 200 Meter haben. Stellten wir unser mächtigstes Fernrohr auf dem Monde auf, so wäre es wohl bei bester Sicht noch möglich, die Cheops-Pyramide am Rande der Wüste als ein winziges Pünktchen zu sehen, ihren langen Schatten nähmen wir deutlich wahr. Manche der kleinen Planeten, die hauptsächlich im Raum zwischen Mars und Jupiter kreisen, haben nur wenige hundert Meter im Durchmesser, dennoch macht sie uns das Fernrohr sichtbar. Die Beobachtung der Sonne ist aus mancherlei Gründen schwieriger; die kleinsten Objekte, die wir da sehen, haben noch immer Durchmesser von rund 200 Kilometer. Auf dem Planeten Mars, den wir uns gern von uns ähnlichen Wesen bevölkert denken, muß ein Gegenstand noch immer gegen 25 Kilometer breit sein, um erkannt zu werden; wir begreifen, daß Spuren menschlicher Tätigkeit uns nicht wahrnehmbar würden. Auch abgesehen vom optischen Teil ist ein modernes Fernrohr ein Kunstwerk. Wunderbar leicht dreht sich das mehrere hundert Zentner schwere Instrument! Mit einer Hand vermag es der Beobachter zu lenken. Schauen wir nun einmal hindurch! Es ist, um uns ein interessantes Objekt zu zeigen, auf den Planeten Jupiter gerichtet, der gerade in Erdnähe ist, das heißt »nur« 600 Millionen Kilometer von unserer Heimat im Weltenraum entfernt schwebt. Da liegt vor uns im scharfen Glase eine Scheibe von der Größe des Mondes, eine ferne große Erde; wir sehen mächtige Wolkengürtel über sie hinschweben, sehen, wie sie sich langsam dreht, wie andere Partien aus der Nachtseite der Kugel auftauchen. Vier große Monde umkreisen jene ferne Welt. Soeben wandert der Schatten des einen Mondes als ein rundes, dunkles Fleckchen über die Planetenscheibe hin. Nun tritt ein anderer Mond in den Schatten der Jupiterkugel selbst ein, verlischt, wie ein Fünkchen, und wir waren Zeuge einer Mondfinsternis auf dem Jupiter.

Das alles könnten wir nun nicht in dieser Ruhe und Gemächlichkeit mit ansehen, wenn nicht das ganze Fernrohr von einem großen Triebwerk langsam dem Stern nachgedreht würde, denn dieser läuft ja infolge der Erddrehung am Himmel weiter. Ruhig und ohne Schwanken schwebt der Stern im Gesichtsfelde, denn die Säule des Fernrohres ruht auf einem vom Gebäude vollkommen isolierten Pfeiler, der bis ins Grundwasser hinuntergeht, um alle Erschütterungen fernzuhalten.

Das größte Linsenfernrohr der Gegenwart ist der Refraktor der Yerkes-Sternwarte bei Chikago, dessen Objektiv einen Durchmesser von 102 Zentimeter besitzt und eine Rohrlänge von über 19 Meter. Eines der größten Spiegelteleskope befindet sich im Observatorium auf dem Palomar Mountain in Südkalifornien. Der Spiegel hat 500 Zentimeter Durchmesser. Völlig neue Methoden mußten ersonnen werden, ihn zu schaffen. Zwanzigtausend Kilo wog der Glasblock, in einem elektrischen Ofen wurde er viele Monate ganz langsam, mit Grad um Grad sinkender Temperatur, abgekühlt, um Verzerrungen zu verhindern; ein besonderer Eisenbahnwagen mußte konstruiert werden, um den Block später zur Schleiferei durch das ganze Land zu fahren. Wirklich ist es so, wie eine amerikanische Zeitung schreibt: »Die Astronomen, die am Okular dieser 450 Tonnen wiegenden Himmelskanone sitzen, nehmen sich da aus wie Mäuse, die auf einem Schiffsgeschütz herum-

turnen.« Es gibt ungelöste Probleme in den fernsten Tiefen des Universums, die man nur mit so enormen Mitteln wird lösen können. Im Kaukasus, unweit von Selentschukskaja (UdSSR) ist ein Reflektor mit einem Spiegel von 6 m Durchmesser errichtet worden. Aber nicht nur die Vergrößerung der Objektive, sondern auch neue Beobachtungsverfahren, wie z.B. die Anwendung von Bildverstärkern, führen die beobachtende Astronomie auf neue, erfolgversprechende Wege.
Vor hundert Jahren hatten die meisten Sternwarten Fernrohre mit Objektiven von 15 Zentimeter Durchmesser, und es erregte Sensation, als Fraunhofer, der geniale deutsche Optiker, damals eine Linse von 25 Zentimeter für die Sternwarte in Dorpat schuf. Auch hier hat das Zeitalter der Technik alle Maßstäbe entwertet und in des Wortes wörtlichster Bedeutung den Blick in eine vordem unbekannte Welt eröffnet.

Einige der größten Fernrohre:

Spiegelteleskop des Palomar-Observatoriums	500 cm Durchmesser
Spiegelteleskop der Lick-Sternwarte	305 cm Durchmesser
Hooker-Spiegel des Mount-Wilson-Observatoriums	254 cm Durchmesser
Spiegelteleskop des McDonald-Observatoriums Fort Davis, Texas	208 cm Durchmesser
Spiegeltelskop auf dem Mount-Wilson-Observatorium	152 cm Durchmesser
Linsenfernrohr der Yerkes-Sternwarte (USA)	102 cm Durchmesser
Linsenfernrohr der Lick-Sternwarte (USA)	91 cm Durchmesser
Linsenfernrohr des Observatoriums Meudon (Frankreich)	83 cm Durchmesser
Linsenfernrohr der Sternwarte zu Potsdam	80 cm Durchmesser

Wir haben schon früher darauf hingewiesen, daß die Tätigkeit des praktischen Astronomen auch recht eintönige, ja langweilige Arbeiten kennt, die aber doch gewissenhaft durchgeführt werden müssen, sollen sie zu gutem Ziel führen. Wir würden es gewiß nicht sehr beneidenswert und unterhaltsam finden, wenn wir in schweigender, kalter Winternacht viele Stunden fröstelnd an einem Fernrohr sitzen müßten, ohne eigentlich hindurchzuschauen und irgendein interessantes Objekt zu studieren. Freilich, zuweilen schaut der Mann, der da im Pelz an seinem großen Refraktor sitzt, wohl durch ein viel kleineres, seitwärts an dem Riesen befestigtes Hilfsrohr, dreht dann ein paar Schrauben und verfällt wieder in Nachdenken, während dann und wann ein

Windstoß durch den Kuppelspalt fährt und nur das gleichmäßige Summen des Triebwerkes, das das Fernrohr dem Sternenlauf nachdreht, die Stille unterbricht.

Höchst langweilig erscheint uns das, und doch ist es in gewisser Weise eine aufregende Geschichte. Hier wird sozusagen ein steckbrieflich verfolgter Stern gesucht, und zwar *auf photographischem Wege.*

Die Photographie, die auf allen Gebieten eine wichtige Gehilfin des Forschers geworden ist, dient auch dem Astronomen. Was unser Auge nur mit großer Mühe, was es mitunter gar nicht mehr zu sehen vermag, zeichnet das gläserne Auge der photographischen Kamera deutlich auf seine Netzhaut, die lichtempfindliche Platte, auf. Es ist unrichtig, zu sagen, die photographische Kamera sieht schärfer als ein gutes Auge, vielmehr *summieren* wir die Lichteindrücke auf die lichtempfindliche Platte, indem wir sie eben entsprechend lange den Strahlen des Lichtes aussetzen. Außerdem kommt noch hinzu, daß es sich nicht nur um die *optisch* wirksamen Strahlen handelt, also um die, die unserem Auge gut wahrnehmbar sind, sondern vor allem um *chemisch* wirksame Strahlen, die eben die photographische Platte leicht, das Auge hingegen zumeist gar nicht beeinflussen. Während das Auge ermüdet, wenn wir lange auf schwach leuchtende Gebilde sehen, um sie zu erkennen, zeichnet die Photographie solche um so besser auf, je länger wir den Apparat auf sie richten.

Gerade dieser Umstand aber macht die Photographie zu einer vorzüglichen Gehilfin des Astronomen. Es gibt Stellen am Fixsternhimmel, die fast sternenleer sind, ein normales Auge erblickt an diesen Orten vielleicht drei bis vier Sterne, das Fernrohr zeigt uns vermöge seiner optischen Kraft vierzig bis fünfzig, und die photographische Platte, die wir drei bis vier Stunden lang den Strahlen der Sterne aussetzen, zeichnet von derselben Himmelsgegend mehrere tausend Sterne auf, die selbst das Riesenfernrohr unserem direkten Blick nicht sichtbar macht. Jeder kennt die kleine Sternengruppe der »Plejaden« im Sternbilde des Stieres, die man auch das »Siebengestirn« nennt, weil das freie Auge etwa sieben Sterne dicht beieinander zu unterscheiden vermag. Wie unendlich viel mehr »sieht« die photographische Platte nach mehrstündiger Belichtung. Sie verrät uns auch, daß die größeren Sterne der Plejadengruppe von Nebelmassen, Gasmassen umgeben sind. Man betrachte das gewaltige Sterngewimmel der Milchstraße, das sich wie ein Schneegestöber ausnimmt, die feinen Einzelheiten in den Nebelwolken, in den fernsten Objekten des Alls, den »Spiralnebeln«, man sehe, was für detailreiche Photographien wir von der Sonnenoberfläche erlangen, und die Überlegenheit der Himmelsphotographie gegenüber der direkten Beobachtung am Fernrohr wird deutlich. Es gibt Objekte im Sternenraum, deren Licht so schwach ist, daß auch große Fernrohre nur Spuren wahrnehmbar machen, ja völlig versagen; oft sind sehr lange Belichtungszeiten, zehn, zwanzig Stunden, mehrere Nächte notwendig, um gute Photogramme zu erhalten.

Um 1840 machte man die ersten Photographien der Sonne und des Mondes, die natürlich noch sehr bescheiden sind; die Amerikaner Draper, Bond, Rutherford, der Engländer Warren de la Rue, die Franzosen Janssen und Henry haben sich anfangs besonders verdient gemacht um die neue Kunst. In Königsberg photographiert Barkowski 1851 zum erstenmal eine Sonnenfinsternis, Aufnahmen des Fixsternhimmels beginnen um 1865. Heute befinden sich auf allen größeren Sternwarten Einrichtungen für Himmelsphotographie. Für einfache Zwecke genügt es, wenn man das Fernrohr als photographischen Apparat benützt, indem man am hinteren Ende desselben, wo man sonst hindurchsieht, die Kassette mit der lichtempfindlichen Platte anbringt, die dann gewissermaßen das Auge ersetzt. Man hat aber auch besondere photographische Fernrohre konstruiert, deren Objektivlinsen so geschliffen und zusammengesetzt sind, daß sie hauptsächlich die chemisch wirksamen Strahlen auf die photographische Platte konzentrieren.

Mit wenigen Ausnahmen sind die Himmelsphotographien Daueraufnahmen. Da aber die Gestirne nicht stillstehen, sondern während der Zeit der Belichtung, die mitunter mehrere Stunden beansprucht, weiterwandern von Osten nach Westen, so muß man, um scharfe Aufnahmen zu erhalten, den photographischen Apparat respektive das Fernrohr mit einem Triebwerk versehen, das die Kamera dem Stern nachführt, so daß dieser stets sein Licht auf denselben Punkt der lichtempfindlichen Platte wirft. Um sich davon zu überzeugen, ob das Uhrwerk tatsächlich genau funktioniert, bringt man an den ganzen Apparat noch ein zweites Fernrohr an, Kontroll- oder Leitfernrohr genannt, das so befestigt ist, daß es gleichfalls den Stern in seinem Gesichtsfelde zeigt, wenn er in dem photographischen Apparat eingestellt ist. Man kann somit fortwährend vergleichen, ob der Stern noch genau an derselben Stelle im Fernrohr und im Apparat steht.

Sehr wichtig ist die Photographie bei der Beobachtung der *Sonne.* Es gibt Observatorien, auf denen die Sonne täglich mehreremal photographiert wird, wenn es nötig erscheint, ja man kann von einer ständigen Überwachung der Sonne sprechen, die uns noch an anderer Stelle eingehend beschäftigen wird. Sonnenaufnahmen dauern nur Bruchteile von Sekunden, aber feine Details werden dann dem Studium zugänglich. Bei uns in Deutschland hat vor allem das Astrophysikalische Observatorium zu Potsdam große Verdienste um die Erforschung des mächtigen Feuerballes. Bei einer totalen Sonnenfinsternis, wo sich die wichtigsten astronomischen Ereignisse auf zwei bis drei Minuten zusammendrängen, vermag der Forscher selten alles mit Ruhe in den kurzen Augenblicken zu beobachten und zu verzeichnen. Ganz anders die Photographie; Hunderte von Aufnahmen machen wir in diesen wenigen Minuten, und so werden von den astronomischen Expeditionen zur Beobachtung von Sonnenfinsternissen große photographische Apparate mitgeführt. Häufig lagert man dann ein verhältnismäßig primitiv zusammengesetztes Expeditionsfernrohr horizontal und wirft das Bild der Sonne durch einen davor aufgebauten Spiegel in das Teleskop hinein.

Eine besonders interessante Verwendung findet die Himmelsphotographie bei der Aufsuchung jener kleinen Himmelskörper, *Planetoiden* genannt, die zwischen den großen Planeten Mars und Jupiter um die Sonne kreisen und von denen man heute bereits rund 2000 kennt. Diese kleinen Planeten ähneln den kleinen Fixsternen auf ein Haar, und wie sollte der Astronom unter Hunderttausenden von Sternen, die einander vollkommen gleichen, den einen herausfinden, der kein Fixstern ist, sondern ein die Sonne umkreisender Planet. Einzig und allein ihre Bewegung verrät sie! Während die Fixsterne ihren Ort am Himmel unverändert beibehalten, wandern die Planeten, die »Kinder der Sonne«, unter den Sternen weiter. Richtet man daher den Apparat auf die Fixsterne, so zeichnen sich diese als *Punkte* auf, die Planeten hingegen sind während der stundenlangen Belichtung ein Stück Weges am Himmel weitergewandert; sie hinterlassen daher auf der photographischen Platte die Spur dieses Weges in Gestalt eines Striches. Wo immer also auf einer Himmelsphotographie ein solcher gewöhnlich kaum einen halben Millimeter langer Strich zu sehen ist, weiß man, daß ihn ein Planet hervorbrachte.

Einen solchen Planeten sucht der Mann, den wir weiter oben bei seinem etwas eintönigen Tun am photographischen Fernrohr geschildert haben. Er kann da zunächst nichts weiter machen, als mit seinem Leitfernrohr darauf zu achten, daß die zu photographierende Himmelstelle auch unverrückbar im Gesichtsfeld bleibt, daß also das Triebwerk das ganze Instrument der Erddrehung entsprechend fortbewegt, denn sonst würde die Aufnahme unscharf werden, bildeten sich alle Sterne als Striche ab.

Wolf in Heidelberg war es, der um 1890 diese photographische Methode zur Aufsuchung kleiner Planeten einführte. Nicht selten kommt es vor, daß ein solcher Stern wieder verlorengeht, ehe seine genaue Bahn, sein zukünftiger Ort am Himmel noch berechnet ist, und daß man ihn wie einen steckbrieflich verfolgten Übeltäter im Gewimmel der hunderttausend Fixsterne

wieder mit der photographischen Platte suchen muß. Ja, es hat Planetenjäger und Kometenjäger gegeben, die sich ganz darauf spezialisierten, solche Gestirne zu entdecken.
Nicht ganz so erfolgreich wie auf anderen Gebieten ist die Photographie, wenn es gilt, Einzelheiten auf den Oberflächen der großen Planeten, auf dem Mars, dem Jupiter und so weiter, abzubilden. Hier ist eine lange Belichtungszeit erforderlich, die Luftunruhe, kleine Fehler in der Nachführung des Fernrohres und dergleichen bewirken eine störende Unschärfe der Bilder; hier leistet der Astronom bei direkter Beobachtung mit dem Zeichenstift mehr. Man besitzt heute mächtige Atlanten mit photographischen Sternkarten, nach einem internationalen Plan auf vielen Observatorien hergestellt, die Millionen Sterne enthalten. Aber es wäre falsch, zu glauben, daß mit der Belichtung und der Entwicklung in der Dunkelkammer nun alles getan sei. Verzerrungen der photographischen Schicht müssen berücksichtigt werden, es muß bedacht werden, daß Sterne mit rötlichem Licht sich schwächer abbilden als solche mit bläulichem Schein, und manches andere mehr. Mit außerordentlich feinen Präzisionsinstrumenten werden die Platten untersucht, ausgemessen; all das erfordert ein reiches Können und Wissen, viel Mühe und große Sorgfalt. Der Astronom muß ein »Haarspalter« sein, schon kleine Fehler können den Wert seiner Arbeit in Frage stellen; vergessen wir nicht, daß eine Haaresbreite in Siriusfernen schon eine ganze Welt verdeckt!

Was uns das Prisma von den Sternen mitteilt

Ich kenne einen wunderbaren Zauberstab, einen Zauberstab, gegen den die Zauberstäbe aller Hexenmeister – von Bellachini bis zur Lenormand – ein Nichts sind. Halte meinen Stab ins helle Sonnenlicht, halte ihn ins Licht der fernen Sterne, und er wird dir – wenn du ihn nur recht verstehen kannst – eine wunderbare Geschichte erzählen. Er wird dir Probleme deuten, deren Erschließung man nie geahnt, Rätsel lösen, die ewig unlösbar schienen. Dieser Zauberstab ist ein unscheinbares, dreieckiges Glasstäbchen, und an alten Kronleuchtern kann man ihn zu Dutzenden hängen sehen; die Leute nennen ihn *Prisma*, und nur wenige wissen, welche Wunder er wirken kann. Wie oft hast du nicht als Kind ein solches Prisma vor die neugierigen Augen gehalten und lustig hindurchgeblinzelt! Wie sah die Welt kunterbunt aus durch dieses gläserne Stäbchen; alles mit roten, gelben, grünen, blauen Kanten, Nachbars Haus und die Bäume. Das ist nun schon ein Weilchen her, und du hast inzwischen gewiß schon Dinge in der Welt gesehen, die dir rätselhafter vorgekommen sind als dieses unscheinbare Glasding, das die Welt bunt färbt, und doch siehst du hier eins der größten Wunder, aus dem der Mann der Wissenschaft nicht Geringeres zu erlauschen vermag als das Was und Wie des ganzen Weltgebäudes.

Nur ein einziger Bote bringt uns Nachricht aus dem fernen Lande der Urania; nur ein einziger. Keinen Boten gibt es, der schneller dahineilt, die Granate ist eine Schnecke ihm gegenüber! Dreimalhunderttausend Kilometer durchschwirrt er in einer einzigen Sekunde, und in einem Viertelstündchen reist er von der Sonne zur Erde und wieder zurück. Die Sprache, die dieser Bote spricht, richtig zu übersetzen, ist die einzige Aufgabe des Astronomen, denn wenn wir die Mitteilungen dieses Botschafters nicht zu entziffern vermögen, werden uns die Vorgänge in jenem fernen Lande der Sterne ewig unverständlich bleiben. Und wie wir das Telephon zu Hilfe nehmen müssen, um das, was uns aus der Ferne mitgeteilt wird, zu verstehen, so mußten wir auch eine Anzahl von Instrumenten ersinnen, um die Sprache dieses einzigen Boten des Weltenraumes, *Licht* genannt, genauer übersetzen zu können: es sind Fernrohr, Kamera und *Spektroskop*. Und von diesem letzteren, das uns die tiefsten Geheimnisse aus dem Reiche der Sterne übersetzt hat, soll hier die Rede sein; sein Hauptbestandteil aber ist jener gläserne Zauberstab, das *Prisma*.

Ein großer Teil des Publikums steht den Resultaten der astronomischen Forschung ein wenig skeptisch gegenüber. Jene Sterne, die in unermeßlichen Fernen stehen, wie vermag der Forscher zu sagen, daß sie soundso weit entfernt sind von unserem heimatlichen Erdenrund, daß sie soundso viele Kilometer im Durchmesser haben, sich soundso schnell im Raume fortbewegen und an einem bestimmten Tage da und da stehen werden? Wir wollen hier speziell ein Gebiet behandeln, das wohl am skeptischsten vom Nichtfachmann betrachtet wird, weil es ihm schier unmöglich erscheint, hier etwas Positives zu wissen: ich meine das Gebiet der *Astrophysik*, jenes Teiles der astronomischen Wissenschaft, der sich damit beschäftigt, die Zustände auf anderen Weltkörpern zu erforschen, ihre Zusammensetzung und so weiter zu ermitteln.

Wenn wir hier bei der Beschreibung der Himmelskörper lesen werden, daß auf der Sonne Wasserstoffgas, Natrium, Eisen, Nickel, Magnesium und manches andere enthalten ist, daß sich auf dem Monde keine Spur von Luft findet, daß in der Atmosphäre des Planeten Mars Wasserdampf enthalten ist, daß die Kometen hauptsächlich Kohlenwasserstoffgase führen und daß auf jenen fernen Sternen die und die Stoffe in glühenddampfförmigem Zustande anzutreffen sind, so wird der Laie etwas ungläubig fragen: »Von wannen kommt euch diese Wissenschaft!?« Mit dem Fernrohr vermag man solche Dinge nicht zu entdecken, und kein Chemiker ist mit seinen Retorten und Reagenzgläsern da hinaufgepilgert. Wie also hat man den Sternen diese Geheimnisse entlockt?

Der Lichtstrahl, der dem Fernrohr das ihm Entzifferbare zuträgt, hat auch einzig und allein all diese Enthüllungen mit sich geführt, und es bedurfte nur eines besonderen Übersetzers. Jener gläserne Zauberstab, das Prisma, hat alle die uns unmöglich scheinenden Resultate gebracht. Betrachten wir das näher!

Wir sind zeit unseres Lebens umbrandet von Wellen, Wellen der verschiedensten Art. Wir werfen einen Stein auf die ruhige Fläche eines stillen Sees und stören damit einen Gleichgewichtszustand, den Zusammenhang der kleinsten Wasserteilchen; sie schwingen auf und nieder, teilen ihre Bewegung den benachbarten Teilchen mit, in Wellen breitet sich auf dem Spiegel des Sees die Erregung aus. – So umbranden uns in der Luft und im Äther Schallwellen, Wärme, elektrische Wellen, Lichtwellen. Wir sehen die Sonne scheinen und die fernen Sonnen der Fixsterne. Was geht da vor sich? Auch da ein Erregungszustand; die kleinsten Teilchen der Materie auf diesen Weltkörpern befinden sich in außerordentlich schneller Bewegung, die Anlaß ist zur Aussendung von Energien, die uns als Licht und elektrische Wellen bemerkbar werden. Licht ist eine elektromagnetische Schwingung, eine Wellenbewegung; unser Auge ist der von der Natur geschaffene Empfangsapparat, der es uns ermöglicht, diese Wellen aufzufangen, wahrzunehmen, wie unser Radioapparat die Wellen des Rundfunks aufnimmt. Mit fast genau 300 000 Kilometer in der Sekunde breiten sich diese Wellen im Raum aus, in 8¹/₄ Minuten durchqueren sie den Raum zwischen Sonne und Erde. Die Physik der neuesten Zeit faßt das Problem »Licht« etwas komplizierter auf, als wir es hier darstellten, Licht ist nach ihr sozusagen ein Doppelwesen, etwas Körperliches und eine Schwingung zugleich, man spricht von »Lichtquanten«, von »Photonen«, kleinsten Trägern des Lichtes, die der strahlende Körper aussendet, aber an dieser Stelle soll uns das nicht näher beschäftigen.

Die Länge der Lichtwellen beträgt nur einige hundert Millionstel Millimeter, aber sie folgen so außerordentlich schnell aufeinander, daß in einer einzigen Sekunde mehrere hundert Billionen vom leuchtenden Körper ausgehen, respektive unser Auge treffen. Die verschiedene Farbe des Lichts wird durch die verschieden große Anzahl der Lichtschwingungen bedingt. So bringen 400 Billionen Schwingungen in der Sekunde rotes, 560 Billionen Schwingungen grünes und 750 Billionen Schwingungen violettes Licht hervor. Wie verhält es sich nun aber mit dem farblosen, dem *weißen* Licht? Der Unbefangene ist geneigt, anzunehmen, daß das weiße Licht die einfachste Lichtart ist; das ist aber durchaus nicht so, gerade das weiße Licht ist eine komplizierte Erscheinung, die nur dann zustande kommen kann, wenn alle oder mehrere Farben zusammenwirken.

Jedermann ist in der Lage, sich durch ein einfaches Experiment von der Wahrheit des Gesagten zu überzeugen. Bemalen wir ein weißes Kreisscheibchen aus Papier in der aus der Abbildung ersichtlichen Weise mit den Farben Rot, Orange, Gelb, Grün, Blau und Violett, und stecken wir durch den Mittelpunkt ein Hölzchen, mit dessen Hilfe wir die Scheibe wie einen Kreisel schnell drehen, so erblicken wir die Farben nicht mehr gesondert – sie fließen

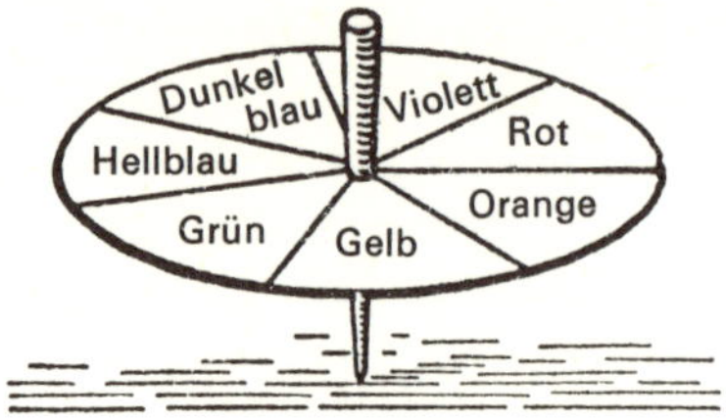

Farbenkreisel

zu *Weiß* zusammen. Jede Wiese im Frühsonnenschein mit ihren funkelnden Tautropfen kann uns aber auch zeigen, daß sich das weiße Licht in seine Bestandteile, in die »Regenbogenfarben«, auflöst, wenn es gebrochen wird, wie wir uns ausdrücken, wenn es durch Körper hindurchgehen muß, die den gemeinsamen Marschschritt der verschiedenen Strahlen verändern. Eine Kompanie Soldaten wird auf ebener Straße tadellos ausgerichtet dahinmarschieren; wird sie aber auf ein wüstes Geröllfeld geschickt, haben die einzelnen Leute die verschiedensten Widerstände zu überwinden und die Truppe gerät in Auflösung. Wenn die weißen Sonnenstrahlen durch die Tautropfen, die an den Gräsern hängen, hindurch müssen, geht es ihnen ähnlich: der Strahlenzusammenhang wird »gebrochen«, wir sehen nicht mehr weißes, sondern rotes, gelbes, grünes, blaues, violettes Geflimmer. Die »Brücke der Engel«, der Regenbogen, kommt dadurch zustande, daß das weiße Sonnenlicht durch die Millionen Wassertropfen einer Regenwand hindurchstreicht, hier gebrochen wird und nun als Farbenband erscheint.

Auch ein Glasprisma zerlegt uns das Licht der Sonne, hat die Eigenschaft, die Lichtstrahlen des weißen Lichtes, die durch seinen Körper hindurchgehen, vom geraden Wege abzulenken, zu »brechen«, wie der Physiker sagt. Lassen wir einen Strahl weißen Lichtes, etwa einen Sonnenstrahl, auf ein solches Prisma fallen, so entsteht nicht genau gegenüber auf der Wand wieder ein weißer Lichtfleck, sondern in einiger Entfernung davon ein breites, langausgezogenes Lichtband, das die Farben Rot, Orange, Gelb, Grün, Blau und Violett zeigt.

Isaac Newton, der geniale englische Naturforscher, der als achtzehnjähriger Jüngling schon die Welt durch seine epochemachenden Entdeckungen in Erstaunen setzte, war der erste, der richtige Schlüsse aus diesem einfachen Experiment zog. Er erkannte, daß alle diese Farben in dem weißen Lichtbüschel enthalten waren, daß das weiße Licht aus jenen verschiedenen Lichtarten zusammengesetzt ist. Sammelt man nämlich mit Hilfe eines Brennglases die vom Prisma kommenden bunten Strahlen wieder, so entsteht – weißes

Licht; scheidet man aber irgendeine Farbe, etwa das Blau, durch Abdecken aus, so erhält man nicht wieder weißes, sondern rötliches Licht. Dieses Experiment ist von großer Beweiskraft! Wie ein auseinandergenommener Gegenstand nicht wieder eben dieser Gegenstand werden kann, wenn man einen Hauptteil davon nimmt, so kann das weiße Licht nicht entstehen, wenn eine jener Grundfarben ausgeschieden wird.

Wie stark auch große Leute irren können, beweist der Umstand, daß *Goethe* sich niemals dazu bequemte, anzuerkennen, daß das weiße Licht erst die Summe der farbigen Strahlen sei; er bekämpfte die Anschauungen der Physiker ein Leben hindurch und ging mit einem Irrtum ins Grab.

Aber dieses bunte Lichtband, das den Namen »*Spektrum*« erhalten hat, barg eine Fülle seltsamer Erscheinungen, die der Wissenschaft viel Arbeit und ungeahnte Resultate eintrugen. Betrachtet man nämlich das *Spektrum* des weißen Sonnenlichtes mit einer Lupe, so bemerkt man, daß es von vielen außerordentlich feinen, dunklen Linien durchzogen ist.

In München befindet sich das Grab eines Mannes, von dem der Denkstein meldet: »Er brachte uns die Sterne näher.« Der Mann, der hier ruht, heißt *Joseph Fraunhofer*, er wurde 1787 zu Straubing geboren und starb, kaum vierzig Jahre alt, 1826 zu München. Dieser Joseph Fraunhofer – einer der größten Optiker aller Zeiten –, war der erste, der jene Linien im Sonnenspektrum untersuchte, und ihm dämmerte die erste Ahnung von der gewaltigen wissenschaftlichen Bedeutung dieser unscheinbaren Linien, die nach ihm »Fraunhofersche Linien« genannt werden; hätte ihn der Tod nicht so früh abgerufen, er hätte jene herrlichen Entdeckungen gemacht, die erst fünfzig Jahre später dann Bunsen und Kirchhoff gelangen.

Fraunhofer war ein geborener Forscher! Eines armen Glasers Sohn, kam er als Schleiferlehrling nach München. Hier wurde er fast das Opfer eines großen Unglücksfalles: die Spiegelfabrik, in der er beschäftigt war, stürzte ein und begrub den kaum Fünfzehnjährigen unter ihren Trümmern. Halbtot zog man ihn hervor, und der König ließ ihm achtzehn Dukaten als Freudengeschenk überreichen. Für diese Summe, sie war ein Vermögen für den jungen Fraunhofer, schaffte sich der ewig wißbegierige, aufstrebende Jüngling Lehrbücher und Instrumente an und arbeitete sich aus eigener Kraft zu dem größten Optiker der Zeit, zu einem Physiker von bleibendem Ruhm empor. Fraunhofer erkannte bereits gegen 600 Linien im Spektrum der Sonne und bezeichnete besonders kräftige mit Buchstaben, die man heute noch verwendet; man spricht beispielsweise von der D-Linie, die durch das Natrium erzeugt wird (sie ist eine enge Doppellinie) und im gelben Teil des Spektrums liegt, von der C-Linie des Wasserstoffes im roten Teil und so weiter.

Nach Auffindung der Fraunhoferschen Linien untersuchte man nun eifrig das Sonnenspektrum und verglich es vor allen Dingen mit den Spektren anderer Lichtquellen, glühender Gase und dergleichen, und fand, daß jeder Stoff eine andere, nur ihm charakteristische Anordnung der Fraunhoferschen Linien zeigt. Man hatte inzwischen Apparate konstruiert, mit denen man die Spektra eingehend studieren und miteinander vergleichen konnte. Auf den modernen Sternwarten stehen großartige Einrichtungen für spektralanalytische Untersuchungen zur Verfügung.

Im Spektralapparat zeigt also das Sonnenlicht eine Unmenge dunkler Linien. Wie – so fragte man sich – entstehen diese Linien. Daß sie ihre Entstehung ganz bestimmten Gesetzen verdanken, ging daraus hervor, daß sie stets an derselben Stelle des Spektrums auftraten und ihre Lage zueinander beibehielten.

Man machte sich nun, wie schon erwähnt, daran, im Laboratorium spektroskopische Untersuchungen mit irdischen Stoffen anzustellen. Erhitzte man beispielsweise einen Metalldraht zum Glühen und betrachtete sein Licht, so zeigte er nur das gleichmäßige bunte Farbenband ohne Fraunhofersche Linien; es war klar, daß das Glühen allein nicht die Ursache der Linien ist und daß auf der Sonne (die doch nach allem, was man von ihr wußte, gleichfalls ein glühender Körper ist) noch irgendwelche unbekannten Vorgänge stattfinden, die jene dunklen Linien hervorbringen.

Vornehmlich die beiden deutschen Gelehrten *Bunsen* und *Kirchhoff* waren es nun, die die Rätsel des Spektrums ergründeten, die uns durch ihre unermüdlichen Untersuchungen eine wissenschaftlich exakte *»Spektralanalyse«* – wie man diese Untersuchungsmethode nennt – schufen und so der Wissenschaft ein Hilfsmittel gaben, wie es geistreicher und bedeutsamer seit der Erfindung des Fernrohres wohl kaum genannt werden kann.

Man begann nun das Spektrum glühender Dämpfe zu studieren, brachte in der farblosen, nicht leuchtenden Flamme des Bunsenschen Gasbrenners Natrium, Strontium und ähnliche Stoffe zum Verdampfen und machte wieder eine überraschende Entdeckung. Die nun entstehenden Spektra waren nämlich durchaus anderer Natur als die der glühenden festen Körper oder das der Sonne, es zeigten sich nur einige *helle* verschiedenfarbige Linien auf dunklem Grunde; das ganze Lichtband war also, mit Ausnahme der wenigen hellen Linien, ausgelöscht.

Warum aber sind im Sonnenspektrum die Linien dunkel, während die Linien in den auf Erden erzeugten Gas-Spektren hell sind?

Das war damals die Kardinalfrage. Es war den Forschern nicht entgangen, daß viele jener dunklen Linien im Sonnenspektrum genau an der Stelle sich befinden, die manche helle Linien irdischer Stoffe einnehmen, und man mußte auf Grund dieser Beobachtung vermuten, daß im glühenden Feuerball der Sonne eben jene Stoffe vorhanden sind. Weshalb aber gaben sie dort *dunkle* Linien?

Der Physiker Kirchhoff in Heidelberg löste dieses Rätsel im Jahre 1859. Lange schon vermutete er, daß die oben erwähnte Doppellinie im gelben Teil des Spektrums der Sonne übereinstimme mit derselben Doppellinie, die auftritt, wenn man das Spektrum des Natriumdampfes betrachtet. Er wollte sich Gewißheit verschaffen, ließ das Sonnenlicht in seinen Spektralapparat fallen, setzte aber auch einen Bunsenbrenner vor den Spalt, in dem Natrium verdampfte. Da sah er nun, daß wirklich beide Linien, die dunkle im Sonnenspektrum und die helle im Natriumdampf, zusammenfielen. Es konnte kein Zweifel sein, daß auf der Sonne ebenfalls Natrium vorhanden ist. Zum erstenmal hatte ein Mensch die chemische Beschaffenheit eines Körpers erkannt, den er nicht in der Hand, nicht vor sich auf dem Experimentiertisch hatte, sondern der 150 Millionen Kilometer fern glühte. Bald darauf wurden auch die Spektra anderer irdischer Stoffe einwandfrei im Spektrum der Sonne nachgewiesen. Selten hat eine Entdeckung so die Gemüter bewegt; ganz neue Perspektiven eröffneten sich der Wissenschaft. Aber Kirchhoffs Experimente lehrten noch etwas anderes: die hellen Linien des Natriumdampfes verwandelten sich in dunkle, wenn man das Sonnenlicht durch diese Flamme hindurch auf den Spalt des Apparates sandte: *es fand eine »Umkehrung« der Linien* statt. Noch einen anderen Versuch schloß der Heidelberger Physiker an: er erhitzte (im Drummondschen Brenner) eine Kalkplatte zur Weißglut; sie zeigte ein Spektrum ohne Linien, ein buntes Farbenband, ähnlich dem des Regenbogens. Stellte er nun wieder seine Natriumflamme zwischen Kalkplatte und Apparat, so trat wieder die *D*-Linie des Natriums auf, diesmal aber nicht hell, sondern dunkel.

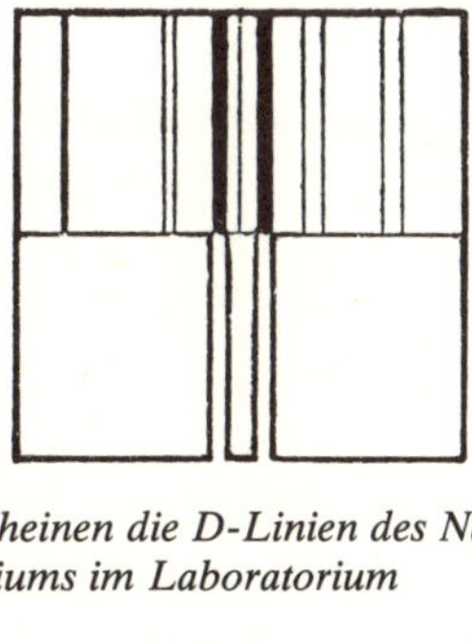

Linienumkehrung. Oben: Dunkel erscheinen die D-Linien des Natriums im Sonnenspektrum. Unten: Hell erscheinen die D-Linien des Natriums im Laboratorium

Der Kalklichtbrenner, der als glühender fester Körper ein buntes Lichtband ohne Linien im Spektroskop erzeugt, sendet – da er ein weiß leuchtendes Licht gibt – auch gelbe Strahlen aus; diese gelben Strahlen mußten aber mit allen anderen Strahlen erst die gelb leuchtende Natriumflamme passieren, und diese Flamme ließ alle Strahlen ungehindert hindurchgehen, nur die gelben Strahlen – die Strahlenart, die sie selber aussendete – verschluckte sie. Daraus folgt, daß nun im bunten Farbenband, das das Kalklicht erzeugt, die von der Natriumflamme verschluckten Lichtpartien fehlen müssen, und da der Natriumdampf dieselben Strahlen, die er selber aussendet, verschluckt, so muß an dieser Stelle im Spektrum Licht fehlen, also Dunkelheit herrschen, mit anderen Worten: die gelbe Linie mußte sich in eine dunkle verwandeln. Die Vermutung, die sich später bestätigte, lag nahe, daß so auch die dunklen Linien im Sonnenspektrum entstehen. Das Licht der Sonne muß erst eine kühlere Gasschicht passieren, ehe es zu uns kommt, in unser Auge, in unseren Spektralapparat fällt; auch hier tritt eine »Umkehrung« der Linien ein. Es ergaben sich schließlich folgende Gesetzmäßigkeiten:

1. Ein *glühendfester* oder *glühendflüssiger Körper* gibt ein einfaches Spektrum, ein buntes Lichtband *ohne* Linien.
2. Ein *glühendes Gas* gibt ein Spektrum, das aus *hellen* farbigen Linien besteht. Die Farbe, Lage und Zahl der Linien ist von der Natur des Gases abhängig; jeder Stoff, jedes Element zeigt andere charakteristische Linien, so daß es an diesen auf der Erde wie im Himmelsraum erkannt wird.
3. Zeigt das bunte Band des Spektrums *dunkle* Linien, so rührt das Licht von einem *glühenden Körper* her, mußte aber eine Gasschicht durchwandern, ehe es uns erreichte, die *kühler* ist als der Körper selbst. Die Lage und Zahl der Linien ist von der chemischen Natur des Gases abhängig.

Im übrigen kann sich der Anblick eines Spektrums sehr ändern; die *Temperatur* des leuchtenden Körpers, der *Druck*, der dort herrscht, spielen eine Rolle, so daß die Zahl der sichtbaren Linien schwankt, auch ihre Breite und Deutlichkeit. Sie können haarscharf erscheinen und völlig verwaschen und ineinander überfließend. Für den Fachmann ergeben sich so noch weitere Anhaltspunkte über die Zustände auf oder in dem leuchtenden Körper. Letzten Endes sagen uns die Fraunhoferschen Linien etwas aus über die Feinstruktur der Materie. Wir wissen, daß alle Körper aus winzigen Bausteinen bestehen, den Atomen, die ihrerseits wieder zusammengesetzt sind aus positiv und negativ geladenen Urteilchen, Protonen, Elektronen, Neutronen und so weiter. Die Spektrallinien sagen etwas aus über den Bau des Atoms. Es ist fast unglaubhaft, wie winzige Mengen eines Stoffes ein guter Spektral-

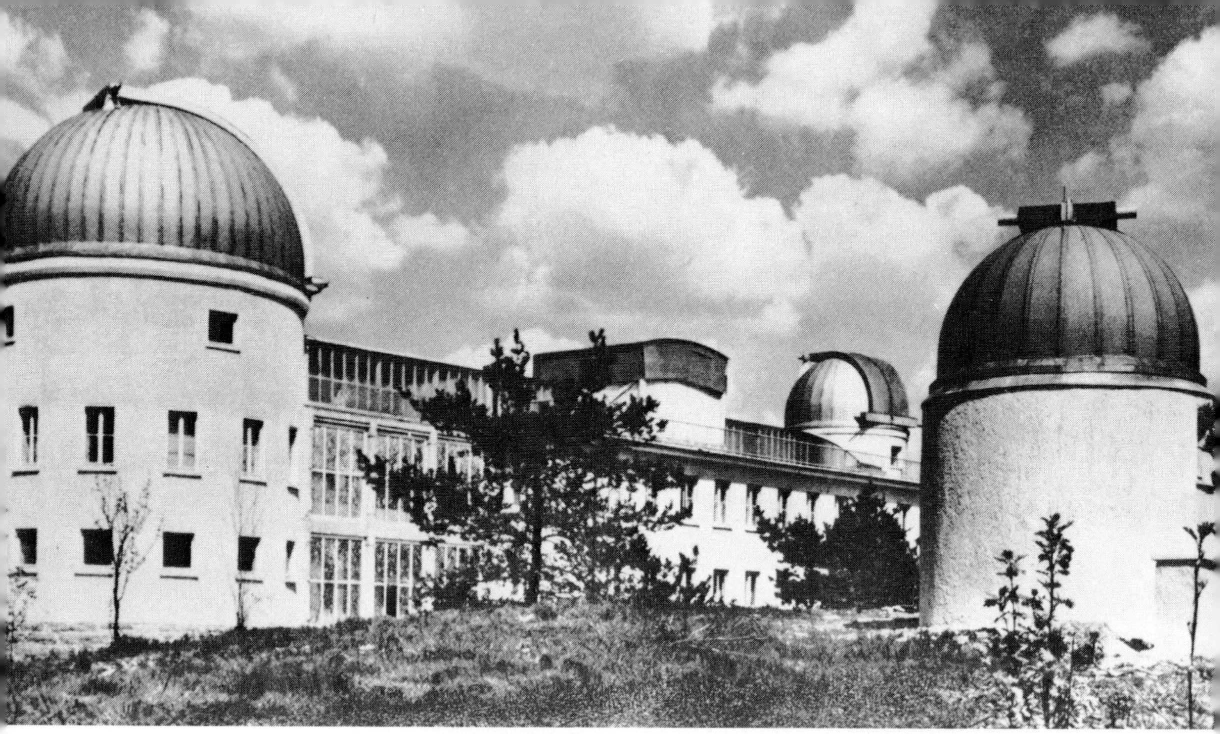

Sternwarte *Blick auf einen Teil der heutigen Sternwarte Sonneberg/Thüringen, die Professor Dr. Cuno Hoffmeister als junger Amateur-Astronom gründete (oben). – Der große Refraktor der Lick-Sternwarte. Aufnahme aus der Zeit um die Jahrhundertwende. Durchmesser der Objektlinse 91,4 cm; Brennweite 18,28 m. Unter dem Pfeiler des großen Fernrohrs ruht der Sarg des Stifters James Lick (unten)*

Spiegelteleskop *Dieses 2,5-m-Spiegelteleskop des Mount-Wilson-Observatoriums wurde 1919 in Dienst gestellt.*

apparat noch nachweist; ein unsichtbares Stäubchen Kochsalz läßt noch die Natriumlinie aufblitzen, Millionstel eines Grammes machen sich bemerkbar. Das Spektrum des Eisens zeigt in einem modernen Apparat mehrere tausend Linien; mit den großartigsten Einrichtungen der Gegenwart erzeugt man ein Sonnenspektrum von fast 30 Meter Länge, in dem über 25 000 Fraunhofersche Linien erkennbar werden. Allerdings verwendet man hier nicht mehr Prismen zur Zerlegung des Lichtes, sondern sogenannte »*Gitter*«. Glas- oder Metallplatten werden mit Hilfe von Diamanten geritzt, Linie um Linie eng beieinander. Der Amerikaner Rowland hat es fertiggebracht, auf einen einzigen Zentimeter 15 000 Striche einzuritzen, 5000 bis 6000 Striche auf einer solchen Gitterplatte pro Zentimeter sind überall in Anwendung. Es hat einmal jemand humorvoll gesagt, daß das Licht »stolpert«, wenn es auf dieses enge Gitterhindernis gerät, es tritt eine Zerlegung des Lichtes ein wie beim Durchgang durch ein Prisma, nur daß das Farbenband viel weiter auseinandergezerrt wird.

An das Fernrohr angesetzt, erlaubt uns das *Spektroskop*, die Beschaffenheit der Gestirne zu erkennen; viele tausend Linien des Sonnenlichtes hat man heutzutage gemessen und bestimmt oder gar mit irdischen Stoffen identifiziert; man weiß mit positiver Sicherheit, daß Eisen, Nickel, Natrium, Wasserstoff, Kalzium, Helium, Sauerstoff, Kohlenstoff, Barium, Magnesium, Chrom, Kupfer und viele andere irdische Stoffe auf unserer Licht- und Wärmespenderin in dampfförmigem Zustand anzutreffen sind, und dieser Umstand läßt wiederum einen Schluß auf die kolossale Temperatur der Sonne zu. Wir sehen, wie eine Erkenntnis sich an die andere knüpft und so Resultate erzielt werden, die man auf den ersten Blick für unmöglich hält.

Erst die *Spektralanalyse* hat uns die unumstößliche Gewißheit dafür erbracht, daß die Fixsterne nichts anderes sind als ferne Sonnen von ganz ähnlichem Aufbau wie unsere Sonne, aber weitgehende Unterschiede in den Sternspektren beweisen auch, daß sich die Millionen Fixstern-Sonnen in verschiedenen Zuständen befinden, die sehr wahrscheinlich darauf zurückzuführen sind, daß sie nicht nur verschiedene Massen, Größen, Temperaturen haben, sondern verschieden alt sind, Entwicklungsstufen verschiedener Art zeigen. Auf all diese Probleme kommen wir an der geeigneten Stelle ausführlich zurück.

Von einem Körper, wie es unser Mond ist, vermag uns das beste Spektroskop freilich nichts Näheres zu sagen, denn er wirft ja nur das Licht der Sonne zurück. Ganz anders ist es da, wo dieses Sonnenlicht verändert wird. Das ist zum Beispiel bei manchen Planeten, etwa beim Jupiter, der Fall. Das Licht der Sonne dringt in die mächtige, diesen Stern umhüllende Atmosphäre ein, wird von tieferen Schichten wieder zum Teil reflektiert und gelangt erst dann zu uns. Ein wenig hat es also vom Charakter der Jupiter-Atmosphäre angenommen, bei Vergleichung des Sonnenspektrums mit dem Jupiterspektrum treten diese Abweichungen hervor und erlauben uns Schlüsse auf die Beschaffenheit der Lufthülle dieses fernen Planeten. Selbstverständlich muß bei allen Spektralbeobachtungen auch bedacht werden, daß das Licht erst unsere Erdatmosphäre durchdringen muß, in der es die charakteristischen »atmosphärischen Banden« aufgeprägt bekommt.

Wir wiesen schon in einem vorigen Abschnitt darauf hin, daß auf verschiedenen Sternwarten besonders großartige Einrichtungen zur Untersuchung der Spektren, vor allem des Sonnenspektrums, bestehen, und sprachen in diesem Zusammenhang auch von den amerikanischen »Turm-Teleskopen«. Das Astrophysikalische Observatorium zu Potsdam besitzt eine der vollkommensten Beobachtungsstätten dieser Art, den sogenannten »Einsteinturm«. Oben unter der Turmkuppel befinden sich zwei Spiegel von je etwa 90 Zentimeter Durchmesser. Der eine (ein Triebwerk dreht ihn dem Lauf der Sonne und der Sterne nach) fängt das Licht der Gestirne auf, wirft es auf den zweiten, und dieser reflektiert es nach abwärts in den Turm, der sozusagen ein Fernrohr ist, hinein. In einem Kellergewölbe unter der Erde, in dem immer gleiche Temperatur herrscht, gewährleistet durch Wärme isolierende Schichten, liegt das großartig eingerichtete Laboratorium. Ein Spiegel wirft das Bild der Sonne oder des Sternes horizontal in diesen Raum hinein, die Strahlen passieren einen engen Spalt, den wir an allen Spektralapparaten finden, mächtige Prismen oder Gitter zerlegen das Licht, entwerfen ein Spektrum, das im Nebenraum photographiert werden kann. Ein Sonnenspektrum von etwa 12 Meter Länge kann da erzeugt werden, in dem man die feinsten Einzelheiten sieht, aber auch die Spektra der Fixstern-Sonnen lassen sich so vortrefflich untersuchen. In einem elektrischen Ofen kann man bei Temperaturen von etwa 3000 Grad Celsius irdische Stoffe zur Verdampfung bringen und sie mit den Spektren der Himmelskörper vergleichen, präziseste Meßvorrichtungen erlauben genaue Festlegung aller Linien.

Nicht nur der Astronom, auch der Physiker profitiert von diesen vortrefflichen Arbeitsmethoden, denn wie schon angedeutet, geben die Spektra Aufschlüsse über den Feinaufbau der Materie, über Zustände und Zustandsänderungen in den Atomen.

Aber nicht nur über die physikalische Beschaffenheit der Himmelskörper, über ihre Zusammensetzung und so weiter vermag das Spektroskop etwas auszusagen, auch über ihre *Bewegung* hat es Aufschlüsse gegeben. Auch die Fixsterne, jene vielen tausend Sterne, die wir abends am Firmament funkeln sehen, stehen nicht unbeweglich. Ihre ungeheure Entfernung nur bedingt es, daß wir nichts von ihrer äußerst schnellen Bewegung direkt wahrnehmen, daß sie uns erst nach Jahrhunderten durch unsere Messungen erkennbar wird. Wir sehen dann, daß sich der Abstand der Sterne voneinander geändert hat, daß dort einige zusammengerückt, hier einige wiederum voneinander abgerückt sind. Nun gibt es aber auch offenbar Sterne am Himmel, die direkt in gerader Linie auf uns zukommen oder von uns forteilen, wie ein Eisenbahnzug, den wir auf seinem eigenen geraden Schienenweg betrachten. Hier können wir keinerlei Verschiebung zu anderen Sternen wahrnehmen, und es müßte uns die Bewegung dieser Sterne, die *direkt* auf unsere Erde respektive unser Sonnensystem zueilen, ewig verborgen bleiben, denn nach Jahrhunderttausenden erst könnte man aus der Helligkeitszunahme oder -abnahme eine solche Bewegung vermuten.

Auch hier hat sich das Spektroskop als Helfer erwiesen. Mit dem Licht der Sterne muß nämlich bei direkter Bewegung auf uns zu oder von uns fort eine besondere Veränderung vor sich gehen. Ein Beispiel soll uns das deutlicher machen. Die Höhe eines Tones ist abhängig von der Anzahl der Schallwellen, die in einer Sekunde unser Ohr treffen. Je mehr Schallwellen uns pro Sekunde erreichen, desto höher ist der Ton. Wenn wir an einer Straßenbahnhaltestelle stehen, so wird etwa alle zehn Minuten ein bestimmter Wagen an uns vorüberfahren. Laufen wir aber in der Richtung, aus der die Wagen kommen, ihnen entgegen, so dauert es offenbar nicht so lange, bis wir wieder einem Wagen begegnen, und wenn wir in der Fahrtrichtung wandern, so dauert es länger als zehn Minuten, bis uns wieder ein Wagen erreicht. So wird auch die Anzahl der Schallwellen, die pro Sekunde unser Ohr trifft, veränderlich sein, wenn sich die Schallquelle schnell bewegt. Eine pfeifende Lokomotive hat einen Ton von bestimmter Höhe, wenn die Lokomotive neben uns auf dem Bahnhof stillsteht. Kommt sie aber mit großer Geschwindigkeit auf uns zugefahren, so treffen uns jetzt mehr Schallwellen pro Sekunde, und der Ton wird daher höher. Fährt eine pfeifende Lokomotive schnell an uns vorüber, so können wir sehr deutlich dieses Umschlagen des Tones in dem Moment, wo sich das Aufunszufahren in ein Vonunsfortfahren umwandelt, wahrnehmen. – Was nun für die Schallwellen gilt, gilt in gewisser Weise auch für die Lichtwellen, und man hätte so ein Mittel, die Bewegung von Sternen auf uns zu und von uns fort zu erkennen. Der Physiker *Doppler* in Salzburg trat 1843 zuerst mit diesen Gedankengängen hervor; zwar verstrickte er sich dabei zunächst in Irrtümer, die der Franzose *Fizeau* später beseitigte, aber im Kern war seine Meinung richtig. Zwar ändert sich nicht das Licht des Sternes, aber die Fraunhoferschen Linien im Spektrum verschieben sich entsprechend der Bewegung. Heute machen wir in der Tat systematisch auf manchen Sternwarten, beispielsweise auf dem Astrophysikalischen Observatorium zu Potsdam, solche spektralanalytischen Untersuchungen über die Bewegung der Sterne in gerader Linie, und an den *Linienverschiebungen*, die sich im Sternspektrum zeigen, wird die Richtung und Geschwindigkeit dieser Bewegung gemessen. Man vergleicht das Spektrum des Gestirns mit dem Spektrum einer neben dem Apparat befindlichen künstlichen, stillstehenden Lichtquelle und kann so leicht die Linienverschiebung bei einem wandernden Stern erkennen. Sind die Linien nach dem roten Ende des Spektrums zu verschoben, so bewegt sich das Gestirn von uns fort; sind sie nach dem violetten Ende hin verschoben, so nähert sich uns der betreffende Himmelskörper. Sehr deutlich spiegelt sich auch die jährliche Bewegung der Erde um die Sonne in solchen Linienverschiebungen wider, und der gläserne Zauberstab zeigt uns so direkt das Wandern der Erde im Raum. Er hat uns auf diese Weise zum Beispiel auch gezeigt, daß sich uns der Polarstern in jeder Sekunde um 15 Kilometer nähert, während sich der schöne Hauptstern im Sternbilde des Stieres, der rötlich funkelnde Aldebaran, in der gleichen Zeit 55 Kilometer von uns entfernt. Wie unendlich fern müssen uns doch die Sterne stehen, wenn wir von dieser Bewegung auch im Laufe von Jahrhunderten und Jahrtausenden nichts direkt merken!

Wir sehen, daß der gläserne Zauberstab des Prismas dem mit Vierzigtausendmeilenstiefeln das Weltall durcheilenden Boten aus dem Sternenraum gar mancherlei entlockt hat, von dem sich die Astronomen früherer Jahrhunderte nichts träumen ließen. Auch über rein astronomische Fragen hinaus hat diese Untersuchungsmethode der Naturerforschung große Dienste geleistet; sie brachte uns den Beweis dafür, daß sich die Welt überall aus den gleichen Stoffen aufbaut, ja mit Hilfe der Spektralanalyse wurden im Himmelsraum Elemente entdeckt, die man auf der Erde noch gar nicht kannte, die hier erst später gefunden wurden. Das *Helium*, uns heute als nichtbrennendes Gas für Luftschiffe wohlbekannt, wurde um 1865 zuerst auf der Sonne entdeckt, hier bei uns schien dieses unbekannte Element gar nicht zu existieren; schließlich fand es der Engländer Ramsay dennoch 1895 auf.

Noch mancherlei andere Methoden wären zu nennen, mit denen der Astronom und Astrophysiker aus der von den Gestirnen ausgehenden Strahlung wichtige Schlüsse zieht, zu wichtigen Folgerungen kommt. Die *Photometrie*, die Messung der Helligkeit der Sterne, muß da zunächst erwähnt werden. Wir sprechen von Sternen erster, dritter, zehnter, zwanzigster Größe, denken aber für gewöhnlich nicht daran, daß der helle Stern erster Größe vielleicht nur deswegen so hell erscheint, weil er uns nahe steht und an wahrer

Größe und Helligkeit sehr wohl von einem Stern übertroffen werden kann, der der zehnten Größenklasse angehört, aber klein erscheint, weil er sehr fern ist. Die Photometrie im Zusammenhang mit Entfernungsmessungen kann uns etwas über die wahre Größe und Leuchtkraft der Sterne aussagen. Viele Sterne ändern auch ihr Licht, teils regelmäßig, teils unregelmäßig; sorgfältige photometrische Messungen gestatten uns oft Schlüsse auf die Ursachen dieses Lichtwechsels. – Wir deuten hier nur ein paar der nächstliegenden Möglichkeiten an, in Wahrheit aber kommt der Photometrie eine umfassendere Bedeutung zu. Vielerlei Apparate und Methoden gibt es, um Sternhelligkeiten zu messen und zu vergleichen. Man kann zum Beispiel am Fernrohr zwischen Auge und Stern einen keilförmigen Körper aus grauem Glas schieben; an seinem dünnen Ende schwächt er das Sternenlicht wenig, an seinem dicken löscht er auch das Licht der hellsten Sterne aus. Zwei Sterne werden gleiche Helligkeit haben, wenn sie beide an der gleichen Stelle des Keiles unsichtbar werden. Ist dieser Keil auf Sternhelligkeit geeicht, ist er mit genauen Meßvorrichtungen versehen, so hat man hier ein Mittel (eines von vielen!) zur Sternphotometrie.

Wieder andere Instrumente erlauben die Wärmestrahlung der Gestirne zu messen, was besonders bei Untersuchungen über die Sonnenstrahlung eine große Rolle spielt. Wir werden später sehen, daß man heute sogar kleine Schwankungen der Strahlungskraft der gewaltigen Weltleuchte zu erkennen vermag. Es gibt aber auch ungemein feine Arten von Thermometern, mit denen man zum Beispiel die Temperaturen verschiedener Gegenden der Oberfläche des Planeten Mars zu ermitteln vermag, ja die Wärmestrahlung ferner Fixsterne.

Nur das Wichtigste und Bedeutsamste haben wir hier aufgezählt; aber der Leser erkennt, daß heute ein gewaltiger Apparat in Tätigkeit gesetzt wird, um in diese Welt von Welten über uns einzudringen und vielerlei Sternenrätsel zu entschleiern und zu lösen. Wie alles in der Welt sehr kompliziert geworden ist, so auch die Tätigkeit des Astronomen auf seiner stillen Warte, die nicht mehr zu vergleichen ist mit den bescheidenen Beobachtungsstätten früherer Jahrhunderte.

Das Bilderbuch des Himmels

Alle Abend wird der gewaltige Lichterbann des Himmels über uns angezündet, der seit grauen Tagen mit seinem fernen, geheimnisvollen Gefunkel die Menschen seltsam feierlich berührte. Ein Blinder, der erst als reifer Mann durch die Kunst der Ärzte sehend wurde, hat einmal ausgesprochen, daß vieles ihn enttäuscht habe, als er es mit eigenen Augen sehen und beurteilen konnte, nur der Sternenhimmel in einer klaren Nacht habe bei weitem jede Schilderung, die man ihm vorher gegeben, übertroffen. Die moderne Entwicklung mit ihren Riesenstädten hat eine in ihren Auswirkungen sehr oft unterschätzte Naturferne mit sich gebracht, die Auslöschung der Sterne im Lichtermeer der Großstadt darf man als besonders bedauerlich bezeichnen; heute zeigt man den Kindern der Millionenstädte in Planetarien, wie früher der Himmel aussah!

Es erscheint dem Unkundigen auf den ersten Blick außerordentlich schwierig, sich im Sterngewimmel zurechtzufinden; wir werden aber sehen, daß es bei einigem Interesse und bei einiger Übung bald gelingt, einen Überblick zu gewinnen.

Die Anzahl der mit freiem Auge sichtbaren Sterne wird zumeist ganz gewaltig überschätzt. Fragt man jemanden, wie groß er etwa die Zahl der Sterne schätzt, die er an einem recht sternenklaren Abend auf freiem Felde, also unter den günstigsten Verhältnissen, am Himmel zu sehen glaubt, so wird man Antworten wie »Unzählbar!«, »Millionen!« oder »Hunderttausende!« zu hören bekommen. In Wirklichkeit vermag ein normales Auge am nördlichen Sternenhimmel höchstens 3500 Sterne gleichzeitig – damit sind die beim Umblick rings am Firmament zur Stunde sichtbaren Sterne gezählt – zu erkennen. Unternimmt man es aber, die Zahl aller mit freiem Auge sichtbaren

Sterne an der ganzen (nördlichen und südlichen) Himmelskugel zu zählen, so verdoppelt sich diese Zahl ungefähr. Der ganze Himmel enthält also nur 7000 Sterne, die an außerordentlich klaren Abenden von einem mit normaler Sehschärfe begabten Menschen gesehen werden können. Diese Zahl ist eher zu groß als zu klein; manche Beobachter geben nur 5500 bis 6000 an. Man teilt bekanntlich die Sterne nach ihrer Helligkeit in *Größenklassen* ein. Die Sterne 1. Größe sind die hellsten; der Astronom operiert aber noch mit Sternen 16., ja 20. Größe. Es sei erwähnt, daß selbst die gewaltigen amerikanischen Riesenfernrohre nur Sterne 16. bis 17. Größe zeigen, während Sterne 20. Größe höchstens auf Sternphotogrammen noch erkennbar sind. Die kleinsten dem unbewaffneten Auge wahrnehmbaren Sterne sind 6. Größe. Der ganze Himmel enthält nach Argelander 20 Sterne 1. Größe, 65 Sterne 2. Größe, 190 Sterne 3. Größe, 425 Sterne 4. Größe, 1100 Sterne 5. Größe, 3200 Sterne 6. Größe. Das wären zusammen erst 5000 dem freien Auge erkennbare Lichter am Firmament, von denen nur etwa vier Fünftel bei uns sichtbar wären. Neuere Arbeiten, die der holländische Astronom Kapteyn zusammenstellte und denen genaue Helligkeitsmessungen mit dem Photometer zugrunde liegen, kommen zu folgenden Zahlen für den ganzen Himmel: Sterne 1. Größe 14, Sterne 2. Größe 39, Sterne 3. Größe 105, Sterne 4. Größe 445, Sterne 5. Größe 1460, Sterne 6. Größe 4720. Das wären also 6783 dem unbewaffneten Auge erkennbare Sterne; auf jeden Fall viel weniger, als man gemeinhin vermutet! Es ist wohl der zarte Schimmer der Milchstraße, kleiner Lichtwölkchen, sehr ferner Sternhaufen, Nebel, das unruhige Flimmern der Sterne bei stark bewegter Luft, das uns das Firmament reicher erscheinen läßt. Wir werden später noch sehen, daß der Millionen- und Milliardenstrom der Sterne sich erst dem Fernrohr und der photographischen Platte entschleiert; Sterne der zehnten Größenklasse gibt es schon nahezu 400 000, und selbst vorsichtige Schätzungen lassen vermuten, daß die ganze gewaltige Sterneninsel im Weltall, in der wir hausen, 100 Milliarden Sonnen enthält!

Wir aber haben es zunächst hier nur mit den helleren Sternen zu tun, die wir bei Betrachtung der Sternbilder zu unserer Orientierung am Himmel benötigen, und das sind kaum mehr als 2000. Ihnen aber hat sich schon vor Jahrtausenden das Interesse der Menschen zugewendet!

Die schönsten Märchen dichtet die Natur, die ewige, göttliche, herrliche, geheimnisreiche Natur! Jede Schneeflocke, aufgebaut aus wunderzarten, zierlichen Kristallsternen, ist eins, jeder brausende Gewittersturm mit dem Feuerschwert des Blitzes, dem Urweltgebrüll des Donners ist eins, und tausend wispern um uns her im nächtlichen Gruselwald. Aber das herrlichste aller

Märchenbücher schimmert durch den Lichterbaum des Sternenhimmels, und es ist uralt, älter als das Geschlecht der kleinen Menschlein, die schauend und erschauernd zu ihm aufblicken.

Einmal, vor grauen Zeiten, waren die Menschen Kinder; sie waren so furchtsam in der Nacht wie verlorene Kinder im Wald und waren auch so unwissend wie sie. Das war zur Urzeit, als der Mensch der Frühe lebte, ins Unbewußte hineindämmernd wie das Tier auf der Heide. Heute ist die Menschheit mannbar geworden, vollgepfropft mit Wissen, mit einem Riesenwust von astronomischen, physikalischen, chemischen, geologischen, biologischen, mathematischen Erkenntnissen. Ja manchmal ist die Menschheit fast greisenhaft weise, ach, sie sieht nicht mehr die Märchen und die Rätsel der Allnatur.

Einst aber waren die Menschen Kinder, und ihr schönstes Märchenbuch war der Himmel. »Da, wo jetzt, wie unsere Weisen sagen, seelenlos ein Feuerball sich dreht, lenkte damals seinen golden Wagen Helios in stummer Majestät!«

Uns ist die Sonne ein Ball glühender Gase, in dem Materie in Strahlung umgewandelt wird und um den die Erde nach den Keplerschen Gesetzen kreist, den Alten war sie die höchste Gottheit, der Sonnengott, der im feurigen Wagen mit den herrlichen Rossen über den Himmel fuhr, und die Milchstraße war die ausgefahrene Spur des Sonnenwagens am Sternenzelt. Uns sind die Fixsterne ferne Sonnen, deren Abstände wir in Lichtjahren angeben können, deren Werden und Vergehen wir mit Hilfe der Spektralanalyse und der Strahlungsgesetze ermitteln, den Menschen der Frühe waren sie große Häuptlinge, Helden und Heroen, Götter und Göttinnen, und die Namen unserer Sternbilder erinnern uns allein noch an diese Zeit, da der Himmel ein aufgeschlagenes Märchenbuch war, in dem die alten Germanen wie die Chaldäer, Babylonier, Ägypter, Griechen auf ihre Weise zu lesen versuchten. Ja, so manches Märchen, das wir als Kinder lasen, das unsere Kinder heute noch in ihren Märchenbüchern finden, ist nichts anderes als mehr oder weniger umgewandeltes ururaltes Sagengut aus dem Reich der Sterne.

Wer kennt nicht die schöne Geschichte vom Rotkäppchen und dem bösen Wolf? Ein *Sonnenmärchen* nordischer Völker haben wir da vor uns, so alt, daß der Ursprung sich nicht mehr finden läßt. Rotkäppchen ist die rote, tief unten am Horizont hinstreichende Wintersonne, die vom schrecklichen, aus eisigen, finstern Wäldern des Nordens hervorbrechenden Wolf (sein Urbild ist der Fenris-Wolf der nordischen Mythologie, der später den kraftvollen Gott Odin tötet) verschlungen wird. Hier geistert die dunkle, kalte, lange Polarnacht des hohen Nordens in die Sage hinein. Fast auf der ganzen Erde

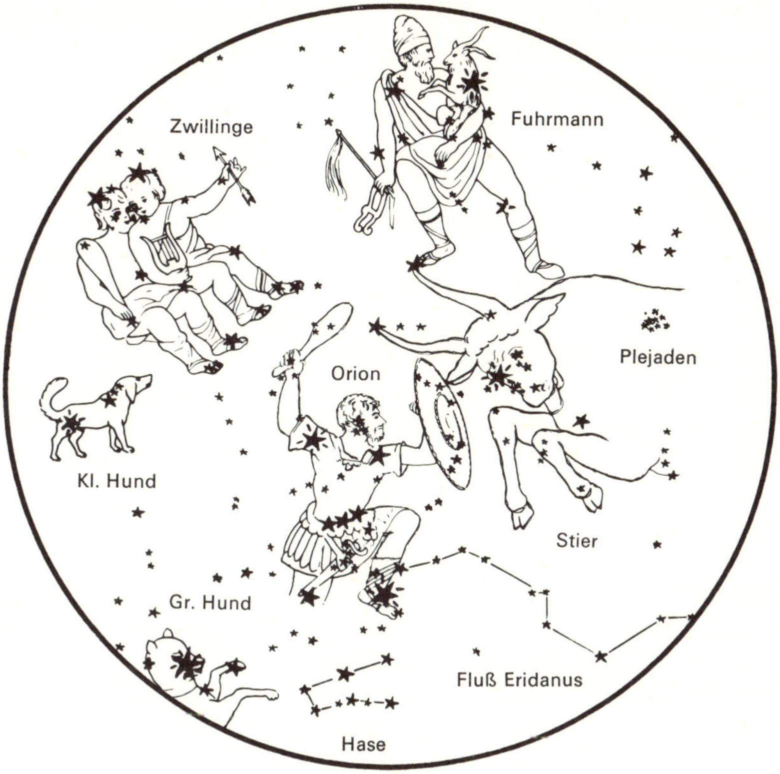

Die schönen Wintersternbilder in ihrer mythologischen Bedeutung

ist der Glaube verbreitet (er findet sich noch heute bei afrikanischen Negern), daß ein böser dunkler Dämon der Sonne nachstellt und sie fressen will. Bei einer totalen Sonnenfinsternis, wo der Mond sich vor die Sonne schiebt, war es früher vielfach Brauch, ins Freie zu laufen und durch Geschrei, Horngeblase, Getrommel usw. den finsteren Dämon zu verscheuchen. Im alten China war das Gesetz! Uns ist aus dem Jahre 2137 vor Christus ein Bericht überliefert, demzufolge der Kaiser Tschungkangh die beiden Hofastronomen Hi und Ho enthaupten ließ, weil sie versäumt hatten, dem Volk rechtzeitig eine Sonnenfinsternis anzukündigen, so daß der schwarze Drache um ein Haar die herrliche Lichtspenderin überwältigt hätte.
Die Sternschnuppen (in Wahrheit winzige Steintrümmer, die zu Milliarden durch das Weltall fliegen) werden häufig als fallende Sterne aufgefaßt. Das Märchen von den »Sternen-Talern«, die vom Himmel niederfielen, zu Füßen

eines armen Kindes, das sein letztes Brot, Kleid und Schuhe den Bettlern schenkte, ist an diese Himmelserscheinung geknüpft.
Ein anderes Märchen erzählt uns vom Wolf und den sieben Geißlein. In hundert mehr oder minder abweichenden Formen ist es in der ganzen Welt zu finden und ebenfalls uralt. Die sieben Geißlein (da und dort auch sieben Enten, sieben Kinder, sieben Mädchen), das sind die Sterne des »Siebengestirns«, das wir ja alle kennen: eine niedliche kleine Sterngruppe im Sternbild »Stier«, die wir auch Plejaden nennen. Mitunter nähert sich der Mond dieser Gruppe, bedeckt, verdeckt sie, »frißt sie auf«. Bei einigen Völkern geht die Sage auf diesen Vorgang zurück, bei den Griechen waren die Plejaden hingegen sieben Mädchen (die Töchter des Atlas), die der wilde, kühne Jäger Orion (eines der schönsten Sternbilder des Himmels ist nach ihm benannt) hartnäckig bedrängte. Zeus, der Göttervater, griff endlich ein und versetzte die Plejadenmädchen an den Himmel, aber noch heute schielt der wilde Orion nach ihnen hin.
Aber ist es nicht sonderbar, daß bei uns, bei den Wilden Australiens wie bei Volksstämmen in Mittelamerika die sieben Sternlein Mädchen sind, die einst auf Erden lebten? – Solche Übereinstimmungen stützen die lange vermutete Existenz einer uralten Frühkultur in der Menschheit, durch die einst die entlegensten Gebiete der Erde befruchtet wurden.
Man ist den *Sternsagen* eifrig nachgegangen; Gundel, Dähnhardt, Normann, Henseling und andere haben die Zusammenhänge nach Möglichkeit klargestellt. Die uns bekannten Sternbilderbezeichnungen gehen zwar auf die alten Griechen zurück, aber es kann kein Zweifel sein, daß sowohl die Chaldäer und Babylonier wie die Germanen und Chinesen bereits vor Jahrtausenden Sterngruppen des Himmels nach ihrer eigenen Ideenwelt benannten. Vieles davon ging im Auf und Ab der Völkerschicksale zugrunde, aber auch der Götterhimmel Griechenlands genügt, um uns die Tatsache vor Augen zu führen, daß lange bevor es eine Wissenschaft von den Sternen gab, schon das herrliche Lichtermeer dort droben Herz und Sinn der Menschen aufs tiefste bewegte. *Es ist ein alter Glaube der Menschen, daß Helden, Märtyrer »in den Himmel kommen«, will hier eigentlich sagen »an den Himmel kommen«, als helle Gestirne über die Welt der Menschen hinwegziehen. So wird der Himmel ein Feld voll hehrer Gestalten.* Da sehen wir den größten Heros der Griechen, Herkules, den Sohn des Zeus, mitten im Sterngewimmel mit erhobener Streitkeule daherschreiten, um sich gehängt das Fell des schrecklichen Nemeischen Löwen, in der linken Hand die schauerliche neunköpfige Lernäische Hydra schüttelnd. Da kämpft der herrliche, kühne wilde Jäger Orion, der in den Himmel versetzt wurde, weil er die Menschen von wilden Tieren

befreite. Hell glänzt sein Gürtel und sein Wehrgehänge, der Hund (mit dem hellsten Stern unseres Himmels, dem Sirius) begleitet ihn, der wilde Stier stürmt ihm entgegen. Wer am Himmel das Sternbild Orion aufsucht, wird wirklich den Eindruck eines schreitenden Mannes haben.

Hoch am Nordhimmel thront Perseus, auch ein Sohn des Zeus, der kühne Bezwinger der schrecklichen Medusa, deren Haupt von Schlangen umringelt wurde und deren Blick die Menschen versteinern ließ. Perseus schlug das furchtbare Haupt ab. In seiner Nachbarschaft glänzt die liebliche Andromeda, die, an einen Felsen geschmiedet, einem Meer-Ungeheuer zur Beute dienen sollte. Perseus befreite sie und wurde ihr Gatte: für ewige Zeiten sind sie nun am Sternenzelt vereint.

Das bekannteste Sternbild unseres Nordhimmels ist der »Große Wagen«, auch »Großer Bär« genannt. Den alten Germanen war es der Wagen Wotans, des obersten Gottes, aber daß es auch schon vor Jahrtausenden im alten China als Wagen einer Gottheit betrachtet wurde, zeigt eine uralte Darstellung in chinesischen Chroniken. Schon in alter Zeit findet sich die Auffassung »Bär« (auch Bärin) und »Wagen« nebeneinander, und zwar in Griechenland und bei nordischen Völkern.

Keineswegs finden wir solche Sternsagen nur bei den alten Kulturvölkern. Die primitiven Naturvölker Afrikas, Amerikas, der Südsee, des hohen Nordens haben heute noch allerlei Sternglauben und Sternaberglauben; das schimmernde Lichterheer dort droben wird ja auch bei ihnen seit grauen Zeiten bewundert und verehrt. So wissen die Basuto in Afrika zu erzählen, wie der »Mann im Mond« entstanden ist. Da war einst ein hervorragend tüchtiger Bogenschütze, der schoß immer einen Pfeil hinter dem anderen ab, so daß immer der nachfolgende in den Schaft des vorhergegangenen traf. Auf diese Weise entstand eine Leiter, eine Brücke aus Pfeilen, die von der Erde zum Monde reichte und auf der der Schütze emporkletterte zum bleichen Nachtgestirn. Da sitzt er noch heute, denn er hatte seinen Bogen auf Erden liegen lassen und konnte nicht zurück.

Weit verbreitet sind in Westafrika *Spinnensagen*, die teilweise mit dem Himmel zusammenhängen, vor allem mit der Sonne. Die großen Spinnen der Urwälder sitzen im Mittelpunkt ihres Netzes wie die Sonne im Mittelpunkt ihres Strahlennetzes steckt. Das ist genug für das fabulierende Gemüt des afrikanischen Negers, um Beziehungen zwischen beiden Naturbildern zu schaffen. Die Sonne wird da und dort als Riesenspinne aufgefaßt, ja so etwas wie ein Sonnengott ist einst an einem Spinnfaden (einem Sonnenstrahl) in den Himmel emporgestiegen. Mit kühner Phantasie wird die Spinnengeschichte noch weiter ausgebaut, bis zur Entstehung der Sterne.

An einem Faden der Sonnenspinne, so erzählen die Schwarzen in einigen Gegenden, kletterte einst der Specht zum Himmel empor. Er pickte dort lauter Löcher in das Gewölbe, durch das nun zur Nachtzeit das Licht der Sonne durchschimmert, und so entstanden die Sterne. Und hier sehen wir, wie Sage langsam in kühl-materielle Naturbetrachtung übergeht: Die Sterne sind da schon nicht mehr Fabelwesen, sie sind einfach Löcher, durch die fernes Licht schimmert, wenn auch ein Fabelwesen sie erzeugte.
Daß so auffällige Erscheinungen wie Sonnen- und Mondfinsternisse viele Deutungen hervorriefen, ist erklärlich, und auch hier wissen die Neger allerlei schnurrige Geschichten zu erzählen. Oft werden Sonne und Mond als Weib und Mann aufgefaßt, die sich nicht miteinander vertragen, sich bald nähern, bald einander fliehen, und die Bedeckung der Sonne durch den Mond wird nicht selten ins Gebiet der Erotik verlegt. Die große Himmelslampe geht aus, und Mann und Weib halten einander umschlungen.
So wimmelt das Firmament von Sagen und Gestalten, so wird es zum Märchenbuch und Bilderbuch der Völker, die vor uns lebten und versanken, während die Spiele ihrer Phantasie noch heute in der Unendlichkeit schimmern.

Auf Sternkarten früherer Jahrhunderte spielt dieses Heer von Gestalten fast die Hauptrolle, so daß man das, worauf es eigentlich ankommt, die Sterne, kaum herausfindet; bei den Sternbilderdarstellungen, die wir heute in volkstümlichen Büchern über Astronomie verwenden, begnügen wir uns mit einigen charakteristischen Umrißlinien, die sich leicht einprägen und uns die Orientierung am Himmel erleichtern. Auf den Karten, die der Sternforscher auf der Sternwarte benutzt, findet man freilich von alldem selbstverständlich nichts, diese mächtigen Atlanten des Himmels, mit vielen Blättern von der Größe eines halben Quadratmeters, geben nur das Gradnetz der Rektaszension und Deklination, also den genauen Ort und die genaue Sterngröße.
Wir lassen hier zunächst ein Verzeichnis all der Sternbilder folgen, die in unseren Breiten sichtbar sind.

1. Sternbilder nördlich des Himmelsäquators

Kleiner Bär (Ursa minor)
Großer Bär (Ursa major), auch »Großer Wagen« genannt
Drache (Draco)
Giraffe (Camelopardalis)
Kepheus
Kassiopeia
Andromeda

Eidechse (Lacerta)
Schwan (Cygnus)
Leier (Lyra)
Herkules
Nördliche Krone (Corona borealis)
Bärenhüter (Bootes)
Jagdhunde (Canes venatici)
Haar der Berenike (Coma Berenices)
Kleiner Löwe (Leo minor)
Krebs (Cancer)
Zwillinge (Gemini)
Kleiner Hund (Canis minor)
Großer Löwe (Leo major)
Lux (Lynx)
Fuhrmann (Auriga)
Perseus
Dreieck (Triangulum)
Fische (Pisces)
Pegasus
Fuchs (Vulpecula)
Delphin
Pferdchen (Equuleus)
Pfeil (Sagitta)
Adler (Aquila)
Schlangenträger (Ophiuchus)
Schlange (Serpens)
Jungfrau (Virgo)
Sextant
Stier (Taurus)
Widder (Aries)

2. Sternbilder südlich des Himmelsäquators, die in Deutschland sichtbar sind

Walfisch (Cetus)
Wassermann (Aquarius)
Südlicher Fisch (Piscis austr.)
Steinbock (Capricornus)
Schütze (Sagittarius)
Schild des Sobieski
Skorpion (Skorpius)
Waage (Libra)
Wasserschlange (Hydra)
Rabe (Corvus)
Becher (Crater)
Das Schiff Argo (Argo navis)
Einhorn (Monoceros)
Großer Hund (Canis major)
Hase (Lepus)
Taube (Columba)
Orion
Der Fluß Eridanus

Um die einzelnen Sterne eines Sternbildes wieder voneinander besser unterscheiden zu können, hat man diese mit den Buchstaben des griechischen Alphabets bezeichnet, in der Weise, daß der hellste Stern des Sternbildes mit dem ersten Buchstaben, der nächsthellste Stern mit dem zweiten Buchstaben des Alphabets bezeichnet wird, und so fort. Selbstverständlich würde es den Freund des gestirnten Himmels, der nicht die Absicht hat, tiefer in diese Dinge einzudringen, zu weit führen, all die einzelnen Sterne nach ihrem Buchstaben zu kennen; aber wir wollen dennoch an einem kleinen Beispiel zeigen, wie diese Bezeichnungen angewandt werden, da ja zuweilen in astronomischen Zeitungsartikeln oder Berichten über irgendein Ereignis am Himmel diese Bezeichnungen für einzelne Sterne angegeben werden. Hier zunächst die kleinen Buchstaben des griechischen Alphabets:

α	Alpha	η	Eta	ν	Nü	τ	Tau
β	Beta	ϑ	Theta	ξ	Ksi	υ	Ypsilon
γ	Gamma	ι	Iota	o	Omikron	ψ	Phi
δ	Delta	$\varkappa$	Kappa	π	Pi	χ	Chi
ε	Epsilon	λ	Lambda	ϱ	Rho	φ	Psi
ζ	Zeta	μ	Mü	σ	Sigma	ω	Omega

Als Beispiel wollen wir uns das Sternbild der Kassiopeia ansehen. Dieses Sternbild enthält natürlich weitaus mehr Sterne; aber nur die auffälligsten sind hier gezeichnet, denn nur sie fallen uns am Himmel sofort auf. Diese Hauptsterne der Kassiopeia bilden ein etwas verschobenes W. Die drei hellsten Sterne sind mit Alpha, Beta und Gamma bezeichnet, die beiden schwächeren mit Delta und Epsilon. Man nennt nun die Sterne einfach nach ihren Buchstaben; so heißt der Stern ganz rechts oben einfach »β Kassiopeia« (gesprochen Beta Kassiopeia) und der darunter »α Kassiopeia« (Alpha Kassiopeia). Dieser Stern hieß früher *Schedir*, der Stern »α Kassiopeia« hat diesen Namen zu einer Zeit erhalten (diese Namen sind oft arabischen Ursprungs), als die Bezeichnung nach dem griechischen Alphabet noch nicht eingeführt war. Überhaupt hat der hellste Stern eines Sternbildes gewöhnlich einen besonderen Namen, und es empfiehlt sich, die wichtigsten dem Gedächtnis einzuprägen, damit man – wenn man etwa liest: »Der neue Komet steht dicht bei dem Stern ›Deneb‹« – weiß, wo denn dieser Stern »Deneb« wieder zu suchen ist. Wir lassen darum hier ein Verzeichnis der wichtigsten Sternnamen (soweit die Gestirne bei uns sichtbar sind) folgen:

Die Namen der bei uns sichtbaren hellen Fixsterne

(daneben Buchstabenbezeichnung und Sternbild)

Alamak	γ	Andromeda	Alrukaba		Polarstern
Albireo	β	Schwan	Antares	α	Skorpion
Aldebaran	α	Stier	Arktur	α	Bärenhüter
Algenib	α	Perseus	Atair	α	Adler
Algol	β	Perseus	Bellatrix	γ	Orion
Alkor	g	Großer Wagen	Betelgeuze	α	Orion
Alkyone	η	Siebengestirn	Deneb	α	Schwan

Denebola	β	Großer Löwe	Polarstern	α	Kleiner Bär
Dubhe	α	Großer Wagen	Pollux	β	Zwillinge
Fomalhaut	α	Südlicher Fisch	Prokyon	α	Kleiner Hund
Gemma	α	Nördliche Krone	Ras Algethi	α	Herkules
Kanopus	α	Schiff Argo	Regulus	α	Großer Löwe
Kapella	α	Fuhrmann	Reiterchen	g	Großer Wagen
Kastor	α	Zwillinge	Rigel	β	Orion
Kochab	β	Kleiner Bär	Scheat	β	Pegasus
Kornähre	α	Jungfrau	Schedir	α	Kassiopeia
Markab	α	Pegasus	Sirius	α	Großer Hund
Mira	*o*	Walfisch	Sirrah	α	Andromeda
Mizar	ζ	Großer Wagen	Spika	α	Jungfrau
Phuban	α	Drache	Wega	α	Leier
Polaris	α	Kleiner Bär	ZubenElschemali	β	Waage

Wir sehen diesen Namen schon an, daß sie aus sehr verschiedenen Zonen und Kulturen stammen. Bezeichnungen wie Kastor und Pollux für die Hauptsterne im Sternbild Zwillinge kommen aus der Mythologie Griechenlands, und so ist es noch mit vielen anderen. Namen wie Betelgeuze, Schedir, Alrukaba, Zuben Elschemali usw. usw. sind arabischen Ursprungs, stammen aus einer Zeit, da im 9. und 10. Jahrhundert, als es im Abendland ziemlich finster aussah, die Sternkunde im Morgenland in hoher Blüte stand. Einige dieser Namen sind langsam umgeformt worden. Einen der Hauptsterne im Orion nannten die Araber »bêt el djewzâ« (Achsel des Orion); wir finden heute dafür auf unseren Sternkarten die Bezeichnung »Beteigeuze«, oder richtiger: Betelgeuze. Der Stern »Schedir« in der Kassiopeia wird im Arabischen »Sádr« geschrieben, was soviel wie Brust bedeutet; Denebola, ein Stern im Großen Löwen, wird eigentlich »dhéneb ul ássad« geschrieben und bedeutet Löwenschwanz.

Viele alte Sternnamen sind völlig verlorengegangen. Die Nordgermanen sagten zum *Polarstern* »Nordhurstjarna« oder »Leidharstjarna«, Leitstern, Wegweiser nach Norden; die drei Gürtelsterne im Sternbild Orion wurden von ihnen als »Friggjarrokr«, Spinnrocken der Frigga, bezeichnet. Auffällige Sterngruppen sind wohl überall in der Welt irgendwie mit Sagen und Märchen in Verbindung gebracht und mit Namen belegt worden. Wir erinnern nur an das jedem bekannte »*Siebengestirn*« im Stier, das die Griechen »Plejaden« nannten, in Deutschland seit Jahrhunderten auch die Bezeichnung »Gluckhenne« (Henne mit Küchlein) führt, eine Deutung, die selbst bei afrikanischen Negern wiederkehrt. Andere Völker sehen da eine Handvoll

Getreidekörner, eine Frau mit jungen Hunden, eine Schar Mädchen oder auch Vögel, und so gibt es unzählige Himmelsbilder. Wir wollen, um uns nicht zu verwirren, bei den nun einmal in Gebrauch gekommenen Sternnamen bleiben.

Mit Hilfe unserer Sternkarten werden wir uns jetzt leicht am Himmel zurechtfinden. Ganz vortrefflich sind auch die bekannten, billigen »Drehbaren Sternkarten«, die für jede Stunde des Jahres eingestellt werden können und auch erlauben, die Aufgangs- und Untergangszeiten der Gestirne mit einiger Genauigkeit zu bestimmen.

Vor hundert Jahren waren fast jedem einfachen Landmann die Sternbilder bekannt, und alte Kalender machen erstaunlich ausführliche Himmelsangaben; auch das ist leider heute fast verlorengegangen.

Wem es darauf ankommt, nicht nur für den Augenblick diesen oder jenen Stern zu identifizieren, sondern sich eine bleibende und einigermaßen umfassende Kenntnis der Sternbilder und der hauptsächlichsten hellen Sterne anzueignen, der muß vor allen Dingen einen Platz aussuchen, von dem aus er den ganzen Himmel überblicken kann. Wichtig ist ferner, daß nicht zu viel störendes Licht in der Nähe ist. Großstadtstraßen würden sich als Beobachtungsposten nicht eignen, da hier selbst die hellsten Sterne einfach überstrahlt und unsichtbar werden. So kommt es, daß einem modernen Großstädter die Sterne fast nur noch vom Hörensagen bekannt sind und vielleicht nach einigen Generationen »selbst die ältesten Leute sich nicht mehr erinnern können«, jemals so ein Ding in natura gesehen zu haben.

Die Identifizierung der Sterne und Sternbilder geschieht in der Weise, daß man am Himmel die Objekte aufsucht, die die Karte – die ja ein möglichst getreues Abbild des Himmels sein soll – enthält. Das erscheint auf den ersten Blick ungeheuer einfach, ist aber doch zuweilen recht schwierig. Es seien deshalb hier einige Ratschläge gegeben, die am schnellsten und sichersten zum Ziele führen.

Zunächst soll man diejenigen Sternbilder dem Gedächtnis einprägen und am Himmel auffinden lernen, die immer sichtbar sind, also die sogenannten »*Zirkumpolarsterne*«. Es sind das alles Sternbilder, die nicht allzu weit vom Himmelspol, also vom Polarstern, entfernt stehen. Wenn wir nach Norden blicken, müssen wir etwa in halber Höhe zwischen Horizont und Scheitelpunkt den alten Nordweiser finden. Von einem bekannten Objekt gehen wir nun aus und suchen die unbekannten Gestirne zu ermitteln. Das bekannteste Sternbild ist in unseren Gegenden unstreitig der *Himmelswagen*, auch Großer Bär genannt. Selbst Leute, die mit der Göttin Urania nur auf dem Grußfuße stehen, wissen dieses schöne Sternbild am Himmel aufzufinden. Es be-

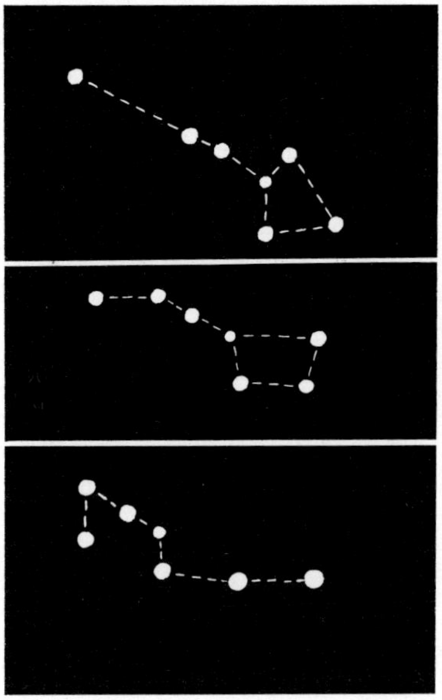

Sternenhimmel *Unser Bild (oben links) zeigt, wie der Himmelswagen seine Gestalt ändert. Aussehen vor 50000 Jahren (oben), heute (Mitte), in 50000 Jahren (unten). – Der Augusthimmel Monatsanfang 22.00 Uhr, Monatsmitte 21.00 Uhr, Monatsende 20.00 Uhr: 1. Kleiner Wagen (Kl. Bär); 2. Großer Wagen (Gr. Bär); 3. Drache; 4. Kepheus; 5. Giraffe; 6. Fuhrmann; 7. Perseus; 8. Kassiopeia; 9. Dreieck; 10. Andromeda; 11. Widder; 12. Teil der Fische; 13. Pegasus; 14. Wassermann; 15. Steinbock; 16. Delphin; 17. Adler; 18. Schütze; 19. Schlangenträger; 20. Schlange; 21. Herkules; 22. Skorpion; 23. Waage; 24. Teil der Jungfrau; 25. Krone; 26. Bootes (od. Bärenhüter); 27. Haar der Berenike; 28. Jagdhunde; 29. Sterne des Löwen; 30. Luchs; 31. Schwan; 32. Leier (rechts). – Der Sternenhimmel an den Frühjahrsabenden. Blick nach Süden, Mitte April gegen 21.00 Uhr (unten)*

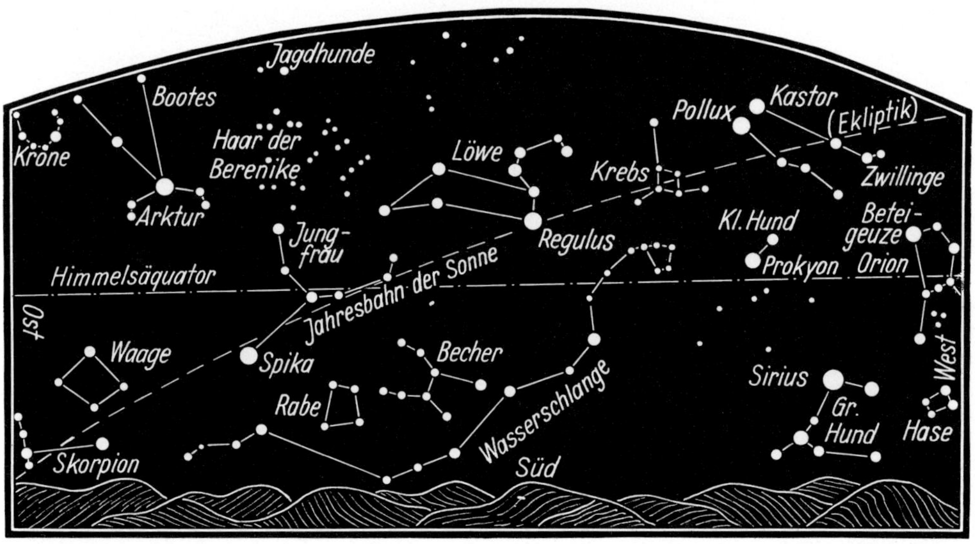

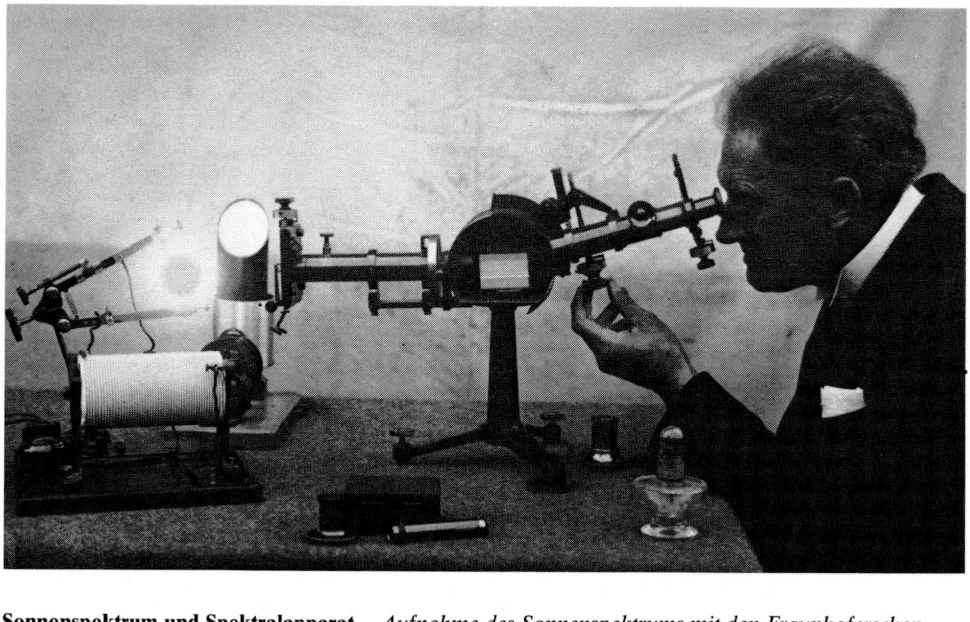

Sonnenspektrum und Spektralapparat *Aufnahme des Sonnenspektrums mit den Fraunhoferschen Linien (oben). – Untersuchungen mit dem Spektralapparat. Am Okular Bruno H. Bürgel (unten)*

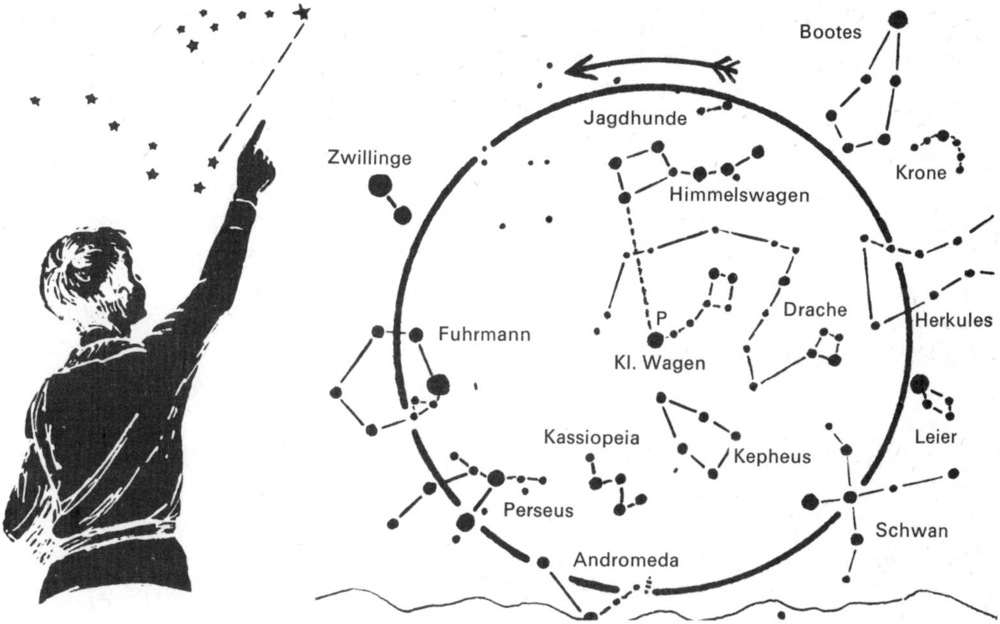

Mit Hilfe des Himmelswagens kann man den Polarstern ausmachen. Verlängert man den Abstand der beiden hinteren Sterne des Wagenkastens etwa um das Fünffache in Richtung der Deichselknickung, dann findet man den Polarstern. Senkrecht unter ihm ist der Nordpunkt des Horizonts (links). – Karte der Zirkumpolarsterne. Die Sterne und Sternbilder innerhalb dieses Kreises gehen in unseren Breiten nicht unter (rechts)

steht freilich aus viel mehr Sternen. Wir haben die sieben Hauptsterne dieses Sternbildes durch einfache Linien miteinander verbunden, und es ist so eine charakteristische Figur entstanden, die einem gut im Gedächtnis bleibt und jederzeit leicht am Himmel aufgefunden werden kann. Auf diese Weise muß man sich immer, bei jedem Sternbild, die Sterne durch einfache Linien verbunden denken; die so entstehenden charakteristischen Figuren werden das Aufsuchen wesentlich erleichtern. Auf unseren Karten ist in der genannten Weise vorgegangen worden, und man versuche, diese einfachen, teilweise symbolischen Figuren beim Aufsuchen der Sternbilder am Himmel wiederzuerkennen. – Vom Großen Bär nun gehen wir aus, um die anderen Sternbilder zu finden, und bedienen uns dabei einer alten, langbewährten Methode, um leichter zum Ziel zu gelangen: des »Allignements«, das heißt, *wir verbinden bereits bekannte mit unbekannten Sternen durch gerade Linien.* Verlängert man z. B. die Linie, die die Sterne α und β, die »Hinterräder« des Großen Wagens, miteinander verbindet, etwa fünfmal über α hinaus, so trifft

diese Linie auf den *Polarstern*, der zugleich der Hauptstern im »*Kleinen Bären*« ist. Dieses Sternbild hat eine dem Großen Wagen recht ähnliche Gestalt, so daß man auch vom »Kleinen Wagen« spricht. Nur hat hier die »Deichsel« eine andere Richtung. Diese beiden Sternbilder wird man, nachdem man einen Blick auf die Karte geworfen, leicht am Himmel auffinden, und damit hat man schon den Grund zu weiterer Orientierung gelegt.
Man darf indessen nicht vergessen, daß sich die Sterne um den Himmelspol in 24 Stunden einmal herumschwingen in der Richtung des Pfeiles; damit ändert sich selbstverständlich auch die Lage der Sternbilder zum Horizont, oben wird unten, links wird rechts.
Betrachten wir nun noch einmal die Zeichnung der Zirkumpolarsterne. Wir sehen, wie sich zwischen dem *Großen Wagen* und dem *Kleinen Bären* der *Drache* windet, und erkennen oben am Rand der Karte einen großen Stern, einen Stern 1. Größe, es ist Wega, der Hauptstern im Sternbild der *Leier*. Rechts daneben liegt das langgestreckte Kreuz des *Schwanes*, links von der *Leier*, teilweise schon außerhalb des Zirkumpolarkreises, schließen sich *Herkules, Krone* und *Bärenhüter* an. (Der helle Hauptstern hier ist »*Arktur*«). Ebenso weit wie der Himmelswagen links vom Polarstern entfernt ist, liegt jenseits das W der *Kassiopeia*, und neben ihr, am Rand des Kreises, leuchtet *Andromeda*. Unter diesen Gruppen finden wir den *Perseus*, den *Fuhrmann* mit dem Hauptstern *Kapella*, und schon jenseits des Zirkumpolargebietes *Kastor* und *Pollux*, die Hauptsterne im Bilde der *Zwillinge*. Das alles aber kreist um den Himmelspol in der Richtung des Pfeiles, so daß oben und unten, links und rechts im Laufe einer Erddrehung wechseln.
Die Sternbilder um den Himmelspol werden wir uns leicht einprägen, da sie das ganze Jahr sichtbar sind, anders ist es mit den anderen Sternfiguren des Himmels, von denen wir manche nur im Sommer, andere nur im Winter beobachten können. Absichtlich ist die Zeichnung so wenig wie möglich beschriftet, um sie nicht unübersichtlich zu machen. Erblickt der Beschauer am Himmel nahe der Ekliptik einen hellen Stern, der in der Karte nicht verzeichnet ist, so handelt es sich um einen der hellen *Planeten* (Venus, Mars, Jupiter, Saturn), der zur betreffenden Zeit an dieser Himmelsstelle steht; man wird ihn im Laufe einiger Wochen langsam seinen Ort zu den Fixsternen der Nachbarschaft ändern sehen. Hierzu sei noch folgendes bemerkt: Nicht selten findet man bei astronomischen Berichten in Tageszeitungen Ortsangaben. Zum Beispiel: Der neu aufgetauchte Komet steht im Sternbild Bärenhüter, drei Grad südlich von dem hellen Stern Arkurus. Oder: Der Planet Merkur, der schwer sichtbar ist, steht zur Zeit acht Vollmondbreiten links von dem hellen Abendstern, der Venus, am Westhimmel. – Viele wis-

sen mit einer solchen Ortsangabe nichts anzufangen, da es ihnen nicht möglich ist, »drei Grade« oder »acht Vollmondbreiten« am Firmament abzumessen. Dennoch geht das leicht, wenn man, wie folgt, dabei vorgeht: Sonne und Mond haben einen Durchmesser von rund 1/2 Grad (31 bis 32 Bogenminuten), der *doppelte Monddurchmesser entspricht also 1 Grad am Himmelsbogen.* Nimmt man nun einen Zirkel zur Hand und hält dessen Spitzen mit völlig gerade ausgestrecktem Arm zum Mond, so kann man leicht den Mond zwischen die Zirkelspitzen bringen und so seinen scheinbaren Durchmesser, wenn man das kleine Experiment mehrfach wiederholt, nach Millimetern ermitteln. Verdoppelt man diese Millimeterzahl, dann hat man die Länge eines Grades am Himmel. Das wird zwar für verschiedene Menschen, je nach der Armlänge, ein wenig unterschiedlich sein, aber im Mittel wird man annähernd 11 Millimeter herausbekommen. Jetzt aber sind wir ein für allemal in der Lage, mit Hilfe eines Zirkels oder eines Zentimeterstabes, den wir mit ausgestrecktem Arm zum Himmel halten, mehrere Grade (oder Vollmondbreiten) am Firmament zu messen und solche kleinen Hilfen bei der Aufsuchung von Gestirnen nutzbringend zu verwenden. Zwischen Zirkelspitzen, die 10 bis 11 Zentimeter Abstand haben, liegen bei gestrecktem Arm also etwa 10 bis 11 Grade am Himmelsbogen; die Länge einer Zündholzschachtel kann uns so bei einer nächtlichen Wanderung unter dem Sternenhimmel dazu dienen, 5 Grad festzulegen.

Zum Schluß wollen wir noch einmal auf die *Sternbilder des Tierkreises* oder Zodiakus zurückkommen, jene Sternbilder, die längs der Ekliptik, längs des Jahrweges der Sonne, liegen. Nehmen wir unsere Sternkarte zur Hand und verfolgen wir die Wanderung des Tagesgestirns. Am 21. März steht die Sonne im Frühlingspunkt, dort, wo sich Himmelsäquator und Ekliptik schneiden; sie befindet sich im Sternbild der *Fische.* Ende April steht sie mitten im benachbarten Sternbild des Tierkreises, im *Widder,* Ende Mai im *Stier,* und am 21. Juni hat sie die *Zwillinge* erreicht. Es ist der Tag des Sommeranfanges im astronomischen Sinne, die Sonne steht am höchsten über dem Äquator, sie hat nun 23 1/2 Grad nördliche Deklination erreicht. Nunmehr steigt sie wieder abwärts, durchwandert in den Monaten Juni, Juli, August die Tierkreisbilder *Zwillinge, Krebs, Löwe* und erreicht am 23. September im Sternbild der *Jungfrau* abermals den Himmelsäquator im sogenannten Herbstpunkt.

Immer tiefer sinkt sie jetzt unter die Ebene des Himmelsgleichers, durchwandert in den Monaten Oktober, November die Sternbilder *Jungfrau, Waage, Skorpion* und hat am 21. Dezember im Sternbild des *Schützen* in 23 1/2 Grad südlicher Deklination den tiefsten Stand erreicht; der Winter be-

ginnt. Jetzt eilt das Tagesgestirn dem Frühling entgegen, durchläuft in den Monaten Januar, Februar, März die Tierkreisbilder *Schütze, Steinbock, Wassermann* und kommt am 21. März wieder im Frühlingspunkt an, erreicht die Höhe des Himmelsäquators im Sternbild *Fische.*
Verfolgen wir an Hand unserer Sternkarte diesen Jahreslauf der Sonne, der ja in Wahrheit nur die Widerspiegelung des Jahreslaufes der Erde um das mächtige Zentralgestirn ist, so überblicken wir leicht diese Verhältnisse. Dennoch wird der Unkundige auf den ersten Blick verwirrt, wenn er im Kalender liest: »Am 21. März tritt die Sonne in das Zeichen des Widders«, oder wenn dort zu lesen steht: »21. Juni Sommeranfang; Sonne im Zeichen des Krebses.« Das stimmt mit unseren obigen Angaben nicht überein, denen zufolge sich die Sonne im März im Bilde der *Fische*, Ende Juni im Bilde der *Zwillinge* befindet. Wie erklärt sich dieser Widerspruch? Ganz einfach: Man verwechselt hier Sternbild mit Zeichen! *Das »Sternbild« des Widders, Stiers usw. ist nicht gleichbedeutend mit dem »Zeichen« des Widders, Stieres* usw. Mit diesen überlebten »Zeichen« hat der Astronom überhaupt nichts zu tun. In einer sehr weit zurückliegenden Zeit, als die Babylonier oder ihre Vorläufer die Sternbilder auf dem Jahresweg der Sonne benannten, hatte das alles eine tiefere, uns heute entschwundene Bedeutung, weil auch Sternenkult und Sterndeuterei (Astrologie) da hineinspielten. Nach den Untersuchungen von Professor Gundel lassen sich die Tierkreisbilder, die bis auf uns gekommen sind, bis zu den Tagen der griechischen Astronomen des 5. und 6. vorchristlichen Jahrhunderts zurückverfolgen; vorher scheinen sie teilweise andere Zeichen besessen zu haben. In seinen »Kulturleistungen der Menschheit« berichtet Professor H. Schneider, daß die ersten Spuren des Tierkreises sich in Babylon um 2700 v. Chr. finden, daß man auf Siegeln von Farah den Stier und den Löwen erkennt; dem Stier ist ein Skorpion beigefügt, der Löwe ist mit Hörnern dargestellt. Der Verfasser ist der Ansicht, man könne das folgendermaßen deuten: Der vom Skorpion verwundete Stier stellt das sinkende Jahr dar, etwa die Herbststellung der Sonne, der Löwe, dessen Kraft und Lebensfülle die zugefügten Hörner noch unterstreichen, symbolisiert den Höhepunkt des Jahres, also den Sommer. Später kommen nach Schneider noch der Schütze, »der Mörder des Sonnenhelden«, hinzu, als Herbstzeichen, und die Zwillinge, die Sonnenbrüder, als Zeichen des Frühlings.
In jenen fernen Tagen aber stimmten Sternbild und Zeichen überein. Infolge sehr langsamer Änderungen der Stellung des Erdballes zu den fernen Sternen ändern sich die Schnittpunkte von Himmelsäquator und Ekliptik, und damit ändert sich die Lage des Frühlingspunktes, Herbstpunktes usw., steht die Sonne in den verschiedenen Monaten des Jahres nicht mehr in den Stern-

bildern, in denen sie damals stand, als die Babylonier ihren Tierkreis schufen.
Wie gesagt, diese Tierkreiszeichen spielen heute keine Rolle mehr in der Wissenschaft, wohl aber in der uralten Sterndeuterkunst, der Astrologie. Die gewaltige Erschütterung der Weltkriege und andere Völkerkatastrophen machten die verstörten Menschen wieder geneigt, sich dem geheimnisvollen Zauber dieses Märchenkindes aus dem Morgenlande hinzugeben, eine Tatsache, die sich gar wunderlich ausnimmt in der »aufgeklärten« Zeit der Überschallflugzeuge, des Rundfunks, der Rotationsmaschinen und der Raumfahrt.

Vom glühenden Sonnenball

Über Berg und Tal rollt der Sonnenwagen unablässig; bald ist er hoch droben auf der Anhöhe, bald drunten in der Tiefe. Und wenn in ihm der Sonnengott strahlend und blendend über die Höhe rollt, treffen uns seine sengenden Pfeile und erwärmen die alte, starre Erde; sie schmückt sich mit rauschenden Kränzen und duftenden Blumen, und überall klingt und singt es, draußen und auch drinnen, in den Herzen der Menschen, und es ist Sommerlust! Gleitet er aber abwärts, der Sonnenwagen, tief hinab in das Tal, dann verschwindet er in den Nebeln, und seine Pfeile sind matt und stumpf und zünden nicht. Dann welken die Blumen, verdorren die Kränze, und der Nordsturm brüllt durch die Lande. Kristallene Burgen bauen sich auf, es regnet glitzernde Nadeln, und die weiße Decke legt sich über die Erde. Mag die neue Zeit auch, die den Wintersport geschaffen, den kalten Monaten Freuden abgewinnen, immer warten wir dennoch sehnsüchtig auf den Frühling. Zur Frühlingszeit, da steigt des Sonnengottes Wagen empor, und aufs neue schmückt sich die Erde. Das ist die Zeit, in der die Menschen der großen Städte, bleich noch und wintermüde, mit einem glückhaft verlorenen Lächeln sich der Sonne entgegendrängen, die nach großem Gesetz, erhaben über allen Erdenstreit, ein flammender Gott, emporsteigt in ihrer Bahn. Das ist, allem Wandel zum Trotz, geblieben wie in alten Tagen! »Und die Sonne Homers, siehe, sie lächelt auch uns!«

Ich habe ein tiefes Verständnis für die alten Völker versunkener Kulturen, denen dieser strahlende Ball die höchste Gottheit war; auch sie, die nur über einen kleinen Bruchteil unseres heutigen Wissens verfügten, wußten schon, daß alles Leben und Wohlergehen auf Erden ein Geschenk der Sonne ist. Ein Volk verlor Glauben und Hoffnung, und Tausende töteten sich selbst,

als die zügellosen Horden der Eindringlinge 1537 in Cuzco, der alten Hauptstadt der Inka, den herrlichen Sonnentempel verwüsteten, als spanische Abenteurer das größte Heiligtum, das goldene Sonnenbild, demolierten, zerbrachen und um die Goldplatten würfelten. Da verlor die Sonne wirklich ihren Schein, und man konnte nicht mehr recht unterscheiden, wer hier die Heiden und wer die Rechtgläubigen waren.
Von einer inbrünstigen Sehnsucht nach der Hohen, Strahlenden ist der junge Ägypterkönig, der sich später selbst *Echnaton*, »Glanz der Sonnenscheibe«, nennt, erfüllt, als er, ein Ketzer auf dem Thron, um 1370 v. Chr. allen anderen alten Göttern den Krieg erklärt, ihre Zeichen beseitigen läßt und den *Sonnengott* zum alleinigen Herrn und Hüter der Welt und aller Reiche erklärt, zum Geber aller Güter. Ein neues Symbol erfindet er für diese Gottheit, eine Sonnenscheibe mit Strahlen, die in Menschenhände endigen; seine Hauptstadt weiht er ihr, ein mächtiger Tempel wird der Sonne gewidmet, und Gesänge preisen ihre Erhabenheit: »Deine Strahlen umarmen die Länder, durch deine Liebe bezwingst du sie; fern bist du, aber deine Segnungen sind bei uns . . .!« Heimlich bekämpft die Priesterschaft sein Werk; wir wissen nicht genau, wie dieser Echnaton geendet hat, aber täglich bewundern wir in allen Kunsthandlungen die Büste seiner Gattin, der zierlichen Nofretete.
An den alltäglichen Wundern geht der Mensch achtlos vorbei! Wer von uns sieht noch einen Sonnenaufgang, wer das flammende Haupt über einer stillen, erwartenden Landschaft aufgehen, nachdem die Herolde des Lichtes auf eilenden Rossen von Osten über die Welt gezogen, hinein in das Unendliche! Ich sah ein Kind weinen, das, zum erstenmal in seinem Leben dem Steinhaufen der Großstadt entflohen, über dem weiten Meer die Sonne aufsteigen sah. So arm sind wir geworden!
Die Sonne ist das alltägliche Wunder, das einen ganzen Stern erhält, Riesenreiche, über 3,8 Milliarden Menschen, alle Brunnen springen läßt, alle Äcker tragen läßt und den Kelchen aller Blüten befiehlt: »Öffnet euch!« . . .
Ohne Sonnenlicht und Sonnenwärme wäre unser Erdball eine leblose Schlacke, ein unbewohnter, unbewohnbarer Planet, auf dem jedes höher organisierte Leben unmöglich wäre. Wir sehen, daß dort, wo die Sonnenstrahlen nur sehr schräg oder längere Zeit gar nicht auftreffen – wie in den Polargebieten – alles in Eis und Schnee erstarrt und die organische Welt nur ein kümmerliches Dasein fristet. Wie gewaltig muß die Wärmequelle sein, die, obwohl rund 150 Millionen Kilometer von unserem Wohnsitz entfernt, doch imstande ist, die Erde in einen Zustand zu versetzen, der es der organischen Natur möglich macht, seit Jahrmillionen in unverminderter Üppigkeit sich auszubreiten. Die Sonne ist der Motor unserer Welt, der alle Räder treibt!

Sehen wir genau zu, so zeigt es sich, daß überhaupt alle Kräfte in uns umgeformte Sonnenkraft sind. Alles, was wir essen, wächst, wird und gedeiht im Strahl der Sonne. Keine Pflanze vermag ohne Sonnenlicht und Wärme zu wachsen, und jedes Tier ist wieder auf die Pflanzen angewiesen, ob es sich nun ausschließlich von ihnen nährt oder ob es von anderen Tieren lebt, die schließlich wieder Pflanzen zum Aufbau ihres Körpers verwenden. Aber Sonnenlicht und Sonnenwärme sind ja auch direkt zur Aufrechterhaltung jeder höheren Lebenstätigkeit nötig, und so sehen wir ein, daß in letzter Linie alle Muskelkraft der Tiere und Menschen *umgeformte Sonnenenergie* ist. Jedes Licht, das unsere Räume erhellt, wenn die große Leuchte unter den Horizont gesunken ist, jedes Feuer, das uns erwärmt, stammt dennoch von ihr. Der Holzspan, mit dem der unzivilisierte Naturmensch seine Hütte erleuchtet, das Reisig, mit dem er sein Lagerfeuer unterhält, stammen sie nicht von Bäumen, die einst im Strahl der Sonne wuchsen? Das Gas des modernen Großstädters, die Kohlen, mit denen er seine Häuser wärmt und aus denen er das Leuchtgas sog, sind es nicht umgewandelte Sonnenstrahlen? Wir wissen, daß die Steinkohle Pflanzenmaterial untergegangener Wälder ist, die einst – vor Jahrmillionen – die Erde bedeckten und im Strahl derselben Sonne grünten, die heute unser Korn reifen macht. Auch die Braunkohle entstammt dem Pflanzenreich, und das Erdöl stammt aus den Leibern von Milliarden untergegangener Tiere, hauptsächlich Meeresbewohner, die ebenfalls in grauer Vorzeit durch die Sonne und das, was sie wachsen ließ, lebten. Den Spiritus gewinnen wir wiederum aus der Pflanze, und das Wachslicht, dessen trüber Schein unseren Vorfahren ein ideales Licht dünkte, entstammen seine Teile nicht ebenfalls dem Tier- und Pflanzenreich? Die rußende Tranlampe des Eskimo, kommt ihr Brennstoff nicht aus dem Tierkörper, also indirekt aus der Sonnenkraft? So führt auch hier der viel gewundene Weg zur Sonne zurück, und Sonnenkraft vergangener Jahrtausende ist es, die uns mit der Eisenbahn, mit dem Dampfschiff über Länder und Meere treibt, uns im Fahrstuhl emporhebt, den Dampfhammer wuchtig niederfallen läßt und Millionen Räder treibt. – Sonnenlicht vergangener Zeiten blinzelt uns im Schein der Kerze, im Licht der Großstadt entgegen. Ein richtiges Märchen, das auch beginnt: »Es war einmal!«

Am Niagarafall in Amerika sind mächtige Kraftwerke aufgebaut. Eine halbe Million Kubikmeter Wasser stürzen dort pro Minute donnernd nieder, die eine Kraft von 17 Millionen Pferdestärken entwickeln. Wäre die Sonne nicht, jene Wasserfälle würden in kurzer Zeit aufhören zu existieren! Wer schafft denn das Wasser hinauf auf die Höhen, von denen es mit mächtiger Kraft niederfällt? *Die Sonne!* Sie verdunstet mit ihrer Wärme das Wasser in Meeren und Seen, Flüssen und Bächlein. Es steigt als Wasserdampf empor, und als Wolken sehen wir's hoch oben ziehen. Als Regen und Schnee fällt das emporgehobene Wasser wieder herab und strömt nun von den Höhen zu Tal. Nur dort, wo starkes Gefälle ist, vermag das Wasser Arbeit zu leisten, da es aber nicht wieder *bergauf* fließen kann, so muß es emporgehoben werden; die Sonne ist die mächtige Pumpe, die dies in der geschilderten Weise besorgt. So treibt *sie* denn indirekt jene gewaltigen Turbinen an den Wasserfällen und das Wasserrad des Müllers im idyllischen Schwarzwaldtale.

Auch die Kräfte des Windes, die der Windmüller in seine Dienste zwingt, die wir bei Windmotoren und bei Segelschiffen verwenden, sind umgeformte Sonnenenergie. Wind und Sturm sind starke Strömungen der Luft, die durch die verschieden starke Erwärmung der Luftschichten durch die Sonne hervorgerufen werden. Gäbe es keine Sonne, so würden sich die Luftschichten schnell gleichmäßig um die Erdkugel legen und eine ewige Windstille träte ein. Ob also ein Dampfschiff, das mit Steinkohlenfeuer seine Schrauben und Räder treibt, uns über den Ozean trägt oder ein Segelschiff, das der Wind vor sich herjagt: *Sonnenkraft* ist es, die uns befördert.

Möglich, daß der Mensch immer mehr die Sonne selbst vor seinen Wagen spannt, die Sonnenkräfte direkt ausnutzt. Schon gegen Ende des achtzehnten Jahrhunderts wurde da und dort die Sonnenwärme mit mächtigen Brennspiegeln gesammelt, brachte man Glas, Gestein, selbst kleine Diamanten im Brennpunkt solcher Instrumente zum Schmelzen, und die Neuzeit hat riesige »Sonnenmotoren« gebaut, Hohlspiegel, in deren Brennpunkten Dampfkessel liegen, die von der Sonne geheizt werden. In Los Angeles, in Ägypten und anderswo haben sich auf Farmen diese Einrichtungen viele Jahre bewährt. Ganze Häuser werden durch die Sonne erleuchtet, und zwar zur Nachtzeit. Thermo-Elemente werden hier verwendet. Wenn man zwei verschiedene Metalle aneinanderlötet und die Lötstellen erwärmt, entsteht ein elektrischer Strom, der dann in Akkumulatoren gespeichert werden kann. Da und dort hat man viele solcher Thermo-Elemente auf den Dächern eingebaut und die Sonne als Wärmequelle benutzt. Die Ingenieure beginnen bereits, mit viel großartigeren Einrichtungen die Energie der Sonne in höchsten Höhen, in Raumstationen jenseits aller Wolken, in unsere Dienste zu zwingen.

»Im Lichte nur wächst jedes gute Streben, Licht ist Bewegung, Licht allein ist Leben!« ruft der Dichter aus, und wir alle wissen, daß viel Wahrheit in diesem Spruch liegt, im wahren wie im übertragenen Sinne. Für fast alles auf diesem Stern, den wir bewohnen, ist die Strahlung, die uns der mächtige Glutball zusendet, verantwortlich. Klima, Wetter, Ernte, Wohlbefinden, viele Grundlagen der sozialen Verhältnisse hängen mit der Sonnenstrahlung zusammen; kein Wunder, daß man daher alles, was die Natur der Sonne betrifft, sehr sorgfältig beobachtet, daß Astronomen, Physiker, Meteorologen der Sonne sozusagen ständig den Puls fühlen und darüber hinaus Ärzte, Biologen, Klimaforscher, landwirtschaftliche Stationen die Sonnenscheindauer ständig in den Kreis ihrer Betrachtungen einbeziehen. Ja man kann von einer regelrechten Überwachung der Sonne sprechen, von einem »Arbeitsbuch« der Sonne, von Zensuren, die sie erhält. Mit oft sehr komplizierten Instrumenten wird ständig die Strahlung kontrolliert. Das einfachste Werkzeug dieser Art ist wohl der »Sonnenschein-Autograph« der Wetterwarten. Das ist eine Glaskugel, die einigermaßen der guten alten Schusterkugel ähnelt. Sie fängt, frei aufgestellt, das Sonnenlicht auf, konzentriert es, so daß hinter ihr ein Brennpunkt entsteht wie bei einem Brennglas, und dieser Brennpunkt fällt auf einen lichtempfindlichen Papierstreifen, der eine Stundeneinteilung trägt. Man kann am Abend einfach an diesem Streifen ablesen, zu welchen Stunden die Sonne schien, an welchen sie durch Wolken daran verhindert war, und es ist sehr interessant, was sich aus solchen gesammelten und ausgewerteten Arbeitsbescheinigungen der Sonne alles herauslesen läßt. In Mitteldeutschland steht die Sonne im Jahr 4482 Stunden über dem Horizont, aber nur 1706 Stunden beträgt die mittlere Sonnenscheindauer; in den übrigen 2776 Stunden ist das Tagesgestirn durch Wolken, Nebel, Rauch verhüllt. Das ist in verschiedenen Gegenden der Welt recht ungleich. Schottland hat im Jahr nur 1150, Spanien 2900 Stunden Sonnenschein; in Kimberley, im südafrikanischen Diamantengebiet, gibt es im ganzen Jahr nur fünf Tage ohne Sonnenschein, auf dem Berg Ben Nevis in Schottland sind dagegen 188 Tage ohne einen Strahl Sonne. Selbst in Deutschland treffen wir noch erhebliche Unterschiede an, denn Hamburg hat 109, Berlin 75, Chemnitz (heute: Karl-Marx-Stadt) 58 Tage ohne Sonnenschein.

Aber wie schon gesagt, die Jahre sind nicht gleich! So notiert die Wetterwarte in Bremen für das Jahr 1895 1836 Stunden Sonnenschein, für das Jahr 1912 nur 1175 Stunden, und ähnlich sind die Unterschiede überall im weiten Land, wobei man überlegen muß, daß hinter diesen dürren Zahlen für den Landwirt, Weinbauer, Obstzüchter, Gärtner, aber auch für sehr viele andere Berufe wichtige Wirkungen und Auswirkungen stehen, ganz abgesehen davon, daß die Gesamtgesundheitslage des Volkes Beziehungen zur Sonnenscheindauer zeigt. Nicht umsonst haben wir *Institute für Strahlungsforschung*, die die Wirkung der verschiedensten Strahlenarten, die von der Sonne ausgehen, untersuchen und auch feststellen, wie sich der Gegensatz zwischen Freiland, Berg und Großstadt auswirkt. Schon in die engen Häuserschluchten

dringt oft wenig Sonne, noch weniger aber in viele Wohnräume, die selbst im Hochsommer im Dämmerlicht liegen. Es kommt hinzu, daß über der Großstadt und über ausgedehnten Industriebezirken eine Dunst-Staub-Rauchschicht liegt, die einen erheblichen Teil der Gesamtstrahlung der Sonne verschluckt. Mit sehr feinen Instrumenten wird der Staubgehalt der Atmosphäre gemessen, wird festgestellt, wieviel ultraviolette Strahlen noch in der Großstadt wirksam sind. Wir wissen ja, daß das weiße Sonnenlicht sich in ein buntes Regenbogenband auflöst, wenn man es durch lichtbrechende Körper (jeder Tautropfen ist schon einer!) hindurchsendet; dem Auge unsichtbar liegen noch jenseits des Rot Wärmestrahlen, und jenseits des Violett liegt die sehr wichtige Ultraviolettstrahlung, die in biologisch-medizinischer Hinsicht von besonderer Wirksamkeit ist, wie vor allem die Untersuchungen von Dorno nachwiesen, dem zu Ehren man heute von der *»Dorno-Strahlung«* spricht. Die sogenannte Englische Krankheit (Rachitis) wird in starkem Maße gefördert, wenn diese Einwirkung der Sonnenstrahlung fehlt.
Sehr sorgfältige Messungen in London, Berlin, Hamburg und anderen großen Städten zeigen, daß in engen Straßen, Höfen die Strahlung häufig um 80 Prozent geringer ist als auf freien Plätzen, daß aber ganz allgemein die Sonnenstrahlung in der Großstadt, auch auf diesen freien Plätzen, um 20 Prozent gemindert ist gegenüber der Strahlung auf dem Land und an der See. Die biologisch wertvolle Dorno-Strahlung ist übrigens nur zwischen 9 Uhr und 15 Uhr wirksam, also bei höherem Sonnenstand, und Messungen haben ergeben, daß nur die Hälfte aller Sonnenscheinstunden im Jahre in dieser Hinsicht von Einfluß ist. Es sei nicht unerwähnt, daß von vielen Seiten in den engen Wohnbezirken *Dachgärten für die Kinder* empfohlen werden, eben weil auf den Dächern hoher Häuser die Strahlung immer noch am besten zur Geltung kommt.
Eine einfache Überlegung und Rechnung zeigt, daß unsere kleine Erde nur den 2735millionsten Teil der Gesamtstrahlung der Sonne auffangen kann. Machen wir uns das ein wenig klarer! Der mächtige Glutball ist rund 150 Millionen Kilometer von uns entfernt, und sein Durchmesser übertrifft mit 1 391 000 Kilometer 109mal den Durchmesser der Erdkugel. Stellen wir uns eine glühende Kugel von 1 Meter Größe vor, die rund 108 Meter von einem Körperchen von der Größe eines Kirschkernes entfernt schwebt, dann haben wir die gleichen Verhältnisse, und leicht sehen wir ein, daß dieser kleine Körper, der hier die Erde darstellt, nur einen ganz kleinen Bruchteil der Strahlung, die der Glutball ringsum in den Raum sendet, auffängt. Schon eine verhältnismäßig geringe Abnahme der Temperatur unserer Sonne genügte, um diesen Stern, den wir bevölkern, unbewohnbar zu machen; nach dem Urteil

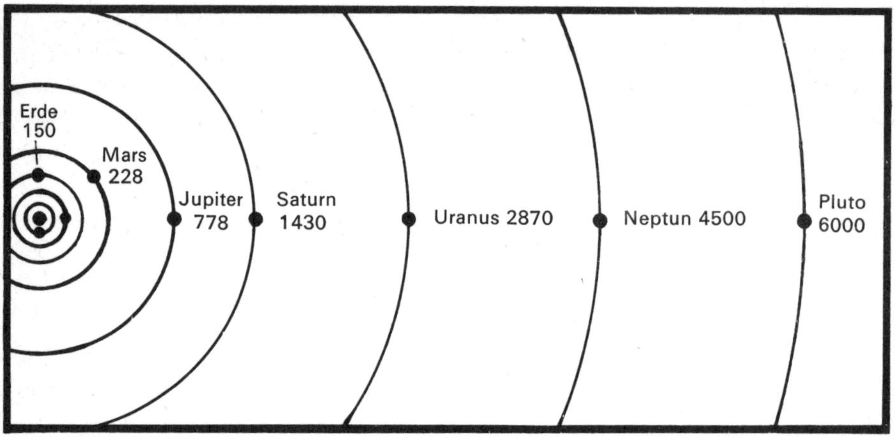

Die Sonne mit ihren neun großen Planeten in schematischer Darstellung. Die Zahlen nennen abgerundet die mittlere Entfernung in Millionen Kilometer

der Geologen war die mittlere Jahrestemperatur während der »Eiszeiten«, die jahrhunderttausendelang der Erde das Gepräge gaben, um nur 6 Grad niedriger, als es heute der Fall ist.
Es ist von jeher das Bemühen der Astrophysiker gewesen, die Leuchtkraft und die Temperatur der mächtigen Weltleuchte zu ermitteln. Mit ganz einfachen Experimenten fing man an und kam in der neueren Zeit zu immer verfeinerten Meßmethoden. Man verglich etwa die Helligkeit einer von der Sonne beschienenen weißen Fläche mit der, die eine irdische Lichtquelle lieferte, und kam so zu dem Resultat, daß das Sonnenlicht gleich dem von 60 000 bis 70 000 Kerzen sei. Der Amerikaner Langley verglich das Sonnenlicht mit dem Lichte geschmolzenen Stahls und fand dieses 5300mal weniger hell. Ein Experiment, das wie kaum ein anderes die unvorstellbare Lichtfülle des Sonnensterns sinnfällig macht. Der geschmolzene Bessemerstahl, der, in der Dunkelheit betrachtet, blendendes, grellweißes Licht ausstrahlt, erscheint, wenn wir es so einrichten, daß er gleichzeitig mit der Sonnenscheibe seine Strahlen in unser Auge sendet, gegen diese wie das trübe Flämmchen einer rußigen Öllampe. Man darf bei all solchen Messungen nicht übersehen, daß sie auf dem Grunde des mächtigen Luftmeeres angestellt werden, das uns umgibt und die Strahlung schwächt. Wir sehen ja alle Tage, daß die tiefstehende Sonne am Horizont scheinbar zu einem Ball von tiefer Rotglut wird, den wir, ohne das Auge zu schützen, bequem betrachten können. Die Staub- und Dunstmengen der niederen Luftschichten, der Umstand, daß die Sonnenstrahlen dem Horizont nahe einen weiteren Weg durch die Lufthülle

zurückzulegen haben als zur Mittagszeit, wenn das Gestirn des Tages hoch am Himmel glänzt, all das wirkt sich aus. Man nimmt an, daß selbst bei Gestirnen, die im Zenit stehen, die Lichtschwächung noch ein Viertel bis ein Fünftel der Gesamtstrahlung beträgt. Neuere Forschungen, die auf hohen Bergen vorgenommen wurden, wo die Einwirkung der Atmosphäre nur noch gering ist, führen zu dem Resultat, *daß die Leuchtkraft der Sonne nahe bei 150 000 Meterkerzen liegt*, daß also eine Fläche, etwa die Seite dieses Buches, vom Tagesgestirn ebenso stark erhellt wird, wie es 150 000 Normalkerzen vermöchten, die wir einen Meter von der Fläche dieser Seite entfernt aufbauen würden. Wollte man einen Körper von der gleichen Helligkeit der Sonne schaffen, man müßte dort, wo sie steht, gegen

3 000 000 000 000 000 000 000 000 000

(in Worten 3000 Quadrillionen) Kerzen entzünden! Diese Zahlen überschreiten alle Vorstellungskraft. – Wir werden noch sehen, daß viele der fernen Fixsternsonnen wesentlich lichtstärker sind als unser Tagesgestirn, wenn sie auch infolge der gewaltigen Entfernung nur als flimmernde Lichter am Sternenzelt erscheinen.

Wesentlich wichtiger als die Leuchtstärke der Sonne ist für uns ihre *Temperatur*, denn viele Probleme, die den mächtigen Glutball betreffen, hängen damit zusammen; die gesamte Strahlungsenergie der Sonne zu kennen, ist für den Astrophysiker von größter Bedeutung, will er über die Natur dieses Weltkörpers und der ihm verwandten Fixsterne Aufschluß erhalten. Freilich kann man zunächst nur die Oberflächentemperatur der Sonne bestimmen, also messen, wie heiß die Schichten des Glutballes sind, die wir sehen, deren Strahlung wir empfangen, aber von da aus führen andere Erscheinungen und viele Überlegungen anderer Art zu Erkenntnissen über den inneren Zustand der Sonne.

Wir haben schon früher einmal darauf hingewiesen, daß die Astronomen der älteren Zeit über die Temperatur der Sonne gar nichts wußten, sie mußten sich mit Meinungen und Schätzungen begnügen. Herschel spricht von 4 Millionen Graden, andere von 10 Millionen; noch um 1870 schätzt man die Sonnentemperatur auf 100 000 Grad; andere fallen in das andere Extrem und kommen auf knapp 2000 Grad. Erst nach 1880 nähert man sich auf Grund vieler sorgfältiger Messungen der Wahrheit. Es kommt darauf an, jene Wärmemenge zu finden, die die Sonne einer bestimmten Fläche der Erde in bestimmter Zeit zusendet. Dieser Wert muß aus der *Gesamtstrahlung* der Sonne abgeleitet werden, und so sind die gewöhnlichen Wärmemeßinstrumente, die Thermometer, hier nicht zu verwenden, weil sie die in den Lichtstrahlen enthaltenen Wärmestrahlen nicht richtig messen, weshalb z.B. ein Thermometer, dessen Quecksilberkugel man mit Ruß geschwärzt hat, eine ganz andere Temperatur im Sonnenschein zeigt als ein Thermometer mit unberußter Kugel. – Am besten ließe sich offenbar die uns zugestrahlte Energie der Sonne messen, wenn man ein Instrument herstellen könnte, das auf *alle* Strahlenarten, die uns die Sonne zusendet, reagiert, denn die Sonne sendet sowohl Wärmestrahlen als Lichtstrahlen und auch Strahlen elektrischer Natur aus.

Der französische Physiker *Pouillet* hat zuerst mit einem solchen Instrument diese Experimente ausgeführt und dabei gefunden, daß außerhalb der Erdatmosphäre jeder Quadratzentimeter des Querschnittes der Erde in der Minute 1,76 Grammkalorien Wärme aufnimmt. Unter »*Grammkalorie*« versteht man diejenige Wärmemenge, die nötig ist, um 1 Gramm (also 1 Kubikzentimeter) Wasser von einer bestimmten Temperatur um 1 Grad zu erwärmen, also etwa von 15 Grad C auf 16 Grad C zu bringen. Nach Pouillet erhielte also jeder Quadratzentimeter der Erde in der Minute nur etwa $1^3/_4$ Grammkalorien. Das erscheint uns wohl auf den ersten Blick wenig, aber eine nähere Überlegung zeigt, daß es doch eine ganz gewaltige Gesamtleistung ist; denn die Wärmemenge, die die Erde in einem Jahre nach dieser Rechnung erhält, würde hinreichen, einen die ganze Erdkugel rings umgebenden Eispanzer von 31,5 Meter Dicke zu schmelzen. – Man nennt den in Grammkalorien angegebenen Wärmebetrag, den jede Quadratzentimeterfläche in der Minute von der Sonne empfängt, die »*Solarkonstante*«.

Es darf bei der Wichtigkeit der ganzen Frage nicht wundernehmen, daß die Wissenschaft unserer Tage noch größere Mittel einsetzte, um zu genauesten Werten zu kommen, besonders als die Vermutung auftauchte, daß die Sonnenstrahlung *Schwankungen* unterliegt, die nach den Ansichten einiger Forscher wieder auf Wetter und Ernteerträgnisse zurückwirken.

Man kann heute, wo künstliche Satelliten an der äußersten Grenze der Atmosphäre Strahlungsmessungen ausführen und den Bodenstationen melden, den Energiestrom direkt messen. Es ergibt sich daraus, daß bei klarer, reiner und trockener Luft rund 70 Prozent des gesamten Sonnenlichts der Strahlenverschluckung durch die Atmosphäre entgehen und die Erdoberfläche erreichen. Außerhalb der Atmosphäre empfängt jeder Quadratzentimeter Fläche bei senkrechter Einstrahlung in jeder Minute rund 2 Grammkalorien an Energie. Aus diesem Wert kann man die Gesamtleistung der Sonne, also die gesamte Strahlungsenergie berechnen, die in jeder Sekunde von unserem glühenden Zentralgestirn in den Raum hinausströmt. Die Erde empfängt von dieser gewaltigen Leistung weniger als den milliardsten Teil. Dieser Betrag gilt für den Fall, daß die Erde sich in ihrem *mittleren* Abstand von der Sonne (149,5 Millionen km) befindet. In der Sonnennähe (Anfang Januar) nimmt die Solarkonstante um $3^1/_2$ Prozent zu, in der Sonnenferne (Anfang Juli) um den gleichen Betrag ab. Das ist zwar meßbar, aber nicht merklich. In Deutschland empfängt an einem heiteren Sommertag jeder *Quadratmeter* Boden an Sonnenenergie etwa 5 Millionen Grammkalorien oder rund 6 Kilowattstunden. Das entspricht ungefähr dem Heizwert von 600 g Steinkohle.

Die Oberflächentemperatur der Sonne ist nach den physikalischen Strahlungsgesetzen auf 5785 Grad Celsius anzusetzen; aus einer späteren Betrachtung werden wir noch schließen müssen, daß im tiefsten Innern des gewaltigen Sternes Temperaturen von vielen Millionen Graden herrschen. Dabei wollen wir uns erinnern, daß Eisen bereits bei rund 3000 Grad in Dampf übergeht und selbst bei der Oberflächentemperatur unseres Zentralsternes alle irdischen Stoffe schon zu glühenden Dämpfen würden!

Selbst der geringe Betrag, den unsere Erde von diesen enormen Energien zugestrahlt erhält, reicht für eine Arbeitsleistung hin, die gleich der von 260 Billionen Pferdestärken ist.

Wir haben erfahren, daß der Durchmesser der Sonne 1391000 Kilometer beträgt und den der Erde 109mal übertrifft; erst 1,3 Millionen Erdbälle ergäben demnach in ihrer Gesamtheit einen Körper, der an Rauminhalt der großen Weltleuchte gleichkäme. Nun ist es aber den Astronomen auch möglich, aus der Anziehungskraft, die ein Gestirn auf ein anderes ausübt, dessen Mächtigkeit, dessen »*Masse*« wie man sagt, zu ermitteln, da ergibt sich, daß die Masse der Sonne rund 330000mal größer ist als die Masse unseres Planeten; es würden also schon 330000 Erdbälle, auf die Wiegeschale des lieben Gottes gelegt, so schwer sein wie die Sonne, während erst 1,3 Millionen Erden den gleichen *Raum* einehmen wie dieser Glutball. Daraus ergibt sich ohne weiteres, daß die Sonne weniger *dicht* ist als unser Planet, daß die Materie, die sie zusammensetzt, dort weniger dicht zusammengepackt ist. Wir können uns das leicht vorstellen. Ein Liter Wasser oder, was dassselbe ist, ein Kubikdezimeter Wasser wiegt ein Kilogramm; auch Schnee ist ja Wasser in kristallisierter Form, und jeder weiß, daß ein Litertopf voll Schnee sehr viel weniger wiegt als das Wasser, eben weil die Wasserteilchen im Schnee nicht so dicht aneinanderhaften. Verbinden wir die viel geringere Dichte der Sonnenmaterie (ein Viertel der Erddichte!) mit der Tatsache, daß die Sonne ein sehr heißer Körper ist, bei dem alle Stoffe, die bei uns fest oder flüssig sind, nur als glühende Gase auftreten können, also einen sehr großen Raum einnehmen, wie ein Liter verdampften Wassers eine Waschküche füllt, so wird uns diese geringe Dichte erklärlich: *Die Sonne ist ein Gasball!*

In schönster Weise wird uns das bewiesen durch die wundervolle Untersuchungsmethode der Spektralanalyse. Was wir über die Natur der Sterne wissen, verdanken wir vor allem diesem Forschungsmittel. Die heutigen großartigen Einrichtungen der Spektralanalytiker erlauben es, ein Sonnenspektrum von rund 30 Meter Länge zu erzeugen, in dem gegen 25 000 Fraunhofersche Linien erkennbar werden. Keineswegs ist das Spektrum da zu Ende, wo es unser ja nicht für alle Strahlen, die von der Sonne ausgehen, empfängliches Auge am roten und violetten Ende einer Grenze zeigt. Mit Hilfe der Photographie dringen wir weit ins unsichtbare »Ultraviolett« hinein, und jenseits des Rot, im Gebiet einer Strahlung, die uns nicht mehr als Licht, wohl aber als Wärme empfindbar wird, ist dieses Spektrum mehr als zehnmal länger als der ganze uns sichtbare Teil des bunten Farbenspiels.

Zunächst brachte uns die Spektralanalyse die Gewißheit, daß der mächtige Glutball da droben aus den gleichen Stoffen aufgebaut ist wie die Erde. Von den uns bekannten chemischen Elementen sind zur Zeit zwei Drittel mit völliger Gewißheit im Sonnenspektrum nachgewiesen, so vor allem Wasserstoff, Stickstoff, Sauerstoff, Helium, Eisen, Blei, Zink, Nickel, Schwefel, Phosphor, Kalzium, Magnesium usw. Einige Elemente, zum Beispiel das schnöde Gold, aber auch Chlor, Jod, Quecksilber, Radium usw. konnte man bislang nicht entdecken, die für diese Elemente charakteristischen Linien sind nicht feststellbar, wobei wir aber nie vergessen dürfen, daß wir ja nur von den obersten Schichten des mächtigen Gasballes Kenntnis haben, daß die besonderen physikalischen Verhältnisse in diesen Oberflächengebieten die Anwesenheit bestimmter Stoffe ausschließen mögen.

Das Sonnenlicht, das wir erhalten, geht von der leuchtenden Oberflächenschicht aus, die wir »*Photosphäre*« nennen und die ein Gemisch von Gasen hoher Temperatur ist, wie die Messungen mit absoluter Sicherheit erwiesen haben. Diese leuchtende Sonnenoberfläche gibt uns das bunte Lichtband des Spektrums; die darin auftretenden dunklen Fraunhoferschen Linien werden erst durch eine die Photosphäre umgebende, etwas kühlere Gashülle erzeugt, die sich um die Sonnenkugel legt, ähnlich wie die Erde von ihrer Lufthülle umgeben ist. Aber auch in dieser *Sonnenatmosphäre* herrscht noch eine so hohe Temperatur, daß alle Stoffe als glühende Gase auftreten; immerhin bewirkt sie, daß das von der Photosphäre, der eigentlichen Sonnenoberfläche kommende Licht in gewissem Sinne verändert wird; sie verschluckt gewisse Strahlen, absorbiert gewisse Wellenlängen des Photosphärenlichtes und erzeugt so die dunklen Fraunhoferschen Linien.

Es gibt aber Momente, in denen wir diese Sonnenatmosphäre *allein* sehen, nicht mehr nur als unsichtbare Umhüllung der Sonnenkugel; das ist bei tota-

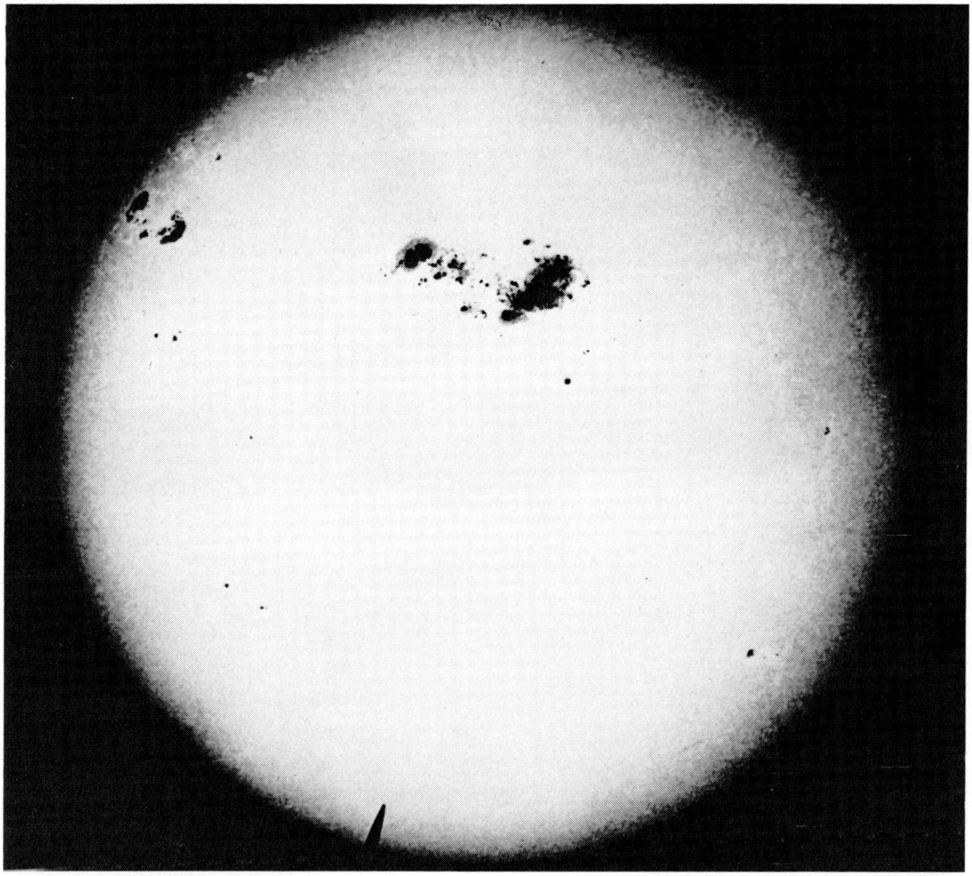

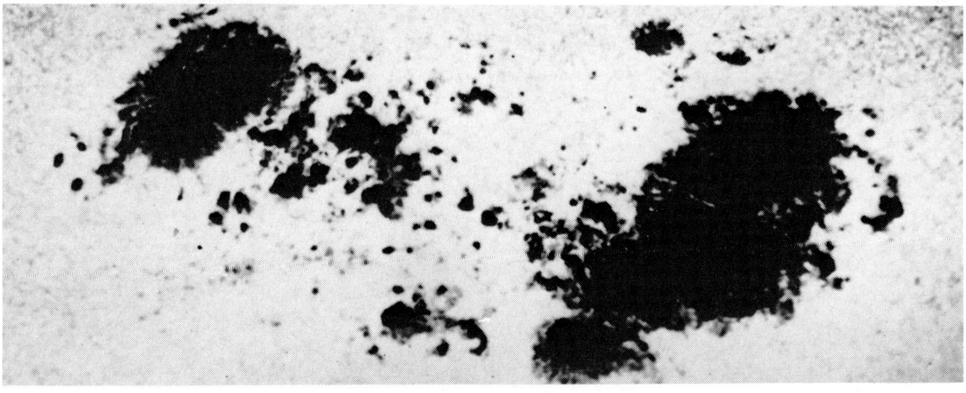

Sonnenflecke *Ein Sonnenfleck von ungewöhnlicher Größe im April 1947, der bei Sonnenuntergang mit freiem Auge wahrgenommen werden konnte. In seiner größten Ausdehnung bedeckte er eine Fläche von 0,61% der Sonnenhalbkugel. Diese Größe entspricht einem Gebiet von 19 Milliarden qkm oder dem 37fachen der gesamten Erdoberfläche (oben). – Ein vergrößertes Bild der Fleckengruppe (unten)*

Sonne *Die Sonnenkorona während der totalen Finsternis am 15. 2. 1961. Aufnahme: Erich Krug, Ancona, Italien (oben). – Eine Riesenprotuberanz am Sonnenrand. Aufnahme: W. O. Roberts, Climax, USA, 4. 6. 1946 (unten)*

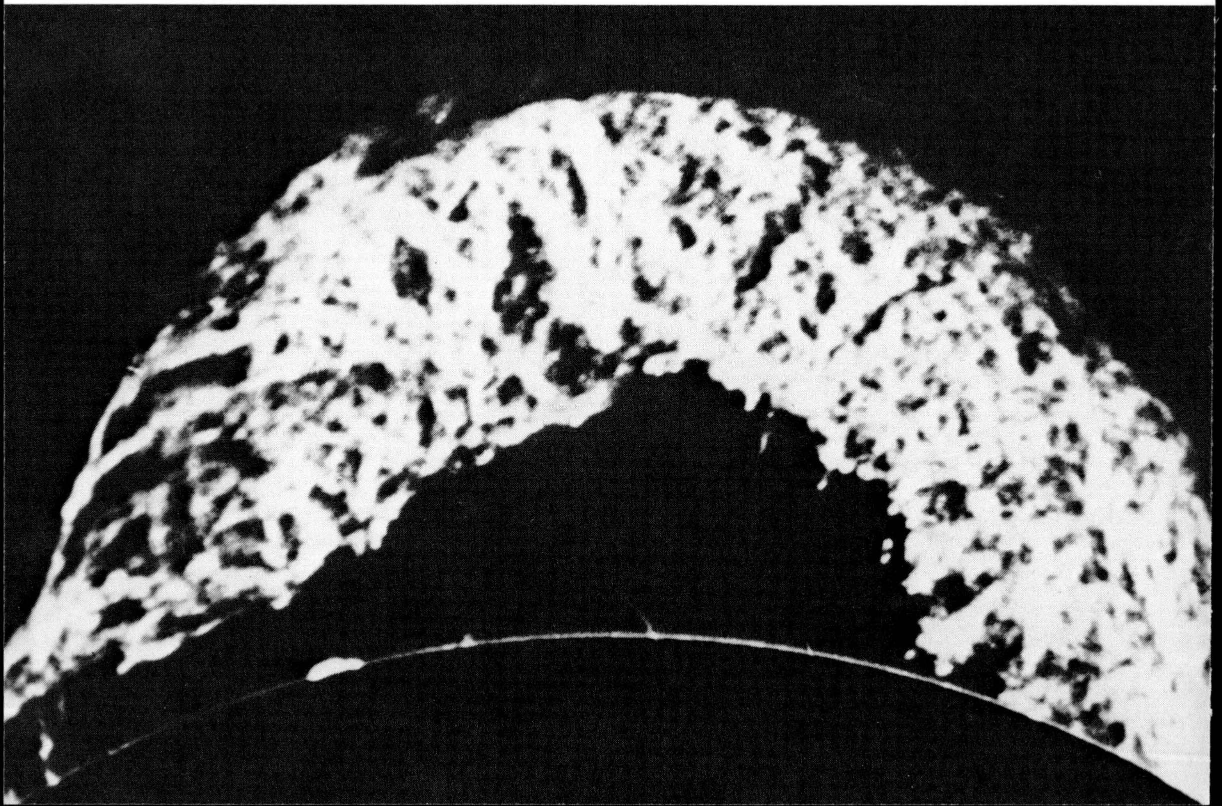

len Sonnenfinsternissen der Fall, wenn der Mond sich vor die leuchtende Scheibe schiebt, nur für Augenblicke einen winzigen Teil des Sonnenrandes erkennbar machend. Nun haben wir Gelegenheit, das Licht der Sonnenatmosphäre *gesondert* in unseren Spektralapparaten zu betrachten, freilich nur für Sekunden, und wir sehen zu unserer Überraschung, daß nun statt der dunklen Linien *helle* auftreten, wie sie eben ein leuchtendes Gas gibt. »*Umkehrende Schicht*« nennt der Astrophysiker diese die eigentliche Sonnenoberfläche dicht umhüllenden unteren Teile der Sonnenatmosphäre, eben weil hier die Fraunhoferschen Linien umgewandelt werden. Aber diese umkehrende Schicht ist nur der dichtere, unterste Teil der heißen Gashülle, die den eigentlichen Sonnenkörper umgibt, nach außen zu wird sie immer dünner, wird uns bei totalen Sonnenfinsternissen als ein die Glutkugel umschließender roter Saum erkennbar, den man seiner Farbe wegen mit der Bezeichnung »*Chromosphäre*« belegt hat.

Sehr feine Untersuchungsmethoden, Spektralapparate, die es erlauben, die einzelnen Schichten der Sonnenatmosphäre gesondert zu beobachten und deren Spektralbilder zu photographieren, belehren uns darüber, daß die verschiedenen Stoffe (zum Beispiel Wasserstoff, Kalzium, Helium, Eisen und so weiter) in den verschiedenen Höhen mehr oder weniger stark bemerkbar werden, daß also ohne Zweifel die physikalischen Verhältnisse in den verschiedenen Schichten verschieden sind; all das ermöglicht dem Fachmann weitgehende Schlüsse.

Sehen wir aber nun einmal zu, wie sich der mächtige Stern ausnimmt, wenn wir ihn mit einem guten Fernrohr betrachten. Naturgemäß muß das mit Vorsicht geschehen; man kann zum Beispiel durch eine Spiegelvorrichtung erreichen, daß die Wärme und Helligkeit stark herabgemindert werden, dunkle Schutzgläser mildern die Strahlung noch weiter, so daß man die Sonne bequem längere Zeit studieren kann. An einigen Sternwarten ist eine ständige photographische Überwachung des Tagesgestirns eingeführt.

Bei Betrachtung der Sonne im Fernrohr fällt uns sofort auf, daß sie am Rande weniger hell erscheint als in der Mitte; es ist das eine selbstverständliche Wirkung der Sonnenatmosphäre, die einen Teil des Lichtes verschluckt; da aber die Strahlen des Sonnenrandes einen weiteren Weg durch diese Gashülle zurückzulegen haben als die der Mitte, werden sie auch mehr geschwächt. Bei stärkerer Vergrößerung wird eine andere interessante Eigentümlichkeit erkennbar: die leuchtende Photosphäre ist nicht eine gleichmäßige Fläche, sondern ein Gewirr von helleren und dunkleren Pünktchen, wobei man freilich nicht übersehen darf, daß diese »Pünktchen« an Ort und Stelle 200 bis 1000 Kilometer Durchmesser haben. Wenn man Reiskörner eng aneinander auf eine graue Decke streut und das von obenher betrachtet, hat man ein recht gutes Vergleichsbild des Anblickes, den diese »*Granulation*« genannte Erscheinung bietet. Es handelt sich ganz offenbar um Gasfelder verschiedener Zusammensetzung, Temperatur und Leuchtkraft, und sie sind in ständiger Umformung, werden und vergehen innerhalb weniger Minuten. Auch da ist manches noch zu klären, wie denn überhaupt gleich hier gesagt werden soll, daß trotz aller Forschungen die Sonne auch heute noch tausend Fragen aufgibt und die Ansichten auch der berufensten Forscher über Spezialfragen auseinandergehen. Auch die *Sonnenflecke*, die auffälligsten Erscheinungen des mächtigen Glutballes, bieten noch viel Rätselvolles. Ihnen wollen wir besonders unsere Aufmerksamkeit widmen.

Richtet man nämlich ein Fernrohr auf die Sonne, so bemerkt man fast immer einen oder mehrere dunkle Flecke, die ganz unvermittelt aus dem leuchtenden Feld ihrer Umgebung hervortreten und die strahlende Königin des Tages um ihren guten Ruf als Symbol der Reinheit bringen. Oftmals nur winzig klein und von geringer Anzahl, finden sich deren doch auch von gewaltiger Größe und Ausdehnung auf der Sonnenscheibe. Zuweilen befinden sich mehrere große, langgestreckte Gruppen und außerdem noch vereinzelte kleinere Flecke auf der uns zugewandten Seite der Sonnenkugel. Galilei, der Ostfriese Fabricius und der Jesuitenpater Scheiner zu Ingolstadt scheinen die ersten gewesen zu sein, die kurz nach der Erfindung des Fernrohres im Jahre 1610 diese dunklen Flecke auf der Sonne sahen, wenn auch nicht vergessen werden darf, daß schon aus sehr alter Zeit Berichte darüber vorliegen, daß Teile der Sonnenscheibe verdunkelt erschienen, mehrere Tage lang ein »dunkler Körper« vor der Sonne stand, was sich gar nicht anders deuten läßt, als daß hier besonders riesige Fleckengruppen bemerkt worden sind. Keineswegs sind so gewaltige Flecken ausgeschlossen, und gar nicht selten kann auch der zufällige Beobachter der tiefrot am Horizont niedersinkenden Scheibe eine größere Fleckengruppe mit unbewaffnetem Auge erkennen. Man muß sich immer vergegenwärtigen, daß die Erde neben der Sonne nicht größer erschiene als ein Stecknadelkopf neben einer Kegelkugel. Es sind Flecken von rund 300 000 Kilometer Durchmesser beobachtet worden, wobei wir uns erinnern wollen, daß der Durchmesser der Erdkugel 12 756 Kilometer beträgt.

Betrachten wir einen solchen Fleck einige Tage lang, so sehen wir, daß er von Osten nach Westen hin über die Sonnenscheibe weiterzieht und endlich, wenn er sich nicht vorher aufgelöst hat, an ihrem rechten Rand entschwindet. Wir erkennen schnell, daß alle Flecke die gleiche Bewegung haben und daß diese uns nichts anderes zeigt als die Drehung der Sonnenkugel um ihre

Achse. Merkwürdigerweise entstehen nun diese seltsamen dunklen Gebilde nicht überall auf dem Sonnenball, sondern irgendein noch nicht geklärter Umstand bewirkt, daß sie vor allem in zwei Zonen nördlich und südlich des Sonnenäquators vorkommen, und daß sie auch hier periodisch sich mehr oder weniger nach dem Äquator hinziehen oder sich von ihm entfernen. Wie wir wissen, bevorzugen die großen Unwetter, die Wirbelstürme, auf der Erde ebenfalls diese Zonen. In den Wolkenhüllen der Riesenplaneten Jupiter und Saturn beobachtet man ähnliche Erscheinungen. Derartige Gegenüberstellungen sind aufschlußreich, sie können dazu dienen, die Frage nach der Entstehung der Sonnenflecke zu klären. – Aus der Bewegung der Sonnenflecke also wird zugleich die Rotationsdauer der Sonne erkennbar, und wir machen die Entdeckung, daß nicht alle Zonen des riesigen Gasballes sich gleichmäßig umschwingen; am Äquator dreht sich die Sonne in 25 Tagen um ihre Achse, in etwa 35 Grad nördlicher und südlicher Breite hingegen erst in 27 Tagen. Die Struktur der Sonnenflecke ist sehr wandelbar; oft rund und oval, finden sich auch längliche und spiralige Flecke vor. Ihre Farbe, welche schwärzlichbraun erscheint, ist eigentlich nur eine Kontrastfarbe zu dem hellen Hintergrunde, in Wirklichkeit sind diese Flecke mehrere hundertmal heller als der Vollmond, und auch sie sind Gasmassen im Glühzustande. Der eigentliche »*Kernfleck*« ist von einem Hof von aschgrauer Farbe umgeben, der sogenannten »*Penumbra*«. In dieser scheinen mächtige Strömungen vor sich zu gehen, denn in besseren Fernrohren zeigen sich Streifen und Risse, welche gleich feinen Adern den Hof durchziehen. Ihr Auftreten kündet den Zerfall des Fleckes an. Auch rings um die Flecke sind oft helle Adern erkennbar, die »*Fackeln*«, offenbar besonders heiße Gasströme der Photosphäre. Zuweilen erkennt man sie in der Nähe des Sonnenrandes als stark hervortretende, gewundene Schnüre, die gar nicht selten ein Gebiet von 300000 Kilometer Durchmesser bedecken. Meist entwickeln sich die Flecke aus kleinen dunklen Punkten schnell zu großer Ausdehnung, um nach einigen Tagen oder einer Woche wieder zu zerfallen und völlig spurlos zu verschwinden. Nicht selten haben sie aber auch längeren Bestand, enteilen infolge der Drehung der Sonne am rechten (westlichen) Rand und tauchen nach rund zwei Wochen am linken (östlichen) wieder auf; man hat solche Fleckengruppen schon halbe Jahre beobachten können. Befindet sich ein größerer Fleck in der Nähe des Sonnenrandes, dann hat man oft den deutlichen Eindruck, daß er eine trichterförmige Vertiefung in der leuchtenden Schicht der Photosphäre ist. Ganz offenbar ist ein Sonnenfleck das Zentrum eines »Unwetters« auf der Sonne, in mancher Hinsicht den Wirbelstürmen, Tornados, Zyklonen vergleichbar, die verheerend im Luftmeer der Erde dahinbrausen.

Wirklich sind die Sonnenflecke gewaltige Wirbel im glühenden Gasmeer der Photosphäre, der leuchtenden Sonnenoberfläche, und sie ziehen auch die darüberlagernden Gasmassen der Sonnenatmosphäre, der »Chromosphäre«, in Mitleidenschaft. Wir schauen mit dem Fernrohr da wirklich in einen wirbelnden Trichter, wie er etwa entsteht, wenn wir Wasser in einem Glas durch heftiges Rühren in schnelle Rotation versetzen. Gasmassen der Photosphäre werden emporgerissen, kühlen sich in den höheren Schichten etwas ab und erscheinen nun als »dunkle«, eigentlich nur weniger lichtstarke Kerne im Wirbel, und besonders heiße Gasströme, tiefer gelegen, bilden die hellen Lichtbrücken und die den Fleck umzirkelnden »Fackeln«. Und wie die Wirbelstürme in der Lufthülle der Erde, diese brüllenden Ungetüme, die ganze Landschaften verwüsten können, von elektrischen Entladungen, Gewittern, begleitet sind, so ist auch ein Sonnenfleckengebiet Sitz elektrischer und magnetischer Kräfte, die, wie wir noch hören werden, bis zur fernen Erde wirken können.

Wir sehen, daß hier eine Fülle von sehr interessanten Problemen liegt, die im Grunde nur der Sonnenforscher, der ständig mit diesen Dingen zu tun hat und darin seine Spezialarbeit sieht, ganz zu überschauen vermag. Trotzdem ist uns vieles noch völlig unklar, denn es ist ungemein schwierig, von der Erde aus die physikalischen Verhältnisse dieses riesigen Gasballes zu überblicken, neben dem die Erde ein Stäubchen ist. – Noch verwickelter wird die Erscheinung der Sonnenflecke durch die Tatsache, daß ihre Zahl, ihre Häufigkeit in *Perioden* ansteigt und abnimmt; längere und kürzere Perioden machen sich bemerkbar, aber am auffälligsten und am besten klargestellt ist die rund elfjährige. Der tiefere Grund dieser merkwürdigen Erscheinung ist noch immer nicht gefunden worden, obwohl gerade hier viele Kräfte am Werk sind und obgleich die Frage in neuerer Zeit noch dadurch an Gewicht gewinnt, daß unverkennbare *Zusammenhänge zwischen diesem Sonnenfieber und irdischen Erscheinungen nachgewiesen wurden.* Hat ein großer Sonnenfleck die Mitte der Scheibe erreicht, steht er also der Erde im Raum genau gegenüber, so macht sich sein Einfluß zuweilen stark bemerkbar. Polarlichter treten auf, bis in unsere Breiten werden die Strahlen und Bögen der von einem geheimnisvollen Zauber umkleideten Erscheinung erkennbar; gleichzeitig fangen die Kompaßnadeln an zu schwanken, sie weichen mehr oder weniger stark vom normalen Stand ab, ein Zeichen dafür, daß Störungen im magnetischen Kraftfeld der Erde eingetreten sind. Die Meteorologen bestreiten einen gewissen Einfluß nicht, sind aber heute noch der Auffassung, daß er überschätzt wird. Mit einiger Vorsicht darf man sagen, daß fleckenreiche Jahre vor allem in den Tropen mehr Regen bringen als Jahre des Fleckenminimums und daß

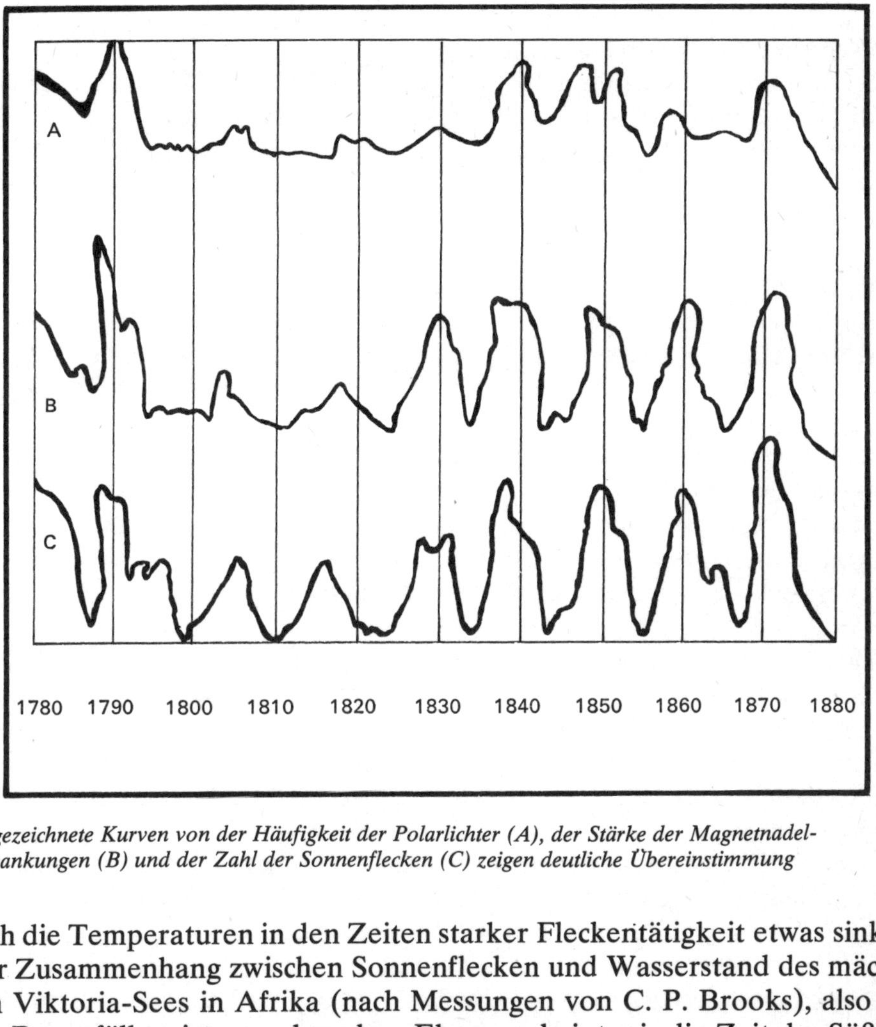

Aufgezeichnete Kurven von der Häufigkeit der Polarlichter (A), der Stärke der Magnetnadelschwankungen (B) und der Zahl der Sonnenflecken (C) zeigen deutliche Übereinstimmung

auch die Temperaturen in den Zeiten starker Fleckentätigkeit etwas sinken. Der Zusammenhang zwischen Sonnenflecken und Wasserstand des mächtigen Viktoria-Sees in Afrika (nach Messungen von C. P. Brooks), also mit den Regenfällen, ist unverkennbar. Ebenso scheint mir die Zeit der Süßkirschenblüte in Bremen (die Grosse von der dortigen Wetterwarte in einer Tabelle zusammenstellte) recht deutlich gleichen Gang zu haben mit der Sonnenfleckenzahl.

Wenn sich also auch die Meteorologen noch recht vorsichtig ausdrücken, darf man doch auch nicht übersehen, daß andere Beobachter zu anderen Resultaten kommen; so haben nordische Fischereigesellschaften gefunden, daß die Fangerträgnisse eine der Sonnenfleckenkurve ziemlich gleichlaufende Kurve zeigen, was vielleicht wieder auf Wetterfaktoren zurückgeht. Forstfachleute beweisen, daß sich die Fleckenperiode in den Jahresringen gefällter Bäume widerspiegelt, abermals ein Witterungseinfluß, und eine ganze Anzahl von Ärzten hat an einem großen Material den Nachweis geführt, daß Sonnenflecke, luftelektrischer Zustand und Erkrankungen beziehungsweise Sterbefälle deutliche Zusammenhänge zeigen. Abschließend darf man sagen, daß die Dinge noch etwas ungeklärt sind und daß man sich ebenso vor Phantastereien hüten muß wie vor einer allzu abweisenden Skepsis. Daß Zustandsänderungen der Sonne die Erde beeinflussen, erscheint allzu natürlich, wenn auch das Wie und Wo noch ungeklärt ist.

Was die Polarlichter, magnetischen Stürme usw. angeht, so muß man sich den Zusammenhang folgendermaßen vorstellen: Aus den Gebieten der Sonnenfleckenwirbel bricht ein mächtiger Strom solaren Gases hervor und ergießt sich in den Raum. Diese Materie, die zu 95 Prozent aus Wasserstoffkernen (Protonen) und Elektronen besteht, nennt man den *Sonnenwind.* In jüngster Zeit konnte dieser Sonnenwind, dessen Vorhandensein von den Theoretikern vorausgesagt worden war, von Mariner 2 und anderen Raumsonden direkt gemessen werden. Aus dem zeitlichen Abstand zwischen Störungen auf unserem Zentralgestirn und damit verbundenen erdmagnetischen Störungen ergeben sich Laufzeiten von 2 bis 6 Tagen. Für die Teilchenausbreitung ergeben sich dabei Geschwindigkeiten zwischen 100 und 300 km in der Sekunde. Die Erde wird von einem solchen Teilchenstrom nur getroffen, wenn die Lage des Fleckes auf der Sonne das zuläßt, wobei man bedenken muß, daß ja dieser Elektronenstrahl mit der sich um ihre Achse drehenden Sonne seine Richtung ändert, wie der Wasserstrahl eines sich drehenden Rasensprengers. Einige Tage später zeigen sich auf Erden die Wirkungen dieses Einbruchs von Elektrizitätsatomen, die dem glühenden Sonnenball entstammen, vor allem in Beeinflussungen des magnetischen Kraftfeldes, die eben zu den erwähnten Störungen führen. Der Elektronenstrom wird von dem großen Magneten »Erde« schon in mehreren hundert Kilometern Höhe nach den magnetischen Polen der Erde hin abgelenkt; dabei wird der sehr dünne Luftrest in diesen großen Höhen zum Leuchten angeregt, und wir erblicken die so schöne und eindrucksvolle Erscheinung der Polarlichter.

Während die bisher besprochenen Erscheinungen, die Photosphäre, die Granulation, die Sonnenflecke und die Fackeln jederzeit beobachtet werden können, sind uns andere nur zugänglich bei besonderen Ereignissen, nämlich bei *totalen Sonnenfinsternissen,* wenn die Kugel des Mondes sich vor das Tagesgestirn schiebt, es uns verdeckt.

Von jeher haben diese seltenen Vorgänge, die plötzlich den hellen Tag in

Nacht verwandeln, ein tiefes Schweigen über die Natur legen, die Menschen seltsam angerührt und erregt, und auch heute noch können sich selbst Forscher, die ausgesandt werden, um die kurze Finsterniszeit zu wichtigen wissenschaftlichen Arbeiten auszunützen, den starken Eindrücken kaum entziehen. In einem anderen Kapitel sprechen wir über das Zustandekommen der Finsternisse und ihre Bedingungen, hier wollen wir nur die Erscheinungen betrachten, die dann am Sonnenkörper selbst plötzlich sichtbar werden und sonst verborgen sind.

Rings um die verfinsterte Sonne wird ein wundervoller, silberweißer Strahlenkranz sichtbar, ein Heiligenschein, der auf alle Betrachter einen unvergeßlichen Eindruck macht. Dieser Lichtschein, die *Sonnenkorona*, geht fast unmerklich in den dunklen Himmelsgrund über. Die Photographie, die losgelöst ist von allen persönlichen Auffassungen, gibt uns heute sehr schöne und an zarten Einzelheiten reiche Bilder der fesselnden Erscheinung; um 1860 machte man die ersten Aufnahmen der Korona, heute sind alle in das Gebiet der Finsternis reisenden Expeditionen der Sternwarten mit mächtigen Instrumenten für Himmelsphotographie ausgerüstet. Man war erst geneigt, die Korona für eine optische Erscheinung zu halten, entstanden durch Beugung der Sonnenstrahlen am Mondrande. Erst das heute vorliegende reiche Beobachtungsmaterial gestattet es, über diesen wunderbaren silbrigen Schein tieferschürfende Aussagen zu machen. So wissen wir jetzt, daß das Aussehen der Korona vom jeweiligen Zustand des Sonnenballes abhängt, daß sich auch hier die Sonnenfleckenperioden auswirken. Zur Zeit des Fleckenmaximums ist die Korona ein symmetrischer Kranz, zur Zeit des Minimums dagegen zeigt sie sich am Äquator der Sonne besonders ausgedehnt mit weit in den Raum hinausreichenden Strahlen. Über den hohen heligraphischen Breiten aber ist sie niedrig und wenig ausgebildet. Eine genaue Durchmusterung des Heiligenscheins beweist zudem, daß in ihm viele kleine, oft gekrümmte Strahlenbündel auftreten, die nicht willkürlich gelagert sind, sondern etwa den »Kraftlinien« entsprechen, die man bei den Polen eines Magneten bemerkt.

Die Korona ist nicht scharf begrenzt, sondern nimmt mit zunehmendem Abstand vom Sonnenrand an Helligkeit allmählich ab. Man darf annehmen, daß der Strahlenkranz unmittelbar in das sogenannte Tierkreislicht übergeht, in jene Wolke feinverteilter Materie, von der die Sonne umgeben ist und die sich in Linsenform, mit stärkerer Verdichtung um die Ebene der Ekliptik, weit in den Raum zwischen den Planeten erstreckt. Man kann auch sagen, daß die Korona den äußersten Teil der Sonnenatmosphäre darstellt. Die Temperatur dieser Sonnenhülle schätzen die Astrophysiker auf Grund bestimmter Beobachtungen auf 1 bis $1^1/_2$ Millionen Grad. Bis vor einigen Jahrzehnten standen den Forschern zur Untersuchung der Korona nur die wenigen Minuten während der totalen Sonnenfinsternis zur Verfügung. Das änderte sich, als der französische Wissenschaftler Bernhard Lyot im Jahre 1930 den Koronographen erfand. Dieses Gerät macht es möglich, die hellen und dichten Teile der Korona auch außerhalb der Finsternis auf hohen Bergstationen fortgesetzt zu beobachten, spektroskopisch zu untersuchen und jene Einblicke zu erlangen, die gewisse Vorstellungen stützen. Auf alle Fälle muß man sich die Korona als ein ungemein zartes Stoffgefüge vorstellen, vielmals dünner als die Luft in höchsten Höhen der Erdatmosphäre, »ein unwägbares Etwas«.

Noch ein anderes, nicht minder interessantes Phänomen, dessen Großartigkeit und gewaltige Kraftäußerung unser Erstaunen in hohem Maße beansprucht, haben uns die Sonnenfinsternisse kennen gelehrt, die *»Protuberanzen«*. Bei der Finsternis vom Jahre 1842 zeigten sich den erstaunten Astronomen mehrere rote Flämmchen, die den verdunkelten Sonnenball umzüngelten und auf dem Mondrande zu wurzeln schienen. Ihre Gestalt war verschieden. Einige machten den Eindruck kleiner flammender Hügel, andere waren an den Spitzen fächerartig ausgefranst oder schwebten gar frei über dem Glutball im Raume. Zuweilen werden Protuberanzen von kaum vorstellbarer Größe sichtbar. So berichtet der englische Astronom Young von einer Protuberanz, die zu Anfang seiner Beobachtung schon eine Höhe von ungefähr 85000 Kilometer besaß und unter heftigem Hinundherwehen in immer höhere und höhere Regionen emporgeschleudert wurde, bis nach 35 Minuten das ganze Gebilde in viele kleine Flammen aufgelöst war, deren oberste die Höhe von 330000 Kilometer einnahm. Kaum anderthalb Stunden später war keine Spur mehr von dieser gewaltigen Eruption zu erblicken. Der Beobachter Thoulon maß am 30. August 1880 bei einer solchen Sonnenflamme 540000 Kilometer, und fast eine Million Kilometer erreichten die mächtigsten Glutausbrüche, die man in den letzten Jahrzehnten beobachten konnte. – Wir müssen ja immer irdische Maßstäbe daheim lassen, wenn wir in das All hinauswandern, und eigentlich ist unsere Verwunderung über die Riesenzahlen in Raum und Zeit unangebracht, denn andere Welten haben andere Maßverhältnisse, aber dennoch sind solche Angaben geeignet, uns die gewaltigen Kräfte und räumlichen Abmessungen auf der Sonne deutlicher zu machen. Die Erdkugel erscheint neben solchen Flammengarben wie die kleinen blinkenden Bälle, die zuweilen der Wasserstrahl eines Springbrunnens in Ziergärten auf seiner Spitze balanciert und auf und nieder steigen läßt.

Die Beobachtungen haben ergeben, daß die Protuberanzen zum Teil nichts anderes sind als Erhebungen der von uns schon behandelten Chromosphärenschichten, also Teile der dichteren glühenden Sonnenatmosphäre; im Spektralapparat zeigen sie auch dieselben Linien, in der Hauptsache die des Wasserstoffs, des Kalziums und Heliums, ja heute kann der Astronom auch Protuberanzen wahrnehmen, ohne eine Sonnenfinsternis abzuwarten, denn sein auf den Sonnenrand eingestellter Spektralapparat macht ihm dort, wo diese im Fernrohr gar nicht sichtbaren Flammengarben vorhanden sind, ihre Anwesenheit durch die eben für sie charakteristischen Fraunhoferschen Linien kund. Durch eine sehr geistvolle Methode vermag er sie sogar im Licht dieser Linien zu photographieren, und so kann eine Erscheinung, die man früher nur alle Jubeljahre für wenige Minuten bei einer totalen Verfinsterung der Sonne zu beobachten vermochte, fast jeden Tag studiert werden. Manche Protuberanzen scheinen explosionsartige Ausbrüche von Massen der Photosphäre zu sein, also der eigentlichen Sonnenoberfläche. Auch heute noch ist man sich keineswegs ganz klar über alle Erscheinungen dieser Art; es kommen in den roten Flammen, die zuweilen wie Wolken über dem Sonnenrand schweben, Bewegungen von mehreren hundert Kilometer in der Sekunde vor. Sind das wirklich Bewegungen materieller Teilchen oder sind es nur Veränderungen eines Leuchtzustandes in den betreffenden Sonnenschichten? All das zu entscheiden ist nicht einfach.

Fassen wir noch einmal alles, was wir über die Sonne gehört haben, zusammen zu einem Gesamtüberblick. Der mächtige Stern erweist sich als eine Gaskugel, bestehend aus denselben Elementen wie die Erde. Während aus Gründen, die wir noch besprechen, für das tiefe Innere der Sonne Temperaturen von vielen Millionen Grad vorausgesetzt werden müssen, beträgt die Oberflächentemperatur rund 6000 Grad Celsius. Die von uns erblickte leuchtende Oberfläche des Glutballes nennen wir die *Photosphäre*; sie ist nicht gleichmäßig, denn die im Fernrohr wahrnehmbare Körnung, die »*Granulation*«, läßt verschieden heiße, schnell wechselnde Felder und Strömungen erkennen. Über der Photosphäre liegt die Sonnenatmosphäre, die »*Chromosphäre*«, die uns bei totalen Sonnenfinsternissen als rötlicher Rand erkennbar wird und kühler ist als die eigentliche Sonnenoberfläche. Die unterste Schicht dieser Gashülle bezeichnet der Astronom als »*Umkehrende Schicht*«, weil hier die sonst dunklen Fraunhoferschen Linien sich im reinen Gasspektrum hell präsentieren; die *Protuberanzen* sind in der Hauptsache emporgerissene Teile der Chromosphäre. In den *Sonnenflecken* erblicken wir Störungsgebiete, mächtige Wirbel in der Photosphärenschicht, die aber auch die darüberliegende Sonnenatmosphäre in Mitleidenschaft ziehen; die

Materie des Wirbels ist elektrisch geladen, das ganze Fleckengebiet ist ein magnetisches Kraftfeld. Elektronenströme schießen aus den Trichtern in den Raum und beeinflussen auch die Erde. In Perioden, vor allem gekennzeichnet durch die rund elfjährige Sonnenfleckenperiode, nimmt die Zahl der Flecke zu und ab; die eigentliche Ursache ist noch unbekannt oder stark umstritten. Eine sich allmählich im Raum verlierende Hülle ungemein zarter Natur, die »*Korona*«, legt sich um den Sonnenball; sehr wahrscheinlich handelt es sich um Atomteilchen, die die Sonne unablässig ausstößt und die nach Art unserer Polarlichter aufleuchten, so daß sie bei einer totalen Verfinsterung der Sonne als silberweißer Strahlenkranz erkennbar werden.

Oft suchen die Menschen da Wunder, wo keine sind, und ebenso oft gehen sie im Alltag an Wundern vorüber, die ihnen Selbstverständlichkeiten zu sein scheinen! Wer von uns, der an einem Sommertag wohlig die Wärme der Sonne genießt, sich an all dem erfreut, was sie wachsen läßt, macht sich Gedanken darüber, wie dieses gewaltige himmlische Feuer erhalten wird, weshalb es in den Milliarden Jahren, die über die Erde hinweggeschritten sind, nicht schon erloschen ist? Ja, wird es überhaupt einmal in tiefer Rotglut erlöschen und mit seinem Eintauchen in die ewige Finsternis auch die Erde zu einem eisigen Friedhof werden?

Jemand traf einmal in einem englischen Badeort einen bekannten Astronomen, der inmitten des fröhlichen Gewimmels der Badenden an dem strahlenden Sommertag in tiefe Grübeleien versunken war; er allein schien keinen Anteil zu nehmen an den Sommerfreuden der Tausende. Ein Bekannter sprach ihn an und erkundigte sich nach dem Grunde seiner Melancholie. »Ja«, sagte er, »die Tausende ringsum können sich unbekümmert der Wärme und des Lichtes der Sonne freuen, weil sie gar nicht wissen, daß diese Sonne eigentlich schon längst erloschen sein müßte. Ich aber und andere Astronomen, wir zerbrechen uns seit Jahrzehnten den Kopf, weshalb sie immer noch scheint! Es ist eines der schwierigsten Probleme der Forschung!«

Noch vor hundert Jahren waren im Volk und selbst unter manchen Gelehrten ganz sonderbare und naive Anschauungen über das »Sonnenfeuer« verbreitet; man glaubte da an ein Brennen mit Flammen und Rauch, etwa so, wie ein mächtiges Kohlenfeuer brennt. Kometen und Meteormassen, die aus dem Weltenraum zur Sonne niederstürzen sollten, erhielten dieses Feuer nach den Anschauungen jener Tage; ja es fehlte sogar nicht die Behauptung, die Sonne könne bewohnt sein, und gewisse religiöse Vorstellungen machten sie zu einem Höllenfeuer für Missetäter. Eine gewaltige Fülle von Erkenntnissen auf allen Gebieten der Naturwissenschaft vermochte erst die wahre

Natur des riesenhaften fernen Balles, der alles Leben auf Erden erhält, zu enträtseln. Schon der Umstand, daß alle erdgeschichtlichen Forschungen zu dem Schluß kommen, daß seit ungefähr tausend Millionen Jahren Lebewesen auf Erden vorhanden sind, wenn sie auch anfangs in primitiven Formen auftraten, daß ferner die ganze Entwicklung dieses Lebens nur denkbar ist unter der Annahme, daß die Sonne während dieser ganzen Zeit unserem Planeten ungefähr dieselbe Wärmemenge zustrahlte, beweist das sehr hohe Alter des gewaltigen Glutballes, der ja so groß ist, daß man fünfviertel Millionen Erdkugeln in ihn hineinzufüllen vermöchte. Seit tausend Millionen Jahren muß die Sonne uns leuchten! Eine einfache Rechnung zeigt nun, daß dieser Ball, wenn er aus reiner, bester Steinkohle bestände, nur annähernd 25 000 Jahre zu glühen und zu leuchten vermöchte. Eine Auffüllung der Sonne von außen her, die naive Vorstellung, als könnte sie wie das Kesselfeuer eines großen Industriewerkes immer neu »beschüttet« werden, muß als völlig unmöglich abgelehnt werden; sie steht im Widerspruch zu allen astronomischen Erkenntnissen, von der physikalischen Unmöglichkeit des »Brennens« ganz zu schweigen. Man müßte jährlich eine Steinkohlenmenge vom sechzigfachen Rauminhalt der Erdkugel in den flammenden Stern hineinschütten, wollte man die Kräfte ersetzen, die er in diesem einen Jahre verausgabt.

Den Schlüssel zur Beantwortung der Frage, auf welche Art und Weise die Sonne geheizt wird, die so unerschöpflich ihre unermeßlichen Energien in den Raum strahlt, hat die moderne Atomphysik geliefert. Bei einem normalen Verbrennungsvorgang werden nur sehr geringe Energiemengen in Form von Wärme frei. Zu einer ungleich größeren Energieentfaltung könnte es aber kommen, wenn eine sogenannte Atomzertrümmerung gelänge, also wenn die Materie selbst ganz oder teilweise in andere Energieformen umgewandelt wird. Die Wissenschaft kennt für einen derartigen Vorgang zwei verschiedene Möglichkeiten: die durch Spaltung der Kerne schwerer und kompliziert aufgebauter Atome, die aus diesem Grunde weniger stabil sind, und die durch Aufbau leichter Elemente aus noch leichteren. Die Methode der Spaltung haben die Forscher gewissermaßen der Natur abgelauscht. Die radioaktiven Elemente – das schwerste ist das Uran – zerfallen sehr langsam von selbst. Künstliche Kernspaltungen, wie sie beim Uran möglich sind, können zu ungeheuren Explosionen führen. In Bruchteilen einer Sekunde wird ein Teil der Energie, der in der Materie steckt, frei. Praktische Beispiele dieser Art kennen wir. Es sind die Atombomben. Ob die Sonne auf *diesem* Wege zu ihren gewaltigen und unerschöpflichen Energien kommt?

Die Astrophysiker sind nicht dieser Meinung. Sie halten die andere Methode für wahrscheinlicher. Sie besteht darin, Atomenergie dadurch frei zu machen, indem Kerne des Heliums aus denen des Wasserstoffs aufgebaut werden. Der Kern des Heliumatoms enthält fast viermal soviel Masse wie der Wasserstoffkern, der auch die Bezeichnung »Proton« trägt. Gelänge es, vier Protonen zu einem Heliumkern zu verschmelzen, so bliebe fast 1 Prozent der Masse übrig. Dieser »Rest« könnte als Massenteilchen nicht weiterbestehen und würde in Form freier Energie in Erscheinung treten. Diese Umwandlung von Wasserstoff in Helium erfordert aber sehr hohe Temperaturen. Sie betragen etwa 15 bis 20 Millionen Grad. Im Innern der Sonne gibt es zweifellos derartige Temperaturen, so daß in dieser Hinsicht die Bedingungen für eine Verschmelzung des Wasserstoffs zu Helium gegeben sind. Es ist sicher, daß ein solcher Vorgang auf der Sonne ständig bei vielen, vielen Wasserstoffatomen erfolgt. Wasserstoff ist das einfachste aller Elemente und kommt im Weltall am häufigsten vor. Auch in der Sonne ist er so reichlich vertreten, daß er viele Milliarden Jahre als Energieerzeuger dienen kann.

Für die Sonne als Energiequelle sind eindrucksvolle Zahlen und Vergleiche errechnet worden. Rund 700 Millionen Tonnen Wasserstoff werden in jeder Sekunde in Helium verwandelt. Die dadurch frei werdende Energie gelangt aus dem Innern an die Sonnenoberfläche und wird in den Weltraum gestrahlt. Der Strahlungsverlust ist mit einem Massenverlust verbunden, der mehr als 4 Millionen Tonnen in jeder Sekunde beträgt. Man möchte meinen, das könnte die Sonne nicht allzu lange aushalten. Aber ihre Masse ist so groß, daß der ständige Massenverlust sie kaum stört. Trotz der Verschwendung von Kraft und Stoff ist in 15 Milliarden Jahren erst ein Tausendstel der gesamten Sonnenmasse verbraucht.

Ein phantasievoller französischer Künstler hat einmal ein eigenartiges Bild geschaffen, das er »Das letzte Menschenpaar« nannte. In einer bizarr geformten Eishöhle, von deren Decke ungeheure Eiszapfen wachsen und deren Wände und Boden in starrem Frost glitzern und spiegeln, kauern eng umschlungen zwei Skelette – das letzte Menschenpaar, das hier erstarrte. Der Maler hat in diesem Kunstwerk, das auf den Beschauer einen tiefen Eindruck macht, jene Theorie in ihren letzten Konsequenzen zur Darstellung gebracht, die zu beweisen sucht, daß infolge der Abnahme der Sonnenstrahlung die Erde immer kälter werden müsse und endlich die letzte Generation am *Äquator* in Nacht und Eis verkümmern werde.

Eine gruselige Perspektive! Aber die Erkenntnisse der modernen Atomphysik haben uns gezeigt, daß von den vielen Zukunftssorgen des Menschengeschlechtes diese am wenigsten aktuell ist!

Merkur und Venus, die sonnennächsten Planeten

Wie die Küchlein um die Henne, wie die Kinder um die Mutter gruppieren sich die Planeten um den flammenden Sonnenstern. Wir wiesen bereits darauf hin, daß viele Gemeinsamkeiten all dieser Gestirne längst die Vermutung nahegelegt haben, daß sie alle »aus demselben Teig geknetet wurden«, daß sie alle gemeinsam entstanden sind, die Sonne wirklich die Mutter der Planeten ist und daß sie untereinander Geschwister sind.

Unsere Erde gehört zu den der Sonne nahen Planeten, nur zwei kreisen noch innerhalb der Erdbahn um das Zentralgestirn: der Merkur und dic Venus. Der ersterc ist den meisten Menschen unbekannt, sie sahen ihn nie, aber der herrliche Abendstern entzückte wohl das Auge aller Naturfreunde, und die Dichter aller Völker haben ihn besungen.

Nur 58 Millionen Kilometer ist der kleine, schnellfüßige *Merkur* von der Sonne entfernt, in 88 Tagen schon hat er einmal seinen Kreis um den nahen Feuerball durchmessen.

Von der Erde aus gesehen, entfernt sich Merkur nie weit von der Sonne, er ist also immer im hellen Strahlenbereich der Tageskönigin zu suchen und deshalb auch sehr schwer ohne genaue Kenntnis seines Ortes und ohne ein fest aufgestelltes Fernrohr aufzufinden. So kommt es, daß die wenigsten Menschen diesen Planeten je zu Gesicht bekommen, und selbst den Blicken der Astronomen entzieht er sich, wenn sie nicht ein Fernrohr mit Hilfe der Aufsuchungsvorrichtungen auf den vorausberechneten Ort des Planeten am Himmel richten. Kopernikus soll noch auf seinem Sterbebett bedauert haben, daß er nie den Merkur gesehen. Der Planet ist eben nur kurz vor Aufgang oder kurz nach Untergang der Sonne und auch dann noch im Bereich ihrer alles überstrahlenden Lichtfülle zu finden. Dabei ist der Stern an sich oft so hell wie Sirius, der lichtstärkste aller Fixsterne, und bei totalen Sonnenfinsternissen tritt er als stark funkelnder Stern hervor, wenn der Mond das Tagesgestirn verdeckt. Diese schwierige Sichtbarkeit bringt es auch mit sich, daß wir mit den Fernrohren auf seiner Oberfläche bei weitem nicht so viel wahrnehmen wie bei viel entfernteren Planeten. Einige graue Flecke sind alles, was man in sehr guten Fernrohren entdecken kann. Dafür zeigt aber der Planet genau solche *Lichtgestalten, »Phasen«*, wie wir sie am Monde beobachten. Bald sehen wir ihn als *volle Scheibe*, bald als mehr oder weniger schmale *Sichel*, und zu manchen Zeiten wendet er uns, wie der Mond zur Neumondzeit, seine unbeleuchtete Seite zu. Er entschwindet dann also den Blicken gänzlich.

Das Zustandekommen dieser Phasen wird uns sofort klar, wenn wir bedenken, daß der Merkur ebenso wie die Erde ein dunkler Ball ist, der sein Licht von der Sonne empfängt. Wir können natürlich nur *die* Teile der Merkurkugel sehen, die von der Sonne beschienen werden. Beleuchten wir aber in einem dunklen Zimmer eine Kugel von einer Seite und wandern um sie herum, so werden wir all die Lichtgestalten sehen, die uns der Mond und auch der Merkur zeigen.

Der sonnennahe Wandelstern ist weitaus kleiner als die Erde; er ist überhaupt der kleinste der acht Hauptplaneten. Er hat nur einen Durchmesser von 4700 Kilometer, während der Durchmesser der Erdkugel 12756 Kilometer beträgt. Der Planet ist also nicht viel größer als der Mond, und nur etwa die Hälfte des Festlandes der Erde hätte auf ihm Platz. Erst 20 Kugeln von der Größe des Merkur gäben eine Erdkugel, und eine einfache Rechnung zeigt, daß auf ihm alle Gegenstände nicht ganz halb so viel wiegen wie auf der Erde.

Die Bahn des Merkur wird von der Erdbahn *eingeschlossen*, da sich der Planet zwischen Erde und Sonne bewegt. Es kann also vorkommen, daß er dann (wie der Mond zuweilen zur Neumondzeit) *vor der Sonne vorübergeht.* Der Mond erzeugt dann, wie wir wissen, eine Sonnenfinsternis, den Merkur aber, der ja im Verhältnis zur Sonne sehr klein erscheint, sehen wir als ein kleines, dunkles kreisrundes Scheibchen vor der Sonne stehen. Er läuft scheinbar durch die Sonnenscheibe hindurch, und wir nennen daher auch ein solches Ereignis einen *»Merkurdurchgang«*. Wenn sich die drei Körper Sonne, Merkur und Erde in gleicher Ebene im Raum befänden, so müßte bei jedem Umlauf des Merkur um die Sonne, also alle paar Monate, ein Merkurdurchgang stattfinden; aber ebenso wie der Mond als Neumond meist über oder *unter* der Sonnenscheibe vor der Sonne vorbeiläuft, und nicht bei jedem Neumond eine Sonnenfinsternis entsteht, läuft auch Merkur meist unter oder

über der Sonne vorbei, und selten projiziert er sich direkt auf die Sonnenscheibe. In diesem Jahrhundert ereignen sich noch Merkurdurchgänge am 13. November 1986, 6. November 1993 und 15. November 1999.
Die Alten wußten nichts von diesen Merkurdurchgängen, denn dem unbewaffneten Auge sind sie nicht wahrnehmbar, und das Merkurscheibchen hat im Augenblick des Vorüberganges nur den 160. Teil der Breite der Sonnenscheibe. Der erste, der einen Merkurdurchgang beobachtete, war der Naturforscher *Gassendi. Kepler* hatte das Ereignis für den 7. November des Jahres 1631 vorausberechnet, und es traf auch pünktlich ein. Gassendi beobachtete den Vorgang, indem er das ganze Zimmer verdunkelte und nur ein kleines Löchlein im Fensterladen ließ, durch das die Sonne ihr Bild auf eine weiße Wand warf. Dieses Sonnenbild betrachtete dann Gassendi mit einer Lupe, um den kleinen dunklen Punkt des Merkur zu verfolgen. Solche Ereignisse berechnet der Astronom auf viele Jahre im voraus genau bis auf die Minute, und er kontrolliert das Eintreffen mit seinen Instrumenten, um festzustellen, ob sich Unregelmäßigkeiten in der *Bewegung* des Planeten bemerkbar machen.
Die Meere und Kontinente der Erde würde man von einem anderen Planeten aus mit Fernrohren leicht als helle oder dunkle Flecke wahrnehmen können und aus ihrer Verschiebung ermitteln, daß sich der Erdball in 24 Stunden einmal um seine Achse dreht. Ebenso beobachten wir von der Erde aus die Flecke auf anderen Planeten und schließen aus ihrer Bewegung auf die Zcit, die der betreffcnde Himmelskörper braucht, um eine Rotation zu vollenden; mit anderen Worten: wir stellen so fest, wie lange ein »*Tag*« auf jenem Himmelskörper währt. Die Beobachtung der Flecke auf Merkur zeigte nun, daß sich dieser kleine Bruder der Erde nicht wie die Erde um seine Achse zu drehen schien. Lange Zeit glaubte man deshalb, daß er der Sonne immer dieselbe Seite zuwende. Sein Tag sei also ebenso lang wie sein Jahr (88 Tage).
Die ersten Radarmessungen, die im Jahre 1965 mit dem 300-m-Radiospiegel auf der Antillen-Insel Puerto Rico durchgeführt wurden, ergaben, daß Merkur doch um seine Achse rotiert, und zwar in wenig mehr als 58 Tagen. Dieses Ergebnis wurde später von anderen Observatorien bestätigt. Heute gilt als wahrscheinlichster Wert 58,64 Tage. Das ist eine sehr langsame Drehung gegenüber jener der Erde.
Wenn wir bedenken, daß dieser Planet wegen seiner großen Sonnennähe durchschnittlich etwa achtmal mehr Licht und Wärme erhält als unser Heimatstern (die Sonne erscheint am Himmel des Merkur von gewaltiger Größe), so erkennen wir, daß sich diese seltsame Weltkugel nicht sehr zum Aufenthalt für Erdbewohner eignet. Auf der Tagseite dürfte dort die Tem-

peratur zwischen 300 und 400 Grad Celsius betragen. Während der Nacht, die auf Merkur ja so lang ist wie rund 30 Erdentage, wird sie auf mindestens –200 Grad Celsius absinken.
Aus spektroskopischen Untersuchungen ist zu entnehmen, daß der Planet das Sonnenlicht unverändert zurückwirft. Er hat also keine oder höchstens eine außerordentlich dünne und kaum nennenswerte Atmosphäre. Alle Gase haben ja das Bestreben, sich auszudehnen, den verfügbaren Raum einzunehmen. Die Gase unserer Lufthülle würden in das All entweichen, besäße die Erde nicht eine sie bindende Anziehungskraft. So kleine Körper, wie es Merkur, der Mond und auch die Planetoiden sind, haben nicht Masse genug, um die Gasmoleküle festzuhalten, und so fehlt ihnen der Luftmantel, der unsere Erde erst zu der Welt reichster Lebensfülle macht. Deutliche Einzelheiten der Oberfläche des Merkur hat zum erstenmal die amerikanische Raumsonde Mariner 10 enthüllt, die sich im März 1974 dem Planeten bis auf 730 Kilometer näherte und während des Fluges überraschende Fotos zur Erde funkte. Eine Fülle von größeren und kleineren Kratern bedeckt die Planetenoberfläche. Sie sind vermutlich durch die häufigen Aufstürze von Meteoriten entstanden. Der sonnennächste Planet ist darin dem Monde ähnlich.

Als Napoleon siegreich aus dem Felde heimkehrte, gab man ihm in Paris ein rauschendes Fest. Gewaltige Menschenmassen umlagerten das Palais, aber als der Gefeierte erschien, um sich dem Volke zu zeigen, mußte er eine eigenartige Beobachtung machen: die Blicke der Zehntausende waren nicht ihm zugewendet, sondern dem Himmel, an dem ein Stern mit magischem Glanz leuchtete. Napoleon schien ein wenig verstimmt, aber sein Befremden wich, als der im Gefolge anwesende berühmte Astronom Arago auseinandersetzte, daß es sich um den *Planeten Venus* handle, der gerade im hellsten Licht leuchte, während die Volksmassen steif und fest glaubten, der Himmel selbst habe sich bemüht, den siegreichen Heerführer zu ehren, es sei Napoleons Glücksstern, der da über Paris stände.
So ist der glanzvolle Abendstern zu allen Zeiten Gegenstand besonderer Aufmerksamkeit und Verehrung gewesen. Wir finden sein Zeichen in Maja-Handschriften, die viele Jahrtausende alt sind, und vernehmen, wie der große Sänger der Griechen, Homer, ihn preist als »den herrlichsten von allen, vorausschreitend im Licht, wenn die dämmrige Stunde gekommen«. Der Stern, der der Venus gewidmet war, mußte wohl der schönste des ganzen Firmaments sein; »Hesperos« nannten ihn die Griechen, und sie stellten ihn dar als einen Knaben von vollendetem Ebenmaß, der der Mondgöttin eine leuchtende Fackel vorantrug auf ihrem Weg durch die stille Nacht.

Selbst die sehr unsentimentalen Menschen der Gegenwart verspüren eine gewisse Feierlichkeit, wenn Venus in größtem Glanz (oft in der Nähe der schmalen Mondsichel) im Abendlicht über der einsamen Heide steht.
Venus ist der hellste aller Planeten; das Licht dieses schönen Sternes ist so stark, daß man ihn oft sogar am hellen Mittag unweit der Sonne wie einen winzigen Diamanten funkeln sieht, sein Licht ist zu manchen Zeiten so intensiv, daß es von den Gegenständen einen deutlichen Schatten wirft. Am besten kann man das erkennen, wenn man im Winter, wenn der Himmel möglichst dunkel ist, nach Sonnenuntergang und zu einer Zeit, wo Venus im höchsten Glanze steht, in ihrem Schein draußen im Freien, von jedem Lichte fern, den Schatten der Hand oder eines kleinen Gegenstandes auf ein weißes Blatt Papier zu projizieren sucht.
Venus ist unsere Nachbarin im Weltenraum, sie kann uns bis auf 40 Millionen Kilometer nahe kommen, näher als irgendein anderer der großen Planeten; ihre Entfernung von der Sonne beträgt 108 Millionen Kilometer, und sie durchläuft ihre Bahn in 224 $^{3}/_{4}$ Tagen.
Alles, was wir über die Lichtgestalten des Merkur gesagt haben, gilt auch von der Venus; auch sie zeigt sich bald als volle Scheibe, bald als Sichel und ist zu gewissen Zeiten, wenn sie zwischen Sonne und Erde steht, vollkommen unsichtbar wie der Mond zur Neumondzeit. Man sollte nun meinen, daß wir die Venus dann am hellsten am Himmel funkeln sehen, wenn sie ihre vollbe-

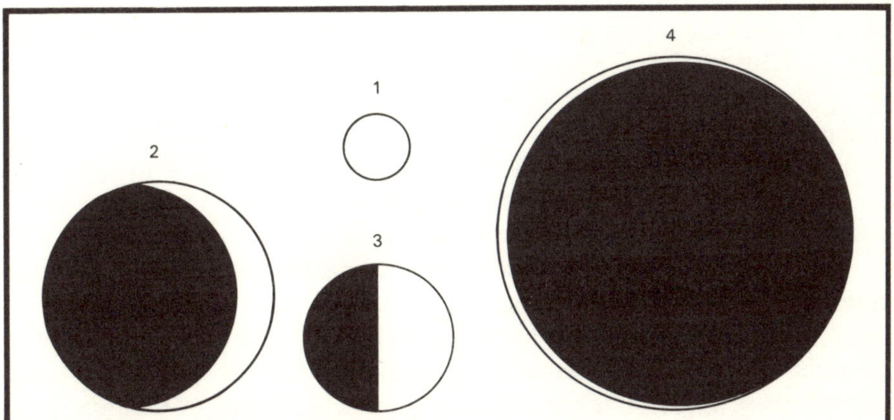

Die Phasen und Größenverhältnisse der Venus: 1. Anblick des Planeten in Erdferne. 2. Sichelgestalt zur Zeit des größten Glanzes. 3. Der Planet im ersten Viertel. 4. Die Venus etwa in Erdnähe mit weit übergreifenden »Hörnern«, die einen Beweis für das Vorhandensein einer Atmosphäre sind

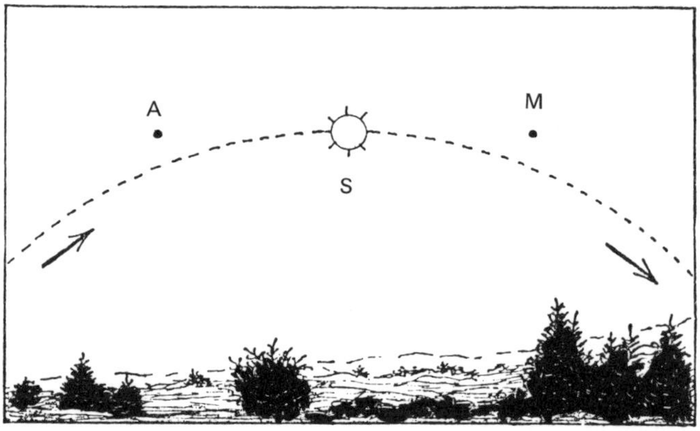

Wie die Venus Morgen- und Abendstern wird

leuchtete Scheibe der Erde zuwendet, wie ja auch der Vollmond heller ist als der Mond im ersten Viertel; das ist aber durchaus nicht der Fall; sie ist hingegen dann in höchstem Glanze, wenn sie sich im Fernrohr als Sichel zeigt, wenn also nur ein kleiner Teil der uns zugewendeten Hälfte erleuchtet wird. Dieser scheinbare Widerspruch löst sich auf sehr einfache Weise! Die schöne Venus steht uns nämlich nahe, wenn sie Sichelgestalt hat, und ist in Erdferne, wenn sie voll erleuchtet ist. Ich erinnere mich eines jungen Mannes, der häufig zur Sternwarte kam und mit unbewaffnetem Auge die Sichelgestalt der Venus zu erkennen vermochte. Reisende berichten übrigens, daß in Persien und Indien die Veränderung der Lichtgestalt dieses Planeten sehr häufig von den scharfsichtigen Landleuten bei dem wundervoll klaren Himmel erkannt wird.

Von der Erde aus gesehen, steht also die Venus nicht allzu fern vom Tagesgestirn. Immerhin kann sich Venus 100, der Merkur nur 50 Vollmondbreiten von der Sonne entfernen. Nie kann die Venus, wie etwa der Jupiter oder der Mars, um Mitternacht hoch am Himmel oder der Sonne gegenüber zu stehen kommen, denn die Bahnen, die *diese* Sterne um die Sonne beschreiben, umspannen die Erdbahn, und wenn die Kreise, die sie um die Sonne ziehen, sichtbar wären, so würden wir sie in Gestalt eines den ganzen Himmel umspannenden Ringes sehen. Somit ist auch klar, daß wir diese Sterne den ganzen Himmel umwandern sehen können. Venus und Merkur bleiben aber der Sonne nahe. Es macht manchen Leuten Schwierigkeiten, zu verstehen, weshalb Venus bald Abendstern, bald Morgenstern ist, aber ein Blick auf die Abbildung zeigt sofort, daß der Planet bald links, bald rechts von der Sonne stehen muß, wenn wir von der Erde aus seinen Weg am Firmament verfolgen. In der Skizze, in der S die Sonne über unserem Horizont darstellt, A und M die Venus zu verschiedenen Zeiten, so wird uns klar, daß der Planet bald am Morgenhimmel, bald am Abendhimmel sichtbar ist. Die punktierte Bahn ist der Weg des Tagesgestirns von Ost nach West, vom Aufgang zum Niedergang über dem Horizont. Hat nun Venus die Stellung M, rechts von der Sonne inne, so geht sie offenbar vor der Sonne auf und ist *»Morgenstern«*; hat sie die Stellung A inne, geht sie nach der Sonne unter und leuchtet als *»Abendstern«* am westlichen Firmament.

Wie der Merkur zuweilen vor der Sonne vorbei läuft, finden auch »Venus-Durchgänge« statt, wenn die drei Körper Erde, Venus, Sonne im Raum eine gerade Linie verbindet. Wir haben in einem früheren Kapitel gesehen, daß diese Erscheinungen von den Astronomen des vorigen Jahrhunderts benutzt worden sind, um die Entfernung der Erde von der Sonne zu bestimmen; heute bedient man sich anderer, noch vorteilhafterer Methoden, dennoch wird der nächste Venus-Durchgang (am 8. Juni des Jahres 2004) nicht weniger Interesse finden als der, den die Menschheit einhundertzweiundzwanzig Jahre vorher beobachten konnte, denn abgesehen von wissenschaftlichen Fragen, ist es schon ein merkwürdiger Anblick, eine Weltkugel von der Größe der Erde, eine Schwester der Erde, als winziges dunkles Schönheitspflaster im strahlenden Antlitz der Sonne zu erblicken. Man will bei der letzten Erscheinung die Beobachtung gemacht haben, daß rings um dieses dunkle Scheibchen ein zarter Lichtkranz lag, den man für die durchleuchtete Venusatmosphäre hielt. Ohne Zweifel ist, wie viele andere Beobachtungen zeigen, unser Nachbarplanet von einer sehr hohen und dichten Lufthülle umgeben, die freilich nach neueren Forschungen wesentlich anderer Natur ist als die der Erde. Der Spektralapparat gestattet es uns, einige Aussagen über die Lufthüllen der Planeten zu machen; merkwürdigerweise spielt Wasserdampf in der Venusatmosphäre kaum eine Rolle, auch Sauerstoff läßt sich nur in Spuren nachweisen, wohl aber deutlich und kräftig die Linien, die für Kohlendioxid charakteristisch sind. Das sieht nicht danach aus, als ob unser Nachbarstern, der Erde gleich, eine Welt voll reichen Lebens wäre. Von der Oberfläche sehen wir mit unseren Instrumenten gar nichts, wir erblicken nur die das Sonnenlicht zurückwerfende Atmosphäre und erkennen in ihr graue Schatten, die nur Wolken sein können. Möglich, daß sich der Planet in einem Zustand befindet, den die Erde durchmachte, ehe das große Werden begann und erste Keime eines primitiven Lebens den noch immer geheimnisvollen Anfang zur Besiedlung des Sternes machten. Ohne Zweifel ist Venus ein viel heißerer Stern als die Erde.

Neue Erkenntnisse wurden gewonnen, als interplanetare Raumsonden als völlig neues Forschungsmittel den erdnächsten Planeten Venus ansteuerten. Die Vermutung, daß der Umlauf des Planeten um die Sonne und die Rotation um seine Achse gleich lang sind, also 225 Tage, wurde von der Sonde Mariner 2, die am 14. Dezember 1962 in 40000 km Abstand an dem Planeten vorbeizog, widerlegt. Die zur Erde gefunkten Meßdaten ergaben, daß Venus sehr langsam rückläufig rotiert, also entgegengesetzt der Erdrotation, und zwar in 243 Tagen.

Die Wolkenhülle ist so dicht, daß wohl kaum ein Sonnenstrahl den Planetenboden erreichen kann. Über ihre Natur kann noch immer nichts Sicheres gesagt werden. Neuerdings neigt man zu der Ansicht, daß zu einem nicht geringen Teil feste, staubartige Partikel die Wolkendecke aufbauen. Diese gewaltigen Staubmassen könnten von einer trockenen Oberfläche durch Stürme in höhere Bereiche der Atmosphäre getragen werden. Aufschlußreiche Temperaturdaten übermittelte die amerikanische Sonde Mariner 5, die am 18. Oktober 1967 in nur 4000 km Abstand die Venusoberfläche passierte. Auch die 34 Stunden später auf der Venus weich gelandete sowjetische Sonde Venera 4 lieferte Daten, die aber mit denen von Mariner 5 zum Teil nicht übereinstimmten. Vermutlich hängt das damit zusammen, daß die Geräte von Venera 4 während des Fallschirmabstiegs bereits in größerer Höhe durch Hitze beschädigt wurden.

Beide Sonden bestätigten, daß die Venusatmosphäre sehr dicht und hoch ist. Für die Oberfläche der dichten Wolkenschicht ergaben die Mariner-Messungen eine Temperatur von –35 Grad Celsius. Sie dürfte einer Höhe von 60 bis 70 km über der Planetenoberfläche entsprechen. Beim Abstieg in tiefere Atmosphärenschichten nimmt die Temperatur schnell zu. Sie beträgt in 40 km Höhe bereits 130 bis 180 Grad Celsius. Für die Bodentemperatur erhielt man den Wert von 475 Grad Celsius. Die hohe Temperatur wird im wesentlichen auf den »Treibhauseffekt« zurückgeführt. Das heißt, daß die von der kurzwelligen Sonnenstrahlung aufgeheizte Oberfläche die Wärme nicht wieder in den Weltraum zurückstrahlen kann. Das Kohlendioxid hat die Eigenschaft, langwellige Wärmestrahlung zu absorbieren. Die Venusatmosphäre hat dadurch eine wärmespeichernde Wirkung. Da sich die ermittelte hohe Temperatur auf die Äquatorzone des Planeten bezieht, kann die Möglichkeit bestehen, daß es an den Polen wesentlich kühler ist. Die zahlreichen Fotos, die die am 3. November 1973 gestartete Sonde Mariner 10 auf ihrem Flug zum Merkur aus knapp 6000 Kilometer Entfernung von der Venus machte, erbrachten keine wesentlich neuen Erkenntnisse. Der glanzvolle Planet birgt noch viele Geheimnisse. In einem Punkt aber gleichen sich Venus und Erde: beide sind gleich groß.

Merkur sowohl wie Venus haben *keinen* Mond. Mehrfach wollen früher Astronomen nahe der Venus ein winziges Sternchen gesehen haben, das sie für den Venusmond hielten, doch hat es sich um optische Täuschungen gehandelt. Keines Mondes milder Schein erhellt also die Nächte jener Planeten. Sollte aber auf der Venus gelegentlich eine Wolkenlücke den Blick zum Sternenhimmel freigeben, dann würde zu der Zeit, wo der Planet unserer Erde seine Nachtseite zuwendet, an seinem Firmament ein ungewöhnlich schöner Stern stehen, alle anderen an Glanz übertreffend: es ist – die Erde, die dann ihre voll beleuchtete Halbkugel der schönen Nachbarin zukehrt. Es wäre sehr reizvoll, sich vorzustellen, daß dann auf diesem Gestirn die Augen uns ähnlicher Wesen dem Stern »Erde« zugewendet sind und auch dort Grübler sich die Frage vorlegen, ob dieser blendend helle Weltkörper bevölkert ist. Soviel Glanz verführte vielleicht zu der Annahme, daß die Erde der Wohnsitz vollkommener Wesen sei, und nur wir selber wissen, daß es auch hier noch sehr viel Dunkles gibt.

Unser Heimatstern Erde

Ein Tropfen nur im unendlichen Ozean der Welten ist das Erdenrund! Es ist dem Schneesternchen vergleichbar, das im wilden Wirbel der Milliarden, vom Sturmwind getrieben, an uns vorbeirast und im Chaos des Ganzen verschwindet, untergeht, unsichtbar wird. Unendlich ist dieser Raum um uns her, angefüllt mit leuchtenden Welten, so weit das Auge reicht. Wo in diesem Raum steht der Ball, den wir bewohnen, wo ist der ruhende Pol in der Erscheinungen Flucht?

Wenn wir auch heute mitleidig über die Menschen vergangener Jahrhunderte lächeln, die das kleine Erdenrund für die »*Welt*« hielten, fest verankert als Grund alles Seienden, merkwürdig zu denken ist es immerhin, daß die Erde mit ihren Weltteilen, ihren brandenden Meeren, ihren ragenden Felsgipfeln, ihren Menschen und Menschenwerken ein *Stern* ist gleich anderen, der dritte Planet, der die Sonne umwandert. Die Erde ein Stern am Himmel! Wie sonderbar erscheint das, und doch wie selbstverständlich ist es im Grunde genommen! Freilich, von den Begriffen »oben« und »unten« müssen wir uns in astronomischen Dingen losmachen. Oben und unten gibt es im Weltenraum nicht. Die Bewohner der südlichen Erdhalbkugel, also etwa die Australier, haben ebenso den Sternenhimmel über sich wie wir, obgleich sie doch eigentlich (wie die Alten meinten, die sich nicht vorstellen konnten, daß die Erde eine Kugel sei) »mit dem Schopf nach unten hangen«. Und genauso, wie für uns Erdbewohner der Mond am Himmel steht, steht für einen Mondbewohner die Erde am Himmel, und vom Mars, von der Venus aus gesehen, ist die Erde ein heller Stern, »ein Planet«, genauso, wie es jene für uns sind!

Die Raumfahrt hat uns inzwischen in die Lage versetzt, manche Vorstellungen der Phantasie bestätigt zu finden und sie noch zu ergänzen. Kühne

Astronauten haben unseren Trabanten betreten und unsere Erde als Weltkörper am Himmel des Mondes gesehen. Was für Empfindungen müssen diese Männer bei diesem Anblick gehabt haben!
Als eine mächtige Kugel, oder besser gesagt Scheibe, schwebt unser Planet am tiefdunklen Himmel des Mondes, umgeben von den Sternen in einer Fülle, wie wir sie nicht einmal in der klarsten Winternacht sehen. Da der Mond keine Atmosphäre besitzt, so fehlt dort auch am Tage das Blau der reinen Luft; das Sonnenlicht wird nicht von der Luft und von Staub- und Wasserdampfteilchen zurückgeworfen, also bleibt der Himmel, selbst wenn die Sonne über dem Horizont steht, vollkommen schwarz, so daß die Sterne sichtbar sind. Da die Erde viel größer ist als der Mond, so erscheint sie uns weitaus größer als dieser, zwölfmal übertrifft die am Mondhimmel hängende Erdscheibe an Flächeninhalt die Vollmondscheibe.
Genau so, wie wir nur diejenigen Partien der Mondkugel sehen, die von der Sonne beleuchtet werden, kann man auch vom Erdball nur die Gebiete sehen, die gerade der Sonne zugewendet sind, denn auch die Erde ist ja – wie der Mond und die Planeten – an sich ein dunkler Gesteinsball! Wie wir also den Mond bald als Sichel, bald als Halbmond, bald als Vollmond, bald wieder (als Neumond) gar nicht sehen können, so sehen Mondtouristen die Erde als Sichel, Halbscheibe usw. Sie können also geradeso im »Erdschein« spazierengehen, die Liebenden und Dichter ebenso vom milden »Erdlicht« schwärmen wie wir hier auf Erden vom Mondschein. Die Verhältnisse liegen so, daß dann, wenn uns der Mond als *zunehmende* Sichel erscheint, die Erde dort als *abnehmende* Sichel sichtbar ist, und wenn wir *Neumond* haben, so haben die Beobachter auf dem Monde sozusagen »*Vollerde*«. Zu dieser Zeit erleuchtet also unsere Erde die Nacht des Mondes zwölfmal heller, als der Vollmond die Erdnächte erhellt. Ja, wir können sogar deutlich von der Erde aus dieses Licht, das der Mond von der Erde empfängt, sehen! Wenn der Mond als ganz schmale Sichel am Himmel steht, sehen wir deutlich auch den übrigen Teil seiner Scheibe in einem ganz matten »grauen« Licht schimmern; das ist der *Erdschein* auf der Nachtseite des Mondes. Er ist heller, wenn die großen Wüstenflächen Asiens und Afrikas dem Monde zugewendet sind, und weniger hell, wenn die wenig Licht zurückstrahlende Wasserwüste des »Großen Ozeans« der Mondkugel gegenübersteht. Auch Bewölkungsveränderungen, jahreszeitliche Schwankungen lassen sich in diesem Erdschein nachweisen.
Wie wir deutlich mit freiem Auge auf dem Monde große graue Flecke sehen, so kann man natürlich sehr genau die Länder und Meere der Erdoberfläche vom Monde aus betrachten. Die schönen Aufnahmen, die die Astronauten

der Apollo-Flüge machten, beweisen es. Die Eis- und Schneemassen an den Polen der Erde erscheinen blendend weiß. Ohne Zweifel kann man vom Monde aus den Wechsel der Jahreszeiten auf Erden wahrnehmen. Gebiete, die kleiner sind als z.B. die Insel Island oder als Bayern und Baden-Württemberg zusammengenommen, kann man freilich mit unbewaffnetem Auge nicht mehr vom Monde aus erkennen. Mit unseren besten Fernrohren hingegen sähe man sogar noch vom Monde aus bei günstiger Beleuchtung und entsprechendem Schattenfall die große Cheops-Pyramide am Rande der Wüste als ein winziges Pünktchen. Sehen wir doch auf dem Monde mit den Rieseninstrumenten der modernen Sternwarten Kraterlöcher von 150 bis 200 Meter Durchmesser. Eine große Stadt, etwa Berlin, wäre schon ein sehr auffälliges Gebilde und würde zur Nachtzeit mit seinen Millionen Lichtern als ein schimmernder Fleck im Fernrohr sichtbar sein.
Übrigens ist die Erde für die Besatzung einer Mondstation sozusagen eine große öffentliche, ewig genau gehende *Uhr*! Sehr deutlich kann man an der Bewegung der Flecke auf ihrer Oberfläche ihre 24stündige Rotation erkennen, und die Lage dieser Flecke auf der sich drehenden Erdkugel bietet Zeitmarken. Aber diese Himmelsuhr ist nur auf einer Seite der Mondkugel zu sehen, denn der Mond wendet der Erde immer dieselbe Seite zu. Die »Bewohner« der ewig von uns abgewendeten Mondseite müssen also, wenn sie einmal diesen großen Himmelskörper, der als mächtige Scheibe ihren Antipoden immer sichtbar ist, betrachten wollen, erst eine weite Reise machen! Wie sonderbar wäre es (um das einmal auf irdische Verhältnisse zu übertragen), wenn der Mond nur von Amerika aus zu sehen wäre!
Wir sehen, die Erde ist, vom Monde aus betrachtet, noch ein sehr dankbares Objekt. Aber der Mond ist ja auch unser Nachbar und nur 384 000 Kilometer von uns entfernt, sozusagen eine Insel nahe dem Festland Erde im Meer des Raumes. Würden wir nun weiter hinausfliegen in die Sternenräume, zu jenem Gestirn, das uns von allen großen Planeten am nächsten kommen kann: zu der schönen *Venus*, so würde sich das Bild gewaltig ändern. Die Venus kann sich uns bis auf 40 Millionen Kilometer nähern, und zu dieser Zeit müßte die Erde den Leuten auf der Venus als ein herrlich großer, leuchtender Stern, wie wir Erdbewohner ihn gar nicht an unserem Himmel haben, erscheinen. Es ist sogar möglich, daß man noch von der Venus aus mit freiem Auge die Kugelgestalt der Erde erkennen kann, und es muß das Licht der Erde auch noch hinreichen, auf der Venus von den Gegenständen in klaren Nächten einen schwachen Schatten zu werfen. Ferner sähe man neben der Erde einen kleineren Stern schweben: *den Mond*, und in einem Riesenfernrohr erblickte man die Weltteile und Meere, sähe man am Nord- und Südpol

weiße Flecke, aber alle feineren Details blieben verborgen, und selbst unsere größten Ströme würden die Venusastronomen kaum noch wahrnehmen können, wohl aber hohe Gebirge. Dennoch müßte man an dem grünen Schein, der im Sommer die Länder überzieht, erkennen, daß unser Planet keine unfruchtbare Einöde ist. – Von Menschen und Menschenwerk aber keine Spur! Alles zusammengeschmolzen zu einem kleinen Scheibchen mit hellen und dunklen Flecken!

Auch vom Mars aus, unserem Nachbar zur anderen Seite, wäre die Erde noch als heller Stern erkennbar. Wie die Venus unser Abend- und Morgenstern ist, ist nun die Erde Abend- und Morgenstern am Marshimmel, denn die Bahn dieses Planeten umschließt ja die Erdbahn, und unsere Erde muß im Fernrohr des Marsastronomen bei günstigster Sichtbarkeit ebenfalls Sichelform zeigen. Ja, zuweilen läuft die Erde für einen Marsbewohner als kleines, dunkles Scheibchen vor der Sonnenscheibe vorüber, wie die Venus für uns.

Noch weiter hinaus, etwa bis zu dem Riesenplaneten Jupiter, und aus deiner Erde ist ein winziges Sternlein geworden! Hier bist du bestenfalls 600 Millionen Kilometer von ihr entfernt; selbst in den kräftigsten Fernrohren, die wir haben, sähest du vom Jupiter aus nur noch ein paar graue Fleckchen auf dem fernen Erdensternlein! Setztest du alle Wälder Europas mit einem Male in lodernde Glut, eine Riesenfackel – du sähest in deinem Fernrohr kaum ein verschwindendes Lichtfünkchen, würdest meinen, es sei ein Bläschen in deiner Brille, und nicht weiter darauf achten. Vom nächsten Planeten, vom Saturn aus ist die Erde überhaupt nicht mehr mit freiem Auge zu sehen! Sie steht, von dort aus gesehen, so dicht bei der Sonne, daß sie mit dieser sozusagen zusammenfließt, in ihren Strahlen verschwindet. Wohnen dort Menschen und haben sie keine großen Fernrohre, so wissen sie gar nicht, daß es eine Erde gibt! Haben sie aber ein Fernrohr und schaust du hindurch, so siehst du mit größter Mühe ein verglimmendes Lichtfünkchen: deine Erde, deinen Heimatstern! Und alle Freud' und alles Leid ihrer Millionen und aber Millionen Bewohner liegt in diesem zitternden Lichtstrahl begraben.

Jenseits des Saturn kennt man deine Erde nicht mehr, du kleiner Mensch; sie ist versunken im Lichtmeer der Sonne, ist unter ihre Strahlenflügel geschlüpft, und kein noch so mächtiges Fernrohr der Uranus- oder Neptunbewohner könnte sie sichtbar machen. Noch nicht an den Grenzen des Sonnensystems und schon versunken und vergessen, unbekannt, wie wir nichts wissen von den Erden anderer Sonnen!

Astronomisch gesehen, ist die Erde der dritte Planet, der um die Sonne wandert, jenseits der Bahnen des Merkur und der Venus. Ihr mittlerer Abstand vom Zentralgestirn beträgt 149½ Millionen Kilometer, und sie durchläuft ihre Bahn, die einem Kreise sehr ähnlich ist, in 365 Tagen, 5 Stunden, 48 Minuten und 46 Sekunden, mit einer Durchschnittsgeschwindigkeit von 29,8 Kilometer in der Sekunde.

Wir haben bereits erwähnt, daß die Menschheit lange Zeit gebraucht hat, um zu einer richtigen Vorstellung von der Gestalt und Größe des Weltkörpers zu kommen, den ihr die Vorsehung als Wohnsitz angewiesen hat. Bis in das achtzehnte Jahrhundert hinein hat es nicht an Menschen gefehlt, die es nicht fassen konnten, auf einer Kugel zu leben, die sich unablässig um ihre Achse schwingt. *Beweise* für die Kugelgestalt der Erde gibt es gar viele. Man kann die *Krümmung der Erdoberfläche* auf dem Meere direkt wahrnehmen. Es tauchen zunächst von einem entfernten Schiff oder einem Berg oder einem Leuchtturm an der Küste die äußersten Spitzen auf, und je mehr sich uns das Objekt nähert, oder je mehr wir uns ihm nähern, um so mehr sehen wir über die hindernde Erdwölbung hinweg die tiefer liegenden Teile der betreffenden Körper. Der *kreisförmig begrenzte Schatten*, den die Erde bei einer Mondfinsternis auf den Mond wirft, sowie die oft ausgeführten *Umschiffungen der Erde* haben in Verbindung mit vielen anderen Beweisen sichergestellt, daß die Erde eine Kugel ist, genauso, wie es die anderen Planeten sind, deren Kugelgestalt wir ja im Fernrohr direkt wahrnehmen können.

Zu Camille Flammarion, dem populärsten Astronomen Frankreichs, kam einmal ein biederer Ofensetzer, der in der Studierstube des Gelehrten einen Kamin in Ordnung zu bringen hatte. In diesem Zimmer stand auch ein großer Erdglobus, den der Meister aufmerksam betrachtete. »Monsieur«, hub er nach einer Weile an, »ich hätte wohl eine Frage, wenn's erlaubt ist! Nichts ist mir so schwer geworden zu verstehen, als daß die Erde wirklich ein großer Ball sein soll wie dieser da und sich um eine Achse drehen soll, die noch dazu – wie mir schon in der Schule versichert wurde – in Wirklichkeit nicht einmal vorhanden ist.« – »Und doch ist dem so, Meister«, entgegnete lächelnd der Gelehrte, indem er den Globus in Drehung versetzte; »so, wie Sie es hier sehen an diesem kleinen hölzernen Abbild, dreht sich die große Erde in Wirklichkeit auch um ihre Achse, in vierundzwanzig Stunden einmal!« – »Ja, Monsieur«, fing der Meister wieder an, »durch dieses Ding da geht auch eine solide eiserne Achse hindurch, wie ich sehe, aber die Erde soll ja eine solche Achse, wenn ich's recht verstanden habe, nicht besitzen und sich dennoch drehen, und das ist's, was mir nicht in den Kopf will.« – Flammarion löste, belustigt über den hartköpfigen Alten, der der Sache offenbar auf den Grund gehen wollte, die Schrauben, die die Achse in dem hölzernen Globus festhielten, und zog dieselbe ganz heraus; dann nahm er die nunmehr freie Kugel in die Hand und sagte zu dem Alten: »Sehen Sie, Meister, jetzt haben wir die eiserne Achse, die Sie irritiert hat, ganz beseitigt, und nun will ich Ihnen leicht zeigen, wie sich die Erde auch ohne eine wirkliche Achse drehen kann; ich will die Globuskugel hochwerfen, und Sie werden dann sehen, wie sie sich dreht, auch ohne daß die eiserne Achse in ihr steckt.« Damit warf der Astronom die Kugel, sie rasch mit der Hand in Drehung versetzend, einige Meter empor. Aber wie das oft so geht, wenn man etwas zeigen will, der Gelehrte hatte Unglück! Die Kugel war wohl zu sehr in Schwung gekommen, sie flog mit lautem Krach in die Zimmerecke, und als man sie wieder aufhob, zeigte es sich, daß ihr das über den Spaß gegangen war, denn sie war zerplatzt. Flammarion mußte über sein Mißgeschick lachen, und auch der biedere Handwerksmeister stimmte ein, im Fortgehen dem Gelehrten noch die Worte zurufend: »Monsieur, es scheint doch, als ob auf eine *gedachte* Achse kein Verlaß ist; ich für meinen Teil glaube lieber an die eiserne.«

Wie es diesem einfachen Handwerker ging, geht es auch manchem gebildeten Mann; noch vor wenigen Jahrzehnten erklärte ein Pariser Arzt: »Die Astronomen mögen tausendmal sagen, daß sich die Erde wie eine Ente am Bratspieß um ihre Achse dreht, mich werden sie das nicht glauben machen!« All diesen Leuten mangelt es an einem gewissen Vorstellungsvermögen; sie können es sich nicht vorstellen, daß die Erde als große Kugel frei im Weltenraum schwebt, so wie wir den Mond schweben sehen, und daß sie dabei weitereilt, etwa wie ein Luftballon, den der Wind treibt, und sich gleichzeitig um sich selbst dreht, wie wir dies ja auch deutlich zuweilen an einem Ballon sehen können. Die Achse, um die diese Drehung erfolgt, ist nun in der Tat eine gedachte; wir nennen eben eine gedachte Linie, die den Nordpol, den Erdmittelpunkt und den Südpol miteinander verbindet, die *»Achse«* der Erde.

Schon der Umstand, daß die Erdkugel an den Polen abgeplattet ist, *beweist* die Rotation der Erde, denn bei einer Kugel, die keine Umdrehung vollführt, könnte eine Abplattung nicht zustande kommen. Es ist überhaupt der absurdeste Gedanke, den man sich vorstellen kann, zu glauben, die Erdkugel sei unbeweglich und dieses unermeßliche Heer der viele Millionen und Milliarden Meilen entfernten Sterne drehe sich in 24 Stunden um die ruhende Erde. Außerdem! Welche ungeheuren Geschwindigkeiten müßten wohl diese Gestirne besitzen, um bei ihrer fast unendlich großen Entfernung in dieser kurzen Zeit den Erdball zu umwandern. Ferner müßte man zu der ganz unmöglichen Annahme kommen, die entfernten Fixsterne schwängen sich genauso schnell herum wie die nahen Gestirne, Sonne, Mond und Planeten, denn sie alle nehmen nach 24 Stunden genau wieder denselben Ort ein, an dem wir sie am Tage vorher sahen. Es gibt mancherlei Beweise für die Drehung der Erde um ihre Achse, aber man kann diese Umdrehung auch dem Auge *direkt sichtbar machen*, mit Hilfe des berühmten Foucaultschen Pendelversuches. Ein freibeweglich aufgehängtes Pendel hat die Eigentümlichkeit, *unverändert seine Schwingungsrichtung beizubehalten.* Hängen wir ein solches Pendel, das in einfachster Form aus einem an einem Faden befestigten Gewicht oder Stein bestehen kann, an einen Kronleuchter oder drehbaren Gasarm und lassen wir es nun schwingen, so wird es die Richtung seiner Schwingungen auch nicht ändern, wenn wir vorsichtig und gleichmäßig den Kronleuchter oder Gasarm *herumdrehen.* Es wird, wenn es anfänglich von Norden nach Süden pendelte, dies auch tun, wenn wir den Aufhängepunkt im Kreis herumdrehen. Der französische Physiker *Foucault* erkannte, daß dieser Umstand geeignet sei, die Rotation der Erde um ihre Achse zu demonstrieren. Die Schwingungsrichtung des Pendels bleibt immer gleich, wenn sich aber die Erde um ihre Achse dreht, so dreht sich sozusagen der Erdboden unter dem Pendel fort, scheinbar ist es das Pendel, das seine Schwungrichtung ändert und immer weiter von der ehemaligen Richtung abweicht. Foucault ließ im Jahre 1851 im Pantheon zu Paris ein mächtiges Pendel, einen Metallfaden von 67 Meter Länge, an dem sich unten eine Pendelkugel von 25 Kilogramm befand, die in eine Spitze auslief, aufhängen. Unter dem Pendel war eine Kreisscheibe aufgestellt, an deren Einteilung man die Schwingungsrichtung des Pendels deutlich verfolgen konnte. Zu jeder Schwingung brauchte das Riesenpendel acht Sekunden. Viele Gelehrte und eine große Volksmenge wohnten dem interessanten Experiment bei, und schon nach wenigen Minuten wich das Pendel deutlich nach Westen hin von der anfangs markierten Richtung aus, so die Drehung der Erde von West nach Ost um ihre Achse anzeigend. Foucault hatte vorher den Punkt auf der Scheibe markiert, den der Berechnung nach die Pendelspitze nach einer Viertelstunde, entsprechend der fortschreitenden Drehung der Erde, berühren mußte, was in der Tat im bestimmten Moment geschah. Dieser einfache und so beweisende Versuch ist inzwischen oft wiederholt worden und dürfte für jeden Zweifler überzeugend sein.

Die Zeit, die die Erde braucht, um einmal eine Umdrehung zu vollenden, erkennen und messen wir an der Stellung der Gestirne. Mittags steht die Sonne bekanntlich am höchsten, sie steht dann im *Süden*, geht durch die Südlinie, durch den »*Meridian*«, wie der Astronom sagt. Wenn sie am nächsten Tage wieder genau im Meridian steht, hat offenbar die Erde eine Umdrehung vollendet, ein »*Tag*« ist um, eine Zeitspanne, die wir in »*24 Stunden*« einteilen. Das scheint uns zunächst ganz klar und einwandfrei, aber wir werden bei näherer Betrachtung sehen, daß die Sache einen Haken hat! Der

Leser mache einmal folgendes Experiment: Er stelle mit Hilfe einer genau gehenden Uhr fest, wann für ihn die Sonne etwa hinter einer Hauskante oder dergleichen verschwindet, wenn sie um Mittag im Süden steht. Er wiederhole das gleiche Experiment am nächsten Tag und notiere nun genau die Zeit, die zwischen beiden Beobachtungen verstrichen ist. Nun aber gehe er zu einen zweiten Experiment über! Statt der *Sonne* beobachte er einen *Fixstern*, der hinter derselben Hauskante verschwindet, und notiere wieder sorgfältig die Zeit mit der gleichen guten Uhr. Er hat also einmal eine Umdrehung der Erde an der Sonne festgestellt und das andere Mal eine Umdrehung der Erde an einem Fixstern. Vergleicht er beide Zeitspannen, dann wird er finden, daß sie nicht übereinstimmen. Zwischen dem zweimaligen Verschwinden der Sonne heut und morgen hinter der Hauskante vergeht eine Zeitspanne, die um nahezu vier Minuten länger ist als die, die vergangen ist zwischen dem zweimaligen Verschwinden des Fixsternes hinter dem Gebäude. »Tag« scheint also nicht gleich »Tag« zu sein! Wie kommt das?

Es ist im Grunde sehr einfach! Wir wissen ja, daß die Erde im Lauf eines Jahres um die Sonne herumwandert, für uns sieht es aber so aus, als ob es die Sonne wäre, die in $365^1/_4$ Tagen durch die Sternbilder hindurch um die Erde kreist. Von Tag zu Tag rückt also der Feuerball ein wenig weiter, und zwar nach Osten zu, er steht morgen mittag gar nicht mehr da, wo er heut steht, und so kann er auch naturgemäß nicht im selben Zeitmoment wie heut hinter jener Mauerkante verschwinden. Ganz anders die Fixsterne, sie bleiben für lange Zeiträume an ihrem Platz, an ihnen können wir die wirkliche Umdrehungszeit der Erdkugel genau messen.

Wir haben also zwei verschiedene Zeitarten: »*Sonnentag*« und »*Sterntag*«, »*Sonnenzeit*« und »*Sternzeit*«. Im Sommer läuft die Erde langsamer in ihrer Bahn um die Sonne, da sie dann weiter von dieser entfernt ist als im Winter, wo ihre Bewegungen eben wegen dieser Sonnennähe auch schneller vor sich geht. Es läuft daher auch die Sonne, an der sich ja die Bewegung der Erde widerspiegelt, im Sommer kleinere, im Winter größere Strecken von Tag zu Tag am Himmel weiter. Die tägliche Bewegung der Sonne am Firmament ist also *ungleichmäßig*, und so ist auch die Zeit von einem Meridiandurchgang der Sonne bis zum nächsten, also der Sonnentag, in den verschiedenen Jahreszeiten *ungleich lang*. So sehen wir, daß die Sonne gar nicht sehr als Zeitmesser geeignet ist und daß es unpraktisch wäre, nach dem *wahren* Sonnenstande, nach der wahren Sonnenzeit, zu rechnen. In der Tat geschieht das auch nicht, sondern im bürgerlichen Leben wird nach einer sozusagen *gedachten* Sonne gerechnet, die mit einer mittleren, vor allem aber immer *gleichmäßigen* Geschwindigkeit ihre Tagesbahn zurücklegt. Die Sternzeit des

Astronomen aber ist ein absolut gleichmäßiges Zeitmaß, das er zu seinen sorgfältigen Berechnungen und Messungen auch notwendig braucht; in dem Augenblick, in dem ein bestimmter Punkt des Sternenhimmels, der Frühlingspunkt durch die Südlinie, durch den Meridian, geht, beginnt der Sterntag, und er ist um, wenn nach einer Drehung der Erdkugel die gleiche Stellung des Frühlingspunktes erreicht ist. Die Länge eines Sterntages beträgt 23 Stunden, 56 Minuten, 4 Sekunden.

In der guten alten Zeit, die unsere Hast nicht kannte, richtete man sich nach der wirklichen Sonne; es war Mittag, wenn sie am höchsten stand, wenn alle Schatten am kürzesten waren, die Ungleichmäßigkeiten ihres Laufes spielten keine Rolle; nun aber läuft neben der wahren, wie gesagt, eine gedachte Sonne her, die gleichmäßig im Jahreslauf das Firmament umkreist. »Mittlere Sonne« nennt der Astronom diese gedachte Sonne, und er spricht von »mittlerer Sonnenzeit«. Naturgemäß weicht also die wahre Sonnenzeit von der mittleren ab, und der Zeitunterschied zwischen beiden wird *»Zeitgleichung«* genannt. Mitte April, Mitte Juni, Anfang September und gegen Ende Dezember wird die Zeitgleichung Null, kurz vor Mitte Februar und im Anfang des Monats November erreicht sie ihren höchsten Wert, weichen wahre und mittlere Zeit um eine Viertelstunde voneinander ab.

Es ist bekannt, daß der immer gesteigerte Verkehr, der Raum und Zeit überwindet, uns in Stunden an Orte bringt, die unsere Vorväter mit der Postkutsche erst in Wochen zu erreichen vermochten, dazu führte, ganze Zonen der Erde in Zonen-Zeiten zusammenzufassen. Die »mitteleuropäische Zeit«, die »westeuropäische«, »osteuropäische« Zeit und ähnliche Zonenzeiten in Asien und Amerika sind uns heut vertraut, aber als man am 1. April des Jahres 1893 die mitteleuropäische Zeit in unserem Vaterlande einführte, fehlte es nicht an Leuten, die sich ärgerten, den Löffel vor dem Mittag beziehungsweise nach dem Mittag in die Suppenschüssel senken zu müssen.

Im Grunde ist nichts in der Welt »fertig« und unwandelbar, auch die alte Erde nicht; der Geologe beweist uns, daß sie in ständiger Umformung ist, daß Kontinente und Meere ihre Grenzen wandeln, daß Gebirge langsam aufgebaut und auch wieder abgetragen werden, ja selbst die Drehungsachse der Erde liegt nicht absolut fest. Viele Erscheinungen beweisen, daß gewaltige Klimaänderungen im Laufe der Jahrmillionen eingetreten sind, manches läßt sich nur deuten, wenn wir annehmen, daß die Pole der Erde einst an anderer Stelle lagen; kleine Schwankungen der Pole lassen sich auch heute noch durch genaueste Messungen nachweisen.

Ein Abbild unseres eigenen kleinen Lebens ist der Kreislauf des Jahres mit seinem Keimen und Grünen, Blühen und Reifen, Absterben und Verdorren.

Des Frühlings drängendes Werden, des Sommers entfaltende Glut, des Herbstes segenbringendes Geben, des Winters erstarrendes Einschlafen, dem doch wieder das frohe Erwachen folgen muß, wir erleben's jahrein und -aus, und immer wieder ist's interessant, neu, bewundernswert. Das ist ein ewiges, nun schon Jahrmillionen währendes Pulsieren der Natur, das, vom Großen ausgehend, die kleinsten Teilchen in Bewegung setzt, zur Schaffung eines mächtigen Gesamtbildes voll Kraft, Segen und Schönheit. Diese alte Erde verjüngt sich alle Jahre wieder, wird immer wieder neu, ein ewiger Jungbrunnen. Immer ist die eine Hälfte in kräftebewegender Entwicklung, und die andere ruht; und nach Ablauf der ewig gleichen Frist steigt der ausgeschöpfte Eimer an diesem Ziehbrunnen des irdischen Seins hernieder, um den anderen, gefüllten, emporzulassen.
Und das alles ist nur bedingt durch die Bewegung des Gestirns, das uns die Natur zum Wohnsitz angewiesen hat, um den Sonnenball und ist bedingt durch die auf den ersten Blick so nichtig scheinende Tatsache, daß die *Achse* der Erde nicht *senkrecht* zur Bahn steht, die der Erdball um die Sonne beschreibt, daß vielmehr dieser gewaltige Kreisel, der mit uns durch die Sternenräume rollt, von dem, er ihn einst ins Rollen brachte, ein wenig *schief* aufgesetzt wurde.
Es sind außerordentlich einfache Verhältnisse, die diesen interessanten Kreislauf des Jahres mit all seinen Nebenerscheinungen bedingen, aber es ist eine alte Erfahrung, daß der Mensch gerade das Alltägliche am ehesten übersieht und unbeachtet läßt. Plaudern wir daher ein wenig über die Entstehung der *Jahreszeiten* und der verschiedenen *Klimazonen* auf unserem Planeten, als von Geheimnissen, die uns, als wir noch die Schulbank drückten, gut bekannt waren und die uns teilweise wieder im Kampf des Alltags aufs neue zu Geheimnissen geworden sind.
Immer wieder müssen wir uns hierbei daran erinnern, daß die Erde eine frei schwebende, die Sonne umwandernde Kugel ist. Uns freilich will es ja erscheinen, als wandere *die Sonne* am Himmel weiter unter den Sternen, denn nach Sonnenuntergang sehen wir immer andere Sternbilder im Laufe des Jahres am Himmel stehen, und nach Ablauf des Jahres hat die Sonne in der Tat einmal das ganze Firmament umwandert, ist von einem Sternbild ins andere gerückt, wie wir das im Kalender ja deutlich angegeben finden. Aber diese Bewegung ist, wie gesagt, ein *Schein*; wenn wir mit der Bahn fahren, scheinen die Signallichter und Laternen draußen fortzueilen, und doch lassen wir uns dadurch nicht täuschen, sondern wissen, daß sie nur die Bewegung des Zuges widerspiegeln. Wir erkennen also die Bewegung der Erde im Weltenraume an der *scheinbaren* Bewegung der Sonne, und bei aufmerksamer

Beachtung der Sonnenbewegung macht man die Entdeckung, daß diese nicht an allen Tagen des Jahres gleichmäßig groß ist. So ergeben die Beobachtungen, daß die Sonne in den Wintermonaten täglich einen größeren Weg zurücklegt als im Sommer. Im Juni durchläuft sie in einer Woche eine Strecke am Firmament, die nahezu dreizehnmal so lang ist wie der Vollmonddurchmesser; im Dezember hingegen ist der in derselben Zeit zurückgelegte Weg um einen Monddurchmesser länger.

Wie kommt diese ungleiche Geschwindigkeit der Erde, die sich nun in der scheinbaren Bewegung der Sonne abspiegelt, zustande? Die Himmelskörper ziehen einander an; die mächtige Sonne wirkt wie ein riesenhafter Magnet auf den kleinen Erdball und schwingt ihn um sich herum im Zirkeltanz. Der Umstand also, daß die Erde bald schneller, bald langsamer wandert, beweist uns schon, daß die Erdbahn so gestaltet ist, daß die Erde der wärmenden Sonne bald näher, bald ferner sein muß. In der Tat erscheint uns die Sonne im Sommer auch um eine deutlich meßbare Größe *kleiner* als im Winter – ein sicheres Zeichen, daß die Erde tatsächlich im *Winter* der Sonne *näher* steht als im Sommer.

Das nimmt uns nun einigermaßen wunder, denn wir müßten doch annehmen, daß jemand, der dem Feuer näher ist, auch mehr erwärmt wird; da es nun im Winter nicht wärmer als im Sommer ist, sondern umgekehrt, so müssen hier wohl ganz besondere Umstände eine Ausnahme von der allgemeinen Regel bedingen. Indessen, darüber wollen wir einstweilen nicht sprechen, sondern uns die Bahn der Erde genauer ansehen.

Die Erdbahn ist kein *Kreis*, in dessen Mittelpunkt die Sonne steht, wie man wohl mitunter so gemeinhin sagen wird, sondern die Erdbahn ist eine *Ellipse*, wenn auch nicht so länglich wie auf unserer Zeichnung. Die Sonne steht, wie wir hier sehen und soeben lernten, nicht in der Mitte der Ellipsenbahn, sondern dem einen Rande – wenn wir uns so ausdrücken – näher, und die Erde läuft nun in der Richtung der Pfeile um die Sonne herum, in einer Zeit, die 365¹/₄ Tage lang ist und die wir ein Jahr nennen.

Steht die Erde in A, so ist sie in Sonnenferne, wir haben dann bei uns zulande *Sommer*; steht sie hingegen in C, so ist sie der Sonne näher, trotz alledem aber haben wir dann *Winter*, und die uns nun nähere Sonne kann Eis und Schnee nicht hindern; warum – werden wir bald sehen. Den Punkt A hat die Erde am 21. Juni inne; sie wandert nun weiter und steht am 23. September in B, das heißt: sie steht so, daß der Punkt A, die Sonne S und der Punkt B einen rechten Winkel bilden. In dieser Stellung haben wir bei uns *Herbst.* Die Erde rollt ihrer Winterstellung zu und erreicht den Ort C am 21. Dezember, sie steht nun dem Punkt A diametral gegenüber und wieder zu B im

Venus – Merkur – Erde *Anblick der Venus, wenn sie zwischen Erde und Sonne steht. Sie wendet dann ihre Nachtseite zur Erde. Ihre Atmosphäre erscheint als leuchtender Ring, der den ganzen Planeten umgibt. Aufnahme: Lowell-Observatorium, Flagstaff, Arizona, USA (oben). – Die kraterbedeckte Oberfläche des Planeten Merkur. Aufnahme der amerikanischen Raumsonde »Mariner 10« aus 5900 km Entfernung. Die vielen größeren und kleineren Löcher sind zweifellos Aufschlagskrater von Meteoriten. Der kleinste erkennbare Krater hat etwa 150 m Durchmesser. Auf dem Bild ist eine rund 50 mal 40 km große Fläche erfaßt (unten links). – Anblick der Erde aus der Entfernung des Mondes. Aufgenommen von der Besatzung des Raumschiffes »Apollo 8« (unten rechts)*

Mond *Unser Trabant kurz nach Vollmond. Die dunklen Gebiete sind große Tiefebenen und werden Mare (Meere) genannt. Auffällig sind Krater, von denen helle Strahlen ausgehen (oben links). – Der nördliche Teil des Mondes. Zwei Gebirgszüge begrenzen links das Mare Imbrium. Unten die Alpen mit der kreisförmigen Wallebene Plato. Oben die Apenninen, an deren Ende sich das Ringgebirge Eratosthenes befindet. Rechts oben am Rande das Ringgebirge Kopernikus (oben rechts). – Die zerklüftete Südspitze des Mondes. In der Mitte die Wallebene Clavius, die einen Durchmesser von 230 km hat (unten)*

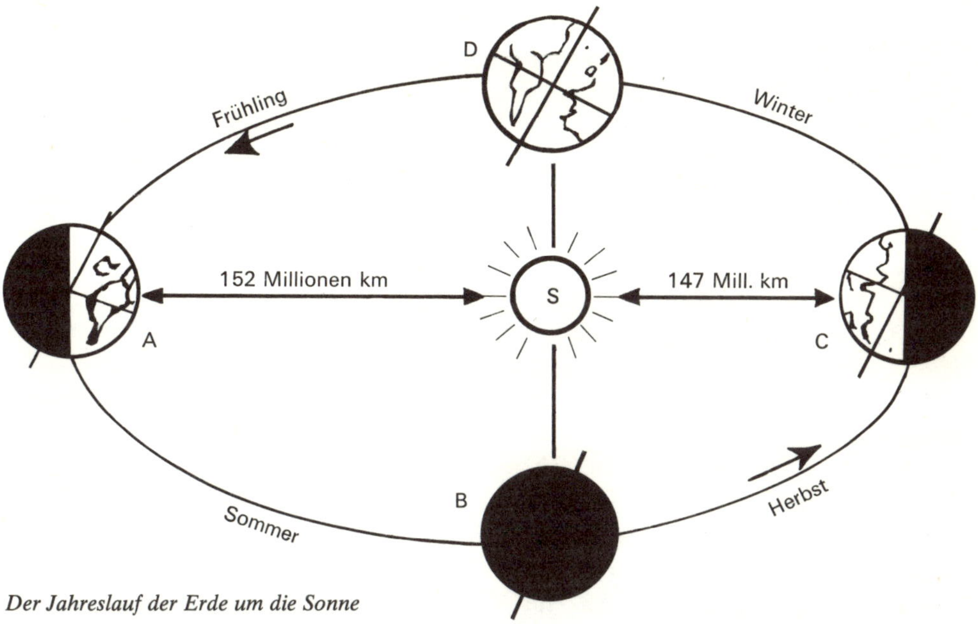

Der Jahreslauf der Erde um die Sonne

rechten Winkel. Nunmehr gelangt der Planet nach D, wo er am 21. März eintrifft und sich dem Herbstpunkt gegenüber befindet; wir haben *Frühling.* Nach weiteren drei Monaten endlich hat unser großer Reisewagen seinen Weg einmal durchlaufen, und pünktlich läuft er am 21. Juni in die Sommerstation ein.

Betrachten wir die beiden Bahnstrecken B C D und D A B genauer, so sehen wir, daß die erste (die von der Erde während unseres Winterhalbjahres durchlaufen wird) *kleiner* ist als die andere, und da nun außerdem noch zu dieser Zeit die Erde der Sonne näher steht und sich schneller bewegt als im anderen Halbjahr, so folgt mit logischer Konsequenz, daß die Erde diesen Weg schneller absolviert als den Sommerweg; auf gut deutsch: *der Winter muß kürzer sein als der Sommer.* Daß dies der Tatsache entspricht, weiß jedermann: der Winter ist um eine Woche kürzer als der Sommer.

Kehren wir aber nunmehr zur Erde selbst zurück, um die Wirkungen der Sonne näher zu studieren. Die Sonne ist es ja, die unseren kalten, starren Stern wohnlich und fruchtbar macht. Wie sie ihn erleuchtet, so erwärmt sie ihn gleichzeitig; es muß daher auch selbstverständlich die Tagseite von der Sonne erwärmt werden, während die Nachtseite die tagsüber empfangene Wärme zum Teil wieder in den Weltenraum hinausstrahlt und sich daher abkühlt.

Wie erklärt es sich nun aber, daß – obgleich die Sonne auf der ganzen Taghälfte scheint und wärmt – die Gegenden um den Äquator der Erde ganz bedeutend wärmer sind als die Gegenden, die den Polen der Erde näher liegen? Mit anderen Worten: wodurch entstehen die verschiedenen »*Wärmezonen*«, die wir »heiße«, »gemäßigte« und »kalte« Zonen nennen? So einfach die Frage an sich ist, so einfach überhaupt diese Erscheinungen sind, sie werden oft ganz unglaublich falsch begründet, und jener Schüler, der da sehr einfach sagte: »An den Polen ist es kalt, weil dort viel Schnee und Eis lagert«, hat viele Glaubensgenossen. Wir wollen versuchen, uns die Sache klarzulegen. Zwei Umstände vor allem bedingen die *Klimaunterschiede* in den verschiedenen Erdgebieten: die Höhe der Sonne über dem Horizont und die Sonnenscheindauer; daß außerdem rein örtliche Verhältnisse eine Rolle spielen, daß es auf Bergen kälter ist als in der Ebene, daß die ausgleichende Temperatur in der Nähe des Meeres sich auswirkt und so weiter, ist bekannt und beschäftigt uns hier nicht. Ganz selbstverständlich aber haben die Sonnenstrahlen um so mehr Kraft, vermögen sie die Oberfläche der Erde um so stärker zu erleuchten und zu erwärmen, je höher die Sonne über der Landschaft selbst steht. Gewiß ändern sich die Verhältnisse in den verschiedenen Jahreszeiten, aber das Jahresmittel bleibt doch überall das gleiche.

Sehen wir nun aber einmal zu, wie lange denn die Sonne in den verschiedenen Breiten im Jahre über dem Horizont bleibt, also zu wirken vermag. Wir finden, daß sie am Äquator 4380 Stunden, in 45 Grad nördlicher Breite 4407 Stunden und am Nordpol 4488 Stunden scheinen kann. Es erstaunt uns, daß die Unterschiede gar nicht erheblich sind, und wenn es nur nach der Sonnenscheindauer ginge, könnten nicht so gewaltige Gegensätze zwischen einer Landschaft am Nordpol und einer am Äquator herrschen, könnte nicht dort eine tropische Vegetation, hier das eisige Reich der kristallenen Felsen sein. Betrachten wir aber den Stand der Sonne in den verschiedenen Monaten dort und hier, sieht die Sache anders aus! Im Frühling und Herbst geht die Sonne im Osten auf, erreicht, senkrecht aufsteigend, mittags den Scheitelpunkt des Himmels (Zenit) und steigt wieder nach Westen herab. Im Sommer und im Winter erreicht sie mittags nicht den Zenit, aber wir sehen, daß sie das ganze Jahr hoch am Himmel bleibt, gewaltig einstrahlen kann. Sehen wir uns im Gegensatz dazu die Verhältnisse für den Nordpol an. Hier liegen die Verhältnisse so, daß die Ebene des Horizontes mit der Ebene des Himmelsäquators zusammenfällt. Nun steht aber die Sonne vom 23. September bis zum 21. März *unterhalb* des Himmelsäquators, sie kann also ein halbes Jahr lang gar nicht über den Horizont emporsteigen, der lange, eisige Polwinter ist da, den uns so viele Polarfahrer anschaulich beschrieben haben und der viele

Tragödien für kühne Expeditionen brachte, die sich in diese geheimnisvolle Welt wagten. Bei Frühlingsanfang steigt die Sonne endlich über die Horizontlinie, um nun bis zum Beginn des Herbstes nicht mehr zu versinken; sie schraubt sich langsam höher, und am 21. Juni hat sie, nun 23$^1/_2$ Grad hoch stehend, die größte überhaupt mögliche Erhebung erreicht, sie beschreibt den in der Figur gezeichneten Weg. Von nun an sinkt sie wieder herab, um am 23. September unter dem Horizont zu verschwinden; abermals beginnt der lange, lichtlose und wärmelose Winter.

Wenn also auch das Tagesgestirn ein halbes Jahr lang am Pol über dem Horizont bleibt, es steht doch nur kurze Zeit einigermaßen hoch, die längste Zeit bleibt es dem Horizont nahe, die Strahlung kann nicht wettmachen, was die sechs Monate lange Polarnacht in der Residenz des Königs Winter schuf. Wir haben schon einmal als Kuriosum erwähnt, daß nicht wenige Leute, die in der Schule gerade »gefehlt« haben, als diese Dinge besprochen wurden, der Ansicht sind, es werde Winter, weil dann die Sonne der Erde ferner stehe, und darauf hingewiesen, daß es genau umgekehrt ist, daß wir im Januar der Sonne rund fünf Millionen Kilometer näher stehen als im Juli. Nicht das spielt eine Rolle, sondern der Umstand, daß infolge der Neigung der Erdachse die Erde im Sommer dem Glutball die Nordhalbkugel zuwendet und diese mehr erwärmt wird, während ein halbes Jahr später, wenn wir Winter haben, diese Nordhalbkugel mehr von der Sonne abgewendet ist und eine geringere Strahlung empfängt. Natürlich ist es auf der Südhälfte der Erde gerade umgekehrt.

Wir haben also gesehen, daß es die Neigung der Erdachse ist, die uns »des Sommers bunte Pracht, des Winters trübe Nacht« ins Land zaubert. Stände die Erdachse senkrecht zur Erdbahn, respektive wäre die Ekliptik, die Sonnenbahn, mit dem Äquator in einer Ebene, so herrschte ein ewiges Einerlei auf unserem Planeten, es gäbe weder Winter noch Sommer. In Wirklichkeit aber bilden Erdäquator und Bahnebene einen Winkel von 23$^1/_2$ Grad. Wenn es sich aber die Erde einfallen ließe, eines Tages eine noch tiefere Verbeugung vor der Sonne zu machen, ihre Achse noch schräger zu stellen, so würden die jahreszeitlichen Unterschiede noch weitaus stärker hervortreten; eine ganz andere Temperaturverteilung fände statt, ganz andere Verhältnisse herrschten auf Erden, denn die ganze lebende Welt, die ja aufs allerinnigste von den klimatischen Bedingungen abhängig ist, müßte sich dem anpassen.

Wir sehen aber aus diesen Betrachtungen, daß ein geringfügig erscheinender Umstand, eine mehr oder weniger schiefe Stellung der Umdrehungsachse eines Planeten, ganz andere Zustände nach sich ziehen muß und daß die

Bewohnbarkeit einer Welt schließlich von solchen auf den ersten Blick dem Laien ganz unwichtig erscheinenden Dingen abhängig ist. Rein mechanische Punkte können so darüber entscheiden, ob ein Stern höheren oder niederen Geschöpfen Lebensmöglichkeiten bietet oder als gänzlich unfruchtbare Gesteinwüste durch das Universum zieht.
Wie stark auch in unseren Breiten der Tageslauf der Sonne, Höhe über dem Horizont und Sonnenscheindauer im Sommer und Winter voneinander abweichen, zeigt ein Blick auf unsere Skizze, die die Verhältnisse für den Berliner Horizont in möglichst einfacher Form zur Darstellung bringt. Eingezeichnet ist der Tagesweg der Sonne am 22. Dezember und am 21. Juni, die Mittagshöhen betragen 14 Grad und 61 Grad. Im Winter geht das Tagesgestirn weit nach Süden auf und geht auch dem Süden nahe wieder unter, sein Weg ist nur klein; im Sommer dagegen geht die Sonne weit nach Norden zu auf und unter und beschreibt einen sehr langen Weg über den Horizont. Mehr, als es tausend Worte vermögen, macht uns eine solche kleine Zeichnung klar, weshalb wir eine kalte und eine warme Jahreszeit haben mit all ihren auch wirtschaftlich so bedeutungsvollen Gegensätzen.
Wir stellen hier noch einmal, um dem Leser den Überblick zu erleichtern, alle Zahlengrößen, die sich auf den Erdball beziehen, zusammen:

Mittlere Entfernung Erde–Sonne: 149½ Millionen Kilometer,
In der Sonnennähe (Januar): 147 Millionen Kilometer,
In der Sonnenferne (Juli): 152 Millionen Kilometer,
Länge des Jahres: 365 Tage, 5 Stunden, 48⅔ Minuten,
Äquatordurchmesser der Erde: 12756 Kilometer,
Polardurchmesser der Erde: 12713 Kilometer,
Umfang der Erde am Äquator: 40076 Kilometer,
Oberfläche der Erde: 500 Millionen Quadratkilometer,
Kubikinhalt der Erde: 1082840 Millionen Kubikkilometer,
Gewicht der Erde: 5955000000000000000000000 Kilogramm,
Dichte der Erde: 5,5,
Geschwindigkeit beim Lauf um die Sonne: 29,8 Kilometer/Sekunde,
Länge eines Sterntages: 23 Stunden, 56 Minuten, 4 Sekunden.

Während die Erde einmal die Sonne umkreist hat, ist sie mit dieser Sonne rund 615 Millionen Kilometer im Sternenall weitergeflogen. Die Jahresbewegung der Erde um die Sonne wickelt sich also auf dieser Flugbahn des Sonnensternes auf, und in einer großen Spirale eilt unser Planet im Weltall dahin. Wir werden später sehen, daß auch die Sonne zu größeren Sternverbänden ge-

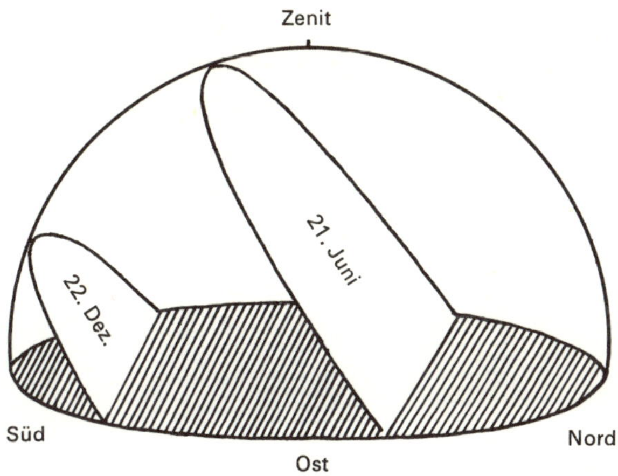

Der Tagesbogen der Sonne für das mittlere Deutschland am 21. Juni und 22. Dezember

hört, die ihrerseits wieder eigene Bewegungen vollführen, die natürlich auch unser Wohnstern mitmachen muß. Es ist eine verwickelte Geschichte! Auf die Frage »Wo sind sie übers Jahr?« läßt sich nur schwer eine Antwort geben; nur ein Beobachter fern im All, der selber unbewegt ist, der »mit dem Auge Gottvaters« in den Strudel der Welten blickt, vermöchte den wahren Weg dieses Sternes Erde zu erkennen . . .

Die Welt des Mondes

Zwei Gestirne vor allem haben den Menschen seit den grauesten Tagen beschäftigt, haben auf sein Leben, sein Denken, sein Naturfühlen eingewirkt: »das große Licht, das den Tag regieret, und das kleine Licht, das die Nacht regieret«. Das Tagesgestirn haben wir bereits eingehend betrachtet, nun wollen wir uns dem bleichen Nachtwandler zuwenden, dem *Monde.*

Die neue Zeit, die ganze Milchstraßen voll elektrischer Sonnen aufleuchten läßt, wenn die Nacht hereinbricht, hat ihn entthront, den alten Mond, er gehört zu den abgesetzten Größen, melancholisch schaut sein Rundgesicht in das Lichtermeer der Großstädte, in die steinernen Schluchten, durch die der Verkehr donnert. Wie schmerzlich muß es für einen früher einmal Hochgeehrten, Vielgeliebten, Vielbeschäftigten sein, im Alter ein Amt nach dem anderen zu verlieren, übertrumpft zu werden, altmodisch und überlebt! Früher einmal war der Mond der Freund aller Liebenden und Dichter, zu jener Zeit, als man sich noch in seinem milden Schein, der zartfühlend und diskret mehr verbarg als enthüllte, in der von Jasmin umrankten Gartenlaube traf, um sich süße Geständnisse zu machen. Die »mondbeglänzte Zaubernacht« hat die Federn aller Dichter in Bewegung gesetzt, Goethes Lied an den Mond hat sich die Welt erobert. Das ist aus! Mit der Postkutsche und den Gondelfahrten, mit der Petroleumlampe und dem Drehorgelspieler ist auch der Mond unmodern geworden, und die verschwiegene Mondscheinliebe scheint nicht mehr in die heutige Zeit zu passen.

Bis vor rund hundert Jahren war der Mond ein zwar nicht pensionsberechtigter, aber sonst durchaus öffentlicher Beamter. Sein Dienstantritt war in jedem Dorfkalender genau vermerkt und ebenso sein Abtritt von der Bühne, wenn die Nacht sich dem Ende zuneigte. Er hatte das Amt, Stadt und Dorf

zu erhellen, er entlastete den städtischen Säckel, denn in Mondnächten trat die an sich schon spärliche Straßenbeleuchtung nicht in Aktion. In alten Prozeßakten kann man sehr häufig bei der Untersuchung nächtlicher Einbrüche und Untaten sehr ausführliche Angaben darüber finden, wie die Mondbeleuchtung war, ob es Zeugen möglich gewesen, die beschuldigten Personen zu erkennen, und was sonst noch berücksichtigt werden mußte.
Nun aber wird die Nacht zum Tage, um alle Giebel flammt es in allen Regenbogenfarben, der alte gute Mond ist zu einer kümmerlichen Tranlampe geworden, man achtet seiner nicht mehr, Millionenheere von Sternen sind ausgelöscht, und die Leute bauen sich ein Planetarium, um den Kindern zu zeigen, wie die Großväter den Himmel gesehen haben.
Welche Tragik, abgebaut zu werden, nachdem man der Menschheit seit rund 1000000 Jahren (so viel etwa billigen uns die Anthropologen zu) gedient hat! Wer soll unter diesen Verhältnissen nicht melancholisch werden und mit betrübtem Gesicht in die Städte hineinschauen, deren Nachtwächter und Beleuchtungsinspektor man früher war!
Und dennoch! Er wird da oben kreisen Jahrmillionen und aber Jahrmillionen, immer noch kreisen, wenn diese alte Erde längst verdorrt und vertrocknet ist, wie heute der Mond selber, eine tote, eine erstorbene Welt. Es wird keine Wälder, keine fruchtbaren Äcker, keine Herden, keine Städte mehr geben, und über unkenntliche Ruinen, über den Schutt vieler Kulturen zieht noch immer mit melancholischem Gesicht der alte Mond. Goethes Worte an ihn werden dann eine seltsame Bedeutung haben: »Breitest über mein Gefild / Lindernd deinen Blick, / Wie des Freundes Auge mild / Über mein Geschick.«
Von allen Weltkörpern kommt uns der Mond am nächsten; wir haben bereits früher gehört, daß er in der mittleren Entfernung 384400 Kilometer von uns absteht. Jemand, der dreißigmal von Berlin nach New York und wieder zurück gereist ist, hat diese Strecke schon durchmessen, dreißig Erdkugeln, wie Perlen eng aneinandergereiht, überbrücken bereits die Entfernung, nur eine und eine drittel Sekunde braucht der Lichtstrahl, um vom Monde bis zu uns zu dringen.
In einer von einem Kreise nur wenig abweichenden Ellipse wandert der Begleiter der Erde um sie herum, seine wahre Umlaufszeit beträgt 27 Tage, 7 Stunden, 43 Minuten und 10 Sekunden; verfolgen wir seine Fortbewegung am Firmament, so erkennen wir, daß er in einer Stunde etwa um seinen eigenen Durchmesser (etwa einen halben Grad an der Himmelssphäre) weitergerückt ist unter den Sternen. Die Zeit, die von einem Vollmond bis zum nächsten vergeht, ist aber nicht gleich der Umlaufszeit, denn da die Sonne

am Himmel weiterrückt, muß der Mond, um ihr wieder genau gegenüber zu stehen, von der Erde aus gesehen also in Vollmond-Stellung zu kommen, noch ein Stück weitereilen; so kommt es, daß der »synodische Monat«, wie der Astronom das ausdrückt, 29 Tage und 13 Stunden dauert. Die Bahn des Mondes ist durchaus keine in sich zurückkehrende, kreisähnliche Linie; und wir begreifen sofort, daß sie es nicht sein kann, wenn wir bedenken, daß die Erde, der Zentralpunkt der Mondbahn, selbst nicht stillsteht, sondern mit Windesschnelle durch den Raum eilt. Der Weg, den ein Hund zurücklegt, der im Kreise um seinen Herrn herumspringt, wird auch kein Kreis in Wahrheit sein, wenn der Herr sich dabei geradeaus weiterbewegt. Was für eine Gestalt hat nun aber die Bahn des Mondes? Offenbar setzt sich die Bewegung des Trabanten zusammen aus seinem Lauf um die Erde und aus seiner Wanderung mit derselben um die Sonne. Wenn wir nun bedenken, daß die Erde in einem Monat etwa 75 Millionen Kilometer zurücklegt, welche Strecke auch der Mond zu wandern hat, um seine Herrin nicht zu verlieren, während er in derselben Zeit gleichzeitig die Erde umkreist, so begreifen wir, daß sich diese 2415000 Kilometer lange Kreisbahn des Mondes auf den einunddreißigmal längeren Weg *verteilen* muß und infolgedessen eine lange, wenig gewölbte *Schlangenlinie* bilden wird.
Wenden wir uns nun den wechselnden Lichtgestalten des Mondes zu, den »*Phasen*«, die den Menschen von jeher beschäftigten und zu mancherlei Mondaberglauben verführten. Bei manchen Völkern, so bei den Kaffern und den Buschmännern, wird der Eintritt des Neumondes und des Vollmondes durch eigenartige religiöse Bräuche gefeiert, und wichtige Stammesangelegenheiten werden an diesen Tagen respektive in diesen Nächten beraten. Auch bei uns zulande achtet ja der Landmann sehr auf die *Mondphasen*, und nicht wenige wollen Beziehungen zwischen Mondstand, Wetter und Wachstum gefunden haben. Als die ganze Frage des *Mondeinflusses* einmal in einer deutschen wissenschaftlichen Zeitschrift besprochen und von verschiedenen Seiten die Einwirkung des bleichen Nachtgestirns auf die Entwicklung der Pflanzen geleugnet wurde, verwahrte sich ein nach Südamerika ausgewanderter deutscher Landwirt dagegen, die Sache mit dem Wort »Aberglauben« abzutun, da alle europäischen Bauern nach kurzer Zeit einer ablehnenden Skepsis es den indianischen Einwohnern nachtun und die Mondphasen bei ihren Arbeiten berücksichtigen, weil der Einfluß unverkennbar sei.
»Das ist mal sicher«, sagte mir ein alter Bauer im Oldenburgischen, »der Vollmond haucht *Kälte* aus; darauf muß man achten in manchen Hantierungen!«
Der Mond (an sich kalt und dunkel wie ein Feldstein) wird von der Sonne

erleuchtet und erwärmt. Zur Vollmondzeit herrscht, wie der Astrophysiker mit dem Instrumentarium der Sternwarte leicht nachweisen kann, eine infernalische Glut auf unserer Nachbarwelt, auf der die Sonne vierzehn Tage und Nächte ununterbrochen brennt und die durch keinen Luft- und Wolkenmantel geschützt ist; die Temperatur beträgt 120 Grad Celsius. Der Vollmond kann daher nur Wärme ausstrahlen, die freilich zu gering ist, um die Erde zu beeinflussen, aber ganz sicher haucht er nicht Kälte aus.

Solche um das Reich der geheimnisvollen Sternenmächte kreisenden Gedanken sind nicht neu. In manchen Gegenden unseres Landes ist der Glaube verbreitet, daß Nutzpflanzen, deren dem Himmel zugekehrten Teil wir ernten, wie Getreide und Kohl, bei Vollmond der Erde übergeben werden müssen, daß dagegen Pflanzen, deren Wurzelteile wir brauchen, wie bei Rüben, zur Neumondzeit zu setzen sind.

Ist nun etwas daran oder spukt da noch ein wenig vom alten Aberglauben ins zwanzigste Jahrhundert hinein?

Man sollte meinen, derlei sei doch leicht durch Versuche festzustellen, doch das ist nicht so einfach, da außerordentlich viele Dinge das Wachstum der Feldpflanze beeinflussen. Erst sehr lange und sehr genau kontrollierte Versuche können da entscheiden. Wenn Sie nur zwölfmal würfeln, kann es leicht geschehen, daß die Sechs sechsmal fällt, würfeln Sie aber zwölfhundertmal, so zeigt es sich, daß alle Augen von eins bis sechs fast genau gleich oft fallen, wie es ja auch die Wahrscheinlichkeitsrechnung fordert.

Wenn nun Bauer Velten ein paarmal besonders gute Ernten hatte mit Kartoffeln, die er zur Neumondzeit setzte, so setzt sich leicht in ihm der doch im Grunde unberechtigte Glaube fest, daß wirklich der gute alte Nachtwandler da droben sich um seine Erdäpfel gekümmert hätte.

Zuweilen werden uns im großen Welttheater Schauspiele besonderer Art geboten; die leuchtende Scheibe des vollen Mondes hüllt sich in Dunkelheit, bedeckt sich mit einem merkwürdig rostroten Schein: wir haben eine *Mondfinsternis.* Zu anderen Zeiten wieder schiebt sich der Trabant der Erde vor die Sonne und verdeckt sie uns ganz oder teilweise, und wir sind Zeugen einer *Sonnenfinsternis.* Wir wollen nun diesen Ereignissen, die den Menschen vergangener Epochen viel stärker bewegten als uns, unser Interesse zuwenden.

Es waren einmal, wie eine uralte chinesische Chronik berichtet, im Reiche der Mitte zwei Herren, Hi und Ho, ihres Zeichens Astronomen und Sterndeuter am Hofe des Kaisers Tschung-kangh. Aber sie lebten in Saus und Braus und vergaßen über ihrer Völlerei die Würde ihres Amtes, so daß sie nicht achtgaben auf den Lauf der Sterne und Verwirrung brachten in die Zeitrechnung. Ja, ihre Pflichtvergessenheit ging so weit, daß sie es unterließen, eine große Sonnenfinsternis vorauszukünden, so daß alles Volk plötzlich unvorbereitet von dem Ereignis überrascht wurde. Ein gewaltiger Aufruhr entstand, alles geriet in heillose Angst, weil man annahm, es sei nun endgültig um die Sonne geschehen. Man glaubte damals, und soll es in manchen Gegenden des eigenartigen Reiches noch heute glauben, daß ein mächtiger *Drache* die Sonne bei einer solchen Sonnenfinsternis verschlingen wolle. Alle Menschen eilten, von dem Ereignis vorher durch bunte Maueranschläge unterrichtet, auf die Straßen und verursachten durch Tuten, Pauken, Schreien, Pfeifen, Heulen einen ohrenbetäubenden Lärm, um dadurch den Drachen zu verscheuchen und zur Herausgabe seines schon verschlungenen Opfers zu bewegen. Man kann sich denken, daß die Unterlassungssünde der Herren Hi und Ho nach Ansicht der Chinesen damals beinahe der Sonne das Leben gekostet hätte, und kann sich auch den Zorn des Kaisers vorstellen. Nach chinesischer Sitte wurde ihnen der Kopf, den sie ja doch nicht auf dem rechten Fleck gehabt hatten, vor die Füße gelegt, woraus der Schluß zu ziehen ist, daß die Stellung eines kaiserlichen Astronomen am Hofe jenes chinesischen Herrschers nicht gerade beneidenswert war. Man hat die interessante Historie, die zugleich die *älteste* Erwähnung einer Sonnenfinsternis ist, aus dem chinesischen Original übersetzt; sie findet sich im sogenannten »Schuking«, einem der ältesten Werke, die wir kennen, das alle wichtigen Ereignisse, die sich im Laufe der Jahrhunderte und Jahrtausende ereigneten, erwähnt. Die Übersetzung lautet: »Um diese Zeit warfen die Geschlechter Hi und Ho ihre Tugend über den Haufen. Sie versenkten sich unordentlich in Wein, verwirrten das Amt, trennten sich von der Rangstufe. Sie störten zum ersten Male die Jahresrechnung des Himmels, sie setzten weit hintan ihre Vorstehung. Da im letzten Monat des Herbstes stimmte der Neumond um sieben Uhr bis neun Uhr morgens nicht ein im Gemache (Gemach nannten die Chinesen ein bestimmtes Sternbild). Der Blinde brachte die Trommel zu Ohren, der sparende Mann jagte einher, die gemeinen Menschen liefen. Die Geschlechter Hi und Ho befanden sich in ihrem Amte, sie hörten und wußten nichts.«

Trotzdem die dem Drachen zugedachte Katzenmusik etwas verspätet dargebracht wurde, ist die Sonne doch noch glücklich entronnen, und die beiden unglückseligen Sterngucker waren die einzigen Geschöpfe, denen die ganze Affäre zum Unheil ausschlug. Man hat zu berechnen vermocht, daß sich diese Finsternis am 22. Oktober 2137 vor Christo in den Morgenstunden ereignet haben muß. Übrigens findet sich die Vorstellung, daß ein Untier die Sonne bei einer Finsternis bedrohe, auch bei anderen Völkern, und auch bei ihnen wird durch Lärmmachen dieses Untier zu verscheuchen gesucht. Man kann es sich sehr wohl vorstellen, daß die weniger aufgeklärten Völker des Altertums, und die Naturvölker auch unserer Tage noch, durch die plötzliche Verdunkelung der Sonne, der Quelle alles Lebens und aller Lebensfreude, in Angst und Schrecken versetzt werden. Die ganze lebende Natur nimmt ja Anteil an einer totalen Sonnenfinsternis: die Blumen schließen ihre Kelche, die Vögel schlüpfen in ihre Nester, und die Tiere des Feldes und Waldes verkriechen sich. Man hat beobachtet, daß Schafe und Rinder auf der Weide schon vor Beginn der Finsternis unruhig wurden und Hunde ein seltsames Geheul anstimmten. Wir brauchen deshalb über den in China und Indien herrschenden erwähnten Aberglauben nicht gar zu sehr von oben herab zu lächeln! Bei manchen totalen Finsternissen wird der Tag zur tiefsten Nacht, so daß man in des Wortes wahrster Bedeutung nicht die Hand vor den Augen sehen kann; ein fahles, sich seltsam auch um die Sinne des aufgeklärten Menschen ziehendes Dämmerlicht von eigenartiger Farbe tritt zuweilen ein, und alles ringsum bekommt ein merkwürdiges, verschwommenes, fast gespenstisches Ansehen. Der sonderbare Strahlenkranz der Korona umgibt die dunkle, die Sonne verdeckende Mondscheibe, und die Sterne werden am hellen Tage sichtbar. Sobald aber der erste Sonnenstrahl am Mondrande vorbeihuscht, verschwindet der Spuk, und wie von einem Alpdruck befreit atmet alles auf.

Betrachten wir nun, wie die Finsternisse der Sonne und des Mondes zustande kommen. Jeder dunkle, von einem leuchtenden Körper erhellte Gegenstand wirft hinter sich einen *Schatten*, und jeder nicht selbstleuchtende Körper muß, wenn er in diesen Schatten eintritt, gleichfalls *verdunkelt* werden. Erde und Mond sind, wie wir wissen, solche dunklen Körper, die von der Sonne ihr Licht erhalten; beide werfen auch nach der der Sonne abgewandten Seite einen Schatten in den Raum. Tritt der Mond in den Schatten der *Erde* ein, so entsteht eine *Mondfinsternis*, und wenn die Erdkugel in den *Mondschatten* gerät, wird sie verfinstert, da der Mond dann vor die Sonne tritt und letztere verdunkelt, welches Ereignis wir *Sonnenfinsternis* nennen. Ein jeder wird bei näherer Betrachtung eines Schattens schon gesehen haben, daß derselbe aus einem dunklen *Kern* besteht, der von einem minder dunklen *Saum* umgeben ist. Ersteren nennt man *Kernschatten*, während der hellere Saum als *Halbschatten* bezeichnet wird. Ein Auge, das sich im Kernschatten befindet, wird von dem leuchtenden Körper gar nichts sehen. Befindet es sich im Halbschatten, so wird es um so mehr von ihm sehen, je weiter es sich vom Kernschatten entfernt befindet. Diese Dinge sind, wie wir bald sehen werden, für die Sichtbarkeit einer Sonnenfinsternis von hoher Bedeutung.

Zur Neumondzeit steht der Mond *zwischen* Sonne und Erde, zumeist aber steht er ein wenig *ober- oder unterhalb* der Sonnenscheibe, so daß er sie uns nicht verdeckt; dies kann vielmehr nur dann eintreten, wenn Erde, Mond und Sonne eine gerade Linie bilden. Würden Erd- und Mondbahn in einer Ebene liegen, so müßte der Mond bei jedem Neumond, von der Erde aus gesehen, vor die Sonne treten und somit eine Sonnenfinsternis erzeugen. Die Bahn des Mondes bildet jedoch mit der Erdbahn (Ekliptik) einen Winkel von 5 Grad, schneidet also die letztere nur in zwei Punkten, welche man die »*Knoten*« der Mondbahn nennt; wenn sich der Trabant zur Neumondzeit in einem Knoten oder doch nahe bei demselben befindet, kann er uns die Sonne teilweise oder ganz verdecken.

Da nun die Mondbahn ein wenig elliptisch ist, die Erde nicht in ihrem Mittelpunkt steht, so ändert sich auch die Entfernung des Trabanten von der Erde wie folgt:

Mond in Erdferne	405 530 Kilometer,
Mond im Mittel	384 420 Kilometer,
Mond in Erdnähe	363 310 Kilometer.

Nun ändert der Trabant aber auch seine Entfernung von der Sonne, daher muß auch die Länge des Kernschattens schwanken; sie beträgt:

im Maximum	383 120 Kilometer,
im Mittel	376 560 Kilometer,
im Minimum	370 320 Kilometer.

Vergleichen wir diese Zahlenreihen miteinander, so wird uns klar, daß der Mondschatten die Erde nicht mehr treffen kann, wenn sich der Mond in der *Erdferne* befindet.

Wenden wir uns jetzt den *Mondfinsternissen* zu, die ja freilich weniger stark auf uns zu wirken pflegen, weil eben eine Verfinsterung der Sonne mitten in unser Tagewerk eingreift. Dennoch sollte der Freund der Natur nie die Gelegenheit versäumen, das himmlische Schauspiel zu betrachten, das uns den Schatten unseres eigenen Sternes auf einer anderen Welt zeigt, ja oft auch (im »Kupferlicht« der Mondscheibe) Wirkungen der irdischen Lufthülle. Zur Zeit des Vollmondes steht der Mond der Sonne gegenüber, und zwischen beiden befindet sich die Erdkugel. Trifft es sich nun, daß der Trabant als Vollmond nahe dem Knoten seiner Bahn steht, so kann ihn der Erdschatten erreichen, und wir haben eine *Mondfinsternis.*

Wenn hinter den schwarzen Baumwipfeln der bleiche Mond emporsteigt, wenn sein milder Schein die Landschaft in Dämmerlicht hüllt, überkommt uns eine rechte Feiertagsstimmung, und die traumhaft poetischen Geschichten, die Andersen in seinem »Bilderbuch ohne Bilder« den Mond erzählen läßt, ziehen uns wieder durch den Sinn. Ja, in der Tat! Was wüßte er nicht alles

zu erzählen, der Erdbegleiter, der dort oben seit Jahrmillionen seine stille Straße zieht?! Er sah den Erdball schon als feuerflüssige Kugel, sah auf seiner Oberfläche die Meere und Kontinente entstehen, sah aus dem wilden Chaos das Leben in seinen tausendfältigen Formen erblühen. Sein Silberlicht brach sich an den gewaltigen Eismassen, die zur »Eiszeit«, als der Mensch mit rohem Steinbeil auf die Jagd auszog, die deutschen Lande bedeckten, er leuchtete den Ägyptern vor Jahrtausenden beim Bau ihrer Pyramiden, blickt heute auf die modernen Großstädte nieder, deren elektrische Sonnen sein Licht verdunkeln, und – wird dereinst den Erdball als starre, allen Lebens bare Welt noch immer umkreisen.
Das alles könnte uns der Mond erzählen, aber noch viel mehr erzählt er denen, die seine bleichen Züge studieren, aus seinen gewaltigen Altersrunzeln seine interessante Geschichte lesen: den Astronomen; er erzählt von den Schicksalen und vom Ende einer Welt. Unsere modernen Riesenfernrohre lassen uns die Nachbarwelt des Mondes außerordentlich eingehend studieren, winzige Kratergruben von etwa 200 Meter Durchmesser werden uns schon sichtbar, kleinste Bodenerhebungen machen sich durch langhin fallende Schatten bei niedrigem Sonnenstand in den Mondlandschaften bemerkbar, vortreffliche Photographien der Mondoberfläche gestatten es uns, in aller Ruhe die Eigenheiten einer anderen Welt auch vom Standpunkt des Geologen aus zu betrachten, Schlüsse zu ziehen auf die Kräfte, die jene Landschaften formten.
Wir werden alle Verhältnisse der Mondwelt richtiger bewerten, wenn wir uns zunächst darüber klar sind, daß unser Trabant ein viel kleinerer Körper ist als die Erde. Die Mondkugel hat einen Durchmesser von 3470 Kilometer, während der Erddurchmesser 12756 Kilometer beträgt. Auf der gesamten Mondoberfläche ließe sich nur der Erdteil Afrika unterbringen, erst 49 Mondkugeln ergäben einen Erdball, und erst 81 Mondkugeln zusammengenommen hätten soviel Masse, wären so schwer wie unser Planet. Das hat zur Folge, daß der Mond auch auf alle Gegenstände eine geringere Anziehungskraft ausübt als die Erde. So wiegt ein Körper, der auf der Erde 6 Kilogramm wiegt, auf dem Monde nur ein Kilogramm; ein Pferd könnte auf dieser Welt so viel leisten wie hier deren sechs, und ein Mensch könnte mit derselben Muskelanstrengung auf dem Monde einen Riesenluftsprung machen, die er hier anwenden muß, um über einen Stuhl hinwegzuspringen. Die geringe Masse des Mondes und die aus ihr folgende geringe Anziehungskraft ist auch die Ursache des ewigen Todes dieser uns so nahen Welt. Der Mond vermochte die Gase seiner Atmosphäre nicht festzuhalten, sie entwichen in den Weltenraum. *Luft und Wasser fehlen diesem Himmelskörper*, und so konnte

er dem Leben keine Heimstätte bieten. Da gibt es keine Wolken, keinen Wasserdampf, keinen Regen, nicht Wind und Sturm. Kein Feuer vermöchten wir auf dem Monde anzuzünden, denn kein Sauerstoff, der die Flamme unterhält, ist anzutreffen; aus eben diesem Grunde ist der Mond in der Tat eine Welt des ewigen Schweigens; man könnte Kanonen neben uns abschießen, ohne daß wir einen Laut hörten, denn die Luft, die hier auf Erden die Trägerin des Schalles ist und die Schallwellen zu unserem Ohre trägt, fehlt eben. Sonne und Sterne erscheinen auf dem Monde nicht strahlig wie hier bei uns, wo die Luft Brechungen und Beugungen der Lichtstrahlen hervorruft. Am tiefschwarzen Firmament des Mondes muß die Sonne als eine kreisrunde, von keiner Aureole umgebene Feuerkugel strahlen, und auch am hellen Tage, dicht neben der blendenden Sonne, sind alle Sterne sichtbar, weil keine Lufthülle erleuchtet wird und ihre Helligkeit das Licht der Sterne überstrahlt.

Eine besondere Eigentümlichkeit der Mondwelt ist uns allen wohlbekannt: wir sehen nur die uns zugewendete Halbkugel, sehen für alle Zeiten nur das »Gesicht« des treuen Erdbegleiters, nie seine Rückseite. Der Trabant der Erde hat also, so will es uns scheinen, keine Rotation um seine Achse, denn wenn uns eine Kugel immer dieselbe Seite zuwendet, so will das doch besagen, daß sie sich nicht um sich selbst dreht. Für einen Beobachter draußen im Weltenraum jedoch sieht die Sache anders aus; er hätte durchaus den Eindruck, daß sich die Mondkugel dreht, und zwar einmal in derselben Zeit, in der sie sich um die Erde bewegt, also in einem Monat. Diesen richtigen Standpunkt vertritt auch der Astronom! *Der Tag des Mondes ist ebenso lang wie sein Umlauf um die Erde*, bis er wieder in gleiche Stellung zur Sonne kommt, dauert also 29 Tage und 13 Stunden. Es ist etwa so, als wenn sich unsere Erde in 365 Tagen einmal um ihre Achse drehte, sie würde dann der Sonne ewig dieselbe Seite zuwenden, ein Zustand, der freilich den Untergang des Erdenlebens zur Folge hätte.

Wir erinnern uns, in unseren Betrachtungen über die Erde gehört zu haben, daß die Reibungen, Bremsungen, die Ebbe und Flut in den Meeren der Erde erzeugen, die Drehung der Erdkugel verlangsamen; es wird nach den Berechnungen von Darwin dahin kommen, daß nach Milliarden Jahren der irdische Tag so lang sein wird wie der Monat. Der Mond ist es in der Hauptsache, der diese Bremsung des Kreises Erde bewirkt, und es ist seine Rache an der Erde, denn die Flutwirkungen, die sie einst, als der Trabant noch eine glühendflüssige Kugel war, auf dem Monde hervorrief, haben den Mond seiner schnellen Rotation beraubt. Einst drehte auch er sich in wenigen Stunden um sich selbst, die mächtige Erde hat das geändert, und nun ist der Mond dabei, den Tag der Erde zu verlangsamen. Man spricht im Volk zuweilen von unserm Nachbar im Himmelsraum als von einer »erstorbenen Welt«, was doch wohl sagen soll, daß dieser Weltkörper früher einmal Leben getragen hat. Das ist in höchstem Maße unwahrscheinlich, denn seine Lufthülle muß der Trabant schon in der ersten Zeit seiner Bildung verloren haben, und auch die Bremsung durch die Erde muß stattgefunden haben, als der Mond noch eine glühendflüssige Kugel war, denn die Erde konnte, da der Mond nie Meere besaß, nur an dem nachgiebigen Gesteinmaterial angreifen. Ob in einer sehr frühen Zeit ein ganz primitives Leben da droben möglich war, wie wir es in jedem Dorftümpel, an jeder Felswand, die von Flechten überzogen ist, antreffen, kann man nicht wissen, aber höher organisiertes Leben kann nach allem, was wir sagten, diese Welt nie getragen haben. Ein Gestirn, auf dem die Landschaften einen halben Monat Tag und ununterbrochen Sonnenschein, dann einen halben Monat Nacht, Finsternis und Kälte haben, ist ein denkbar ungeeigneter Ort für reicheres Leben. Unsere Messungen zeigen uns, daß während des langen Mondtages die Temperatur bis auf etwa 110 Grad Celsius ansteigt und daß sie während der Nacht auf annähernd 158 Grad Kälte zurückfällt. Selbst in der kurzen Zeit einer Mondfinsternis, während welcher also unserem Trabanten die Sonnenstrahlung entzogen wird, hat er, den kein wärmender Luftmantel schützt, seine hohe Vollmondtemperatur eingebüßt.

Sehr merkwürdig ist es, daß die *Formen der Mondoberfläche* keine oder nur eine geringe Ähnlichkeit haben mit irdischen Formationen; anders als bei uns wirkten sich die gebirgbildenden Kräfte aus. Die geringe Masse und Anziehungskraft des Mondes, das Fehlen des Wassers und Windes (beides gestaltet auf Erden erheblich mit im Landschaftsbild!) spielen da eine wichtige Rolle.

Der Nichtfachmann, der einmal eine Sternwarte besucht, um durch ein größeres Instrument den Mond zu betrachten, unterliegt gewöhnlich dem Irrtum, daß die Vollmondzeit dazu am besten geeignet wäre; er bedenkt nicht, daß zur Vollmondzeit die Sonne senkrecht über den uns zugewendeten Landschaften steht und die Berge daher keine Schatten werfen können. Dieser Schattenwurf der Bergzüge, Kraterringe, einzelner Felsenzinnen aber ist es erst, der uns die Höhenunterschiede deutlich macht, das Relief erkennen und beurteilen läßt.

Betrachten wir zunächst die dunklen Flecke, die ja schon das unbewaffnete Auge erkennt. »Mare«, also *Meere*, nennt sie der Astronom. Einst hielt man diese dunkelgrauen Gebiete wirklich für mächtige Wasserbecken und hat die im Grunde nicht zutreffende Bezeichnung beibehalten. Da haben wir ein

»Mare Imbrium« (Regenmeer), das in dem bekannten »Mondgesicht« das linke Auge bildet, das »Mare Serenitatis« (Meer der Heiterkeit), das »Mare Tranquillitatis« (Meer der Ruhe), die beide zusammen als rechtes Auge aufgefaßt werden, das »Mare Nubium« (Wolkenmeer) an den Mundpartien des Mondgesichtes und noch manche andere. Am Rande des Mondes liegt als ovaler Fleck das »Mare Crisium« (Meer der Gefahren); beobachtet man es ein paar Monate hindurch genau, so wird man feststellen, daß es dem rechten Rande der Mondkugel bald ein wenig näher, bald ein wenig ferner zu stehen scheint. Wirklich ist es so! Die Mondkugel vollführt ganz geringe Schwankungen, der Astronom spricht von der *»Libration«* des Mondes, die in der Hauptsache hervorgerufen wird durch die ungleichmäßige Bewegung des Gestirns in seiner elliptischen Bahn.

Was sind nun diese Mare des Mondes in Wahrheit? Unsere Abbildung zeigt das Mare Imbrium mit den rechts oben und unten begrenzenden Bergketten der Mond-Alpen, des Kaukasus und der Mond-Apenninen; dem rechten Rand nahe liegen drei charakteristische *Ringgebirge*: Archimedes, Aristill und Autolycus genannt. Sonst aber ist diese mächtige Fläche des Mare Imbrium (der größte der eben genannten Ringberge hat rund 70 Kilometer im Durchmesser) eine Ebene, in der nur da und dort kleine Kratergruben und unbedeutende Bodenwellen auffallen.

Im Bereich der Mondalpen liegt eines der bekanntesten Objekte der Mondoberfläche, das Ringgebirge *Plato*, mit auffallend dunklem Boden; sein Durchmesser beträgt 100 Kilometer, seine Wände steigen nur 2000 Meter hoch. Nur bei kleineren Ringgebirgen sind die Wälle etwas steiler, nicht selten steht in ihrem Zentrum ein niederer Felskegel.

Es ist schon häufig der Gedanke erwogen worden, ob nicht mächtige Meteormassen, die auf den Mond stürzten, manche Ringgebirge erzeugt haben könnten. In der Tat entstehen ähnliche Gebilde, wenn man Steine in Mörtel oder dergleichen fallen läßt. Derlei mag in der langen Geschichte des Mondes wohl vorgekommen sein, auch auf Erden gibt es Meteoritenkrater.

Recht rätselhaft sind die sogenannten *strahlenden Berge* unserer Nachbarwelt. Besonders zur Vollmondzeit erkennt man auf jener Weltkugel 5 bis 6 blendend helle Punkte, von denen nach allen Richtungen glänzende Streifen und Strahlen ausgehen, die sich oft Hunderte von Kilometern weit hinziehen. Wir wissen, daß diese Strahlen besonders von den Ringgebirgen *Tycho, Kopernikus, Kepler* usw. ausgesandt werden. Auf der Vollmondphotographie sehen wir deutlich solche strahlenden Berge, besonders der *Tycho*, dessen Strahlen sich über den dritten Teil der Mondscheibe hinziehen, fällt auf. So hell strahlen diese Berge, daß man sie, auch wenn der Mond als ganz

Mondgestein *Die Zerstörung und Umschichtung des Mondgesteins im Laufe der Jahrmillionen durch Meteorite erfolgte sehr häufig. Glaskügelchen und aufgespritzte Glaskrusten beweisen es. Im Max-Planck-Institut für Kernphysik, Heidelberg, entdeckten die Professoren Rahmdohr und Zähringer eine Titan-Magnesium- und eine Eisen-Titan-Zirkonium-Verbindung. Beide kamen auf der Erde noch nie zustande (unten)*

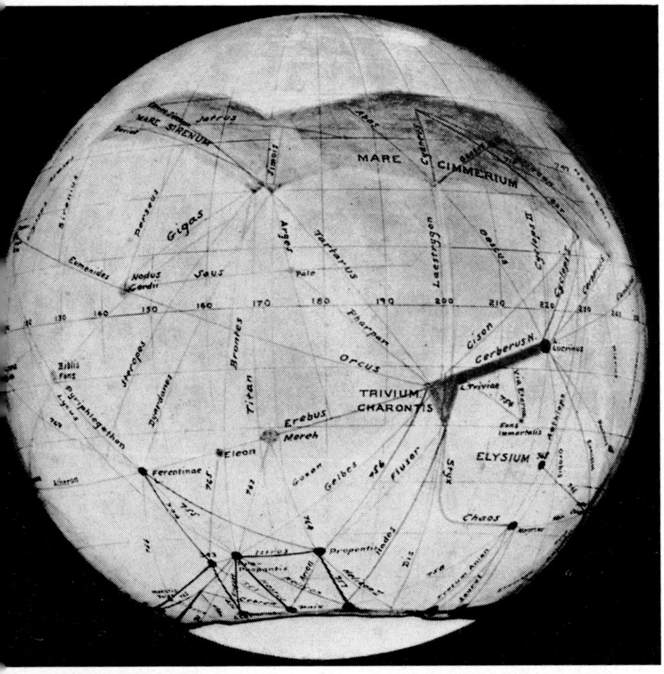

Mars *Marsglobus des amerikanischen Astronomen Percival Lowell mit dem von ihm beobachteten Netz von »Kanälen«. Die feststehenden Gebiete und Linien wurden mit Namen versehen. Zeichnung aus dem Jahre 1914 (oben). – Mars mit der weißen Kappe seines Südpols. Die Aufnahme wurde von »Mariner 6« während des Anfluges Ende Juli 1969 gemacht (unten)*

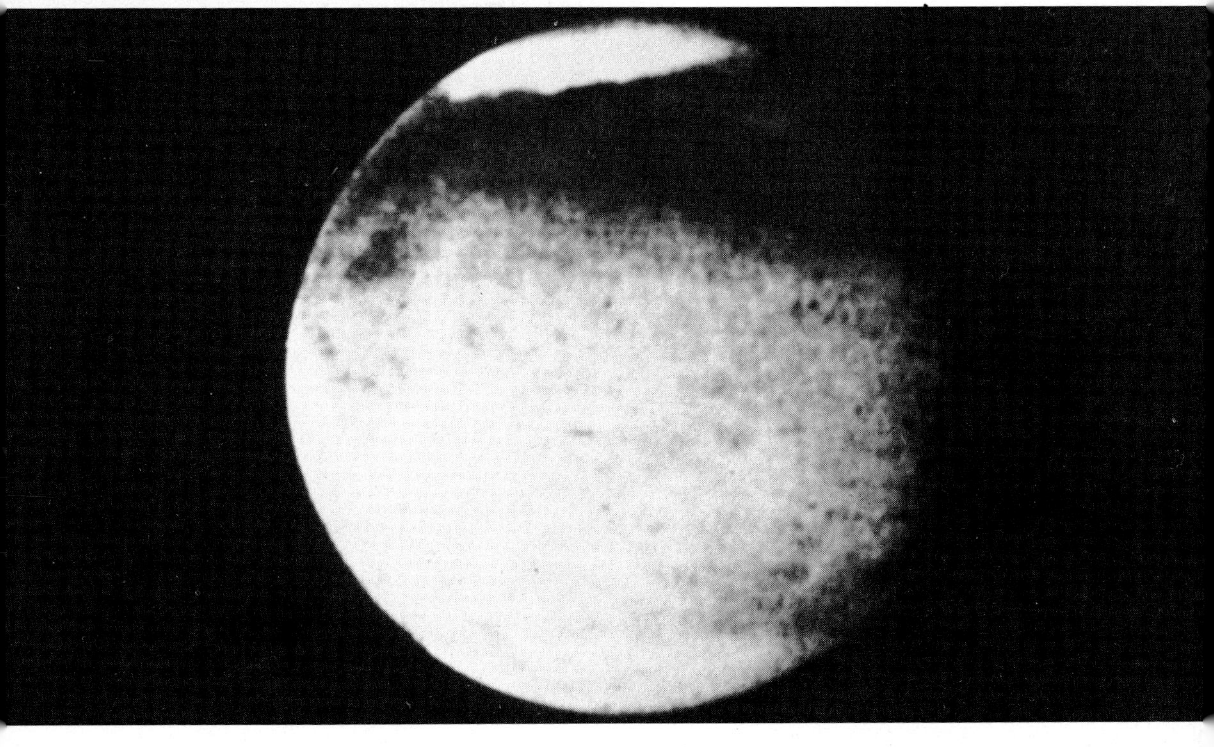

schmale Sichel erscheint, auf der *unbeleuchteten* Scheibe, der Nachtseite, noch als helle Flecke erkennt, die aus dem Dunkel der Mondnacht hervorleuchten. Vielleicht sind es gewaltige Risse und Sprünge in der Mondkugel, die sich von unten her mit glänzender, glasartiger Lava füllten und das Licht stark widerspiegeln. In der Tat kennt man viele solcher Sprünge und Risse auf der Mondoberfläche. Daß die strahlenden, sich weithin ziehenden Streifen durch eine glasartige vulkanische Asche erzeugt werden, die einst ausgeworfen wurde, ist weniger wahrscheinlich. Ganz allgemein ist zu sagen, daß die Oberfläche des Mondes aus Gesteinen besteht, die das Licht der Sonne nicht gut zurückstrahlen. Die Messungen mit dem Photometer beweisen das, die Mondoberfläche ist also verhältnismäßig dunkel; auch das würde auf Lava, vulkanische Aschen, Basalt usw. hindeuten. Übrigens sind die Berge des Mondes verhältnismäßig *höher* als die der Erde; Höhen von rund 9000 Meter sind nachgewiesen. Da die Mondkugel einen viel geringeren Durchmesser hat als der Erdball, sind also ihre Erhebungen bedeutender, ein Umstand, der sich eben leicht aus der Tatsache erklärt, daß die gebirgsbildenden Kräfte da eine sechsmal geringere Schwere zu überwinden haben als auf unserem Planeten.

Ein neuer Abschnitt in der Geschichte der Erforschung des Mondes und zugleich eines der erregendsten Abenteuer begann, als im Rahmen des Apollo-Programms kühne Raumfahrer zum Monde vorstießen. Am 21. Juli 1969 um 3 Uhr 56 Minuten und 20 Sekunden mitteleuropäischer Zeit betrat zum ersten Mal ein Mensch unseren Trabanten: der amerikanische Astronaut Neil Armstrong, Kommandant des Raumschiffes Apollo 11. Nach einigen zögernden Schritten auf dem Boden unserer Nachbarwelt berichtete er dem Raumfahrtzentrum in Houston: »Der Boden ist so fein wie Puder, ich kann ihn mit der Fußspitze leicht anheben. Wie Holzkohlenstaub klebt er an meinen Stiefeln. Ich sinke kaum ein, aber ich sehe meine Fußspuren . . .« Noch heute ist das Ereignis in seiner ganzen Bedeutung für manchen Zeitgenossen kaum faßbar. Das alte Märchen vom »Mann im Mond« ist in einer neuen, überraschenden Weise Wirklichkeit geworden.

Mit dem Mondflug von Apollo 17 im Dezember 1972 fand das große Unternehmen seinen Abschluß. Insgesamt sind zwölf Astronauten auf dem Monde gewesen, die an sechs verschiedenen Landeplätzen außerhalb der Mondfähre ihre wissenschaftlichen Arbeiten durchführten. Fast acht Zentner Mondgestein brachten sie in ihren Apollo-Kapseln mit zur Erde. Bei den letzten drei Apollo-Flügen wurden auch die Mondautos eingesetzt, mit denen die Astronauten nahezu hundert Kilometer im Gelände des Erdtrabanten zurücklegten. Im Verlauf dieser Exkursionen wurden Tausende von photographischen

Aufnahmen gemacht und Besonderheiten der Mondlandschaft beschrieben. Zu den wichtigsten Aufgaben, die die Astronauten zu erfüllen hatten, gehörte die Errichtung von sechs automatisch arbeitenden Meßstationen, die über längere Zeit Meßwerte zur Erde funken können. Die Forscher erhalten damit wichtige Daten über Temperaturen, Wärmeschwankungen, Magnetismus, Mondbeben, kosmische Strahlen usw.

Es darf z. B. heute als sicher gelten, daß der Mond kein Kind der Erde ist, wie dies manche Wissenschaftler vermutet hatten. Die Verschiedenartigkeit im mineralogischen Aufbau weist vielmehr darauf hin, daß sich beide Himmelskörper unabhängig voneinander entwickelt haben. Der Beginn dieser Entwicklung liegt weit zurück und hängt mit der gleichzeitigen Entstehung des ganzen Planetensystems aus einem Urnebel vor etwa 4,6 Milliarden Jahren zusammen. Die Materiezusammenballungen zu verschieden großen Himmelskörpern bedeutet aber nicht, daß alle diese Körper die gleiche chemische Zusammensetzung haben und damit in der Häufigkeitsverteilung der Elemente übereinstimmen. Beim Vergleich von Mondgestein mit irdischem Gestein fand man interessante Unterschiede.

Das merkwürdige Aussehen des Mondes mit seinen vielen runden Kratern und Ringgebirgen, die sich von den Formationen unserer Erde so auffällig unterscheiden, dürfte endgültig geklärt sein. Nach den bisherigen Untersuchungen muß hauptsächlich die uns zugewandte Seite des Erdtrabanten vor etwa 4 Milliarden Jahren von einer unvorstellbaren Katastrophe heimgesucht worden sein. Ein regelrechter Strom riesiger Meteorite, die zum Teil als kleine Weltkörper bezeichnet werden müßten, stürzte auf die Oberfläche des Urmondes und hinterließ die großen Narben, die wir heute sehen. Auch die Erde wird dabei nicht leer ausgegangen sein, aber die Spuren wurden durch die Kräfte der Atmosphäre und der Erdrinde im Laufe der geologischen Zeiträume verwischt. Die Befunde deuten darauf hin, daß es sich bei dem Bombardement nicht um ein »Augenblicksereignis« gehandelt haben kann, sondern daß es eine ganze Reihe von Jahrmillionen andauerte. Einen stärkeren Vulkanismus scheint es auf dem Mond kaum gegeben zu haben.

Die Auswertung der Untersuchungen des Mondgesteins und der vielen Meßdaten wird die Forscher noch über Jahre hinweg beschäftigen. Noch manches Rätsel unserer Nachbarwelt wird gelöst werden. Mond und Erde haben sich zu einer kosmischen Schicksalsgemeinschaft zusammengefunden. In diesem Sinne gehört er zu uns, aber als kleiner, masseärmerer Bruder der Erde hat er seine Lebensbahn viel schneller durchlaufen. Gedankenvoll blikken wir zu seinen toten Landschaften empor: Liegt hier ein Zukunftsbild der eigenen, noch so lebensvollen Erde vor uns?

Der Planet Mars

Wenn ein Gestirn am hohen Himmelszelt die Gemüter der Menschen heftig bewegen soll, wenn sich der »Mann auf der Straße« bei den Astronomen nach ihm erkundigt, wenn es im Blätterwald der Zeitungen dieses Sternes wegen lebhaft zu rauschen beginnt, wenn ganze Bibliotheken, spannende Romane seinetwegen geschrieben werden, eine Sternwarte gegründet wird, die sich nur mit ihm allein befaßt, begeisterungsfähige Leute Preise aussetzen für die Lösung seiner Rätsel, dann muß das wohl ein Gestirn von ganz besonderem Reiz sein. Als der Verfasser dieses Buches als junger Mann zur Sternwarte kam, pflegten sich die Gymnasiasten nicht wie heute über irgendwelche Sportgrößen zu unterhalten und zu streiten, sie stellten geistreiche Betrachtungen an über die so viel besprochene Frage: Ist der Mars bewohnt? Sind die auf ihm entdeckten »Kanäle« großartige Bauten der Marsingenieure? Ist es wirklich wahr, daß ein »Signal« am Rande der Marskugel beobachtet wurde?

Jeder Kenner der Verhältnisse weiß, daß die dritte Frage, die man einem Astronomen stellt, die nach der Bewohntheit oder Bewohnbarkeit ferner Welten ist, eine Bestätigung des alten Goethe-Wortes »Für den Menschen ist doch immer der Mensch das Interessanteste gewesen!« Nun, der Stern, von dem wir jetzt sprechen wollen, scheint wirklich eine der Erde in vieler Hinsicht ähnliche Welt zu sein, und die Ausdeutung einiger Beobachtungen besonderer Art, die man auf der Kugel des Planeten machte, trug dazu bei, daß Enthusiasten und Sternenträumer ihn mit Bewohnern bevölkerten, die uns an Kultur und technischem Können überlegen waren.

Was Wahrheit und was Dichtung ist, werden wir bald sehen, zunächst aber wollen wir diesen vierten Planeten der Sonne, den *Mars*, der jenseits der

Erdbahn um den Glutball kreist, ganz nüchtern betrachten. Die mittlere Entfernung von der Sonne beträgt beim Mars 228 Millionen Kilometer, und er durchläuft seine Bahn in 687 Tagen; das Jahr ist also fast doppelt so lang auf dieser Welt als auf unserer eigenen, was auch für die Verhältnisse auf seiner Oberfläche naturgemäß von Wichtigkeit ist. Zuweilen ist er (nächst dem Abendstern, der Venus) der hellste Stern unseres Himmels, und in auffallend rötlichem Glanze ist er die ganze Nacht sichtbar, dann aber, mehr in die Nähe der Sonne rückend, wird er wieder lichtschwächer, unterscheidet er sich wenig von den helleren Fixsternen.

Die Lage der Bahnen der beiden Himmelskörper bedingt es, daß sich uns der Mars zu manchen Zeiten bis auf 57 Millionen Kilometer nähern kann und daß er bis auf 380 Millionen Kilometer von uns abzurücken vermag. Es leuchtet ohne weiteres ein, daß wir einen uns näher stehenden Himmelskörper größer und genauer erblicken als einen ferner stehenden, und so muß der Astronom, um diesen Planeten mit Erfolg beobachten zu können, warten, bis er sich in günstiger Nähe befindet und auch möglichst hoch über dem Horizont, dessen Dünste jede feinere Beobachtung unmöglich machen, emporsteigt. Am günstigsten ist der Mars zu beobachten, wenn er der Sonne *gegenübersteht*, dann bietet er sich die ganze Nacht hindurch unseren Blicken dar. Solche sogenannten *Mars-Oppositionen* werden dann von den Astronomen aller Länder aufs eifrigste benutzt, um die vielen noch rätselhaften Erscheinungen der Marswelt mit immer vollkommeneren Hilfsmitteln zu studieren.

Zwei außerordentlich winzige *Monde*, die 1877 von Asaph Hall in Washington entdeckt wurden, begleiten den Mars. Von diesen beiden Monden, *Phobos* und *Deimos* genannt, die vielleicht damals nicht entdeckt worden wären, wenn nicht Halls Gattin ihren Gemahl, der schon das mühevolle Suchen nach den Monden des Mars aufgeben wollte, zu weiteren Versuchen überredet hätte, könnte ich stundenlang erzählen, denn es sind ein paar seltsame Himmelskörper. Sie haben etwa 9 und 18 Kilometer Durchmesser; ein guter Fußgänger würde auf ihnen in vier bis sechs Stunden eine »Reise um die Welt« absolvieren können, und mit der Eisenbahn könnte man bequem auf einem dieser Miniaturweltkörper in 10 Minuten vom Nordpol bis zum Südpol »reisen«. Es ist erstaunlich, wie weit es die Kunst des Optikers gebracht hat, daß wir auf Millionen Kilometer Entfernung überhaupt noch diese Kügelchen erkennen.

Der eine dieser Monde steht der Marsoberfläche so nahe, daß eine Reise von ihr zu jenem Mond nicht länger ist als eine Reise von London nach New York; und dieser Mond bewegt sich so schnell um den Planeten herum, daß er im Laufe eines Marstages mehrmals für denselben Marsort auf- und untergeht. Die Monde erscheinen vom Mars aus nur als helle Sterne, etwa wie uns der Abendstern.

Richten wir bei günstigem Stande des Planeten ein kräftiges Fernrohr auf seine interessante Persönlichkeit, so bemerken wir auf seiner gelbroten Scheibe sehr deutlich graue beziehungsweise graugrüne Flecke, die, wie der Vergleich mit Beobachtungen älterer Forscher ergibt, feste Gebilde sind, die im großen und ganzen ihr Aussehen nicht verändern und immer an derselben Stelle der Weltkugel des Mars bleiben. Wir haben es hier also nicht mit Wolken zu tun, sondern mit festen Gebilden der Planetenoberfläche.

Ein Beobachter, der auf dem Monde stände, würde, wenn er zur Erde schaute, bemerken, wie sich infolge der Drehung der Erde um ihre Achse die Länder und Meere, die man deutlich als helle und dunkle Flecke erkennen könnte, über die Kugel fortzubewegen scheinen, und sehr bald würde der Beobachter an der Zeit, die verfließt, bis dieselben Flecke wieder dieselbe Lage einnehmen, bestimmen können, daß sich die Erde in 24 Stunden einmal um ihre Achse schwingt. Auf genau dieselbe Weise hat man aus den Verschiebungen der von der Erde aus sichtbaren Flecke auf dem Mars konstatieren können, daß sich der Mars in 24 Stunden 37 Minuten einmal um seine Achse dreht.

Unser Nachbar ist wesentlich kleiner als die Erde, denn die Kugel hat nur einen Durchmesser von 6900 Kilometer; wir könnten nur den vierten Teil der irdischen Länder und Meere auf der Oberfläche dieser Welt unterbringen, und erst sieben Marskugeln ergäben eine Erdkugel. Von der Größe, oder richtiger gesagt von der Masse, hängt auch die Anziehungskraft eines Weltkörpers ab, also die Kraft, mit der er alle Körper, die innerhalb seines Machtbereiches liegen, zu sich niederzieht. Die Masse des Mars ist nun zehnmal geringer als die Erdmasse, und auf dem Mars sind wegen der geringen Masse alle Gegenstände leichter als auf der Erde. Ein 10-Kilogramm-Gewicht würde, mit einer entsprechenden Waage auf dem Mars gewogen, nur etwa 4 Kilo wiegen, wir selbst aber würden uns – wenn es je gelingen sollte, diese Welt zu erreichen – dort oben, da unser Körpergewicht außerordentlich vermindert wäre, mit der Leichtigkeit eines Elfenwesens bewegen können.

Jedem Betrachter des Planeten fallen an seinen *Polen* sofort weiße Kappen auf. Wie die Erde bald den Nordpol, bald den Südpol der Sonne zuwendet, so wendet auch Mars (auf dem es ebenso wechselnde Jahreszeiten gibt wie hier bei uns, nur daß sie etwa doppelt so lang sind) bald seine südliche, bald seine nördliche Halbkugel der Sonne zu. Es ist nun von großer Wichtigkeit, daß wir den weißen Polarfleck nur an *dem* Pol des Mars sehen, der gerade von der Sonne *abgewendet* ist, also auf der Halbkugel liegt, die zur Zeit *Winter* hat. Um diesen weißen Fleck legt sich ein dunkler Saum, und man bemerkt deutlich, daß dieser Saum, wenn es Frühling auf der betreffenden Marshalbkugel wird, größer und größer wird, während umgekehrt der weiße Fleck am Pol mit dem einziehenden Frühling immer mehr *zusammenschrumpft.* Dafür entsteht nun aber auf der anderen Halbkugel des Planeten, wo der Herbst seinen Einzug hält, am Pol ein weißer Fleck, der langsam an Größe wächst. Besonders gut können wir die Veränderungen des Fleckes am Südpol verfolgen, weil er uns bei der günstigsten Stellung unserer Nachbarwelt zugekehrt ist. Das Schwinden der weißen Masse wird dann genau registriert.

Auch in anderen Zonen der Marskugel tauchen zuweilen für einige Stunden weiße Streifen und Flecke auf. So beobachtete der Verfasser mehrfach, daß sich die »Elysium« genannte Landschaft auf dem Mars in wenigen Stunden hellweiß färbte, während sie vordem gelbrot ausgesehen hatte. Offenbar handelt es sich hier um eine Hochebene, die sich abends mit Reif und Nebel überzieht. Eine *Atmosphäre* hat Mars zweifellos, wie spektralanalytische Beobachtungen ergeben haben, indessen ist diese wesentlich dünner als die Erdatmosphäre, und wir würden bei einem Besuch der Welt des Mars kurzatmig werden. In dieser Atmosphäre treten vor allem in der kälteren Jahreszeit ausgedehnte Trübungen auf, große Gebiete des Planeten sind verschleiert, höher schwebende, ausgedehnte Wolkenmassen scheinen seltener zu sein, doch sind sie mit Sicherheit wahrgenommen worden.

Manche, vor allem ältere Beobachter, sahen in den Landgebieten seltsame Linienzüge, die *Marskanäle,* die zu so viel Phantasien über die »genialen Wasserstraßen-Ingenieure« unseres Nachbarplaneten Veranlassung gaben. Der Italiener *Schiaparelli* in Mailand war der erste, der diese Linienzüge 1877 wahrnahm; er gab ihnen die Bezeichnung »Kanäle« nur, um den Eindruck wiederzugeben, den diese sehr schwer wahrnehmbaren Objekte machten; keineswegs wollte er mit diesem Wort ihre Natur klarstellen.

Sind diese Linien wirklich Kanäle, Wasserstraßen intelligenter Wesen? Nicht wenige vertraten den Standpunkt, daß die ganzen Verhältnisse auf diesem Nachbarplaneten (unter der Voraussetzung, daß die Schlüsse, die man bisher zog, zutreffend sind) die Anlage großer Kanalbauten wirklich erheischen würden, wenn dort uns gleiche Wesen leben. Die großen gelbroten Landgebiete schienen ausgedehnte Wüsten zu sein. Zuweilen sind sie von zarten gelben Schleiern überzogen, die man geneigt war für Sandstürme zu halten. Gebiete, die man für Wasserflächen halten könnte, finden sich da nicht; es würde sich dann also um Gegenden von großer Dürre und Wasserarmut handeln. Da der Planet überhaupt Wasserarmut zeigt, manche der früher als »Meere« angesprochenen grauen Flächen sicher nur ganz flache Tümpel, ja Sümpfe von großer Ausdehnung sein können, da auch Wolken und Niederschläge verhältnismäßig selten sind, müßten eventuelle Bewohner dieses Sternes die größten Anstrengungen machen, um Wasser von den kleinen Meerbusengebieten in die Wüstenländer zu leiten, was man wohl am zweckmäßigsten durch ein ausgedehntes Kanalnetz erreichte.

So lag also der Gedanke, es könne sich in der Tat um Kanalbauten handeln, für den, der sich den Planeten bewohnt dachte, nahe. Dennoch ist das alles doch recht »irdisch« gedacht. Vor allem, welch ein Riesenwerk! Die Marsbewohner müßten Ingenieure sein, die uns weit in den Schatten stellen! Zumeist sind die Linien 60 Kilometer breit, oft aber breiter als 100 Kilometer, und manche von ihnen umspannen die Hälfte der Planetenkugel. Was sind dagegen unsere irdischen Kanalbauten! Wozu auch diese enorme Breite, die angesichts der »Wasserarmut« des Sternes wiederum befremdlich wird. Was für eine Riesentechnik müssen die Menschen dort besitzen, um derartige Bauwerke auszuführen!

Lowell, der Hauptverfechter der Kanalhypothese, hat sehr geistreich nachzuweisen versucht, daß die dunklen Linien, deren Breite uns verdächtig erscheint, gar nicht die eigentlichen Kanäle sind, sondern die *Vegetationsstreifen*, die sich nach der Bewässerung links und rechts der Kanäle bilden. Der eigentliche Kanal ist nach Lowell so schmal, daß er gar nicht sichtbar wird. Darum träten die Kanäle auch erst im Sommer hervor, langsam wachsend und sich ausbreitend. Das hörte sich, wenn nicht eben andere Punkte dagegen sprächen, recht plausibel an. Auch eine Beobachtung, die Schiaparelli einmal gemacht hat, schien diese Annahme zu bestätigen. Der italienische Forscher sah einmal, wie sich ein weißer Streifen über eine von Kanälen durchschnittene Gegend niedersenkte. Dieser weiße Streifen sollte ein *Schneefall* in größerer Ausdehnung gewesen sein. Es zeigte sich nun, daß an den Stellen, wo der Streifen die »Kanäle« überlagerte, diese ganz *schmal* geworden waren. Diese von dem weißen Streifen verschont gebliebenen schmalen Stellen müssen aber nach der erwähnten Hypothese in der Tat den eigentlichen schmalen, mit Wasser gefüllten Kanal bilden, und dieses Wasser muß naturgemäß den Schnee aufgelöst und unsichtbar gemacht haben, der aber die Vegetation zu beiden Seiten *überdecken* und weißfärben konnte. Lowell konnte feststellen, daß die Kanäle erst erscheinen, wenn die Schneeschmelze beginnt, also im Frühling beziehungsweise im Sommer, was für seine besprochene Hypothese sehr beweisend schien. Ebenso verblassen die Kanäle, oder, wie wir besser sagen wollen, die Vegetationsstreifen, wenn es Herbst

oder Winter wird. Das Aussehen der Marslandschaften ändert sich beständig mit den Jahreszeiten.
Man hat auch bemerkt, daß große Partien auf dem Mars, die man bisher für Meere hielt, ihre *Farbe mit den Jahreszeiten ändern*; es wechseln bläuliche, grüngraue, bräunliche Töne.
Im Jahr 1894 wurden von Douglas, später auch von anderen Astronomen, am Rande des Mars kleine leuchtende Ausbuchtungen bemerkt. Irgendein Phantast hatte gesagt, diese Lichtflecke könnten große Feuersignale der Marsbewohner sein, mit denen sie den Erdbewohnern von ihrer Anwesenheit Mitteilung machen wollen, und nun konnte man in allen Zeitungen der Welt, besonders französischen und amerikanischen Blättern, lesen, daß unverzüglich die Kulturstaaten der Erde sich zusammentun müßten, um das Signal zu erwidern. Man bedachte nicht, daß wir schon den ganzen Thüringer Wald in Brand stecken müßten, damit in den Fernrohren der eventuellen Marsbewohner ein flimmerndes Lichtpünktchen wahrnehmbar sein könnte; ebenso könnte natürlich jenes vermeintliche »Signal« am Marsrand auch nur durch ein entsprechend großes Feuer erzeugt worden sein. Es ist anzunehmen, daß jener Lichtfleck durch besonders hoch schwebende *Wolken*, die das Sonnenlicht stark reflektieren, erzeugt worden ist.
Nun, wir sind auf all diese Beobachtungen, Mutmaßungen, Phantastereien hier etwas näher eingegangen, weil wir den Sternfreunden, die diese Jahre eines Mars-Enthusiasmus nicht mehr miterlebten, zeigen wollten, wie groß das Interesse war, das man unserem Nachbar im Weltenraum entgegenbrachte. Kein Wunder, daß dieser Zauberbaum auch seltsame Blüten trug, daß man (wie jene Dame in Paris, die der Akademie der Wissenschaften 100000 Francs zur Verfügung stellte) Mittel bereitstellte, mit den Marsbewohnern in Verbindung zu treten, und auch an eine drahtlose Telegraphie zwischen den Welten dachte.
Wir aber wollen nun untersuchen, was die Wissenschaft mit all diesen zum Teil recht sonderbaren Wahrnehmungen anfing und wie sie sich mit ihnen auseinandersetzte. Zunächst fiel eines auf: je größer und besser die Fernrohre wurden, die man auf den Mars richtete, je weniger deutlich traten die »Kanäle« hervor, statt dessen wurde in besten Momenten der Luftbeschaffenheit ein ungemein reichhaltiges, nicht recht zeichnerisch zu fassendes Detail auf dem Gestirn sichtbar. Jetzt nahm man die *Photographie* zu Hilfe, die ja unbestechlich sein mußte. Tatsächlich traten auch auf diesen Photogrammen größere Kanäle deutlich hervor, aber mit Recht sagte man, daß auch das photographische Auge ein Gewirr von *Punkten* unter Umständen als *Linie* auffassen kann. Es wurde durch interessante Experimente nachge-

wiesen, daß wir dazu neigen, ein wirres Punktdurcheinander, das zwischen größeren dunklen Flecken nach Art der bekannten dunklen Marsflecke liegt, zu Linien zu ordnen, die die Flecke verbinden.
Eine Fülle von Einzelheiten zeigt diese »zweite Erde« in mächtigen Instrumenten, schwierig ist es nur, sie zu deuten. Ehe wir das unternehmen, müssen wir uns folgendes klarmachen: Mars, viel weiter als die Erde von der Sonne entfernt, empfängt viel weniger Wärme als sie; die Lufthülle ist nur dünn und kann die Ausstrahlung der Wärme nur wenig hindern. Wie kommt es nun, daß auf diesem Stern die Polarkappen oft ganz schwinden in der warmen Jahreszeit? Es kann sich unmöglich um mächtige Eis- und Schneemassen handeln wie an den Erdpolen! Weiß bleibt weiß, ob nun eine nur zolldicke Schneelage eine Landschaft bedeckt oder eine, die viele Meter mächtig ist. Sehr wahrscheinlich handelt es sich nur um eine starke Reifschicht, ja manche Beobachter meinen sogar, daß es gewaltige Nebelmassen sind, die ja, wenn man sie im Sonnenschein von einem hohen Berg beobachtet, gleichfalls blendend weiß erscheinen. Der Astrophysiker verfügt heute über wundervolle winzige Thermometer, mit denen er sozusagen die verschiedenen Zonen eines Planetenbildes im Fernrohr abzutasten vermag. Bei diesen Thermometern handelt es sich um winzige, nur Bruchteile eines Millimeters große Metallstreifchen, die nur Zehntausendstel eines Grammes wiegen und in ein luftleeres Glaskölbchen eingefügt sind. Werden sie auch nur um ein geringes erwärmt, so entsteht in diesen Drähtchen ein elektrischer Strom von minimaler Kraft, den ein höchstempfindliches Meßinstrument anzeigt. So kann man die Temperaturen der verschiedenen Marslandschaften zu ihrer Morgenstunde, Mittagszeit und so weiter an den Polen und am Äquator des Planeten messen. Ohne Zweifel ist der Mars eine kältere Welt als die unsere. Vieles auf diesem Stern, wie könnte es anders sein, ist uns auch heut noch unklar. Sind die hellen, gelbrötlichen Flächen wirklich Land? Wie kommt es dann, daß gerade diese hellen, ausgedehnten Flächen so gut wie keine Änderungen zeigen, aber sehr häufig die dunklen, die sowohl die Farbe ändern wie die Konturen? Sind die dunklen Gebiete vielleicht mit Pflanzenwuchs bedeckt, und erscheinen sie deshalb dunkel, mit den Jahreszeiten im Aussehen wechselnd? Woher die rötliche Farbe der Marslandschaften? Verschluckt die Marsatmosphäre die blauen Strahlen und läßt nur die gelben und roten übrig? Sind die Länder des Mars, wie das der schwedische Physiker Arrhenius wahrscheinlich zu machen suchte, mächtige Wüsten, die eisenhaltiger Meteorstaub rostrot färbte? Wir sehen, alles ist da noch umstritten, alles voller Fragezeichen, und nur eines bleibt bestehen: Dieser Planet hat in vielen Punkten Ähnlichkeit mit der Erde.

Wesentliche neue und zum Teil überraschende Erkenntnisse erbrachte auch hier die »Raumsonden-Astronomie«. Mitte Juli 1965 zog die Sonde Mariner 4 in einem Abstand von rund 12000 Kilometer an dem Nachbarplaneten vorbei. Die ersten interessanten Daten wurden zur Erde gefunkt. Im Sommer 1969 passierten in einem Abstand von 3000 Kilometer die beiden Sonden Mariner 6 und 7 den Mars. Ihre Berichte wurden aus einer Entfernung von 100 Millionen Kilometer empfangen. Beide Sonden waren mit Weitwinkel-, Tele-Fernsehkameras und anderen Instrumenten ausgerüstet. Sie bestätigten u. a. die Vermutung, daß die Bedingungen auf dem Mars auch für niederes Leben eine große Härte bedeuten.

Während die Sonde Mariner 6 auf ihrer Bahn über dem Marsäquator dahinzog, machten ihre Fernsehkameras ausgezeichnete Aufnahmen. Seltsame Kraterlandschaften wurden erfaßt, denen des Mondes weit ähnlicher als den irdischen – und doch wieder anders. Es fehlen die scharfen Umrisse, die Formen wirken weicher, gerade so, als ob Stürme in der Marsatmosphäre die Gebilde mit Sand und Staub mehr oder weniger zugedeckt haben. Einige hohe Wälle und Kraterränder erscheinen weiß gefärbt und ähneln damit den hohen, schneebedeckten Bergen der Erde.

Der Infrarotstrahlenmesser von Mariner 6 übermittelte die Vorstellung eines warmen Sommertages auf dem Nachbarplaneten. Seine Messungen ergaben für das in der Mittagssonne liegende Äquatorgebiet eine Temperatur von +25 Grad Celsius. Am Südpol des Mars reichte die Temperatur auf der Nachtseite dagegen bis −61 Grad Celsius.

Die übermittelten Daten der Marsatmosphäre verzeichneten als Hauptbestandteil Kohlendioxid. In nur geringen Mengen fanden sich Wasserstoff, Wasserdampf und Sauerstoff. Das Gas Stickstoff dagegen, das mit 78 Prozent den Hauptbestandteil der irdischen Luft bildet, konnte in der Marsatmosphäre nicht nachgewiesen werden. Sie ist also ganz anders zusammengesetzt als die Lufthülle der Erde und außerdem viel dünner, als man zunächst erwartet hatte. Ihre Dichte erreicht noch nicht ein Hundertstel jener der irdischen Atmosphäre in Meereshöhe.

Die schon seit langem herrschende Vorstellung, daß große wüstenartige Gebiete eine bezeichnende Eigenheit der Marsoberfläche seien, wurde durch die Mariner-Nahaufnahmen in gewisser Weise bestätigt. Es gibt ausgedehnte, hell und rötlich getönte Flächen – sie sind es, die den Mars als »roten« Planeten erscheinen lassen. Auch gelbe Staubwolken, die sich gelegentlich beobachten lassen, stützen die Annahme von Wüsten.

Nachdem es der amerikanischen Raumfahrtbehörde NASA am 30. Mai 1971 gelungen war, die Sonde Mariner 9 auf die weite Reise zum Mars zu schicken, sollten weitere Einzelheiten und Tatsachen das Beobachtungsmaterial bereichern. Nach einem Flug von 5 1/2 Monaten, der eine Strecke von 398 Millionen Kilometer umfaßte, schwenkte die Sonde am 13. November 1971 in eine vorausberechnete elliptische Umlaufbahn um den Nachbarplaneten ein. Dabei kommt Mariner 9 bei jedem Umlauf bis auf 1350 Kilometer an die Marsoberfläche heran und entfernt sich wieder bis auf 17000 Kilometer.

Zum Teil recht eigenartige Landschaftsbilder wurden zur Erde gefunkt. Flußsysteme gewaltigen Ausmaßes zeichnen sich ab. Die polaren Eiskappen enthalten vielleicht größere Ansammlungen von Wassereis, die nur unter bestimmten Bedingungen an der Oberflächengestaltung kurzzeitig mitwirken oder mitwirkten. Jedoch auch Kohlendioxid, das zu etwa 90 Prozent an der Zusammensetzung der Marsatmosphäre beteiligt ist, schlägt sich bei den tiefen Temperaturen in den Polargebieten (–125 Grad Celsius) als Trockeneis nieder. Im großen und ganzen ergibt sich aus den beobachteten Erscheinungen, daß Mars kein toter Planet ist. Unter seiner festen Kruste gibt es heiße Lava. An Bruchstellen hat sie sich einen Weg zur Oberfläche geebnet und zu gewaltigen Vulkanbergen aufgetürmt. Etwa 19 solcher Vulkanriesen wurden bisher auf den Mariner-Aufnahmen erkannt. Die meisten der vielen Marskrater werden aber als Aufsturzkrater von großen Meteoriten gedeutet.

Zu den interessantesten Objekten, die Mariner 9 photographisch erfaßt hat, gehören die beiden Marsmonde. Sie sind bisher von der Erde aus in großen Fernrohren nur als winzige Lichtpunkte in der Nähe des Planeten wahrgenommen worden. Die Sonde photographierte den äußeren Mond Deimos, der in einem Abstand von rund 20000 Kilometer den Mars umkreist, aus einer Entfernung von 8500 Kilometer. Sein verhältnismäßig dunkles Aussehen läßt die Vermutung zu, daß er im wesentlichen aus Basalt besteht. Die Größe des unregelmäßig geformten Himmelskörpers wird auf 8,8 mal 11 Kilometer geschätzt.

Recht auffällige Einzelheiten zeigt die Aufnahme des Marsmondes Phobos, der dem Planeten am nächsten steht. Sie ist während des 34. Umlaufes von Mariner 9 aus 5540 Kilometer Entfernung gemacht worden. Auf seiner zernarbten Oberfläche ist eine ganze Anzahl von Kratern zu erkennen, die nur durch Meteoritenaufschläge entstanden sein können. Er hat eine elliptische Gestalt und ähnelt auf dem Photo einer Kartoffel. Seine Größe beträgt 18 mal 22,5 Kilometer. Er umkreist in einem Abstand von nur 6000 Kilometer den Mars in nicht ganz acht Stunden. Das ist ein Drittel des Marstages, der 24 Stunden und 37 Minuten lang ist.

Zahlreiche interessante Einzelheiten auf dem Mars haben uns die Raumsonden zugänglich gemacht. Noch immer aber gibt es keine eindeutige Bestätigung für das Vorhandensein von Leben, und sei es noch so primitiv. Doch warten wir ab. Expeditionen weiterer unbemannter Raumschiffe zum Nachbarn der Erde werden vorbereitet. Sie sollen auf dem Marsboden weich landen und als automatisch arbeitende Laboratorien ihr wissenschaftliches Programm durchführen. Ob sie uns eines Tages die ersehnte Nachricht übermitteln?

Es scheint mir hier der Ort zu sein, ganz allgemein ein paar Worte über die Frage zu sagen, *ob die fernen Sterne bewohnt sind.* Immer wieder richtet man sie an den Astronomen, aber er kann sie offenbar genauso wenig beantworten wie irgendein anderer Sterblicher; eher schon können wir von diesen und jenen Gestirnen sagen, daß sie sicher unbewohnbar sind oder daß ein Leben dort möglich wäre. Daß die Fixsterne als Bälle glühender Gase, gleich der Sonne, unbewohnbar sind, daß auf dem Monde, auf dem Merkur, die keine Lufthülle, kein Wasser besitzen, keine Organismen existieren können, braucht man nicht näher zu begründen, aber es kann viele, viele »Erden« im All geben. Versänke heute der Erdball in nichts, auf einem Planeten des Sirius oder irgendeines anderen Sterns würde »kein Hahn danach krähen« – ja – vorausgesetzt, daß es auch dort einige Leute gibt, die »Sternguckerei« betreiben – man würde jenen Untergang der Erde nicht einmal bemerken, denn die Astronomen des Siriussystems können den winzigen Erdball in jener unermeßlichen Ferne gar nicht entdecken. Auch heute noch wie vor Jahrtausenden gibt es Leute, die da meinen, die Erde sei das Herz der Welt. Aber jene Leute sind der alten Entenmutter in Andersens reizendem Märchen zu vergleichen, die ihren Kücken erklärte, daß die Welt durchaus nicht am Rande des Nestkorbes zu Ende sei, sondern noch bis hinter des Müllers Garten reiche.

Viele hundert Millionen Sonnen zeigen uns unsere Fernrohre in den Tiefen des Raumes; wahre Schneegestöber von Sonnen tauchen im schimmernden Gürtel der Milchstraße auf, und hinter ihnen sehen wir neue Sternwolken in unmeßbaren Fernen. Die Zahl der Planeten, die diese Sonnenheere umkreisen, ist unvorstellbar groß. Die Erde wird, aus dieser Perspektive gesehen, zu einem Wassertropfen im Meer.

Millionen bewohnte Welten mag es in den Sternenräumen geben. Eine ganz andere Frage aber ist es, ob es uns je gelingen wird, eine solche Welt nachzuweisen. Überlegen wir einmal, daß uns ja nur einige wenige Gestirne in unserer Nachbarschaft so gut sichtbar sind, daß unsere heutigen Fernrohre hinreichen, um auf ihren Oberflächen Einzelheiten zu erkennen. Schnell sind diese paar Gestirne aufgezählt: es sind Sonne, Mond und die Planeten Venus, Mars, Jupiter und Saturn. Feinere Einzelheiten sehen wir (vom Vortasten der Raumfahrt und den Raumsonden einmal abgesehen) eigentlich nur auf dem uns so nahen Monde. Wie bescheiden es, trotz der heute fast an der Grenze angelangten Konstruktion von Riesenfernrohren, mit der Erkennbarkeit von Objekten auf den Planeten bestellt ist, mag aus der einfachen Überlegung deutlich werden, daß ein Objekt auf dem Mars, das uns im Riesenfernrohr sichtbar werden soll, schon die Größe des Harzes haben muß. Es erschiene dann in den besten Fernrohren, bei reinster Luft, als Pünktchen ohne irgendwelche Einzelheiten! Auf dem Planeten Jupiter, der uns ja viel ferner steht als der Mars, erschiene ganz Europa als ein eben wahrnehmbares Fleckchen. Wir sehen also, daß direkte Beweise für die Bewohntheit eines Sternes heute nicht zu erlangen sind; immer können wir nur aus den allgemeinen Bedingungen, die der Weltkörper zeigt, auf die Möglichkeit oder Unmöglichkeit höher organisierten Lebens schließen. Für niedere Lebewesen kann ein Gestirn selbst dann noch bewohnbar sein, wenn es ungünstige Bedingungen erkennen läßt.

Stets müssen wir uns auch bei der Behandlung dieser Frage vor Augen halten, daß ja ein Weltkörper nicht in jeder Periode seiner Entwicklung Leben tragen kann; auch die Erde war ja Jahrmillionen lang ein Ball, auf dem das Leben noch nicht festen Fuß fassen konnte. Langsam kühlte sie sich ab, schlug das Meer sich nieder, klärte sich die Atmosphäre, die einst ein dichter, heißer Dampfmantel war, und spät erst trat in der Erdrinde die verhältnismäßige Ruhe ein, die größere Umwälzungen der Festländer und Ozeane verhinderte. In der Frühzeit der Erdgeschichte gab es ja nur in den ersten Meeren ein primitives Leben. Man hat mit Recht darauf hingewiesen, *daß auch der Mensch erst in den letzten fünf Minuten der Erdgeschichte auftaucht*, daß er vielleicht nur auf Grund sehr glücklicher Zufälligkeiten (wenn wir nicht die Hand eines Weltenlenkers annehmen wollen) sich aus langen, niederen Vorfahrenreihen herauslöst, zum »Menschen« wird, und daß diese glücklichen Konstellationen sich wahrscheinlich unendlich selten finden werden, selbst wenn auf einem Stern sonst reiches Leben anzutreffen ist. Diese Überlegung ist durchaus richtig. Nichts ist törichter, als zu glauben, daß die »höchste Intelligenz« anderer Welten uns in den Körperformen und in der Art, die Welt zu sehen, ähnlich sein muß! Ein bekannter Ameisenforscher hat einmal gesagt, daß die Ameisen als Herrscher der Erde anzusehen wären, wenn es keine Menschen gäbe, und wer genügend mit der Welt dieser interessanten Geschöpfe auf Grund neuerer Forschungen vertraut ist, wird dem zustimmen. Wer will wissen, welche Formen die so vielseitige Natur den höchsten Intelligenzen anderer Welten gab und gibt? Und wenn uns jemand einreden will, daß auf einem anderen Gestirn solche Wesen nicht möglich wären, weil es (wie etwa auf dem Mars) dort kälter ist, die Luft dünner ist, die Meere nur noch Sümpfe und Tümpel sind, dann ist das eine flache Denkweise, die wir ablehnen müssen. Welch ein Gegensatz überall auf Erden, wie viele Formen und Möglichkeiten selbst auf diesem einen Stern!

Wenn man den Astronomen fragt, ob die Sterne bewohnt sind, so kann er nur sagen, daß wir es nicht wissen; aber wenn die Dichter ferne Welten mit Wesen bevölkern, die gleich uns teilhaben an den Wundern der Allnatur, so folgen sie einer Sehnsucht des Herzens: Vielleicht haben sie recht, »denn kein Traum schenkt kühnere Gedankenbilder als des Lebens bunte Wirklichkeit!«

Liliputaner-Welten

In der Geschichte der Erfindungen und Entdeckungen hat nicht selten der Zufall eine große Rolle gespielt. Da lebte gegen Ende des achtzehnten Jahrhunderts zu Palermo ein Astronom namens *Josef Piazzi*, der die bescheidene kleine Sternwarte der Stadt betreute. Es schien ihm vor allem wichtig, die teilweise noch recht mangelhaften Sternkarten und Sternkataloge zu verbessern, und so arbeitete er seit fast einem Jahrzehnt an einem neuen Himmels-Adreßbuch, an einem neuen Fixstern-Katalog. Er beobachtete systematisch eine Himmelszone nach der anderen, vermaß die Sternabstände, trug alles sorgfältig ein und verglich auch gleichzeitig ältere Sternkarten mit seinen Beobachtungen. Herr Piazzi muß ein sehr ernster und gewissenhafter Mann gewesen sein, denn selbst in der Neujahrsnacht von 1800 zu 1801, in der viele sich in fröhlichem Kreise wesentlich anderen Genüssen zuwandten, saß er an seinem Fernrohr, um festzustellen, ob ein kleiner Stern im Bilde des Stiers, den ein Vorgänger notiert, ein zweiter hingegen nicht aufgeführt hatte, nun am Himmel wirklich vorhanden sei oder nicht. Er fand auch diesen Stern, aber er fand nicht weit davon noch einen zweiten, der in keiner Karte angegeben war. Nun, derlei kommt vor, und alles wäre ohne Bedeutung gewesen, wenn nicht der gewissenhafte Piazzi in der nächsten Nacht die Beobachtung nachkontrolliert hätte. Da zeigte es sich denn, daß dieser neue Stern inzwischen seinen Ort verändert hatte, es konnte demnach kein Fixstern sein, es mußte ein Gestirn sein, das, wie die Planeten und Kometen, die Sonne umwandert, und da sehr ferne Kometen mitunter wie winzige Sterne aussehen, hielt Piazzi das Objekt wirklich für einen Kometen.

Er beobachtete weiter, teilte aber seine Entdeckung einigen Kollegen, auch dem Berliner Astronomen Bode, mit. Aber wie langsam liefen damals

Briefe! Zudem setzte schlechtes Wetter ein, und als es wieder klar wurde, war der Stern verlorengegangen. Nun aber zeigte es sich wieder einmal, was ein guter Mathematiker vermag! Der damals noch junge, später so berühmt gewordene deutsche Gelehrte *Gauß* konnte aus den wenigen Beobachtungen die Bahn des Gestirnes berechnen, und – welch ein Zufall abermals! – am 1. Januar 1802, genau ein Jahr nach der ersten Wahrnehmung Piazzis, fand *Olbers* in Bremen den Stern wirklich wieder auf.

Das Wichtigste aber: es war kein Komet, es war ein neuer Planet, ein Planet ganz besonderer Art, einer, dessen Existenz man längst vermutet hatte, ja, nach dem man schon gesucht hatte. Er erhielt den Namen Ceres, und heute hat er schon gegen 2000 Geschwister; alle zusammen werden sie die *Planetoiden* (auch »Asteroiden«) genannt.

Weshalb aber hatte man schon vor der Auffindung der Ceres hier die Existenz eines Planeten vermutet? Wenn wir uns die Entfernungsverhältnisse im Reich der Sonne ansehen, so finden wir, daß zwischen Sonne und Merkur 58 Millionen Kilometer liegen, daß es von der Merkurbahn bis zur Bahn der Venus 50 Millionen Kilometer sind, daß die Erdbahn wieder von der Venusbahn 41 Millionen Kilometer entfernt ist und zwischen Erde und Mars ein Raum von 78 Millionen Kilometer bleibt. Vom Mars aber bis zum nächsten Planeten, dem Jupiter, sind es 551 Millionen Kilometer. Dieser weite, leere Raum war den Astronomen längst aufgefallen, schon Kepler beschäftigte sich mit der Angelegenheit und spricht in seinem 1596 erschienenen Werk »Mysterium Cosmographicum« die Vermutung aus, daß sich in diesem Raum offenbar *ein noch unentdeckter Planet bewegt.* »Ich bin so kühn«, sagt er, »und setze zwischen Mars und Jupiter einen neuen Planeten!« Später hatte der Astronom Bode gezeigt, daß ein ganz bestimmtes, durch eine gesetzmäßig steigende Zahlenreihe darzustellendes Entfernungsverhältnis zwischen den Abständen der Planeten herrscht und daß nach dieser Zahlenreihe, der sogenannten »Bodeschen Reihe«, zwischen den Bahnen des Mars und des Jupiters, etwa 400 Millionen Kilometer von der Sonne entfernt, noch ein Planet kreisen müsse. Gegen Ende des achtzehnten Jahrhunderts wurde daher von den Astronomen fleißig Umschau nach diesem Gestirn gehalten, und unter der Leitung des Astronomen Zach bildete sich sogar eine astronomische Vereinigung, die es sich zur Aufgabe stellte, systematisch eine bestimmte Partie des Himmels, die das Gestirn, wenn es die Sonne umwanderte, unbedingt einmal passieren mußte, zu beobachten. So war also das Gestirn, das Piazzi gefunden hatte, sozusagen erwartet worden, ja Bode in Berlin, der des Italieners Nachricht empfing, glaubte gar nicht an einen Kometen, er ahnte schon, daß man hier den »noch fehlenden« Planeten zwi-

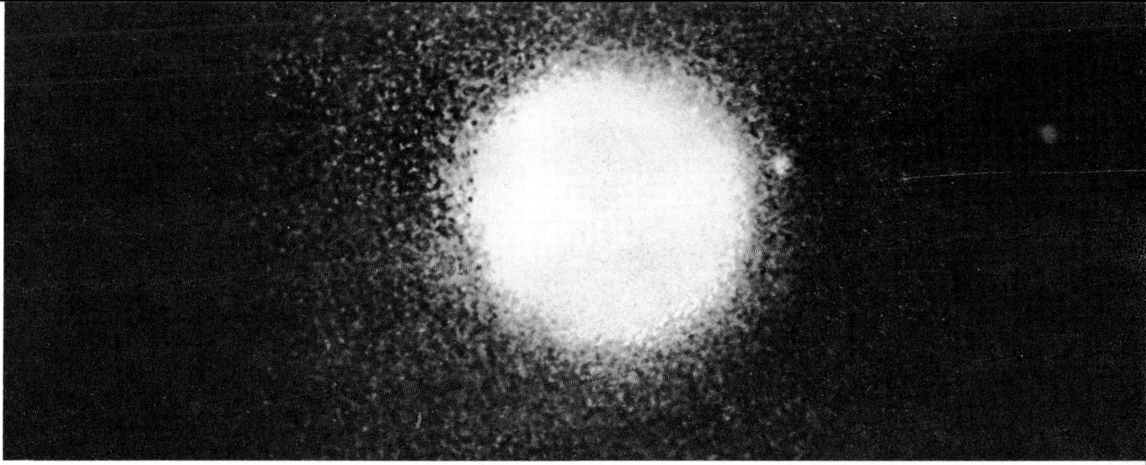

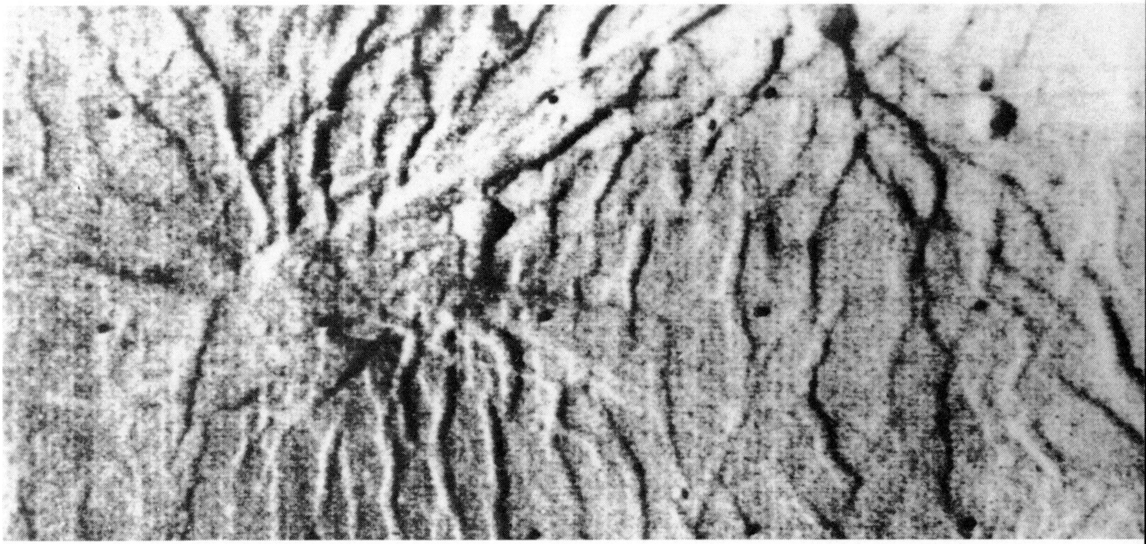

Mars *Mars mit seinen beiden Monden. Rechts außen Deimos. Photographiert mit dem 24-Zoll-Refraktor des Lowell-Observatoriums bei Flagstaff, Arizona, USA, während der Marsopposition 1924 (oben). – Marslandschaft (Hochplateau Phoenicis Lacus), die Struktur hat Ähnlichkeit mit einer Elefantenhaut. Aufnahme: »Mariner 9«, Entfernung 6400 km, 17. 12. 1971 (Mitte). – Die Nahaufnahme des Marsmondes Phobos zeigt eine größere Anzahl von Kratern, die wahrscheinlich Aufschlagspuren von Meteoriten sind. Aufnahme »Mariner 9«, Entfernung 5540 km, 1971 (unten)*

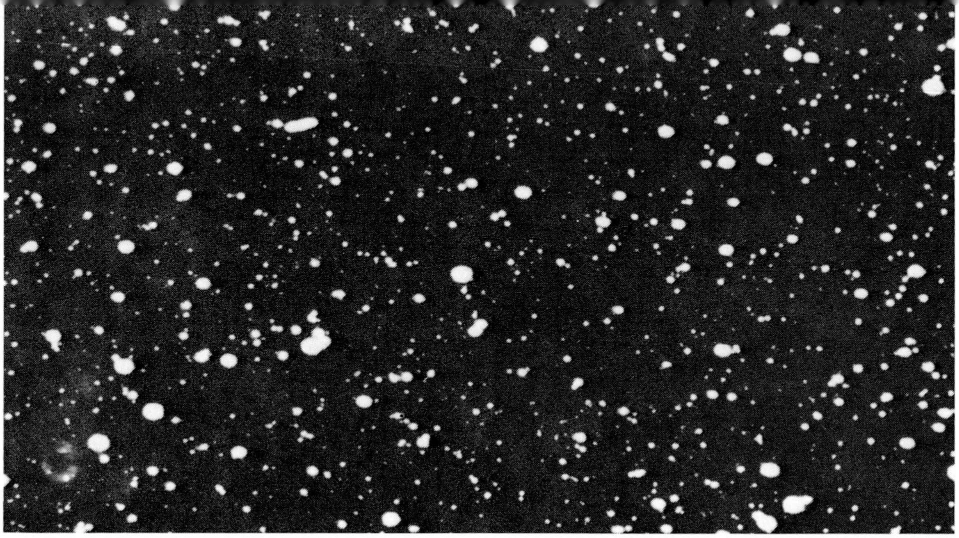

Planetoiden und Jupiter *Ein kleiner Planet hat sich während der Dauer der Belichtung auf seiner Bahn um die Sonne ein Stückchen weiterbewegt und ist oberhalb der Bildmitte als kurzer Strich zu erkennen (oben). – So sah die Raumsonde »Pionier 10« – Ende 1973 aus 2,5 Millionen km Entfernung – den Jupiter. Der »Große Fleck« (GRF) ist links als dunkles Oval in einem hellen Wolkengürtel zu erkennen. Der schwarze Fleck in Äquatornähe ist der Schatten des Jupitermondes IO (unten)*

schen Mars und Jupiter gefunden habe, und es ist wieder ein großer Zufall, daß die Entdeckung just dann erfolgte, als man sich intensiv mit der ganzen Frage beschäftigte. Daß Piazzi ausgerechnet ein Fixsternchen an jener Himmelsstelle suchte, die gerade der neue Planet passierte, zeigt, wie verblüffend seltsam oft die unsichtbaren Hebel ineinandergreifen. Und ist es nicht wiederum ein bemerkenswerter Zufall, daß Olbers in Bremen, als er im März des Jahres 1802 die Ceres in ihrem Lauf verfolgt, nahe bei dem neuen Planeten einen zweiten findet, der den Namen *Pallas* erhält? Im September 1804 findet Harding in Lilienthal noch einen dieser winzigen Wandelsterne, nun *Juno* geheißen, und genau auf den Tag fünf Jahre nach seiner ersten Entdekkung, im März 1807, gelingt wieder Olbers die Entdeckung der *Vesta*.
All diese Planetchen sind winzige Sterne, sie unterscheiden sich auf den ersten Blick im Fernrohr nicht von den unzähligen kleinen Sternen des Fixsternhimmels, von denen wir die der sechsten Größenklasse noch mit unbewaffnetem Auge sehen können; auch die hellsten Planetoiden könnte ein scharfes Auge gerade noch erkennen, wenn sie günstig stehen. Diese Kleinheit der neuen Planeten, die neben den großen, altbekannten wie Mücken neben Elefanten wirkten, hatte bald auf die Vermutung geführt, daß man es hier gar nicht mit Weltkugeln nach Art der großen, die Sonne umkreisenden Gestirne zu tun habe, sondern höchstwahrscheinlich mit *Trümmern* eines einzelnen großen Planeten, der durch irgendein weit zurückliegendes Ereignis zersplittert worden sei. War dem so, dann konnte die Zahl der kleinen Körperchen in jenem Raum sehr groß sein, und es war notwendig, genaue Sternkarten mit den kleinsten Sternen herzustellen, um durch Vergleich mit dem Himmel konstatieren zu können, ob und wo sich in dem Gewimmel kleine Planeten verbargen. Auf diese Weise gelang es denn in der Tat, eine große Anzahl solcher Gestirne aufzufinden. Fünfzig Jahre nach Piazzis Entdeckung kannte man schon 13 dieser Körper, 1868 waren es bereits 100, um 1900 kannte man 460, und heute zählt man bald 2000. Es begann eine wahre Jagd nach diesen Asteroiden, man suchte systematisch nach ihnen, und manche Astronomen waren darin so erfolgreich, daß man sie scherzhaft Planetenjäger genannt hat. Watson, Peters, die Brüder Henry, *Palisa* in Wien, *Charlois* in Nizza und vor allem *Wolf* in Heidelberg sind als die erfolgreichsten Planetenentdecker älterer Zeit zu nennen; sie haben Dutzende dieser Miniatur-Erden aufgefunden. Es ist natürlich außerordentlich schwer, sozusagen im Wüstensande der Millionen kleiner Sterne des Himmels die Goldkörner der Planeten zu finden. Oft sind mehrere hundert Sterne dieser Art im Gesichtsfelde des Fernrohres; der Abstand aller dieser Sterne voneinander müßte genau gemessen werden, die Messung müßte nach einigen

Stunden wiederholt werden, um so vielleicht einen kleinen Planeten, der sich in diesem Gewirr verborgen hielt, zu finden. Das ist eine außerordentlich mühevolle und zeitraubende Arbeit. Neuerdings wendet man daher eine bequemere Methode an, die *photographische.* Da die Fixsterne unverändert stillstehen, während die Planeten langsam am Himmel weiterwandern, so zeichnen sich die Fixsterne, wenn man eine solche Partie des Himmels photographiert, als *Punkte* auf die Platte auf, während die Planeten, die während des stundenlangen Exponierens ein Stück Weges weitergelaufen sind, diesen Weg in Gestalt eines *Striches* auf der photographischen Platte markieren. Man verfährt also einfach so, daß man eine Himmelsaufnahme macht und nachher mit Hilfe einer Lupe sorgfältig die Platte nach solchen kleinen Strichen untersucht. Dieses Verfahren ist von Wolf in Heidelberg ausgebaut worden, der mit Hilfe der Photographie alljährlich eine ganze Anzahl kleiner Planeten entdeckte.

Die großen Planeten haben bekanntlich seit alters ihr »Zeichen«; da es ganz unmöglich wäre, für Tausende von Planetoiden besondere Zeichen einzuführen, hat man sie einfach numeriert. Ceres trägt die Nummer 1, Hekate die Nummer 100, Eros die Nummer 433 und so fort. Aber mit der Entdekkung dieser Gestirne ist es ja nicht getan, sie würden schnell wieder verlorengehen, würden als vermeintlich neue wieder entdeckt werden, es müßte eine völlige Verwirrung eintreten, wenn man nicht ihre Bahnen um die Sonne berechnete, so daß man sie jederzeit wiederfinden, im großen Himmels-Einwohnermeldeamt identifizieren kann. Die Mathematiker haben alle Hände voll zu tun, um dieser Aufgabe gerecht zu werden, und hier ist vor allem das *Berliner Astronomische Recheninstitut* zu nennen, dem alle Neuentdeckungen zugingen und das die Bahnberechnungen vornahm. Heute hat es seinen Sitz in Heidelberg. Der Hauptschwarm der Planetoiden ist 375 bis 450 Millionen Kilometer von der Sonne entfernt, und die Körper brauchen zu einem Umlauf um die Sonne 4 bis 6 Jahre, je nachdem, ob sie dem Mars oder dem Jupiter näher stehen. Könnte man alle bis jetzt aufgefundenen Planetoiden zu einem einzigen Körper zusammenschweißen, so wäre dieser im Durchmesser noch immer neunmal kleiner als die Erde. Es ist naturgemäß, daß man die größeren unter diesen Liliputanerwelten zuerst auffand, da sie sich eben durch eine größere Helligkeit auszeichnen. Ceres, Pallas, Juno und Vesta sind in der Tat ganz beträchtlich größer als das Gros der Planetoiden, aber selbst die Ceres, der größte der Planetoiden, mit etwa 700 bis 800 Kilometer Durchmesser, ist gegenüber der Erde ein sehr kleiner Stern. Die Körper von einiger Größe sind heute wohl alle bekannt; neuerdings entdeckt man nur noch Planetoiden von wenigen Kilometer Durchmesser, und es ist sehr wahrscheinlich, daß uns die größte Zahl dieser Miniaturweltkörper, die vielleicht nur Trümmerchen von wenigen hundert Meter Durchmesser oder darunter darstellen, immer verborgen bleiben wird, da sie kein Fernrohr und keine photographische Kamera mehr zu zeigen imstande ist.

Die Frage, wie dieser Riesenschwarm allerkleinster Planeten entstanden ist, ist noch immer nicht mit einiger Sicherheit zu beantworten. Mehrfach ist die Vermutung ausgesprochen worden, daß früher *ein einziger* großer Körper, eben die Gesamtzahl der heute vorhandenen Planetoiden, jenseits des Mars kreiste und daß er zertrümmert wurde. Näher liegt der Gedanke, daß sich zu jener Zeit, als sich aus den gasigen Massen die Erdkugeln bildeten, die Materie, die im Raum zwischen Mars und Jupiter sich befand, ebenfalls durch ein besonderes Ereignis in ihrem Zusammenhang gestört wurde, in einzelne kleine Massenanhäufungen zerfiel, aus denen sich viele einzelne kleine Körper formten. Andernfalls zeigen die Körper wieder gewisse Eigentümlichkeiten, die den Gedanken, wir hätten es in den Planetoiden mit Welttrümmern zu tun, wesentlich unterstützen. Viele dieser Sterne zeigen nämlich bedeutende Helligkeitsschwankungen, die sich kaum anders erklären lassen, als daß wir es hier mit unregelmäßig geformten Körpern zu tun haben, die sich um ihre Achse drehen und uns bald ihre größere, bald ihre kleinere Seite zuwenden. Die Lichtschwankungen einiger Planetoiden sind sehr regelmäßig, dauern eine ganz bestimmte Zeit und kehren in regelmäßigen Zwischenräumen wieder; ohne Zweifel drehen sich die Körper in dieser Zeit um ihre Achse. Ein regulär entstandener Weltkörper hat aber, wie wir an den anderen Planeten, wie wir an den Monden und an der Sonne erkennen können, eine kugelförmige Gestalt, und so deuten also die Lichtschwankungen der kleinen Planeten darauf hin, daß die kleineren sicher formlose Trümmer sind.

Ein Körper aus dem Schwarm der Planetoiden ist von ganz besonderem Interesse, ja er wurde anfangs von seinem Entdecker überhaupt nicht als zu jener Weltkörpergruppe gehörend betrachtet und für das erste Glied eines neuen Schwarmes von kleinen Planeten zwischen der *Erde* und dem Mars gehalten. Dieser Stern wurde im Jahre 1898 von *Witt* an der Urania-Sternwarte zu Berlin auf photographischem Wege aufgefunden und erhielt den Namen *Eros*. Hier haben wir es mit einem kleinen Planeten zu tun, der einen Teil seines Weges um die Sonne in dem zwischen *Erde* und Mars liegenden Raum zurücklegt und uns besonders nahe kommt. Bis auf 22 Millionen Kilometer nähert sich das Gestirn der Erde und erscheint dann trotz seiner Kleinheit (sein Durchmesser wird auf etwa 30 Kilometer geschätzt) als Stern siebenter Größe, so daß es von Leuten mit guten Augen ohne Fernrohr erkannt werden kann. Auch bei Eros zeigen sich sehr deutlich die obenerwähnten Lichtschwankungen; sie lassen darauf schließen, daß sich das kleine Gestirn in 5¼ Stunden um seine Achse dreht und eine unregelmäßige Gestalt besitzt. Was diesen Planeten wichtig macht für die astronomische Forschung, ist der Umstand, daß er sich uns so außerordentlich nähert und daher besonders geeignet ist, zur Bestimmung der *Sonnenentfernung* zu dienen. Mit großer Genauigkeit läßt sich die Entfernung des Eros von der Erde messen, und diese Messung gibt wieder ein Mittel in die Hand, die Entfernung der Sonne viel schärfer, als dies bisher möglich war, zu bestimmen. Der Abstand der Sonne, obwohl mit modernsten Hilfsmitteln und so genau wie nur irgend möglich bestimmt, ist noch immer um rund 170 000 Kilometer unsicher. Die Sonne kann also auch 170 000 Kilometer näher oder ferner stehen als 149½ Millionen Kilometer, und es ist verständlich, daß der Astronom versucht, mit noch verfeinerten Methoden auch diese Unsicherheit soweit wie möglich zu beseitigen.

Die Astronomen hatten im Jahre 1931 sehr große Vorbereitungen getroffen, um Eros messend aufs Korn zu nehmen. Verschiedene große Sternwarten der Erde, auch solche in fernen Ländern, wollten zusammenarbeiten, viele Hilfsmessungen waren vorausgegangen, sorgfältige Tabellen ausgearbeitet und die zu verwendenden Instrumente daraufhin untersucht worden, ob nicht in ihnen selbst kleine, die Messungen beeinflussende Fehlerquellen stecken könnten.

Alles war bereit, aber es war wie auf einer Hochzeit, auf der der Bräutigam nicht erscheint. Eros erschien zwar, aber er hatte sich seltsam verändert, er spielte den Astronomen einen Streich oder gleich mehrere. Irgend etwas war ihm bei seiner Wanderung durch den Himmelsraum zugestoßen.

Eros zeigte nicht nur starken Lichtwechsel, er war überhaupt wesentlich kleiner als früher, und zudem wich er von dem Ort ab, den er der Rechnung nach hätte im Himmelsraum einnehmen müssen. Unverkennbar war also auch eine Störung in seiner Bewegung eingetreten. All diese Absonderlichkeiten ließen sich am besten deuten, wenn man annimmt, daß dieses Trümmerstück im All, das wir »Planet Eros» nennen, weiter zerborsten ist, denn wenn von dem schon kleinen Körper Teile abgesprengt werden, muß er natürlich noch weniger hell erscheinen, und auch seine Bewegung um die Sonne muß eine andere werden, wie die Bewegung und Bahn der Erde eine andere würde, wenn sich von ihr ein erheblicher Teil ablösen würde. Man hat darauf hingewiesen, daß eine Absprengung bei Eros leicht möglich wäre, wenn er wirklich etwa die Form einer langen, am einen Ende ziemlich dünn und spitz zulaufenden Felsennadel hat. Es können dann innere Spannungen in dem Körper

entstehen bei seinem raschen Wirbel um seine Achse, die zur Abtrennung eines Teiles führen würden.
Bei einer anderen Gruppe von Weltkörpern, bei den Kometen, sind solche Auflösungen bei größerer Annäherung an die Sonne oft beobachtet worden. Der Komet Biela zerfiel im Dezember 1845 vor den Augen der Astronomen in zwei Teile, und auch an anderen Schweifsternen sind solche Zerteilungen wahrgenommen worden.
Wir sagten vorhin, daß der Hauptstrom dieser kleinen Planeten in dem Raum zwischen Mars und Jupiter kreist, aber das gilt doch nur, wenn man den Blick auf das große Ganze richtet; im einzelnen hat man in der neueren Zeit Planetoiden gefunden, die ganz erheblich in ihren Bahnen über die Mars- und Jupiterbahn hinausgreifen. Es gibt aber auch kleine Planeten, die (wie der 1936 aufgefundene »Anteros«) bis an die Bahn des der Sonne nächsten Planeten, des Merkur, herankommen; einige von ihnen können unserer Erde sehr auf den Pelz rücken. Großes Aufsehen erregte in dieser Hinsicht der von dem Heidelberger Astronomen Reinmuth entdeckte Planetoid Hermes, ein Felstrümmerchen von kaum mehr als 1000 Meter Durchmesser, das im Herbst 1937 nicht viel weiter von uns abstand als der Mond. Körper dieser Art erinnern etwas an die *Riesenmeteorsteine*, die gelegentlich die Erde erreichen und starke Einschlagspuren hinterlassen.
Für den Mathematiker ergeben sich recht interessante Probleme. Die Fachleute stellten fest, daß es im Riesenschwarm dieser merkwürdigen Planetchen bestimmte Gruppierungen und Lücken gibt, die durch die Störungen der großen Planeten bedingt sind, vor allem durch den gewaltigen Jupiter, der für dieses Kleinzeug der »wilde Wolf« ist. Sonst freilich bieten diese Felsbrocken, die durch das Universum schwirren, dem Astronomen keine irgendwie bemerkenswerten Erscheinungen. Wenn es auf ihnen Luft und Wasser geben würde, was ausgeschlossen ist, könnten sie die Heimat der Liliputaner sein, die uns der einfallsreiche Satiriker Swift so nahe brachte und die uns in unserer Jugend beschäftigten. Welten von nur einem, ja von einem halben Kilometer Durchmesser! Dieses Sternchen das wir gerade in den Raum zwischen Dom und Opernhaus in Berlin hineinstellen könnten, das noch nicht einmal halb so hoch ist wie der Brocken im Harz, käme schon bedenklich aus dem Gleichgewicht, wenn wir auf ihm ein modernes Wohnhaus errichten würden, und wenn sich auf ihm ein Armeekorps Soldaten fortbewegte, so könnte eine solche Lageveränderung und -verschiebung einer schweren Masse den ganzen Liliputanerstern in Unordnung bringen, so daß es ins Schwanken geriete und Neigung hätte, Oben und Unten zu vertauschen. Eine »Reise um die Welt« wäre dort gerade ein angenehmer kleiner

Spaziergang, denn da der Planet nur anderthalb Kilometer Umfang hat, so umwandert ihn ein Fußgänger in etwa einer halben Stunde. Ein Stein, der hier einen Zentner wiegt, hat auf jener kleinen Welt der Liliputaner ein Gewicht von etwa vier Gramm, und erst zehn Personen zusammen wiegen da so viel wie hier bei uns ein Hühnerei! Es wäre also für Menschen unseres Schlages außerordentlich schwer, dort zu laufen; bei jedem Schritt, der ja für die Verhältnisse jener Welt viel zu kräftig und ungestüm wäre, würden wir Gefahr laufen, wie ein Vogel hoch in die Luft zu fliegen. Aber Schaden würden wir dabei kaum nehmen, denn wir fielen nicht in der Weise zur Erde nieder wie hier bei uns, sondern schwebten langsamer als bei Windstille ein Flaumfederchen zu Boden. Feuerte dort die Artillerie ein Geschoß ab, es fiele gar nicht mehr auf den Weltkörper nieder, sondern verlöre sich im Weltenraum oder umkreiste den kleinen Planeten beständig als ein winziger Mond.

Wir sehen, dieser kleine Stern wäre nicht geeignet, Menschen von unserer Konstitution als Wohnsitz zu dienen, von denen er auch nur sehr wenige ernähren könnte, und selbst die Liliputanervölkchen unserer Erde, die Ameisen, vermöchten auf den kahlen Mineralblöcken keine Staaten zu gründen.

Jupiter und Saturn, die Riesen des Sonnenreiches

Man schreibt den 7. Januar des Jahres 1610. Die Dunkelheit ist hereingebrochen, die Sterne flimmern über dem stillen Padua, der alten Universitätsstadt unweit Venedig, aus dem Dunst der Ebene steigt ein Gestirn von klarem, stillem Glanz empor, die anderen weit überstrahlend; der Planet *Jupiter* ist es, den Alten Symbol der Macht und der Herrlichkeit.

Galileo Galilei, eine Zierde der Hohen Schule, ein Mathematiker und Physiker, dessen Ruhm schon weit gedrungen ist, schickt sich an, jenes merkwürdige Instrument auf den Stern zu richten, von dem man seit einiger Zeit in der Welt spricht und mit dem man »ferne Dinge nahe sehen kann«. Ein Teleskop ist das, wie die Gelehrten sagen, »Occhiale« nennt es Galilei; er will es selbst durch Nachdenken über optische Probleme erfunden haben, aber er kann nicht bestreiten, daß ihm im Juni 1609 ein weitgereister Mann, der Franzose Badarone, die Mitteilung machte, da droben im Norden hätte ein Niederländer solche Ferngläser gezeigt und in den Handel gebracht, ja es sollen schon einige in Italien eingetroffen sein. – Galilei ist ein kluger, ein wissender, auch ein ehrgeiziger und gewandter Mann . . . hat er wirklich dieses »Occhiale« nacherfunden? Er gibt nicht gern von seinem Ruhm ab, mancherlei Vorkommnisse, die erst spät bekannt werden, beweisen es. Nun, ein großer Mann darf auch kleine Schwächen haben!

Das Fernrohr, das er nun zum Himmel richtet, ist ein kleines, kümmerliches Ding, wir Heutigen würden darüber lächeln, und doch reicht es aus, eine Entdeckung zu machen, die von großer Tragweite ist, ja die für Galilei selbst Ruhm und Tragik bringt und noch nach Jahrhunderten die Gemüter bewegen wird, wenn vom Kampf der Weltanschauungen gesprochen wird. An diesem Abend des 10. Januar 1610 beginnt ein Kampf, der lange dauern wird!

Was sieht Galilei nun, da er sein winziges Instrument auf Jupiter richtet, der mit starkem, ruhigem Schein am Himmelsbogen steht? Er sieht etwa das, was wir heute noch alle sehen können, wenn wir mit dem kleinen Handfernrohr eines Schiffers diesen Stern beobachten. Eine kleine Kugel oder Scheibe schwebt da im Glase, und nach und nach erkennt der gelehrte Mann von Padua, daß ein paar winzige Sterne, im ganzen sind es vier, neben dieser Scheibe stehen. Wenige Tage später bemerkt Galilei, daß diese Sterne keine Fixsterne sind, die etwa zufällig in der Nähe Jupiters flimmern, er erkennt, daß sie immer der Kugel nahe bleiben, aber ihren Ort zu ihr, ihren Abstand von ihr ändern, es wird immer deutlicher, daß sie die Kugel des Jupiter umwandern, wie der Mond die Erde umwandert; kein Zweifel schließlich: *der Planet Jupiter hat vier Monde!*

Es ist ein Brief Galileis an seinen hohen Gönner, Cosimo II. von Medici, aus jenen Tagen erhalten geblieben, mit einer Zeichnung. Der große, wie ein Wagenrad gezeichnete Stern da ist Jupiter selbst; die kleinen Sternchen daneben stellen die Monde dar.

Was aber ist hier so besonders wichtig? Galilei erkennt, daß nicht die Erde das Zentrum aller Bewegungen im Sternenraum ist, daß da eine andere Welt schwebt, um die andere Sterne kreisen, *daß hier ein direkter Beweis erbracht ist für die Richtigkeit der Lehre des Kopernikus*, die von der Kirche als eine Irrlehre bekämpft wird. Hier beginnt der Kampf Galileis und seine eigene Tragik. Man wirft ihm heute zuweilen vor, daß er in diesem Kampf schwächlich wurde, klein beigab; in der Sache trifft das zu, aber wir wissen nicht, ob die Kritiker von heute, wenn sie an seiner Stelle gestanden hätten, die Folter, den Scheiterhaufen, bestenfalls die Einkerkerung vorgezogen hätten. Es ist leicht, von *anderen* zu verlangen, daß sie Märtyrer sein sollen.

Wie seltsam mutet es an, zu erfahren, daß man sich weigerte, durch einen Blick sich zu überzeugen, daß diese Monde wirklich existierten; nicht wenige meinten, es seien Augenspiegelungen, erst durch dieses neumodische Instrument hervorgerufen. Eine finstere Zeit! – Heute zeigt diese Monde und ihre Bewegungen jedes bessere Feldglas; wie oft habe ich sie im Kriege in Nächten der Feldwache Kameraden, die sich für den Himmel interessierten, betrachten lassen und habe ihre Geschichte erzählt!

Aber ich habe hier ein wenig vorgegriffen, und wir wollen nun vom Planeten Jupiter selber sprechen. Eben jetzt, da ich diese Zeilen schreibe, fallen in den Nachtstunden zwei helle Sterne auf, hoch am südlichen Firmament. Ruhig und stetig ist ihr Glanz, sie flackern und flimmern nicht wie die Fixsterne ringsum, und schon daran erkennen wir, daß es zwei *Planeten* sind. Sie stehen an dem Ort, den die Sonne jetzt unter dem Horizont einnimmt, fast gegenüber, sie gehören also nicht zu den sonnennahen Planeten, die sich immer dicht bei dem hellen Tagesgestirn aufhalten. Weder Merkur noch die funkelnde Venus kann also unter ihnen sein, und auch der rötlich scheinende Mars ist es nicht, denn ihr Licht ist rein weiß. Wir haben die beiden *größten* Planeten, die beiden größten Geschwister der Erde, vor uns, die Riesenplaneten *Jupiter* und *Saturn*, die weit, weit jenseits der Erde und noch weit, weit jenseits des Mars um die Sonne wandern. Fünfmal ferner als die Erde steht der Jupiter der Sonne, und fast zehnmal weiter als sie ist Saturn vom Sonnenball entfernt.

Jupiter, das größte aller Kinder der Sonne, ist der fünfte der Planeten, er befindet sich im Mittel 778 Millionen Kilometer von dem Feuerball, dem alle untertan sind, entfernt. Das ist eine ganz gewaltige Strecke, die eine Granate erst in rund 25 Jahren durcheilen könnte, flöge sie gleich in jeder Sekunde 1000 Meter vorwärts! Selbst der Lichtstrahl, der $8^1/_3$ Minuten braucht, um von der Sonne bis zur Erde zu dringen, ist gerade dreiviertel Stunden unterwegs, um diesen Planeten zu erreichen. Von der Erde ist Jupiter zuweilen noch weiter entfernt, nämlich 960 Millionen Kilometer, er kann sich uns aber auch bis auf 587 Millionen Kilometer nähern, und dann erstrahlt er im höchsten Glanze und bietet, da er nicht wie die Venus, die noch heller ist als er, nur in der Morgen- oder Abenddämmerung sichtbar ist, sondern zumeist die ganze Nacht hindurch, einen prächtigen Anblick. Seine große Bahn um die Sonne durchläuft der Planet in 11 Jahren und 315 Tagen, das *Jahr* des Jupiter ist also fast 12 unserer Jahre lang. Daß dieses Gestirn trotz seiner viel größeren Entfernung von der Erde fast so hell ist wie die uns so nahe Venus, findet in seiner ungeheuren Größe die Erklärung. Er ist sozusagen eine kleine Sonne, und wenn diese selbst aus dem Planetensystem fortgenommen würde, zwänge Jupiter mittels seiner enormen Masse die anderen Geschwister, ihm zu dienen, ihn zu umkreisen. Alle Planeten zusammengenommen auf eine Waagschale gelegt, würden dreimal weniger wiegen als Jupiter in der anderen Schale, und in der hohl gedachten Jupiterkugel ließen sich 1270 Erdkugeln unterbringen.

Der Riesenplanet ist übrigens keine genaue Kugel. Die Erde ist es zwar auch nicht, aber ihre Abweichung von der Kugelform ist doch eine recht geringe. Beim Planeten Jupiter sieht man indessen die Abweichung von der Kugelgestalt schon in einem mäßig vergrößernden Fernrohr. Der Durchmesser der Kugel am Äquator beträgt 143 000 Kilometer, aber der Durchmesser von Pol zu Pol ist um 9000 Kilometer geringer! Die Abplattung wird um *so stärker, je schneller* sich die Kugel dreht, und wir werden daher, wenn wir bei einem Himmelskörper eine starke Abplattung finden, ohne weiteres schließen können, daß dieser Körper sich schnell um seine Achse dreht oder doch früher einmal eine schnelle Rotation besessen hat. In der Tat finden wir das beim Planeten Jupiter bestätigt. Die mächtige Kugel dreht sich in weitaus kürzerer Zeit einmal um sich selbst als die kleine Erde, nämlich in 9 Stunden und 50 Minuten; wie seltsam wäre es doch, wenn wir auf der Erde eine so kurze Tagesdauer hätten. Die Sonne stände nur etwa 5 Stunden über dem Horizont, und alle unsere Einrichtungen müßten wesentlich anders organisiert sein, ja es ist fraglich, ob Wesen von unserer Beschaffenheit einen solchen schnellen Wechsel von Tag und Nacht auszuhalten vermöchten. Es sei das nur nebenbei erwähnt, um zum Nachdenken darüber anzuregen, daß die »Menschen« anderer Planeten unter Umständen durch äußere Verhältnisse (die aber nach allem, was wir heute über die Entwicklung der Lebewesen wissen, für die Organisation derselben bestimmend sind) ganz anders beschaffen sein können.

Die Sonne erscheint in der Entfernung Jupiters nur noch in fünfmal geringerem Durchmesser als hier auf Erden, fünfundzwanzigmal weniger Licht und Wärme erhält der Planet, als uns die strahlende Tageskönigin aus ihrem reichen Born spendet. Selbst am hellen Mittag würde es nur ein Zwielicht sein, das die Jupiterbewohner, wenn solche dort zu existieren vermöchten, erfreute.

Wie wir gleich näher erkennen werden, brauchen wir uns über die Bewohner dieses Riesenplaneten keine Sorgen zu machen, denn diese Weltkugel ist entschieden nicht bewohnbar. Schon in einem kleinen Fernrohr erkennen wir graue Streifen, die die Jupiterkugel umgeben, und die Beobachtung derselben in größeren Instrumenten läßt erkennen, daß es sich um ungeheure Wolkenmassen handelt, die in mächtigen Gürteln, sozusagen die Klimazonen des Planeten anzeigend, rings um den gewaltigen Ball schweben. Von der eigentlichen *Oberfläche* Jupiters sehen wir keine Spur, wie ein Bergsteiger nichts von den Dörfern drunten in den Tälern sieht, wenn unter ihm dichte Wolken- und Nebelmassen schweben, die mit einem Schleier die Tiefe verhüllen. Eine ungeheuer dichte, wallende und wogende Atmosphäre umgibt den großen Bruder der Erde.

Das genaue Studium der Jupiteratmosphäre zeigt, daß zwar die Streifen im großen und ganzen ihre Form und ihre Lage auf der Jupiterkugel beibehalten, daß aber die feineren Details durch *Strömungen* fortwährend ihre Gestalt ändern. Es zwingen verschiedene Wahrnehmungen zu der Annahme, daß diese Strömungen durch *Erwärmung* von der Oberfläche des Planeten aus hervorgerufen werden.

Wir können leicht berechnen, welche Energien der ferne Bruder der Erde von der Sonne zugestrahlt erhält, und können daraus ermessen, wie hoch die Temperatur dort wäre, wenn sich das Gestirn in demselben Zustand befinden würde wie der Erdball. Man kommt zu Werten, die bei 174 Grad Kälte liegen; Jupiter müßte also eine Welt ewigen Eises sein. Messungen mit Instrumenten, wie wir sie schon bei der Betrachtung des Planeten Mars kennengelernt haben, bewiesen wirklich, daß die Atmosphärenschichten annähernd 150 Grad kalt sind, aber im Gegensatz dazu stehen eben die starken Strömungen in dieser Atmosphäre und die zuweilen auftauchenden ausgedehnten Flecke, die ganz den Eindruck machen, als breche dort aus einer noch nicht allzu starken, erhebliche Wärmeströme durchlassenden Kruste dann und wann in breiten Flächen heißes Material der Tiefe hervor. Namentlich der sogenannte »rote Fleck« war in dieser Hinsicht aufschlußreich. Dieser Fleck, den man an seiner eigenartigen, regelmäßigen, ovalen Form leicht oberhalb der Mitte erkennt, tauchte im Jahre 1878 auf und wurde immer tiefroter, so daß er das auffälligste Objekt der ganzen Planetenscheibe bildete. Um diesen Fleck waren heftige Strömungen in den Wolken zu bemerken, ein Zeichen, daß hier ganz besonders kräftige Hitzeströme von der Jupiteroberfläche aufstiegen. Bringt man diesen Umstand mit der Farbe des Fleckes in Zusammenhang, so scheint die Annahme berechtigt, daß wir es hier mit dem *Widerschein* einer mächtigen *Glut* auf dem Planeten zu tun hatten. Offenbar war an dieser Stelle durch einen mächtigen Scholleneinbruch glühendflüssiges Material ausgetreten und hatte viele tausend Quadratkilometer überflutet. Der Durchmesser des Fleckes betrug annähernd 35 000 Kilometer, er zeigte mancherlei Veränderungen, wurde von Schleiern überlagert, die ihn später, weiterziehend, wieder freigaben; noch heute, nach über sechzig Jahren, ist er als zartes, graues Schemen sichtbar.

Die Untersuchungen mit dem Spektralapparat haben in neuerer Zeit ergeben, daß die Jupiteratmosphäre sehr wesentlich anders zusammengesetzt ist als die der Erde, vor allem scheinen sich bei den tiefen Temperaturen Stickstoff und Wasserstoff zu Ammoniak verbunden zu haben. Eine merkwürdige Vorstellung, daß wir da in Wolken von Salmiakgeist einhersegeln könnten! – Es ist nicht einfach für den Astronomen, all diese Erscheinungen richtig zu deuten; gestehen wir offen, daß vieles uns da noch unklar ist!

Dem Freund der Sterne, der über ein bescheidenes Fernrohr verfügt (und hier genügt schon ein Handfernrohr, ja ein gutes, fest aufgelegtes Feldglas), bereitet es immer wieder Vergnügen, die vier hellen Monde Jupiters zu betrachten, deren Entdeckung durch Galilei wir bereits schilderten. Diese Monde des Jupiter sind sehr interessante Gebilde. Abgesehen davon, daß sie in einem großen astronomischen Fernrohr einen wunderbaren Anblick gewähren, wenn sie langsam die mächtige Kugel des Planeten umkreisen und immer wechselnde Stellungen zueinander einnehmen – haben sie auch ein praktisches Interesse für uns. Schaut man ihren Bewegungen eine Weile zu, so kann man sehen, wie bald dieser, bald jener Mond *vor* der Jupiterkugel vorüberläuft und wie die Sonne seinen *Schatten* auf die Oberfläche des Jupiter wirft, genau so, wie zur Zeit einer Sonnenfinsternis der Schatten des Erdmondes auf die Erde fällt. Wir sind also da Zeugen einer Sonnenfinsternis auf dem Jupiter, denn dort, wo der Schatten des Jupitermondes auf den Planeten auftrifft, steht jener Mond vor der Sonne und verdunkelt sie. Zu anderen Zeiten kann ein solcher Mond wieder durch die Jupiterkugel verdeckt werden; er verschwindet hinter dem Planeten. Ebenso treten aber auch die Monde in den mächtigen Schatten ein, den die Jupiterkugel hinter sich in den Raum wirft. Dann werden die Monde natürlich *verdunkelt*, und es ereignet sich derselbe Vorgang, den wir Mondfinsternis nennen. Solche Sonnen- und Mondfinsternisse auf Jupiter sind aber sehr häufig, denn erstens sind es der Monde viele, und zweitens bewegen sie sich viel schneller um den Planeten herum, als sich der Erdmond um die Erde schwingt; der eine Mond zum Beispiel schon in einem Tag und 18½ Stunden!

Man ist nun imstande, diese *Verfinsterungen usw. der Jupitermonde*, von denen in einem Tage meist mehrere stattfinden, bis auf die Minute und Sekunde genau jahrelang vorauszuberechnen. So findet man in den von den Sternwarten herausgegebenen Astronomischen Jahrbüchern die Stellungen der Jupitermonde für eine bestimmte Stunde eines jeden Tages vorausberechnet und bildlich in Tafeln angegeben. Ebenso sind die Verfinsterungen für das ganze Jahr vorausberechnet, und zwar aus sehr praktischen und nützlichen Erwägungen! Diese fernen Jupitermonde können unter Umständen zu Lebensrettern werden; dann nämlich, wenn sich mit ihrer Hilfe ein vom Sturm verschlagenes Schiff wieder auf die richtige Bahn finden kann oder auch eine Expedition in fernem Land, abgeschnitten von aller Kultur. Heute, wo Schiffe und Expeditionen mit den Zentren der Kultur durch die drahtlose Telegraphie in Verbindung stehen, Zeitsignale durch den Äther gesandt werden, haben die älteren Methoden viel von ihrer früheren Bedeutung verloren; aber hier interessieren uns diese Dinge ja noch aus anderen Gründen. Zur Bestimmung der geographischen Länge also können die Monde des Jupiter dienen. Der Seemann zum Beispiel beobachtet die Verfinsterung eines Jupitermondes, stellt den Moment der Verfinsterung mit Hilfe einer Uhr genau fest, vergleicht das mit der Vorausberechnung der Finsternis im Astronomischen Jahrbuch, findet damit den Zeitunterschied zwischen seinem Ort und der Greenwicher Sternwarte und kommt schließlich mit Hilfe

einer kleinen Rechnung auf die gewünschte geographische Länge seines Schiffes.
Es ist sonderbar und in hohem Maße interessant, wie die Wissenschaft die Dinge miteinander verknüpft, wie die Kunst des Astronomen aus diesen kleinen Sternen, die eine ferne Erde umkreisen, Wegweiser schuf für die in der Wasserwüste des Ozeans Umherirrenden.
Aber diese Monde des Jupiter gaben uns auch Antwort auf eine andere wichtige Frage, nämlich auf die nach der *Geschwindigkeit des Lichtes*. Die Lichtstrahlen breiten sich ja mit so ungeheurer Geschwindigkeit aus, daß wir überhaupt dieses Forteilen des Lichtes nicht verfolgen können. In dem Augenblick, in dem ein Licht aufleuchtet, etwa eine Lampe auf einer Anhöhe entflammt wird, sieht man auch das Licht bis in die fernsten Gegenden *gleichzeitig*. Es macht, wenn man nicht feinste Messungen vornimmt, gar keinen Unterschied, ob ein Beobachter eine Meile oder zehn entfernt ist, er sieht das Licht ebenso schnell, wie es jemand sieht, der dicht neben der Lampe steht. Auf der Erde schienen alle Entfernungen viel zu klein, um direkt einen Zeitunterschied zwischen dem Aufblitzen des entferntesten Lichtes und seiner Wahrnehmung hier konstatieren zu können. So glaubte man denn früher, die Geschwindigkeit, mit der sich die Lichtstrahlen im Raume ausbreiten, *sei unendlich* groß. Nur ein Ereignis im Himmelsraume mit seinen ungeheuren Entfernungen konnte eventuell Aufschlüsse über die Schnelligkeit, mit der sich das Licht fortpflanzt, geben, und in der Tat machte der Astronom *Olaf Römer* im Jahre 1675 an den Jupitermonden eine Beobachtung, die ein Mittel bot, die Lichtgeschwindigkeit festzustellen. Römer hatte die Wiederkehr der Verfinsterungen der Jupitermonde von Tag zu Tag vorausberechnet. Die Verfinsterungen trafen anfangs auch pünktlich zur vorausberechneten Zeit ein. Es zeigte sich aber nach einem halben Jahr, daß die damals berechneten Finsternisse der Monde jetzt 16½ Minuten *später* eintrafen. Olaf Römer fand den wahren Grund der Erscheinung. Während dieses halben Jahres war die Erde bei ihrem Lauf um die Sonne immer weiter vom Jupiter fortgewandert, so daß sie nun 300 Millionen Kilometer *weiter* von jenem Planeten abstand als damals. Die vom Jupiter ausgehenden Lichtstrahlen, die uns doch die Kunde von den Verfinsterungen der Monde überbringen, hatten also jetzt eine 300 Millionen Kilometer *längere* Strecke zurückzulegen; dazu brauchten sie aber auch *mehr Zeit*, und zwar, wie sich zeigte, 16½ Minuten mehr als damals, wo die Erde dem Jupiter näher stand. Da nun die Lichtstrahlen 16 Minuten und 36 Sekunden brauchten, um die Mehrstrecke zu durcheilen, die 300 Millionen Kilometer lang ist, so legt das Licht in jeder Sekunde rund 300000 Kilometer zurück.

Inzwischen hat man Mittel und Wege gefunden, selbst so kleine Zeitspannen zu messen, wie sie der Lichtstrahl, dieser schnellste aller Boten, braucht, um auf der Erde von einem Ort zum andern zu kommen. Auf dem Mount-Wilson-Observatorium prüfte man mit schnell rotierenden Spiegeln die Zeit, die das Licht brauchte, um von einem anderen, 35 Kilometer entfernten Berg bis zum Beobachter zu dringen; alle neueren Untersuchungen dieser Art ergeben Sekundenwege von 299700 bis 299800 Kilometer.
Von den vier großen Monden Jupiters seien hier einige Daten gegeben:

Mond	Durchmesser in Kilometern	Entfernung vom Mittelpunkte Jupiters in Kilometern	Umlaufszeit um Jupiter
I	3920	421000	1 Tag 18 Std. 27 1/2 Min.
II	3360	670000	3 Tage 13 Std. 13 3/4 Min.
III	5510	1069000	7 Tage 3 Std. 42 1/2 Min.
IV	5050	1881000	16 Tage 16 Std. 32 1/6 Min.

Wir sehen, daß diese Monde mit Ausnahme des zweiten, der dem Erdmond an Größe fast gleichkommt, weitaus größer sind als der Trabant der Erde; sie sind so hell, daß man sie mit freiem Auge sehen könnte, überstrahlte sie nicht das Licht ihres Planeten.
Wer hätte gedacht, daß Jupiter außer diesen Monden noch andere, die bisher verborgen blieben, haben könnte? So erregte es überall Aufsehen, als 1892 ein junger Astronom der Lick-Sternwarte, *Barnard*, einen fünften Mond fand, der allerdings ganz aus dem Rahmen der bislang bekannten fiel, denn es handelt sich um ein kleines Körperchen von etwa 150 Kilometer Durchmesser, das ganz dicht bei seinem Planeten steht, nur mit den riesigen Teleskopen der Amerikaner gesehen werden konnte. Im Jahre 1904 und 1905 kamen, wieder auf dem Lick-Observatorium gefunden, neue Monde hinzu; einen achten fand *Melotte* in London-Greenwich, und wenige Wochen vor Ausbruch des Ersten Weltkrieges konnte *Nicholson*, abermals auf der Lick-Sternwarte, auf photographischem Wege einen neunten Jupiterbegleiter aus dem Dunkel der Verborgenheit herausholen. Heute sind zwölf Monde des Jupiter bekannt, und es mögen noch weitere dazukommen; er ist König eines eigenen großen Reiches. Der neunte Mond steht die gewaltige Strecke von

rund 30 Millionen Kilometer von seinem Planeten ab und braucht drei unserer Jahre zu einem Umlauf: ein Mond, der alle drei Jahre Vollmond ist! – Es handelt sich bei all diesen Gestirnen um ganz winzige Körper von nur wenigen Kilometern im Durchmesser, und es ist sehr fraglich, ob Jupiter sie immer besessen hat, ob der mächtige Stern nicht kleine Körper, die in seine Nähe kommen, zwingt, sich seinem Reich einzugliedern. Eine reiche, eine interessante Welt haben wir da an uns vorüberziehen lassen, sie schwebt so fern von uns, daß wir leider nur einen Teil ihrer Eigentümlichkeiten zu überblikken vermögen.

Die Grenzen, die auch den größten Teleskopen gesetzt sind, drängen die Astronomen auf den nicht mehr ganz ungewöhnlichen Weg, mehr und mehr die technischen Erfolge der Raumfahrt in den Dienst der Himmelsforschung zu stellen. Anfang März 1971 schickte die amerikanische Raumfahrtbehörde NASA die Raumsonde Pionier 10 auf die weite Reise zum Riesenplaneten Jupiter. Sie dauerte 21 Monate. In einem Abstand von 130000 Kilometer zog die Sonde am 3. Dezember 1973 mit einer Geschwindigkeit von 132000 Kilometer in der Stunde an dem fernen Bruder der Erde vorbei. Eine Vielzahl von Meßdaten wurde zur Erde gefunkt, deren Bearbeitung wahrscheinlich Jahre dauern wird. Zu diesen Daten gehören auch die vom Belichtungsmesser der Sonde gemessenen und gespeicherten Helligkeitswerte von Bildern der Jupiteroberfläche, die auf der Erde vom Computer in Bilder zurückverwandelt werden. Eindrucksvolle – auf diese Weise erhaltene – Nahaufnahmen von dem Riesenplaneten stehen jetzt der Forschung zur Verfügung.

Nur einige wenige der neuen Erkenntnisse seien genannt. Die Wärmemessungen ergaben, daß die sich in ihrer Färbung deutlich voneinander abhebenden »Bänder« der dichten Atmosphäre auch unterschiedliche Temperaturen haben. Die dunkel erscheinenden Gürtel sind wärmer und liegen tiefer als die helleren Zonen. Ein weiteres interessantes Ergebnis der Pionier-Mission ist die Feststellung bzw. Bestätigung, daß einige von den vier größten Monden des Jupiter eine Atmosphäre haben. Beim Jupitermond Jo konnte sogar deren Ausdehnung ermittelt werden. Sie reicht etwa 100 Kilometer weit in den Raum hinaus, ist aber von weit geringerer Dichte als die irdische Atmosphäre. Die Jupitermonde sind kälter als der mächtige Planet. Aus den Messungen von Pionier 10 ergab sich, daß z. B. an der Oberfläche des Mondes Ganymed eine Temperatur von –145 Grad Celsius herrscht. Die sichtbaren Schichten des Jupiter sind kaum ein Dutzend Grad »wärmer«, es darf aber angenommen werden, daß tiefere Schichten viel wärmer sind, da der Weltkörper sicher eine beträchtliche Eigenwärme hat. Der Große Rote Fleck (GRF) in einem der hellen Wolkenbänder, der etwa 40000 Kilometer lang

und 15000 Kilometer breit ist, hat das Geheimnis seiner Bedeutung und Eigenart noch nicht preisgegeben.
Pionier 10 ist die erste von Menschenhand geschaffene Raumsonde, die unsere kosmische Heimat verlassen wird. Im Jahre 1976 kreuzt der kosmische Wanderer die Saturnbahn, 1979 die des Uranus, vier Jahre später hat er die des Neptun erreicht und 1987 die des sonnenfernsten Planeten Pluto. Dann verläßt er unser Sonnensystem, um sich auf seiner einsamen Reise zu fernen Welten in der Unendlichkeit zu verlieren.

Die Sternseher und Sterndeuter des Altertums hatten keine Möglichkeit, die Entfernung der Gestirne zu messen, aber die sorgsamen Beobachtungen der Wandelsterne, der Planeten, zeigten ihnen, daß die einen (wie Merkur und Venus) schnell liefen, die anderen, wie etwa Jupiter und Saturn, langsam unter den Sternbildern dahinzogen und viele Jahre brauchten, um den Himmel einmal zu umwandern. Der Schluß lag nahe, daß diese langsam Wandelnden auch weiter von der Erde entfernt sein müßten. Am gemächlichsten von all diesen Himmelswanderern aber schritt ein Stern dahin, der in bleichem Licht leuchtete, zumeist weniger auffällig als die anderen; alle dreißig Jahre stand er wieder im gleichen Sternbild, er mußte der allerfernste sein, der letzte, der äußerste Planet. Die Inder gaben ihm den Namen »Sauri sanais tschara«, was etwa bedeutet »der langsam wandelnde Gott«; die Griechen und Römer aber nannten ihn *Saturn*. Er war bis in die Neuzeit hinein der Grenzstein des Reiches der Sonne, erst die Auffindung des Uranus durch Herschel im Jahre 1781 bewies, daß sich die Macht des großen Feuerballes viel weiter dehnte.
Saturn ist der Nachbar Jupiters, aber eine gewaltige Strecke liegt zwischen den beiden mächtigsten Planeten unseres Systems, nämlich rund 650 Millionen Kilometer; die mittlere Sonnenentfernung beträgt 1428 Millionen Kilometer. Brauchte der Lichtstrahl nur 8 1/3 Minuten, um vom Zentralgestirn bis zu uns zu dringen, so braucht er 5/4 Stunden, um die Strecke Sonne–Saturn zurückzulegen.
Nicht weniger als 29 1/2 Jahre benötigt Saturn, um einmal seine lange Bahn zu durchlaufen. Langsam zieht er, der alte Gott der Zeit, den die Alten als Greis mit Sense und Sanduhr darstellten, am Himmel entlang, und wir finden ihn im nächsten Jahr nicht viel weiter von seinem derzeitigen Ort entfernt. Auch cr ist der Erde bedeutend an Größe überlegen, denn der Durchmesser der Kugel beträgt 120000 Kilometer, während der Erddurchmesser bekanntlich nur 12756 Kilometer mißt. Siebenhundert Erden könnte man aus dem Saturn bilden, aber schon 95 Erdbälle ergäben einen an Masse, an Gewicht gleichwertigen Körper; Saturn besteht aus leichterem Stoff. Noch

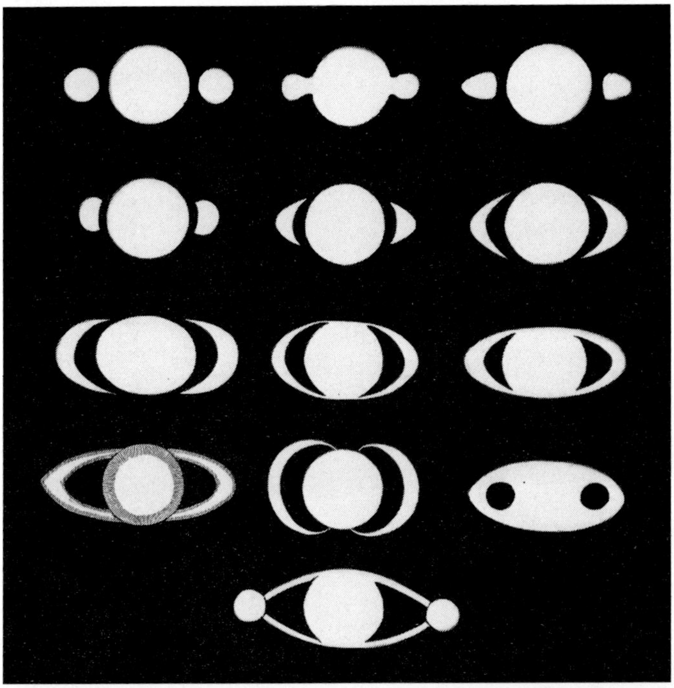

Saturn *Zeichnung des Saturn aus der ersten Zeit teleskopischer Beobachtung; entnommen aus dem Werk »Systema Saturnium« des holländischen Astronomen und Mathematikers Christian Huygens, der 1656 als erster den Saturnring als solchen erkannte (oben). – Anblick des Saturn bei größter Ringöffnung. Seine fünf Ringe bestehen aus zahllosen Trümmern, die sich in einer verhältnismäßig dünnen Schicht um den Planeten gruppieren (unten)*

Uranus – Pluto *Uranus und zwei seiner Monde (Bildmitte). Aufnahmen: E. Hubble, Yerkes-Observatorium, 24-Zoll-Reflektor (oben). – In einer Entfernung von rund 6 Milliarden km kreist Pluto um die Sonne. Auf der photographischen Platte erscheint er punktförmig und ist von einem Fixstern nicht zu unterscheiden. Erst Aufnahmen, die in zeitlichen Abständen gemacht werden, lassen den Planeten und seine Bewegung erkennen (Pfeil). Das große, helle Objekt ist der Stern Delta im Sternbild Zwillinge, der infolge Überbelichtung als runder, weißlicher Fleck erscheint (unten)*

viel bedeutender als beim Jupiter ist beim Saturn die Abplattung der Kugel. Dieser Planet neigt ganz bedenklich der Eiform zu, denn seine Polarachse ist um 14 000 Kilometer kleiner als die oben erwähnte Äquatorachse. Es muß dies zu seltsamen Gewichtsunterschieden Veranlassung geben, denn wir wissen, daß auch bei uns auf der Erde infolge der Abplattung ein Gegenstand am Pol schwerer ist als am Äquator. Am Äquator des Saturn werden wegen der enormen Abplattung alle Gegenstände ganz bedeutend leichter sein als an den Polen. Wer am Äquator des Planeten bei einem Kaufmann einen Zentner Ware erstände, würde beim Nachwiegen in den Polargegenden erheblich höheres Gewicht finden.
Durch ein Fernrohr betrachtet, bietet uns dieser ferne Bruder der Erde einen ganz sonderbaren Anblick, der den Neuling immer wieder verblüfft. Während ihm das unbewaffnete Auge das alte und gewohnte Bild eines strahligen Sternes zeigt, sieht er nun im Gesichtsfeld des Teleskops eine Kugel schweben, die *von einem breiten flachen Ring umgeben* ist. Diese wunderbare Gestalt steht einzig da; bisher hat man noch kein Objekt am Himmel gefunden, das dem Saturn ähnelt. Mit unseren heutigen, vollkommenen Instrumenten erkennen wir ja sehr leicht diese Eigentümlichkeit der Saturnwelt; versetzen wir uns aber einmal zurück in die Zeit Galileis, als das Fernrohr noch ganz und gar unvollkommen war! Damals zerbrachen sich die Sternkundigen ihre gelehrten Köpfe ob des sonderbaren Planeten. So schrieb Galilei an einen Gesandten des Kaisers von Österreich am 13. November 1610: »Wenn ich den Saturn mit einem Fernrohr von mehr als 30facher Vergrößerung beobachte, so erscheint er dreifach; in der Mitte steht der größte Stern; die beiden anderen liegen, der eine westlich, der andere östlich, auf einer Linie und scheinen den Zentralstern zu berühren. Sie kommen mir vor wie zwei Diener, welche dem alten Saturn beistehen, seinen Weg zurückzulegen, und nicht von seiner Seite weichen.«
Da die Erde sowie auch der Saturn nicht immer in derselben Ebene im Raum bleiben und die Erde bald in der Ebene des Ringes, bald über, bald unter dieser steht, so ändert sich der Anblick des Gebildes von Jahr zu Jahr, wie sich für uns der Anblick eines Faßringes ändert, den wir aus verschiedenen Gesichtswinkeln betrachten. Dazu kommt, daß sich auch von der Erde aus gesehen die *Beleuchtung* des Planeten durch die Sonne ändert und der Saturnring »Phasen« zeigt. Dadurch wurde für die damaligen Astronomen die Sache immer rätselhafter und verwickelter. Der eine sah eine Kugel mit zwei Henkeln, der andere zu anderer Zeit nur eine gerade Stange durch die Kugel gespießt und so weiter. Erst im Jahre 1660 machte *Huyghens* dem Streit ein Ende, indem er die richtige Erklärung gab, daß ein freischwebender

Ring die Kugel umgebe. Je nach Lage der Gesichtslinie zur Fläche des Ringes sehen wir diesen offener oder geschlossener, wie es unsere verschiedenen Bilder auch darstellen. Der Leser kann sich leicht die ganzen Verhältnisse klarmachen, wenn er einen Tennisball oder einen Apfel als »Saturnkugel« gelten läßt und sich aus weißem Karton einen entsprechend großen Ring schneidet, den er nun mit ein paar Haltestreifen oder Drähten an dem Ball befestigt. Er wird, je nachdem, ob er das Auge mehr oder weniger über die Ringfläche bringt, diesen Ring offener oder geschlossener sehen, wird, wenn er seinen künstlichen Saturn von einer Seite her mit einer Lampe beleuchtet, auch den Schatten der Saturnkugel auf dem Ring, den Schatten des Ringes auf der Kugel wahrnehmen, ganz ähnlich, wie das der Astronom in einem starken Fernrohr beobachten kann. Zuweilen steht die Erde in der Ebene des Ringes, also so, daß wir direkt auf die scharfe *Kante* des Ringes schauen, und dann sehen wir den Ring nur in Gestalt einer feinen Linie. Steht die Sonne dann noch so, daß sie die Ringkante nicht beleuchtet, so sehen wir keine Spur mehr von diesem Gebilde. Im Jahre 1675 entdeckte Cassini eine dunkle Trennungslinie auf dem Ringe und zeigte so, daß der Ring aus zwei ineinanderliegenden Ringen besteht. Heute kennt man fünf solcher Ringe; ja es ist wahrscheinlich, daß noch viele solcher Trennungen bestehen, die unsere heutigen optischen Hilfsmittel noch nicht erkennen lassen. Die inneren, der Kugel zunächst liegenden Teile des Ringsystems sind so fein und durchsichtig, daß man die kleinsten Sterne, über die der Planet bei seiner Wanderung am Himmel hinwegzieht, durchscheinen sieht; die Saturnkugel schimmert durch diesen Teil des Ringes hindurch. Woraus besteht dieses interessante Ringgebilde? Durch rein mathematische Überlegungen ist man zu der Ansicht gelangt, daß der Ring oder besser die Ringe nicht aus einem Stück, aus einer festen, kompakten Masse bestehen können; die Gesetze der Mechanik lehren, daß ein solches wunderbares Gefüge durch die geringsten Störungen, die andere Weltkörper darauf ausüben, zertrümmert werden müßte. Durch spektroskopische Untersuchungen ist die schon lange gehegte Vermutung, daß der Ring aus unzähligen Körperchen, aus festen kleinen Massen (nach Art der Meteorsteine) besteht, zur Gewißheit geworden. Es sind Körper von Sandkorngröße bis zu Blöcken von mehreren Kilometern Durchmesser daran beteiligt.

Auf jeden Fall ein sehr merkwürdiges Objekt, über dessen Zustandekommen wir auch heute noch nicht recht unterrichtet sind; vielleicht handelt es sich um Materie, die dem Planeten zu nahe stand, um ungestört und ungehindert einen Mond zu bilden gleich den anderen Saturnmonden; so breitete sie sich rings um die gewaltige Kugel aus. Die Teilungen im Ring zeigen, daß auch hier Störungszonen vorhanden sind. Der Durchmesser des ganzen Ringsystems beträgt 280000 Kilometer, die Breite der Ringfläche etwa 70000 Kilometer, die Dicke des Ringes aber ist sehr gering und wird kaum über 30 Kilometer hinausgehen.

Außer diesem Ringsystem kreisen nicht weniger als *zehn Monde* um die Saturnkugel, von denen acht in größeren Fernrohren leicht beobachtet werden können; die beiden anderen wurden erst mit den Hilfsmitteln der Neuzeit gefunden. Auch dieser Planet bildet ein mächtiges Reich im Sonnenreiche. Nach ihrer Entfernung vom Saturn geordnet, heißen die Monde: Janus, Mimas, Enceladus, Tethis, Dione, Rhea, Titan, Hyperion, Japetus und Phoebe. Der *fernste* Saturnmond, Phoebe, steht 13 Millionen Kilometer vom Saturn ab, und das Gestirn braucht 550 Tage, um einmal den Saturn zu umwandern, ein Mond, der alle anderthalb Jahre einmal als Vollmond erscheint!

Auch der Saturn zeigt im Fernrohr solche Wolkengürtel, wie wir sie auf dem Jupiter sehen, beide Planeten sind, vom Ring abgesehen, einander sehr ähnlich. In der dichten Atmosphäre kann man zuweilen helle Flecke beobachten, die erkennen lassen, daß gewaltige Strömungen auch in der Lufthülle dieses Planeten vor sich gehen; die Beobachtung dieser Flecke zeigt auch, daß sich die Saturnkugel fast ebenso schnell dreht wie die des Jupiter, so daß der Tag auf Saturn nur 10 Stunden und 15 Minuten lang ist. Auch dieser Planet ist eine unwirtliche Welt; die Sonne erwärmt ihn nur noch neunzigmal weniger als unsere Erde, und ein trübes Zwielicht ist sein hellster Tag. Die Phantasie eines englischen Romanschriftstellers hat diese seltsame Welt mit einem Geschlecht von riesenhaften Molchen bevölkert, die in dem trüben Dämmerlicht, auf dem Grunde des dicken und feuchtwarmen Luftmeeres ihr Wesen treiben und sich in ewiger Sehnsucht nach elfenhaften Wesen verzehren, die auf dem Ringe des Planeten ein lichteres Dasein führen. Eine Phantasie, die durch die astronomischen Erkenntnisse nicht bestätigt werden kann, denn die Ringe sind ein Staub- und Trümmerwirrsal ohne Lufthülle, und wie es auf der Saturnkugel selbst aussieht, vermag niemand zu sagen. Der Berechnung nach, und wenn es nur auf die Sonnenstrahlung ankäme, müßte der Planet ein einziges Eismeer sein, nahezu 200 Grad kalt, aber auch hier können Glutmassen der Tiefe (vergessen wir nicht, daß der Stern einen fast zehnmal größeren Durchmesser hat als die Erde!) die Dinge ganz erheblich umgestalten. Der dichte Atmosphärenmantel verbirgt uns alles, wir kennen eigentlich nur ihn, aber ohne Zweifel ist Saturn eine höchst ungemütliche Welt, ohne Leben, denn kein Strahl des schon sehr matten Sonnenlichtes kann diese dichte Wolkenhülle durchdringen.

Die Planeten der Sonnenferne

Uranus, Neptun und Pluto

Grenzen im Weltall? Gibt es das überhaupt? Setzt nicht der Mensch erst überall in Raum und Zeit Grenzen! Erinnern wir daran, daß einmal die Menschen glaubten, Wärme und Kälte wären wirklich zwei verschiedene, im *Wesen* verschiedene Zustände der Natur. Aber der Nullpunkt unserer Thermometer ist in Wahrheit keine Grenze, er zeigt, genau genommen, ja nur unterhalb seines Striches geringere Wärmegrade an und oberhalb höhere; wir könnten, wenn wir Menschen uns nicht des für uns auffälligen Gefrierpunktes des Wassers bedienten, diese »Grenze« auch bei anderen Graden setzen. So aber steht es mit vielen Grenzen, Abschnitten, die wir uns schufen.

Ein gewaltiger Stern von einer unvorstellbaren Masse, schwebt die Sonne im Universum. Hat ihre Anziehungskraft eine Grenze, über welche hinaus sie auf etwa da noch vorhandene Gestirne nicht mehr wirken kann? Gewiß wird ihre Wirkung mit zunehmender Entfernung immer schwächer und schwächer, aber wir müßten schon bis in aschgraue Unermeßlichkeiten hineinsteigen, um sie gleich Null zu finden. Freilich, in weiter Ferne gibt es andere Sonnen, auch sie wirken selbstverständlich auf andere Körper ein, aber vergessen wir nicht, daß selbst der allernächste Fixstern, der im Sternbild Centaur am Südhimmel steht, rund 28 500mal weiter von unserer Sonne entfernt ist als der *Saturn*, der so lange als die Grenze ihres Reiches galt. Es ist selbstverständlich, daß sie weit, weit über seine Bahn hinaus wirkt, und diese Tatsache war natürlich auch den Astronomen früherer Zeiten wohlbekannt. Aber wie die Menschheit Jahrtausende gebraucht hat, um dieses kleine Erdenrund zu erforschen, wie kühne Pioniere immer weiter vordrangen nach allen Richtungen, allen möglichen abergläubischen Einwendungen und Bedenken zum

Trotz, und wie erst vor rund fünf Jahrhunderten jener mächtige Erdteil jenseits des Atlantischen Ozeans den Erdkarten einverleibt werden konnte, so hat der Mensch auch die Brücke der Erkenntnis immer weiter hinausgebaut in die Sternenräume. Jahrtausendelang bildete Saturn den Grenzstein des großen Sonnenreiches, und niemand ahnte oder glaubte, daß jenseits jener ringgeschmückten Weltkugel noch Planeten vorhanden seien, die den Sonnenball umkreisen. Der große Astronom *Friedrich Wilhelm Herschel* wurde der Kolumbus des Sonnensystems; er fand jenseits der bekannten Welten eine neue Welt, einen *neuen Planeten*, und rückte damit die Grenze des Sonnenreiches um fast 1500 Millionen Kilometer weiter hinaus; der neuentdeckte Körper stand in einer Entfernung von der Sonne, die gerade noch einmal so groß war wie die bisher bekannte Ausdehnung des Sonnensystems. Am 13. März 1781 durchforschte Herschel wie gewöhnlich auf seiner Sternwarte zu Bath bei London mit dem von ihm selbstverfertigten Spiegelteleskop den Himmel nach neuen Objekten, nach Kometen und Sternennebeln. Kurz nach 22 Uhr entdeckte er im Sternbilde der Zwillinge einen kleinen Stern, der sich von den Fixsternen ringsumher durch sein ruhiges Licht unterschied, vor allem aber in dem kräftigen Fernglase deutlich als kleines Scheibchen sichtbar war, während die Fixsterne stets, auch in den größten Instrumenten, als unteilbare Punkte erscheinen. Schon am ersten Abend, bei der ersten Betrachtung, war das Objekt dem erfahrenen Beobachter verdächtig erschienen, und als er es nun einige Abende fortgesetzt im Auge behielt, zeigte sich, daß der Stern am Himmel *weiterwanderte,* also unmöglich ein Fixstern sein konnte. Herschel glaubte zunächst einen Kometen entdeckt zu haben, machte seinen Fund in Fachkreisen bekannt, und nun wurde das interessante Objekt schnell der Zielpunkt aller Fernrohre Europas; die Mathematiker, vor allem der berühmte Franzose *Laplace*, versuchten die Bahn des Gestirns zu bestimmen, und Laplace und Lexell konnten denn auch bald mitteilen, daß der Stern sich nicht in einer Kometenbahn bewege, sondern unbedingt ein Planet sei, der in fast kreisförmiger Bahn die Sonne umwandere und bisher von den Astronomen übersehen worden sei. Beim Nachforschen in älteren Sternkatalogen und Sternkarten, die 1690 und 1756 von Flamsteed beziehungsweise Tobias Meyer angefertigt worden waren, fand man, daß jene Astronomen schon damals diesen Stern gesehen und eingetragen hatten, ihn aber für einen der hunderttausend kleinen Fixsterne hielten. Der Franzose Lemonnier hatte dieses Gestirn sogar dreimal gesehen und seine Position am Himmel gemessen, aber er war nicht so sorgsam wie Piazzi in Palermo, er kontrollierte seine Beobachtungen nicht nach, und so kam er um den Ruhm. Arago, der spätere Direktor der Pariser Sternwarte,

war noch nachträglich ärgerlich über die Unordnung Lemonniers; fand man doch, daß der leichtlebige Franzose eine Beobachtung des nun so berühmt gewordenen Sterns auf eine . . . Haarpudertüte notiert hatte. So kommt auch in der hehren Wissenschaft von den Sternen der Humor zu seinem Recht.
Forschungsreisende machten später die interessante Mitteilung, daß die Bewohner von Otahaiti den Stern schon seit Jahrhunderten als Wandelstern, als Planeten gleich den anderen großen Planeten, gekannt hatten und sogar einen Namen für ihn hätten. Da das Gestirn, wenn es sich in Erdnähe befindet, auch dem freien Auge als Stern sechster Größe sichtbar wird, also von den scharfsichtigen Naturvölkern unter dem klaren Himmel ihrer Gegenden sehr wohl bemerkt worden sein kann, dürfte diese Behauptung auf Wahrheit beruhen. Auf einen Vorschlag des Astronomen Bode wurde der neue Planet *Uranus* genannt (in der Mythologie ist Uranus der Vater des Saturn und Saturn wiederum der Vater des Jupiter); der Name war gut gewählt und fand allgemein Beifall. – Uranus, der also als siebenter Planet um die Sonne kreist, ist 2870 Millionen Kilometer von der Sonne entfernt und braucht zu einer Umwanderung des Feuerballes 84 Jahre und 7 Tage. Sein Abstand von der Erde schwankt zwischen 2700 und 3100 Millionen Kilometer, je nachdem, ob die Erde gerade in dem Punkt ihrer Bahn steht, der dem Standorte des Uranus zugekehrt ist, oder ob sie jenseits der Sonne steht.
Der Planet ist zwar kleiner als die Riesenplaneten Jupiter und Saturn, aber dennoch viel größer als der Erdball. Die Uranuskugel mit fast 50000 Kilometer Durchmesser übertrifft den Rauminhalt der Erde 70mal; die Erde wäre in der Entfernung des Uranus von hier aus gar nicht mehr sichtbar. Es nimmt nicht wunder, daß wir selbst mit unseren modernen Riesenfernrohren auf der kleinen Scheibe des Planeten nicht viel entdecken können. Die Entfernung ist gewaltig und die Beleuchtung des Gestirns wegen des großen Sonnenabstandes naturgemäß recht schwach. Mit dem riesigen Fernrohr der Lick-Sternwarte hat einer der besten Beobachter, *Edward E. Barnard*, einen grauen, breiten, gewinkelten Streifen mehrfach erkannt, und mit dem Spektralapparat hat man festzustellen vermocht, daß dieser ferne Bruder unserer Mutter Erde eine dichte Atmosphäre besitzt, die der Jupiters und Saturns in vieler Beziehung zu gleichen scheint: Freier Wasserstoff konnte spektroskopisch nachgewiesen werden.
Bald nach der Entdeckung des Uranus konnte Herschel zwei *Monde* auffinden, die den Planeten auf seiner weiten Bahn um die Sonne begleiten und die die Namen »Titania« und »Oberon« erhielten; zwei weitere Monde fand im Jahre 1851 der Astronom Lassel in Liverpool mit einem mächtigen Spiegelteleskop. Einen fünften Mond entdeckte Kuiper im Jahre 1948. Selbst in

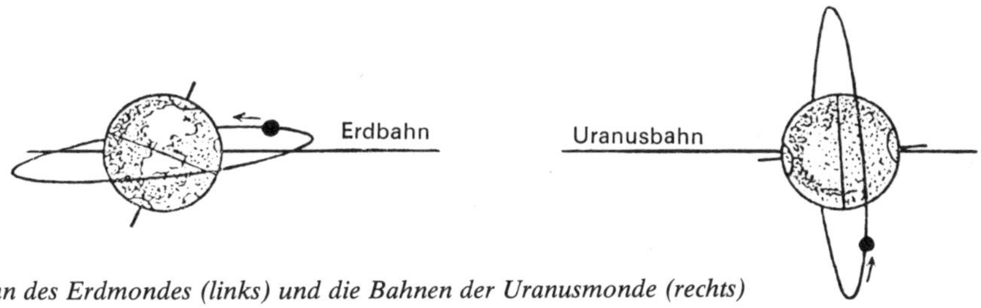

Die Bahn des Erdmondes (links) und die Bahnen der Uranusmonde (rechts)

weitaus kräftigeren Instrumenten der neueren Zeit kann man diese sehr lichtschwachen Monde des Uranus – es handelt sich um Sterne 14. bis 16. Größe – nur schwer erkennen, ein Beweis dafür, daß die Güte des Auges bei einem astronomischen Beobachter eine außerordentlich wichtige Rolle spielt.

Die größte Eigentümlichkeit der Welt des Uranus ist die, daß jene Monde eine ganz andere Bewegung ausführen, ganz andere Bahnen beschreiben als die anderen Planeten und Monde im Sonnensystem. Es wurde schon darauf hingewiesen, daß in diesem mächtigen Reiche *eine* Bewegungsrichtung vorherrschend ist, die von West nach Ost. Die Sonne und alle Planeten drehen sich in der Richtung von West nach Ost um ihre Achsen, wie wir das ja an der Erde täglich selber beobachten können; alle Planeten kreisen in der Richtung von West nach Ost um die Sonne, und es bewegen sich wiederum fast alle Monde in derselben Richtung um ihren Hauptplaneten. Dabei liegen die Bahnen der Planeten nahezu alle in einer Ebene. Man kann sich die Verhältnisse am besten klarmachen, wenn man sich Sonne, Planeten und Monde als auf einer Wasserfläche schwimmende Körper vorstellt und sich denkt, eine mächtige Kraft habe eines Tages dieses Wasser durch Umrühren in kreisende Bewegung versetzt, so daß alle Körper in der nämlichen Richtung um die im Mittelpunkt des Wassers ruhende Sonne laufen müssen, zugleich aber, alle auf der Oberfläche des Wassers schwimmend, in ein und derselben Ebene liegen. Ganz genau stimmt das nun freilich nicht, kleine Abweichungen sind schon vorhanden; die Bahn der Venus ist über 3, die des Mars sogar 7 Grad zu jener großen Ebene geneigt, aber selbst mit diesen Abweichungen bildet das Sonnensystem sozusagen eine riesenhafte, aber nur sehr dünne Scheibe. Die Monde der verschiedenen Planeten laufen alle fast genau in der Äquatorebene um ihren Hauptplaneten herum, und diese hat nun beim Planeten Uranus eine sehr merkwürdige Lage, die wir uns am besten durch einen Vergleich mit irdischen Verhältnissen an einer Zeichnung klarmachen können. In unserer Abbildung ist links die Erde in ihrer Bahn dargestellt, begleitet vom Monde. Die Neigung der Erdachse und der Mondbahn zur Ebene der Erdbahn ist mit den entsprechenden Winkeln wiedergegeben. Daneben ist der Uranus in seiner Bahn und mit den Bahnen seiner Monde dargestellt, und die seltsame Lage der Umdrehungsachse des Planeten und der Mondbahnen zur Ebene der Uranusbahn wird bei Vergleich sofort deutlich.

Die eigenartige Lage der Achse des Uranus bedingt natürlich auch eigenartige *Jahreszeiten* auf dieser Welt. Ein jeder Punkt der Planetenoberfläche ist zweimal im Jahre der Sonne so zugewendet, daß sie hoch oben im Zenit des Ortes steht; das trifft auch für den Nordpol und Südpol des Uranus zu, während bei uns die Sonne nur am Äquator oder nahe dem Äquator im Zenit eines Ortes stehen kann. Ist aber der Nordpol oder Südpol des Uranus der Sonne zugekehrt, so haben diese Polargegenden (da das Jahr auf Uranus 84 unserer Jahre währt) 42 Jahre lang die Sonne über dem Horizont, haben sie 42 Jahre Tag und Sonnenschein, während auf der entgegengesetzten Halbkugel dann eine 42jährige Nacht herrscht. Wenn die Bewohner jenes Planeten ebenso kurzlebig sind wie die Menschen, so könnte jemand, der, in den Polargegenden wohnend, zu Anfang des Winters geboren wurde, als eben die Sonne für diese Halbkugel unterging, wenn er als Vierzigjähriger stirbt, nie die Sonne, nie den Tag gesehen haben, er lebte, wie jene Grubenpferde im tiefen Schacht der Bergwerke, in ewiger Finsternis. Umgekehrt könnte ein anderer, der gerade zu Beginn des Sommers auf der anderen Halbkugel geboren wurde, nie die Finsternis sehen und die Nacht mit ihrem Sterngefunkel nur vom Hörensagen kennen.

Aber wir brauchen uns über die Bewohner dieser fernen Welt keine Kopfschmerzen zu machen, sie sind sicher nicht vorhanden! Die Sonne sendet nach hier nur noch den dreihundertsechzigsten Teil des Lichtes und der Wärme, die wir empfangen, man muß mit Temperaturen von nahe 200 Grad Kälte rechnen; eine dichte Atmosphäre läßt auch das geringe Licht nicht bis zur Oberfläche des Gestirns dringen, eine düstere und kalte Welt schwebt da im Gesichtsfelde des Fernrohres und löst in uns den Gedanken aus, daß wir es auf unserer Erde recht gut getroffen haben, ja wir sagen besser, daß wir nur da sind, eben weil unser Wohnstern einen günstigen Platz im Sonnensystem einnimmt.

Es ist erklärlich, daß die Auffindung des Uranus den Gedanken nahelegte, es könnten auch jenseits seiner Bahn noch Planeten vorhanden sein. Diese Prophezeiungen bekamen aber bald einen soliden Untergrund.

War die Entdeckung des Uranus ein Kind des Zufalls, so war die Existenz des Neptun den Astronomen schon lange bekannt, ehe noch ein Auge den Stern in den Tiefen des Raumes wahrgenommen. Gleich nach der Entdeckung des Uranus ging man daran, seine Bahn zu berechnen, um seinen Ort für jeden beliebigen Tag voraussagen zu können. Sehr bald zeigte sich nun, daß der Uranus durchaus nicht so laufen wollte, wie die astronomischen Berechner angenommen hatten: er hatte nach kurzer Zeit einen anderen Ort am Himmel inne, als die Vorausberechnung ergab. Die bedeutendsten Mathematiker jener Zeit beschäftigten sich mit dieser eigentümlichen Tatsache, und sehr bald wurde der Gedanke laut, daß wahrscheinlich noch ein Himmelskörper in jenen Räumen vorhanden sei, der Uranus in seinen Bewegungen beeinflusse. Die Akademie der Wissenschaften in Göttingen stellte endlich 1842 eine Preisaufgabe, in der jene Abweichung der Uranusbewegung erklärt und eine genaue Berechnung der Bewegung des Gestirns gegeben werden sollte. Der französische Astronom *Arago* veranlaßte daraufhin einen noch jungen Gelehrten, einen hervorragenden Mathematiker, *Urbain Leverrier*, sich der Sache anzunehmen. Leverrier ging nun an eine ungemein scharfsinnige Untersuchung und legte die Resultate derselben nach einem halben Jahr der Pariser Akademie vor. Er zeigte, daß nur ein bisher unentdeckter Planet der Störenfried sein könne, daß dieser Körper aber nicht zwischen Uranus und Sonne stehen könne, sondern *jenseits* des Uranus, denn Saturn oder ein anderer Planet werde durch sein Vorhandensein nicht beeinflußt. Auch müsse jener noch zu entdeckende Planet sehr weit jenseits der Uranusbahn durch den Raum ziehen, denn seine Störung sei doch immerhin eine verhältnismäßig geringe. Aus der Größe der Anziehung, die jener Körper nun auf Uranus ausübte und die sich eben in einer Abweichung des letzteren vom vorausberechneten Wege äußerte, berechnete Leverrier die Größe und den Ort des Gestirns und gab an, wo er am Himmel zu suchen sei. – Mitte September 1846 schrieb der junge französische Astronom an den Observator *Galle* der Berliner Königlichen Sternwarte und teilte ihm den Ort mit, den der unentdeckte Planet zur Zeit, wenn seine Berechnungen richtig wären, am Himmel einnehmen müßte. Am 23. September 1846 fand Galle dicht an dem angegebenen Ort den neuen Planeten als Stern 8. Größe mit dem Fernrohr auf. Er stand um etwa zwei Vollmondbreiten von dem Punkte des Himmels entfernt, den Leverrier angegeben hatte.

Die Entdeckung des neuen Planeten, der den Namen *Neptun* erhalten hat, war eine glänzende Tat! »Mit der Spitze seiner Feder«, wie Arago sagt, hatte Leverrier einen Weltkörper entdeckt, hatte er seinen Ort anzugeben vermocht, ehe noch ein menschliches Auge das Gestirn gesehen. Der Gerechtigkeit halber muß erwähnt werden, daß auch ein junger englischer Astronom,

Adams, zur selben Zeit wie Leverrier eine gelungene Berechnung des Gestirns lieferte, die aber nicht genügend beachtet wurde.
Die Entdeckung des Neptun zeigt wohl, welche Beweiskraft besonders den astronomischen Rechnungen innewohnt und wie genau uns die Gesetze der Planetenbewegungen bekannt sind. Übrigens fand man auch jetzt wieder, daß das Gestirn mehrfach seit dem Jahre 1795 gesehen und als Fixstern in Karten eingetragen wurde.
Neptun ist 4500 Millionen Kilometer von der Sonne entfernt; der Lichtstrahl, der in jeder Sekunde 300000 Kilometer zurücklegt, der in 1 1/4 Sekunden von der Erde zum Monde fliegt, braucht volle 4 Stunden, um den Raum Sonne–Neptun zu überbrücken. Den gewaltigen Kreis, den Neptun um die Sonne zieht, durchwandert er in 164 Jahren 280 Tagen. Der Planet ist ebenfalls größer als der Erdball, er hat einen Durchmesser von rund 55000 Kilometer, und erst 17 Erdbälle geben einen dem Neptun an Schwere gleichenden Körper. Auch zwei Monde hat dieser ferne Bruder der Erde. Einer wurde schon 1846 von *Lassel* entdeckt. Das gelang seinerzeit mit einem mächtigen Teleskop unter dem klaren Himmel der Insel Malta. Dieser Mond ist insofern interessant, als er, wie die Monde des Uranus, in entgegengesetzter Richtung als die meisten Körper des Sonnensystems, also von Ost nach West, um seinen Planeten wandert. Den zweiten Mond fand Kuiper im Jahre 1949. Beide sind sehr schwer sichtbare Objekte. Von der Oberfläche des Neptun wissen wir wenig zu sagen; selbst in großen Instrumenten ist der mit freiem Auge überhaupt nicht sichtbare Weltkörper nur ein kleines, von der Sonne nur matt beschienenes Scheibchen, erhält er doch nur den 900. Teil jener Sonnenbestrahlung, deren sich die Erde erfreut.
Durch die Auffindung der Planeten Uranus und Neptun ist die Grenze des Sonnenreiches von rund 1400 Millionen Kilometer auf rund 4500 Millionen Kilometer hinausgeschoben worden, die Welt, die die Alten kannten, ungeheuer gewachsen. Es drängte sich die Frage auf, ob nicht auch *jenseits des Neptun* noch ein oder gar mehrere Planeten stehen können, von denen sich unsere Schulweisheit nichts träumen ließ und die unseren optischen Hilfsmitteln ebenso unerreichbar blieben wie jene beiden Planeten an den Grenzen des Sonnenreiches dem freien Auge der Alten. Neptun sowohl wie Uranus zeigten kleine Störungen, aber es wurde auch von verschiedenen Seiten, so von Flammarion in Paris, von dem Deutschen Grigull, von Gaillot, von dem Amerikaner Lowell und anderen darauf hingewiesen, daß einige Kometen sich in Bahnen bewegen, die vermuten lassen, daß ein noch unentdeckter Planet jenseits des Neptun sie beeinflußt, stört, sie zwingt, eben diese Bahnen zu beschreiben. Auch Bahnberechnungen lagen vor, aber nur ein mäch-

tiges Instrument konnte das Gestirn sichtbar machen. Lowells Observatorium in Arizona bemühte sich besonders um die Auffindung des unentdeckten Planeten, und tatsächlich wurde er dort zu Beginn des Jahres 1930 entdeckt!

Ein junger, unbekannter Mensch war der Entdecker, ein Mann, der unerhört vom Glück begünstigt war, ja den die launische Göttin selbst in einer guten Stunde auf ihre rollende Kugel nahm. Der junge Mann, *C. Tombaugh* ist sein Name, war Farmer, beschäftigte sich aber in Mußestunden mit astronomischen Fragen. Sein sehnlichster Wunsch war, an einer Sternwarte als Hilfsarbeiter angestellt zu werden, und er hatte schon die Glückssträhne erfaßt, als ihn der Direktor des Lowell-Observatoriums bei Flagstaff in Arizona wirklich anstellte, ihm den Auftrag gab, eine ziemlich langweilige Arbeit auszuführen, die nicht gerade große wissenschaftliche Kenntnisse erforderte: er bekam die Anweisung, mit einem eigens für diesen Zweck gebauten photographischen Fernrohr fortlaufend bestimmte Gegenden des Himmels aufzunehmen, nämlich Gegenden, wo man aus guten Gründen jenen zwar schon vermuteten, aber noch nicht gefundenen Planeten anzutreffen hoffte. Und wirklich hat der Glückspilz Tombough, der noch vor wenigen Monaten Farmer gewesen war, Mitte Februar 1930 auf zwei photographischen Platten das gesuchte Gestirn gefunden: sein Name wird für alle Zeiten in den Annalen der Wissenschaft genannt werden.

Wie glückhaft der junge Amerikaner war, möge man daraus ersehen, daß es nachträglich gelungen ist, festzustellen, daß der Planet längst photographiert worden war, aber von den die Platten durchmusternden Astronomen übersehen wurde. Es scheint, als ob er in Deutschland zuerst photographisch festgehalten worden ist, nämlich auf einer Himmelsphotographie, die man im Jahre 1914 auf der Sternwarte zu Heidelberg machte. Die Aufnahme diente ganz anderen Zwecken. Niemand konnte vermuten, daß sie ein so wichtiges Objekt enthielt, denn das winzige Pünktchen geht im Millionengewimmel der Sterne unter wie die bekannte Perle im Sand des Meeres oder die Stecknadel in einer mit Stroh gefüllten Scheune. So ist es keineswegs verwunderlich, daß weder die Heidelberger Astronomen noch Sternforscher verschiedener Observatorien in Amerika, die nachträglich auf ihren Platten den Planeten sofort erkannten (da der Ort nun genau bestimmt werden konnte), das Objekt bemerkt hatten. Tombough hatte viel Glück, aber es soll auch nicht verkannt werden, daß er die Beharrlichkeit und den Eifer des noch begeisterten Anfängers mitbrachte. Jugend und Glück haben wirklich Beziehungen zueinander! Das Gestirn hat den Namen *Pluto* erhalten.

Inzwischen haben nun die fortgesetzten Beobachtungen und Messungen und die Arbeiten der Mathematiker allerlei über den fernsten Bruder unserer Erde herausgebracht. Wir wissen, daß er in seiner mittleren Entfernung 40mal weiter von der Sonne absteht als die Erde und deshalb auch 249 Jahre braucht, um den Glutball einmal zu umwandern. Eine seltsame Welt, auf der ein Jahr beinahe 250mal länger dauert als ein Erdenjahr und auf der die Sonne 1600mal weniger leuchtet und wärmt als bei uns! Eine Welt der Erstarrung und der Finsternis. Übrigens haben sorgfältigste Messungen der Helligkeit des fernen Sterns ergeben, daß wir es mit einem Körper zu tun haben, der der Erde an Größe ähnlich sein muß, sogar ein wenig kleiner ist als der Ball, den wir bewohnen.

Es ist nun keineswegs ausgemacht, daß dieser Planet Pluto den Grenzstein des Sonnensystems bildet, ja es liegen schon seit langer Zeit Rechnungen vor, die zu beweisen suchen, daß noch ein fernerer, vielleicht sogar zwei Planeten jenseits der Bahn des Pluto wandern. Die Bahnen vieler Kometen zeigen ganz deutlich Beziehungen zu den Bahnen gewisser Planeten. Einige dieser Kometenbahnen gehen nun weit über die Bahnen der uns bisher bekannten Planeten hinweg, in noch sonnenfernere Räume. Die Vermutung liegt nahe, daß auch sie von eben zur Zeit noch unbekannten fernsten Planeten beeinflußt wurden.

Diese Sterne mit unseren heutigen, gewiß schon erstaunlich mächtigen optischen Hilfsmitteln zu finden, ist sehr unwahrscheinlich. Ja, wenn man ihren Ort am Himmel genau kennen würde, dann vermöchte wohl das Riesen-Spiegelteleskop des Observatoriums auf dem Palomar Mountain in Kalifornien die Objekte auf photographischen Platten in vielstündiger Belichtung festzuhalten, aber ein solches Instrument läßt sich nicht verwenden, wenn es gilt, um den ganzen Himmel herum nach diesen an der Grenze der Wahrnehmbarkeit liegenden Sternchen zu suchen. Jeder weiß, daß unser Auge ein sehr fernes Objekt, sagen wir einen in großen Höhen kreisenden Raubvogel, doch zu finden vermag, wenn man uns einen Anhaltspunkt gibt, wohin wir schauen müssen, daß wir es aber nie erblicken, wenn dieser Anhaltspunkt fehlt. So ähnlich ist es auch hier.

Zu Herschels Zeiten, vor anderthalb Jahrhunderten, lag die Grenze des Planetenreiches 1400 Millionen Kilometer von der Sonne entfernt, heute liegt sie rund 6000 Millionen Kilometer fern vom mächtigen Zentralgestirn. Wie viele sonderbare Welten, sehr verschieden in ihren Abmessungen, ihren physikalischen Verhältnissen, umkreisen den flammenden Stern! *Eine* Sonne nur, eine von Milliarden, und doch, wie reich ist diese eine, kleine Provinz im weiten Universum!

Kometen und Kometenfurcht

Jahrhunderte zurück! Ein Frühlingsabend vor den Toren der Stadt. Die schweren eisernen Gitter, sonst schon längst geschlossen, sind heute offen geblieben, wie seit Tagen schon: auf Befehl des weisen Rates der Stadt. Läuft doch alles hinaus vor die Tore, um »des Kometsterns greuliche Ungestalt« zu sehen. Die Ratsherren mit mächtig gekräuselter Perücke, den langen Stock mit goldenem Knauf in der Hand, begleitet von den martialisch dreinschauenden Offizieren der Stadtgarde, stehen auf der kleinen Anhöhe unter der Pappel. Nicht weit von ihnen die gelehrten Häupter mit wichtigen Gesichtern; der Chirurg und der Wundarzt der Stadt, einige Magister, der Apotheker und der Bibliothekarius. Handwerksmeister und Altgesellen mit Schurzfell und Mütze, Weiber und Kinder, Volk aller Art stehen in Gruppen, und die Wohlhabenderen und Angesehensten unter den Bürgern drängen, soweit es der geziemende Respekt zuläßt, den Ratsherren und den studierten Herren nahe, um vielleicht ein Wort zu erschnappen, wessen man sich von dem Schweifstern, der nun schon seit Tagen mit nie gesehenem Glanz über die Stadt hinzieht, zu versehen habe. – Die Dunkelheit ist ganz hereingebrochen, die Sterne leuchten auf, und nun, eine Bewegung geht durch die harrenden Gruppen, die inzwischen allerlei Vermutungen über des Sternes Bedeutung ausgetauscht haben, wird tief unten am Horizont ein heller Streif, gleich einem Nebelarm, sichtbar. Höher und höher zieht er herauf, länger und länger, immer glänzender wird der Strahl, und jetzt endlich, der Schweif hat bereits das halbe Firmament überzogen, wird das Ende mit dem glänzenden Stern, der selbst die hellsten Lichter des Himmels überstrahlt und fast dem Monde an Leuchtkraft gleichkommt, sichtbar. Der Türmer hat ihn schon eher erspäht, er gibt einige Schläge an die große Glocke, klar und feierlich schallen die Töne herüber auf die Stadtaue. Aller Augen sind auf das wunderbare Gestirn gerichtet, das den ganzen Himmel allein einnehmen zu wollen scheint. Um den ältesten Bürger der Stadt, ein eisgraues Männchen, hat sich eine Gruppe gebildet; der Alte hat noch die schlimme Pest vom Jahre 1618 miterlebt, »die der damals sichtbare Riesenkometstern verschuldet hatte«, und er erzählt mit eindringlichen Worten, wie der »schwarze Tod« gehaust, wie er ganze Familien hinweggerafft, wie niemand sich der nach vielen Hunderten zählenden Leichen in dem kleinen Städtchen habe annehmen wollen, und wie man in den Sterbehäusern einfach Fenster und Türen vernagelt oder vermauert habe, um das Schreckenshaus und seinen entsetzlichen Inhalt unschädlich zu machen. Den Zuhörern läuft es kalt über den Rücken, mit offenem und heimlichem Grauen sehen sie hinauf zu der leuchtenden »Zuchtrute Gottes«, die drohend über die Lande zieht.

In der Gruppe der gelehrten Herren berichtet der Chirurg, daß im Jahre 1577, als einer der größten Schweifsterne, den je die Erde gesehen, über das Reich hinwegzog, viel Menschen und Vieh starben, da die giftigen Kometendünste das Wasser in den Brunnen und das Gras auf den Feldern verdorben hätten. – Der Apotheker weiß zu sagen, daß der Komet vom Jahre 1582, der über Dänemark hinzog, daselbst furchtbar viele und schrecklich anzuschauende Mißgeburten bewirkt habe; man habe sie Kometenkinder genannt, und der Pfarrer habe ihnen die heilige Taufe vorenthalten. Einer der Magister schüttelt zu alldem den Kopf. Er ist ein klar denkender, aufgeklärter Mann, der sich mit der Wissenschaft von den Sternen etwas beschäftigt hat und an den Einfluß der Kometen auf des Menschen Tun und Lassen nicht glaubt; er spricht etwas von der großen Ferne selbst der der Erde nahe kommenden Schweifgestirne und daß ihre Rute nicht den Erdball treffen könne und keinerlei Dünste von ihnen herabsteigen könnten. Demgegenüber berichtet der Alte, der noch den schrecklichen Kometstern von 1618 gesehen und der vorüberwandelnd etwas von dem Gespräch der Herren gehört, daß er mit eigenen Augen die dichten Dünste gesehen, die damals tagelang über der Erde lagen. Der Magister spricht von starken Nebeln, die es gewesen sein könnten, aber die Ängstlichen trauen der Erfahrung des Alten mehr als der Gelehrsamkeit des Jungen.

Inzwischen haben die weisen Herren vom Rat beschlossen, ein *Kometen-Flugblatt* drucken zu lassen, auf dem alles, was über den Schweifstern in Erfahrung zu bringen war, verzeichnet sein soll und in dem die Bewohner der Stadt ermahnt werden, ein geruhiges und Gott wohlgefälliges Leben zu führen und zu erkennen, daß der Herr dieses Kometsterns drohende Rute als eine Warnung habe erscheinen lassen, daß der strafende Gott mit Krieg und Pest, mit Teuerung und Unfruchtbarkeit alle böse Taten strafen werde, wenn die Zornrute, die er am Himmel hinstrecke, nicht beachtet werde. – Auch die Prägung einer *Kometenmedaille* wurde erwogen; auf der einen Seite sollte die Stadt mit dem darüber schwebenden Kometen sichtbar sein, auf der anderen die Worte stehen: »Der Stern droht böse Sachen – Vertraue Gott, er wird's wohl machen!« – Der Torwächter bläst ins Horn, das Stadttor soll geschlossen werden, die Bürger eilen schnellen Schrittes heimwärts; bedächtig wandeln die Väter der Stadt den Mauern zu; sie sind in Sorgen. Aus Berlin-Cölln ist schlechte Zeitung gekommen. Der Kurfürst soll krank sein; andere wieder sagen, die polnische Königskrone sei ihm angetragen, und er gedenke sie diesmal anzunehmen, weshalb die Schweden und die Franzosen zum Kriege rüsteten. Sicherlich dräut der schlimme Stern da droben mit einer Änderung im Regiment und mit einem blutigen Krieg. So ziehen sie sorgenerfüllt durchs eiserne Tor, das sich knarrend hinter ihnen schließt, und blikken bekümmert und gedankenvoll hinauf zu dem unheildrohenden Fremdling, der mit majestätischer Pracht und Ruhe über den Himmelsbogen zieht.

Wie wir es eben in einem Momentbilde festzuhalten und darzustellen versuchten, so trug es sich in Wahrheit zu, wenn in jenen Zeiten ein Komet von Glanz und Größe am Himmel erschien. Von wenigen aufgeklärten Köpfen abgesehen, die es ja zu allen Zeiten und überall gegeben hat, sah man nicht die Schönheit des Schauspiels, das ein großer Komet bietet, sondern lebte, solange das sonderbare Schweifgestirn am Himmel stand, in beständiger Furcht, irgendein böses Ereignis stände bevor.

Alles Unglück, das zu einer Zeit geschah, wo ein Komet am Himmel hinzog, kam auf sein Konto, und oft die allerseltsamsten Dinge. So berichtet ein Chronist: »Anno 1668 ain groß Cometstern und ain groß Sterben unter den Katzen in Westfahlenland.« Sicher wären die westfälischen Katzen auch ohne den Kometen gestorben, aber so mußte der harmlose Schweifstern herhalten. Zu einer anderen Zeit wurde von dem gerade sichtbaren Kometen berichtet: »Hier war ein entsetzlicher Comet zu sehen und überall Seuche des Hornviehes.« Aus dem Jahre 1538 teilt ein Chronist in Rom mit: »Der heurige Komet hat noch gar kein Unglück im Gefolge gehabt, außer daß er in einem Dorfe bei Rom glücklicherweise die Geburt eines Kalbes mit zwei Köpfen bewirket!« Der Astronom Mädler bemerkt dazu sehr richtig, daß in einer Zeit, in der an Köpfen entschieden Mangel war, ein Wesen mit zwei Köpfen allerdings Aufsehen erregt haben muß.

Krieg und das Wüten des Todes in furchtbaren Seuchen oder seine Einkehr in das Herrscherhaus, womit ja in jenen unglücklichen Zeiten des Despotismus zugleich auch Thronstreitigkeiten, Bürgerkriege und so weiter verbunden waren, das galt allgemein als der Kometen schlimme Botschaft. Das war eben noch die Zeit des tiefen Aberglaubens, der Teufelsbeschwörungen und Hexenprozesse.

Man tat freilich auch sein möglichstes, um die bösen Kometen unschädlich zu machen. So erklärte Papst Clemens VII. einen 1532 erschienenen Kometen als Teufelsspuk und schleuderte den Bannfluch gegen ihn. Damit glaubte der fromme Vater die Christenheit gerettet und gleichzeitig den Türken, die damals wieder sehr unbequem wurden, den Schweifstern auf den Leib gehetzt zu haben. Dieser indessen zog ruhig seine ferne Bahn, kümmerte sich nicht um Rom und nicht um die Türken und hatte für den Streit, wer denn nun eigentlich die Ungläubigen seien, kein Verständnis. Aber wir brauchen nicht bis ins sechzehnte Jahrhundert zurückzugehen, um Kometenfurcht zu finden! Noch um die Mitte des neunzehnten Jahrhunderts ließ ein Arzt in England alle Brunnen zudecken, als ein Komet erschien, damit die giftigen Kometengase nicht die Wasser verderben sollten. 1829 schrieb der Chirurg *Forster*: »Es ist zweifellos, daß seit Beginn unserer Zeitrechnung diejenigen Jahre die ungesundesten waren, in denen viele Kometen erschienen – in gesunden Zeiten hat man hingegen nie einen größeren Kometen erblickt.«

Sagte man sich in neuerer Zeit mehr und mehr von solchem Aberglauben los, so wuchs hingegen die Furcht, daß ein Komet mit der Erde *zusammenstoßen* könnte, und häufig ist große Aufregung wegen solcher Befürchtungen entstanden. Man hatte fast allgemein die Ansicht, die Kometen seien nicht an feste unabänderliche Bahnen gebunden, sondern sie, die schon ganz anders aussähen als die soliden, ruhigen Sterne, seien Vagabunden des Weltenraumes und unberechenbar. Seien wir übrigens nicht zu selbstsicher! Als im Jahre 1910 der *Komet Halley* wiederkehrte, war vielfach in der Welt Unruhe und Befürchtung, und sogar Selbstmorde aus Kometenangst waren zu verzeichnen. Wenn heute einer der Riesenkometen über die Welt hinzöge ... ich weiß nicht recht, ob wir nicht manche Überraschung erleben würden in unserem »aufgeklärten Zeitalter«.

Wir heute Lebenden haben keinen jener mächtigen Schweifsterne gesehen, die das Interesse, aber auch die Furcht unserer Vorfahren erregten. Große Kometen sind selten; es wäre für die Astronomen der Gegenwart von außerordentlichem Wert, wenn ein lange sichtbares Gestirn dieser Art auftauchte, dem man mit den Forschungsmitteln der Neuzeit zu Leibe gehen könnte, denn wir werden noch sehen, daß die Kometen zu den rätselhaften Objekten des Sternenraumes gehören. An kleinen Kometen ist kein Mangel, aber an ihnen lassen sich die wichtigsten und interessantesten Erscheinungen nicht im wünschenswerten Maße beobachten.

Komet *Der Komet Donati im Jahre 1858 (Zeichnung von Bruno H. Bürgel)*

Kometen *Der Kopf des Kometen Halley. Aufnahme: Mount-Wilson-Observatorium; 1 1/2 m-Spiegelteleskop, Belichtung 8 Minuten, 10. 5. 1910 (rechts). – Der Komet Arend-Roland. Veränderungen im Aussehen des Schweifsterns in der Zeit vom 26. 4. bis 1. 5. 1957. Aufnahme: Palomar-Observatorium, 48-Zoll-Schmidt-Kamera (unten)*

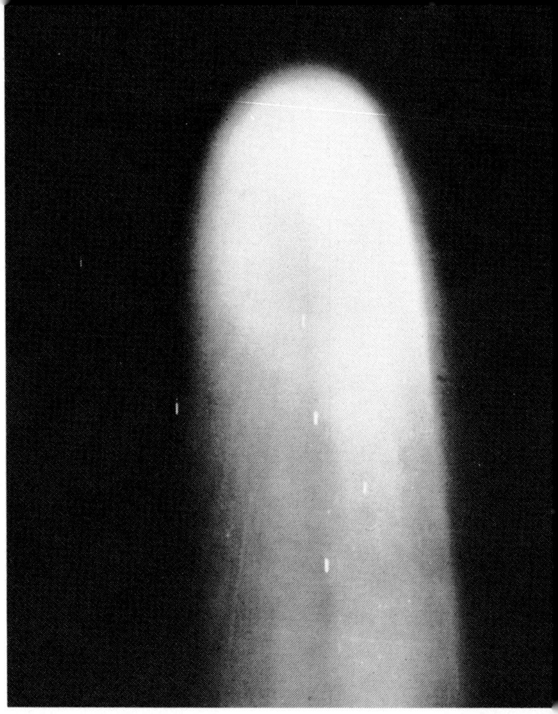

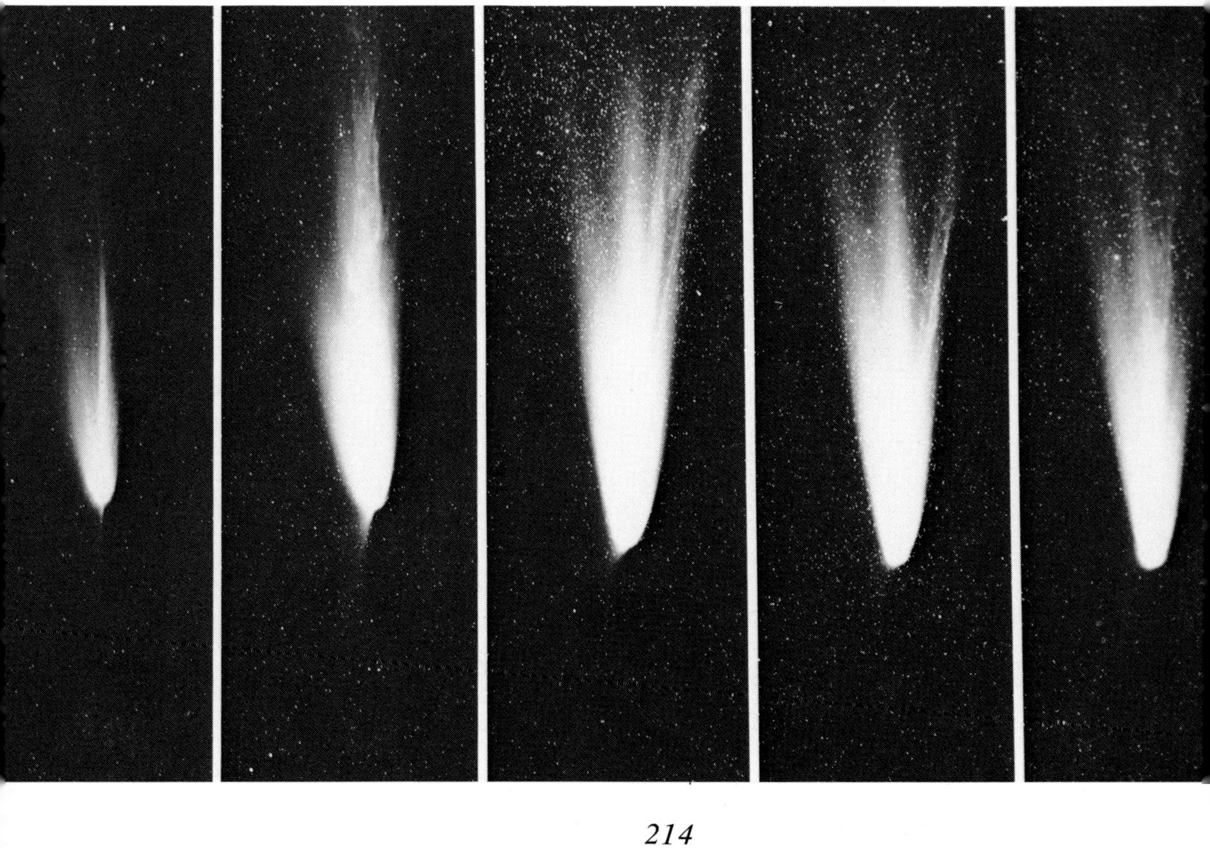

Ohne uns in allzu ferne Zeiten zu verlieren, aus denen zum Teil recht eingehende Mitteilungen und Beschreibungen sehr heller Kometen vorliegen, wollen wir hier ein paar der größten Schweifsterne nach den Aufzeichnungen ihrer Beobachter schildern. Das Jahr 1680 brachte, nachdem schon in den Jahren vorher die Zahl der merkwürdigen Gestirne auffallend angewachsen war, einen Kometen von hohem Glanz mit einem schmalen, langen Schweif, dessen Spitze schon den Scheitelpunkt des Himmels erreicht hatte, wenn der Kopf noch dem Horizont nahe war. Die Bahn dieses Gestirns um die Sonne wurde später mehrfach berechnet; er kommt dem Feuerball so nahe, daß er fast seine Oberfläche berührt, steht er aber in der größten Sonnenferne, so ist er dem Zentralgestirn etwa zweiundzwanzigmal ferner als der fernste aller Planeten, Pluto. Diese ungeheure Ellipse durchläuft der Komet in etwa 8800 Jahren. Wir werden noch sehen, daß gerade die größten, die prächtigsten Kometen sehr lange Umlaufszeiten haben, also sehr selten in die der Sonne und damit auch der Erde nahen Räume zurückkehren, und daß eben dieser Umstand ihre Mächtigkeit und Größe bedingt!

Einer der auffallendsten Kometen aller Zeiten ist der vom Jahre 1744 gewesen, der eine Zeitlang am hellen Tage erkannt wurde. Die Länge seines fächerförmigen Schweifes, in dem sechs oder sieben besonders hell leuchtende Strahlen auftraten, wurde auf 52 Millionen Kilometer berechnet, hätte also von der Erde bis zu ihrem Nachbarplaneten Venus gereicht. Der prächtige Komet von 1811, der über einem unruhigen, durch die Napoleonischen Kriege und Bedrückungen verstörten Europa aufstieg, hat die Gemüter besonders heftig bewegt und tausend Prophezeiungen ausgelöst. Er konnte von den Astronomen außerordentlich lange in seiner weiten Bahn verfolgt werden, erst 511 Tage nach seiner Entdeckung. Mitte August 1812 verlor er sich als unscheinbares Nebelwölkchen in den Tiefen des Raumes. Der vordem 110 Millionen Kilometer lange Schweif hatte sich völlig zurückgebildet. Auch dieser Komet hat eine sehr lange Umlaufzeit, sie wurde auf etwas über 3000 Jahre berechnet.

Ein sehr großer und sehr heller Komet war jener von 1843. Nächst der Sonne und dem Monde war er das hellste aller Gestirne, unter dem Äquator sahen ihn viele Beobachter am hellen Tage dicht bei der Sonne, aber dann verlor der sternartige Kopf oder Kern des Weltenwanderers allen Glanz, um so mehr indessen leuchtete der schmale, lange Schweif, der sich 250 Millionen Kilometer weit dehnte. Erst im Jahre 2355 werden ihn unsere Nachkommen wieder sehen, freilich zu einer Zeit, in der man sich nicht mehr so über den langen Scheinwerferstrahl am Himmel wundern wird, wie es zur Zeit unserer Großväter noch geschah. Einer der schönsten Kometen der jüngsten Zeit war

der des Jahres 1858, ja wir dürfen sagen, daß eine gleich prächtige Erscheinung bisher nicht wieder gesehen wurde. Unser Bild stellt ihn uns dar. Er wurde im Juni 1858 von dem Astronomen Donati zu Florenz als schwaches, bewegliches Nebelwölkchen im Sternbild des Löwen aufgefunden und führt daher den Namen *Komet Donati.* Erst Anfang Oktober – er hat sich der Sonne und der Erde immer mehr genähert, aus seinem Kern brechen interessante Ströme von Materie hervor, die sich zunächst als Lichthüllen um den Kern legen, dann umbiegen und den prächtigen Schweif bilden – erreicht er seine größte Helligkeit. Damals wanderte alles hinaus vor die Tore der Städte, um die »goldne Kornähre« voll unerhörter Pracht zu bewundern; leider senkte sie sich in ihrem Lauf immer tiefer zum Horizont und verschwand Anfang November. Auf der Südhalbkugel verfolgte man den Kometen Donati bis in den März des nächsten Jahres hinein, auch er wird erst nach fast 2000 Jahren wieder in die Sonnennähe zurückkehren.
Erwähnen wir noch den schönen hellen September-Kometen des Jahres 1882 (der Verfasser hat ihn als Schüler, in Berlin auf einem Platz stehend, an mehreren Abenden gesehen und erinnert sich seiner gut), so haben wir die letzte, wirklich alle Augen auf sich ziehende Erscheinung dieser Art besprochen. Am Kap der Guten Hoffnung in Südafrika wurde er in den ersten Septembertagen entdeckt, und erst im Februar 1883 verblaßte er und war nur noch im Fernrohr aufzufinden. Besonders interessant an diesem Gestirn war die Tatsache, daß es vor der Sonnenscheibe vorüberlief, und nun zeigte es sich, wie gering an Masse und Dichte der Kern der Kometen ist: selbst im Fernrohr war nicht die Spur des Körpers sichtbar! Auch diesen letzten hellen Schweifstern wird man erst nach 772 Jahren wieder beobachten können.
Wir sagten schon, daß die Kometen in alter Zeit als »Irrsterne« betrachtet wurden, als Himmelskörper, die nicht in geregelten, festen Bahnen wandern; sie schienen aus dem Unbekannten des unermeßlichen Sternenraumes zu kommen und ins Unbekannte zurückzukehren, völlig rätselhaft und geheimnisvoll. Auch heute noch haben wir so manches Rätsel, das sie uns aufgeben, nicht zu lösen vermocht, und auch heute noch ist der letzte Ursprung der schimmernden Schweifträger umstritten, aber über ihre Bewegungen sind wir gut orientiert. Gegen tausend Kometen sind seit historischen Zeiten gesehen worden, eines dieser Gestirne aber hat uns besonders viele Aufschlüsse gebracht, ist uns ein guter alter Bekannter, es ist der vielgenannte *Komet Halley.* Beim Studium älterer Kometenerscheinungen erkannte der englische Astronom Halley 1705, daß ein Komet vom Jahre 1531, einer von 1607 und von 1682 nahezu dieselbe Bahn beschrieben hatten. Halley kam auf den Gedanken, daß es sich hier um ein und dasselbe Gestirn handeln

könnte, das in einigen siebzig Jahren einen Umlauf um die Sonne vollendet. Er berechnete und verkündete daher die Wiederkehr dieses Kometen für das Jahr 1758. Es war das erstemal, daß man die Rückkehr eines Kometen voraussagte! Die Berechnung wurde dann von dem Astronomen Clairaut und der Rechnerin Madame Lepaute genauer wiederholt und das Eintreffen des Schweifsterns für das Frühjahr 1759 angekündigt. In der Tat wurde Halleys Komet von dem Bauern Palitzsch, der sich viel mit Astronomie beschäftigte, in Prohlis bei Dresden schon im Dezember 1758 erblickt, und im März des nächsten Jahres erreichte das Gestirn, wie vorausgesagt, seine Sonnennähe. Später ließ sich feststellen, daß dieser Komet bereits seit dem Jahre 12 v. Chr. beobachtet worden war und fast in jeder Wiederkehr, alle 76 Jahre, von alten Chroniken verzeichnet wurde. Auch im Herbst 1835 traf der seltene Gast wieder bei uns ein. Pünktlich erschien er auch 1910 wieder. Gemäß der Voraussage erreichte er am 18. April den Punkt der Sonnennähe und kam in der Nacht vom 18. zum 19. Mai der Erde so nahe, daß diese sich einige Zeit im Schweif des Kometen befand, ohne daß dieses Ereignis irgendwie bemerkbar wurde. Während das Gestirn in südlichen Gegenden recht hell war, enttäuschte es hier bei uns alle Beobachter, denn es blieb in der Dämmerung ein Wölkchen mit kleinem, sternartigem Kern. Die Bahn, die der Komet Halley um die Sonne beschreibt ist eine sehr langgestreckte Ellipse, die in der Sonnennähe sich dem Feuerball bis auf etwa 100 Millionen Kilometer nähert und in der Sonnenferne der Bahn des fernsten bis jetzt bekannten Planeten, des Pluto, nahe kommt.
Die Bahn dieses Kometen ist aber klein, verglichen mit den Bahnen anderer, von denen wir schon hörten, daß sie Umlaufszeiten von Jahrtausenden haben. Es sind Schweifsterne beobachtet worden in neuerer Zeit, die rund 300000 Jahre brauchen, um einmal ihre Bahn zu durchmessen, und die in der Sonnenferne rund 220mal weiter von unserem Zentralgestirn entfernt sind als Pluto! Ja manche Kometen sollen in Räume dringen, die bereits an Fixsternentfernungen erinnern, mit Lichtjahresweiten, und es werden Umlaufszeiten von Millionen Jahren herausgerechnet. Es ist eine alte Streitfrage, ob die Kometen von jeher unserem Sonnensystem angehören oder ob sie Wanderer sind zwischen den Fixsternen, den einzelnen Sonnen im All, sich uns erst angliederten, als sie zufällig in den Machtbereich der Sonne kamen, »eingefangen« wurden. Gewichtige Stimmen haben dafür und dagegen gesprochen, und in neuester Zeit neigen die Fachleute mehr zu der Ansicht, daß die Kometen wirklich Massen sind, die von jeher zum Sonnensystem gehören und mit ihm gemeinsam auch den mehrfach erwähnten Flug durch das Universum mitmachen. Wir werden noch sehen, daß diese sonderbaren

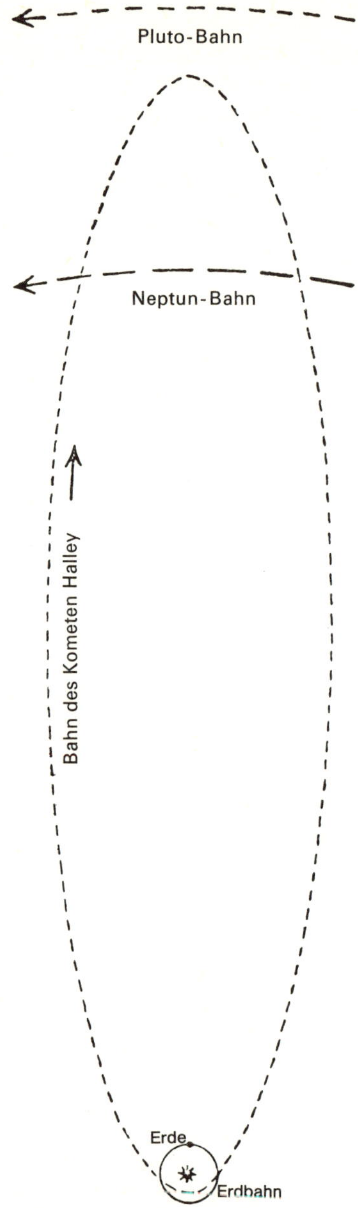

Die Bahn des Kometen Halley um die Sonne

Gestirne keine »soliden« Massen sind, den Planeten ähnlich, sondern daß es sich um Trümmerwelten handelt, daß der Kern eines Kometen im Grunde eine ausgedehnte Wolke von Meteorsteinen und Sternschnuppenkörpern ist. Man hat die Vermutung ausgesprochen, daß die mächtige Weltkörperfamilie des Sonnensystems, die mit 20 Sekundenkilometer Geschwindigkeit durch das All fliegt, an ihren Grenzen begleitet ist von großen Massen dunkler, meteorischer Kleinkörper bis herunter zur Staubkorngröße und daß hier der *letzte Ursprungsort der Kometen* ist, die demnach Zusammenballungen solcher Materie wären.

Wenn der Komet eine hyperbolische Bahn beschreiben würde (sie ist nur in ein paar Fällen nachgewiesen), so müßte er tatsächlich aus dem fernen Sternenraum zu uns gekommen sein und auch wieder nach dort zurückkehren. Die Untersuchungen der Mathematiker haben nun gezeigt, daß wohl alle Kometen ursprünglich in sehr *langgestreckten Ellipsen* umliefen und erst Bahnstörungen sie zwangen, ihren Lauf zu ändern. Alle Planeten können die an Masse nur geringen Schweifsterne in dieser Hinsicht beeinflussen, wenn sie ihnen nahe kommen, am stärksten aber ist das bei dem Riesenplaneten Jupiter der Fall; die Lage von etwa vierzig Kometenbahnen zeigt deutlich Beziehungen zur Jupiterbahn, man spricht daher von einer »Kometenfamilie des Jupiter«. Sehr wohl kann eine besonders starke Störung des Riesen, neben dem sich ein Komet wie eine Mücke neben einem Elefanten ausnimmt, bewirken, daß die Bahn des ihm zu nahe auf den Pelz rückenden Gestirns auch in eine Hyperbel verwandelt wird; Jupiter kann so Kometen aus dem Sonnensystem hinauswerfen! Und wo bleiben sie dann? Wäre es nicht möglich, daß sie, immer weiterziehend, wieder in den Anziehungsbereich einer anderen Sonne gelangen? Und wäre es nicht doch möglich, daß auf diese Weise auch Kometen anderer Sonnensysteme sich unserer eigenen Sonne anschließen? In der Tat sind solche Möglichkeiten gegeben, nur wird derlei sehr, sehr selten einmal vorkommen.

Jedenfalls sehen wir, daß die interessanten Schweifsterne in außerordentlich verschiedenen Bahnen laufen. Wir erwähnten einige, die bis in aschgraue Unermeßlichkeiten hinausziehen und für die Umlaufzeiten von Jahrhunderttausenden berechnet wurden, und haben im Gegensatz dazu Kometen von ganz kurzer Umlaufszeit, die sich nie weit von der Sonne entfernen. Ein solches Gestirn ist zum Beispiel der *Komet Encke*, den wir seit dem Jahre 1786 kennen und dessen Umlaufszeit um die Sonne nur 3 Jahre und 104 Tage beträgt.

Solange ein Komet der Sonne noch fern steht, ist er gewöhnlich ein unscheinbares Objekt, ein nebliges Sternchen, nur im Fernrohr erkennbar, oft erst

durch die Himmelsphotographie auffindbar. Man unterscheidet an jedem Kometen drei Hauptteile, den *Kern*, einen hellen, meist sternartigen Lichtfleck vorn, den eine weniger helle Dunsthülle, *Koma* genannt, umgibt. Kern und Koma bilden zusammen den *Kopf* des Kometen. An den Kopf setzt sich dann der *Schweif* an.
Je mehr sich nun ein Komet der Sonne nähert, um so mehr ändert sich seine ganze Gestalt. Im Kopf des Kometen gehen allerlei Veränderungen vor sich, die zum Teil noch wenig erforscht sind; sicher aber sind die von der Sonne ausgehenden Kraftwirkungen die Ursache dieser Umwandlungen. Der Kern des Kometen ist es, der sich hierbei umformt, oder, besser ausgedrückt, die den Schweif bildende und all jene schönen halbbogenförmigen Lichthüllen erzeugende Materie entströmt dem Kern des Kometen. Der Schweif entwikkelt sich stets auf der der Sonne *abgewendeten* Seite und bleibt bei allen Bewegungen des Kometen so stehen. Kleinere Kometen oder solche, deren Bahn so gelegen ist, daß sie der Sonne nicht besonders nahe kommen, bilden keine sehr auffälligen Objekte. Zuweilen aber kommen diese seltsamen Gebilde der Sonne so nahe, daß sie fast deren Oberfläche streifen, wie der Komet von 1882, und wenn es sich dann noch um einen großen Kometen handelt, so entwickelt sich jener mächtige Schweif, wie wir ihn beim Kometen von 1843 und beim Kometen Donati erwähnten. Mehrfach hat man auch Kometen mit mehreren, ja mit 5 und 7 Schweifen beobachtet, und auch der Komet Donati besaß zwei kleine Nebenschweife. Beim Kometen Donati hat man die Bildung eines solchen mächtigen Schweifes in allen Stadien beobachten können. Je näher er der Sonne rückte, um so intensiver wurden die aus dem Kern quellenden Ausströmungen, die zunächst vor dem Kern in Gestalt von halbmondförmigen Lichtbögen lagen und dann schnell an der Bildung des Schweifes Anteil nahmen. Wie gewaltig diese Ausströmungen sind, folgt zum Beispiel daraus, daß sich beim Kometen Donati in einem Zeitraum von 48 Stunden eine Lichtbrücke aus dem Kern entwickelte, die gegen 15000 Kilometer lang war.
Wenn man nun aber den *Kometenschweif* selber ins Auge faßt, so zeigt es sich, daß dieser von einem ganz unvorstellbar feinen, dünnen Medium gebildet sein muß. Es wurde schon erwähnt, wie ungeheuer groß die Kometenschweife sind, nun leuchten aber selbst die allerkleinsten Sternchen, vor denen der Komet vorüberzieht, durch den viele Millionen Kilometer dicken Schweif hindurch, Sternchen, die uns schon eine kleine Lämmerwolke vollkommen verdunkelt. Offenbar also ist die Materie des Kometenschweifes so dünn, daß sie selbst in einer Mächtigkeit von Millionen Kilometer glasdurchsichtig ist. Wir kennen kein Gas, das diese Feinheit hat; in solcher Mächtig-

keit wäre unsere irdische Luft beispielsweise vollkommen undurchsichtig, es muß also die Kometenschweifmaterie weitaus dünner sein als unsere Luft.
Es ist außerordentlich schwierig, über diese merkwürdige Materie der Kometenschweife Näheres zu sagen; sie zeigt einerseits allerlei physikalische Erscheinungen und scheint andererseits wieder ein gewichtsloses, unwesentliches Etwas zu sein. Es zeigt sich sehr deutlich, daß die Schweifmaterie, die immer nach der der Sonne abgewendeten Seite wandert, von der Sonne *abgestoßen* wird. Man stellt sich also die Entstehung der Kometenschweife etwa folgendermaßen vor: Der Kern des Kometen besteht aus festen Massen, aus Mineraltrümmern, wie wir noch näher auseinandersetzen werden. Er ist von einer Gashülle, der Koma, umgeben, die aus Kohlenwasserstoffgasen, wie das Spektroskop zeigt, gebildet wird. Kommt der Komet in die Nähe der Sonne, so strömt unter dem Einfluß der großen Erhitzung mehr und mehr Gas aus dem Kern und nimmt einen immer größeren Raum ein. Die im Kern enthaltenen und zum Teil gefrorenen Bestandteile wie Eis, Ammoniak, Methan und andere verdampfen also.
Neuere Forschungen lassen uns manches aus anderen Gesichtswinkeln sehen. So haben die sehr interessanten Untersuchungen des russischen Astronomen *Bredichin* die Tatsache zu deuten gesucht, daß die Schweife der Kometen nicht nur verschieden stark entwickelt sind, sondern auch verschiedene Formen haben, verschiedene wiederkehrende Typen, die irgendwie *stoffliche Unterschiede der Kometenschweifmaterie* andeuten. Man könnte sich zum Beispiel vorstellen, daß Eisendampf sich anders verhält als Wasserstoff, die abstoßenden Kräfte auf beide Elemente anders wirken. Wir sagten schon, daß der Kometenkern eine Mineralwolke ist, eine Wolke von Meteorsteinen und Sternschnuppenkörperchen; man hat kleine Meteorsteine erhitzt und die Gase mit dem Spektralapparat untersucht; es zeigte sich, daß das Spektrum dem Kometenspektrum sehr ähnlich ist. Vielleicht kommt die fächerförmige Gestalt mancher Kometenschweife daher, daß, wie wir es bei den Meteorsteinen vor uns sehen, Massen sehr verschiedener chemischer Natur da verdampft werden.
Was die »Repulsivkraft« anbelangt, also jene Kraft, die die dem Kern des Kometen entweichenden Gase von der Sonne fortdrückt und den Schweif bildet, so hat man noch auf eine andere Möglichkeit hingewiesen, auf den *Druck des Lichtes*. Die Sonnenstrahlen üben auf alle Körper einen Druck aus; Stäubchen von etwa einem zehntausendstel Millimeter Ausdehnung können durch diesen Druck von der Sonne fortgetrieben werden, und so mag dieser Lichtdruck bei den Kometenschweifen eine Rolle spielen. Aber nicht der Strahlungsdruck allein, sondern auch der sogenannte »Sonnenwind«,

von dem im Kapitel »Vom glühenden Sonnenball« die Rede ist. Wir müssen uns die dem Kern entweichende Schweifmaterie wie die Rauchfahne eines dahinfahrenden Dampfers vorstellen, sie verschwindet im Raum, sie ist Masse, die für den Kometen endgültig verloren ist; auf alle Fälle wird also für das Gestirn die Fähigkeit, einen großen Schweif zu bilden, immer mehr verringert, je öfter er in die Nähe der Sonne kommt, je kürzer seine Umlaufszeit ist. Wir sehen, daß »alte«, in vielen Umläufen beobachtete Kometen daher nach und nach unscheinbarer werden müssen, und so erklärt es sich, worauf wir schon hinwiesen, daß die Riesenkometen alles Gestirne sind, die Jahrhunderte oder Jahrtausende zu einer Umwanderung der Sonne brauchen. Bei einigen der himmlischen Schweifträger konnte man sehr heftige Strömungen in den Schweifen selbst bemerken, Knotenbildungen, Materieansammlungen und so weiter, es sah zuweilen aus, als liefen mehrere kleine Ableger des Kometen hinter ihm her.

Die Schweife sind »ein sichtbares Nichts«, die Furcht, sie könnten dem Erdenleben gefährlich werden, ist unbegründet, denn die Erde ist mehrfach durch Kometenschweife hindurchgefahren, so auch bei der Wiederkehr des Kometen Halley im Jahre 1910. Damals tauchten, vor allem in Paris und in den Vereinigten Staaten, Befürchtungen auf, daß die Kohlenwasserstoffgase der Kometenmaterie sich mit der Erdatmosphäre mischen würden, daß ein »Benzin-Regen« zu erwarten sei mit den dazugehörenden Brandkatastrophen. Nichts dergleichen ereignete sich, niemand merkte auch nur das geringste von dem Ereignis, es blieb eigentlich nur eine Gewißheit der Bahnberechner. Weniger ungefährlich wäre ein Zusammentreffen mit dem *Kern* eines großen Kometen, er wäre einem schweren Bombardement vergleichbar; es ist sehr wohl möglich, daß Mineralmassen von erheblichem Gewicht und infolge der Geschwindigkeit unerhörter Gewalt zerstörend niedergingen, aber bisher hat sich, vom Einschlag großer Meteorsteinmassen abgesehen, auf die wir noch zu sprechen kommen, nichts Derartiges zugetragen.

Übrigens wissen wir heute, daß wir alljährlich mit Massen, die von Kometen stammen, zusammentreffen, nämlich allemal dann, wenn ein reicher Sternschnuppenfall stattfindet, wie in den Nächten vom 8. bis 12. August und vom 10. bis 13. November.

Zu dieser Erkenntnis hat besonders der *Komet Biela* beigetragen. Dieser Komet hat eine Umlaufszeit von nur 6³/₄ Jahren und war mehrmals genau nach der Vorausberechnung wiedergekehrt. Als er 1845 wieder auftauchte, zeigte sich etwas sehr Merkwürdiges: der Komet war ersichtlich krank und siech. Er zog sich mehr und mehr in die Länge und teilte sich endlich Ende Dezember 1845 vor den Augen der Astronomen in zwei Teile, die nun getrennt hintereinander durch den Raum zogen. 1852 kam der Komet abermals pünktlich, und es zeigte sich, daß die beiden Teile sich immer weiter voneinander entfernten; der Zwischenraum betrug über 2½ Millionen Kilometer. 1859 und 1866 hätte nun dieser sonderbare Doppelkomet wieder erscheinen müssen, aber er kam nicht, und man gab ihn für verloren, glaubte, er habe sich in Wohlgefallen aufgelöst. Trotzdem hatte man berechnet, daß er im Oktober 1872 wiederum sichtbar sein könnte, sofern er überhaupt noch am Leben sei; indessen suchte man ihn vergebens mit allen Fernrohren der Welt. *Da ereignete sich am 27. November, gerade an dem Tage, an dem die Erde an dem Punkte ihrer Bahn anlangte, den die Bahn des Kometen auch berührt, ein wunderbares Phänomen: zu Millionen schossen leuchtende Sternschnuppen am Himmel entlang, viele Stunden hindurch.* Gleich tauchte der Gedanke auf, daß der Komet Biela und diese Sternschnuppenwolke eins sein könnten, und in der Tat scheint es, als habe man auf der Sternwarte in *Madras* einige Tage später diese enteilende Wolke von Meteoren, durch die die Erde hindurchgeflogen, als kleinen Kometen an der entgegengesetzten Himmelsstelle erblickt.

Da auch 1885 sich der Bielasche Komet als Sternschnuppenregen am 27. November präsentierte, so muß man wohl – weil auch andere Forschungsresultate dies für andere Kometen wahrscheinlich machen – annehmen, daß ein Komet überhaupt nichts anderes ist als eine Wolke von Gesteinen, Meteoren, Mineralien, wie wir sie in unseren Museen liegen sehen. Steine, die aus dem Weltenraum zur Erde niederfallen und über die wir im nächsten Kapitel eingehend berichten.

Daß zwischen Kometen und Meteoren ein Zusammenhang bestehen könnte, war schon oft geäußert worden, aber erst die Untersuchungen des italienischen Astronomen *Schiaparelli* (des Entdeckers der »Marskanäle«) brachten im Jahre 1866 entscheidende Beweise. Er konnte zeigen, daß mehrere Sternschnuppenschwärme sich in denselben Bahnen um die Sonne bewegen wie einige bekannte Kometen. Wie Schiaparellis Untersuchungen lehren, muß sich eine solche Wolke von Gesteinen, wie sie der Kometenkern demnach darstellt, nach und nach auflösen und über die ganze Bahn zerstreuen, so daß ein Meteorring entsteht. Dieser Ring wird eine dicke Stelle haben, nämlich jene, die früher der Kern des Kometen selbst war. So verfällt also jeder Komet einmal der Auflösung, und ein schöner Sternschnuppenregen ist alles, was wir von ihm noch wahrnehmen, wenn gerade die Erde durch einen Punkt jener Kometenbahn hindurchfliegt. Trifft es sich nun gar so, daß jene starke Stelle des Meteorringes von der Erde durchflogen wird, so fallen ganz besonders viele Sternschnuppen, und in der Tat ereignet sich dies in bestimmten Perioden. So trifft die Erde alle 33¼ Jahre mit dem Kernpunkt jenes Meteorringes zusammen, dessen Sternschnuppen wir alle Jahre am 10. bis 14. November fallen sehen (»Leoniden« genannt, weil sie aus dem Sternbild des Löwen kommen). Alle 33¼ Jahre fallen also in jenen Nächten besonders viele Meteore, es sind Trümmer des Kometen 1866 I. Die anziehenden Kräfte der Sonne und der Planeten, denen der Komet nahe kommt, bewirken im Laufe der Zeiten eine Auflockerung, eine Auseinanderziehung und eine Zerstreuung der Gesteinswolke.

Wir sehen, die Kometen sind keineswegs die fürchterlichen Haifische des Weltmeeres, und eine jahrhunderte-, ja jahrtausendelange Furcht war vergeblich. Noch 1857 und 1873 entstand eine wahre Panik, als von den Astronomen die Wiederkehr eines Kometen angekündigt wurde, aber es ist zu hoffen, daß in unserer Zeit an Stelle der Angst die Freude, ein interessantes astronomisches Schauspiel zu erleben, treten wird, wenn wieder einmal ein großer Schweifstern aus den Tiefen des Raumes in unsere Heimat wandert, die er vielleicht vor Jahrtausenden einmal durchquerte. Es müßte nicht uninteressant sein, als ein Ahasverus ruhelos das Weltall zu durchstreifen und nach vielen Jahrhunderten wieder der alten Erde einen Besuch abzustatten, um zu sehen, was die Menschen inzwischen erlernt und was sie vergessen haben. Wie mag es auf unserem Stern aussehen, wenn dann ein Komet »nach abermals fünfhundert Jahren desselbigen Weges kommt gefahren«!

Steine, die vom Himmel fallen
Meteore, Sternschnuppen, kosmischer Staub

Auf dem Schreibtisch des Königs von England befand sich neben allerlei kostbaren Werken der Kleinkunst ein einfaches Felsenstück, ein unbehauener, roher, etwa faustgroßer Stein. »Ein seltsamer Briefbeschwerer für einen König«, mag mancher denken, und dennoch ist dieser Stein in gewisser Hinsicht ein kostbares Ding. Unendliche Mühen, Gefahren, viel Wissen, viel Wissenschaft mußten aufgewendet werden, ehe es möglich war, diesen Stein auf des Königs Tisch zu legen. Der Stein entstammt dem höchsten Berg der Erde. Der Leiter der englischen Vermessungskommission im Himalaja-Gebirge, Sir Everest, schlug ihn vom höchsten, damals erreichten Gipfel ab, um ihn dem König als ein Symbol zu überreichen. Mich reizt es, mit einem Stein hier zu prahlen, der einem viel ferneren Ort entstammt, als es der höchste Berg der Erde ist. Dem Nichtkenner mag dieser rauhe Erzbrocken auf meinem Schreibtisch bedeutungslos vorkommen, er wird meinen, daß er in einer Hufschmiede eher angebracht sei, und doch ist dieses Trümmerchen ein gar interessantes Objekt. Es stammt aus Fernen, die nie eines Menschen Fuß betrat, nie betreten wird. Suche seine Heimat nicht auf den Spitzen der höchsten Berge, in den Tiefen des Ozeans, im ewigen Dunkel des Urwaldes; auch nicht im tiefsten Innern der Erde! Es stammt nicht von unserem Planeten. Ferner als Mond und Sonne, ferner als alle Planeten war es einst diesem Erdenrund. Vielleicht durchkreuzte es vor Millionen Jahren den schimmernden Gürtel des Orion, vielleicht durchzog es vor Jahrmilliarden die Sterne des Großen Bären – vielleicht! Eines Tages aber tauchte auf seinem Wege wieder einmal ein heller Stern auf aus der Dunkelheit des leeren Raumes, und unser Steinchen geriet in den Anziehungsbereich dieses Sternes. Es flog mit zunehmender Geschwindigkeit auf ihn zu, auf jenen Stern, den wir unsere Sonne nennen. Und je näher dieses Trümmerchen dem Sonnensterne kam, desto mehr schien dieser zu wachsen, und er wurde endlich eine große Feuerkugel, um die sich andere, kleine Weltkugeln in großen Kreisen schwangen. Auf eine von diesen Kugeln fuhr unser Steinchen zu. Die Kugel wuchs und wuchs, wirbelnde Wolkenzüge wurden auf ihr sichtbar, Meere und Länder – es war unsere Erde. – Und jetzt: mit ungeheurer Schnelligkeit riß es das Steinchen nieder; sausend durchfuhr es die Wolkendecke, und weißglühend erhitzt durch die schnelle Fahrt, zersplitterte der Stein, und seine Teile flogen funkensprühend zur Erde.

Drunten standen einige Leute; die hatten unser Steinchen, als es weißglühend wurde, fliegen sehen. »Eine Sternschnuppe, ein Meteor!« riefen sie aus und freuten sich des schönen Anblicks. Unser Steinchen aber lag nun nach vielleicht jahrmillionenlanger Wanderung friedlich zwischen Gräsern und Blumen. Man wird zugeben, daß es eine recht interessante Vergangenheit hat.

Ein vom Himmel gefallener Stein! Das klingt sonderbar, und es hat auch ziemlich lange gedauert, ehe sich die Naturforscher vollkommen darüber klar wurden, daß in der Tat Steine aus dem Himmelsraum zur Erde niederfallen können. Es wird zwar schon aus grauer Vorzeit von *»herabgefallenen Sternen«* berichtet, aber tatsächlich waren noch die Gelehrten des achtzehnten Jahrhunderts weit entfernt, dieses sozusagen täglich stattfindende Phänomen richtig zu deuten. Auf einer uralten babylonischen Tafel ist bereits das Niederfallen einer Masse aus dem Sternenraum unter Feuererscheinungen dargestellt. Wir wissen ferner, daß der heiliggehaltene Stein der Mohammedaner, der in der Kaaba zu Mekka liegt, gleichfalls ein Meteorstein ist, der aus dem Weltenraum niederfiel. Diogenes erzählt von »steinernen Sternen, die mit leuchtender Spur zur Erde flogen«, wie der zu Aigospotamoi, der 476 v. Chr. fiel; ihn erwähnt auch *Plinius* und bemerkt dazu, daß dieser »Stern« so groß war wie ein Wagen. – Auch die Bibel berichtet von Meteorsteinen; wir finden bei Josua die Stelle: »Gott sandte große Steine vom Himmel.« Die Griechen und Römer scheinen das Herabwerfen von Steinen zur Erde für ein Privatvergnügen der Götter gehalten zu haben, und mehrere dieser von den Göttern geschleuderten Steine wurden in kleinen Tempeln verehrt. So waren der »Stein der Diana« zu Ephesus, der »Stein des Sonnengottes« zu Emesa in Syrien, die Steine zu Theben und auf Kreta *Meteore*, die unter Feuer- und Donnererscheinungen aus den Himmelshöhen kamen.

Auch aus dem Mittelalter liegen sicher beglaubigte Fälle vor, in denen Augenzeugen »eine große Feuerkugel« am Firmament hineilen sahen, aus der dann, oft unter starkem Getöse, ein *Stein* oder gar ein ganzer *Steinregen* niederfiel. Ein solcher Steinregen wird aus dem Jahre 823 berichtet; er entlud sich über mehrere Ortschaften in Sachsen und richtete viel Schaden an. Sehr viel machte der Fall einer großen Eisenmasse zu *Meißen* von sich reden, die gerade am ersten Pfingstfeiertage des Jahres 1164 aus einer sich schnell fortbewegenden Wolke stürzte. – Von vielen dieser historisch beglaubigten Fälle sind die niedergekommenen Steine noch erhalten, und die mineralogische Prüfung zeigt zweifellos den meteoritischen Charakter der Stein- oder auch Eisenmassen. Ganz besonders genau ist man über den großen Meteorsteinfall orientiert, der sich zu *Ensisheim* im Elsaß am 7. November 1492 gegen halb zwölf Uhr vormittags ereignete. Der über drei Zentner schwere Stein, von dem ein Stück noch heute im Ortsmuseum zu sehen ist, wurde sehr viel beschrieben und hat alle gelehrten Häupter jener Tage zu langen Untersuchungen veranlaßt. Neben dem in Ensisheim ausgestellten Stück hängt folgender Bericht:

»Anno Domini 1492 uff Mittwochen, nächst vor Martini den siebenten Tag Novembris, geschah ain seltsam Wunderzeichen. Denn zwischen der elften und zwölften Stund zu Mittagszeit kam ain grosser Donnerklopff und ain lang getös, welches man weit und breit hörete, und fiel ain Stein von den Lüfften herab bei Ensisheim in ihren Bann, der wog zweihundertundsechzig Pfund, und war der Klopff anderswo viel grösser denn allhier. Da sah ihn ain Knab in aim Acker im obern Feld einschlagen, der war mit Waizen gesäet, und tat im kain Schaden als dass ein Loch innen würd. Da führten sie ihn hinweg und ward etwa mannig Stück davon geschlagen: das verbot der Landvogt. Also liess man ihn in die Kirche legen ihn willens denn zu ain Wunder aufzuhenken, und kamen viel Leut allhier, den Stein zu sehen, auch wurden viel seltsam Reden von dem Stein geredet. Aber die Gelehrten sagten, sie wissen nicht, was es wär, denn es wär übernatürlich, dass ain solcher Stein sollt von den Lüfften herabschlagen, besonders es wär ain Wunder GOTTES, denn es zuvor nie erhört, gesehen, noch geschrieben befunden worden wär. Da man den Stein fand, da lag er bei halb Mannestief in der Erden, welches Jedermann dafür hält, dass es GOTTES Wille war, dass er gefunden würde. Und hat man den Klopff zu Luzern, zu Pfillingen und sonst an vielen Orten so gross gehört, dass die Leut meinten, es seien Häuser umgefallen.«

Auch in neuer und neuester Zeit ist mehrfach ein Niederkommen von Meteormassen beobachtet worden. Der gewaltige Steinregen zu *Aigle* in Frankreich aber, der sich in den ersten Nachmittagsstunden des 26. April 1803 ereignete, brachte mit einemmal die größte Anzahl der Naturforscher zu der

Ansicht, daß es sich hier in der Tat um ein astronomisches oder kosmisches Ereignis handle, nicht um ein atmosphärisches Phänomen. Freilich hatte – wie wir noch sehen werden – damals der Physiker *Chladni* bereits durch seine Arbeiten die Geister stark beeinflußt. Zu Aigle fielen damals insgesamt gegen dreitausend Steine, unter denen sich Stücke von acht bis neun Kilo Gewicht befanden, auf einen Raum von etwa zehn Quadratkilometer nieder. Augenzeugen sahen deutlich eine kleine *dunkle Wolke* von großer Beweglichkeit am Himmel, die sich unter starken, Böllerschüssen ähnlichen Detonationen zerteilte. Dann hörte man ein langanhaltendes Geräusch wie Gewehrfeuer, und knatternd ergoß sich der Steinregen über den Ort.

Es ist erklärlich, daß man lange Zeit nicht recht daran glauben wollte, daß Steinmassen aus dem Himmelsraum zur Erde fallen, bis ins neunzehnte Jahrhundert hinein wurde das selbst in gelehrten Schriften bestritten. Allenfalls wollte man zugeben, daß heftige Wirbelstürme Felsstücke und dergleichen losreißen und fortschleppen könnten und daß solche Steine dann wieder niederfielen. Auch unweit von Vulkanen konnten ja hin und wieder kleinere Auswürflinge umherfliegen und niederfallen. Jedenfalls aber hielt man diese Meteormassen für *irdischen* Ursprungs. Als der Pariser Akademie der Wissenschaften ein von dreihundert Augenzeugen unterschriebener Bericht über einen am 24. Juli 1790, abends neun Uhr, zu *Juillac* in der Gascogne stattgefundenen Meteorsteinfall zuging, war diese gelehrte Körperschaft ganz entsetzt über derartig »unklare Köpfe, die wirklich ernsthaft meinen konnten, es fielen Steinmassen aus dem Himmelsraum herunter«.

Endlich aber beschäftigte sich ein hervorragender Forscher, der deutsche Physiker *Chladni*, äußerst eingehend mit der Sternschnuppen- und Meteorfrage und trat schon 1794 mit seiner ganzen Autorität dafür ein, daß diese Gebilde dem Himmelsraume entspringen. In seiner 1819 erschienenen Schrift »Über Feuermeteore und über die mit ihnen herabgefallenen Massen« entwarf er ein in allen Hauptpunkten durchaus zutreffendes Bild vom Ursprung und von der Natur der Meteore. Er führte etwa folgendes an: Außer den großen Weltkörpern, den Sonnen und Planeten, existieren im Weltenraume ungezählte Mengen kleiner, allerkleinster Massen, die vielleicht Trümmer von zerstörten Weltkugeln sind, viel wahrscheinlicher aber sich ebenso aus kleinen Materieansammlungen selbständig gebildet haben, wie dic großen Weltkörper sich aus großen Materiemengen bildeten. Ja vielleicht entstanden diese kleinen Körperchen aus den Überbleibseln, den Brosamen, die bei der Entstehung der Himmelskörper übrigblieben. Von diesem letzteren Gesichtspunkte ausgehend, nennt Chladni jene kleinen Körperchen *Weltspäne*. Diese Weltspäne nun durchwandern zu unzähligen Milliarden, bald einzeln, bald in kleinen Gesellschaften, den Weltenraum nach allen Richtungen. Gelangen sie dabei in den Anziehungsbereich der Erde, so zwingt sie dieser mächtige Ball, auf ihn niederzustürzen. *An sich durchaus kalt und dunkel, erhitzen sie sich durch die starke Reibung in den Luftmassen der Erde*, die sie ja mit ungeheurer Geschwindigkeit durchsausen, und werden *glühend*. Sind sie sehr weit entfernte Körperchen oder sehr kleine Massen, so bieten sie, an der Erde schnell vorbeisausend, wenig auffallende Erscheinungen. Sind es aber größere Massen, die tief in die Erdatmosphäre eindringen, so wird das Phänomen natürlich auffälliger; wir erblicken dann eine sogenanne Feuerkugel, die zuweilen die hellsten Planeten an Helligkeit übertrifft, oft sogar für einen Augenblick die Nacht erhellen kann. Diese größeren Gebilde nennen wir *Meteore*. Ein Teil der niedergehenden Masse verdampft und verglüht zu feinem Aschenstaub in der Luft, ist die Masse aber beträchtlich, so fallen mehr oder minder große Teile zur Erde nieder, und dies sind die Meteorsteine bzw. Meteoreisenmassen.

Dies waren die Anschauungen des großen Physikers, und sie sind durch die späteren Forschungen in der Hauptsache durchaus bestätigt worden; ja Chladni hat sogar damals schon darauf hingewiesen, daß die *Kometen* zu den Sternschnuppen und Meteoren offenbar in einem gewissen Verwandtschaftsverhältnis stehen, eine Ansicht, die durch die Untersuchungen des italienischen Astronomen Schiaparelli Ende des neunzehnten Jahrhunderts zur Gewißheit erhoben wurde.

Zwischen »Sternschnuppen« und »Meteoren« (Feuerkugeln) besteht also kein genereller Unterschied. Jene sind sehr winzige Körper, die vollkommen in der Luft verpuffen, sich in Gas und Aschenteile auflösen, diese sind größere Teilchen, die so leicht nicht verdampfen und oft prächtige Feuererscheinungen beim Fallen darbieten.

Wenn man Meteore aufmerksam verfolgt, so bemerkt man, daß bei einigen ein Schweif sichtbar wird, der noch einige Zeit nach dem Verlöschen des eigentlichen Aufglühens erkennbar ist. Wir haben es hier mit den glühenden Staub- bzw. Aschenteilen des Körpers zu tun; dieser Staub löst sich dann langsam auf und fällt unmerkbar zur Erde nieder.

Dennoch kann man durch geeignete Beobachtungen jenen fortwährend zur Erdoberfläche fallenden Staub nachweisen. Ein großer Teil der meteoritischen Materie besteht aus reinem Eisen, und der Nordpolfahrer Nordenskjöld hat auf den weiten Schneefeldern Grönlands deutlich die Spuren dieses ewigen Eisenstaubfalles bemerken können. Die Schneefelder waren oft ganz *rostgelb* gefärbt durch die Einwirkung des Eisens. Aus großen Mengen Schnee, die Nordenskjöld einschmelzen ließ, resultierten stets kleine Häufchen Eisenstaubes. In der Tat wissen wir, daß die Erde zuweilen mit großen Wolken allerfeinsten meteoritischen Staubes zusammentrifft, der sich dann langsam niedersenkt. Bedeutende meteoritische Staubfälle fanden z. B. am 3. Mai 1892 in Schweden, Norwegen, Dänemark und den umliegenden Landstrichen statt. Die damals gefallene Menge wird auf 500 Tonnen geschätzt.

Der Laie, der nur alle Jubeljahre einmal eine Sternschnuppe sieht, meint gewöhnlich, die Zahl der in die Erdatmosphäre eintretenden Meteore sei eine sehr geringe. Das ist aber ein großer Irrtum. Ein aufmerksamer Beobachter kann (gute Aussicht und reine Luft vorausgesetzt) in einer Stunde durchschnittlich zehn Meteore oder Sternschnuppen zählen. Da aber ein einzelner Beobachter an seinem Standort nur etwa den vierten Teil der für ihn sichtbaren Himmelsfläche überblicken kann, so werden für einen bestimmten Erdort in der Stunde rund vierzig Meteore in Erscheinung treten. Für den ganzen Erdball berechnet ergibt sich, daß in jeder Stunde vierhunderttausend, in vierundzwanzig Stunden also etwa zehn Millionen Meteore in den Luftkreis unseres Planeten eintreten. Freilich werden es in den allermeisten Fällen nur ganz winzige Körperchen sein; aber dennoch ist es nicht unmöglich, daß sie mit der Zeit gewisse Veränderungen auf unserem Planeten hervorrufen können. Wir wiesen schon bei einer anderen Gelegenheit darauf hin, daß die Erde nach einer Untersuchung von Baur in den letzten 600000 Jahren durch meteorische Massen um 40 Millionen Tonnen zugenommen hat, was sich auf die Dauer auf ihre Umdrehungsgeschwindigkeit, auf die Länge des Tages auswirken muß. Die Sternschnuppen rühren von Steinchen her, die kaum das Gewicht eines Grammes erreichen dürften, die Feuerkugeln, die Meteore, hingegen scheinen alle Größen erreichen zu können, von der Ausdehnung einer Walnuß angefangen bis zu Massen, die ein paar hundert Meter Durchmesser haben und gegen 100000 Tonnen wiegen.

Im *Cañon Diablo in Arizona* befindet sich ein seltsamer Krater von beinahe anderthalb Kilometer Durchmesser und rund 174 Meter Tiefe, der eine Sehenswürdigkeit von Weltruf geworden ist, denn dieser Krater wurde durch den Aufsturz einer ungeheuren Eisenmeteormasse erzeugt, die vor sehr langer Zeit hier niederging.

Aus dem Verwitterungszustand der Sandsteinmassen des Kraterrandes schließen die Geologen, daß seit der Einsturzkatastrophe mehrere Jahrtausende vergangen sind. Riesenhafte Zedern, die nahe bei dem Krater stehen oder standen, lassen auf Grund ihrer Jahresringe ein Alter von annähernd siebenhundert Jahren erkennen; so lange muß also das Ereignis wenigstens zurückliegen. Die Indianer der Gegend haben eine Überlieferung, derzu-

Meteore *Der Meteorit von Ensisheim (Elsaß) gehört zum ältesten beobachteten Meteoritenfall (16. 11. 1492), von dem noch Material vorhanden ist (oben links). – Reliefdarstellung des Nördlinger Rieses, eines alten Meteoritenkraters zwischen Schwäbischer und Fränkischer Alb. Entstehungszeit vor etwa 14,8 Millionen Jahren, Durchmesser 25 km (oben rechts). – Luftbild des Meteoritenkraters in Arizona, USA (Durchmesser 1,3 km, Tiefe 174 m), Alter mehr als 5000 Jahre (unten)*

Meteore *Am 14. 3. 1933 photographierte Charles M. Brown vom Mount Dora, New Mexico, aus dieses helle Meteor. Flughöhe zum Zeitpunkt der Aufnahme 30 km (oben). – Beim Photographieren des Andromedanebels am 12. 9. 1923 kreuzte während der Belichtung ein Meteor das Gesichtsfeld der Kamera. Seine Spur läßt mehrere Lichtknoten erkennen. Aufnahme: Josef Klepesta (unten)*

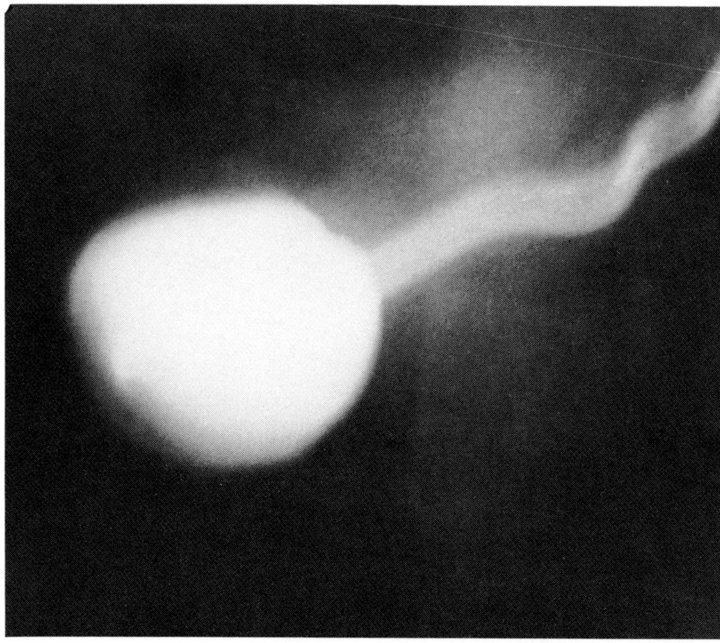

folge »zweimal vor vielen hundert Sommern Feuer vom Himmel fiel, einmal hier und einmal weiter fort in den Bergen«. Umfangreiche Bohrungen wurden vorgenommen, um die mehrere hundert Meter tief ins Erdreich eingedrungene Masse zu finden. Große Bruchstücke des Meteors, wiederum ein Eisenmeteor mit starken Beimengungen von Nickel und Platin, die, in der Umgebung des Kraters verstreut, längst bekannt sind, ergaben, daß das Material sehr wertvoll sei und sich seine Hebung auch wirtschaftlich lohnen würde, um so mehr, als Sachverständige den Körper auf mehrere Millionen Tonnen schätzten.
Der Fels ist hauptsächlich Sandstein, er wurde durch den Aufschlag des Riesenmeteoriten völlig zertrümmert; nach verschiedenen mißglückten Bohrungen traf man an zwei Stellen auf Massen, in denen der Bohrer steckenblieb. In jüngster Zeit gilt die Auffindung eines derart großen Meteoriten in seiner Gesamtheit als sehr unwahrscheinlich. Die Hitzeentwicklung beim Aufprall auf die Erdoberfläche dürfte so groß sein, daß der Hauptteil der Masse einfach verdampft. Nebenbei sei bemerkt, daß man an verschiedenen Stellen der Erde kleinere Meteorkrater aufgefunden hat; wer will wissen, was für enorme Meteormassen für alle Ewigkeiten auf den Böden der Ozeane unseres Planeten ruhen?!
Der *Sibirien-Meteorit* war auf keinen Fall kleiner als die Masse im Cañon Diablo, und sein Aufsturz wurde direkt beobachtet. Am 30. Juni 1908, gegen acht Uhr morgens, brauste eine gewaltige feurige Masse aus dem Himmelsraum über Sibirien hin, eine ungeheure Granate, ja, ein ganzes Bündel von Geschossen, von einer feurigen Lohe umhüllt, schlug nieder. Ein glücklicher Zufall hat es gewollt, daß diese Granate sich eines der entlegensten Gebiete unseres Planeten aussuchte, um nach so unvorstellbar weitem Flug zur Ruhe zu kommen: sie ging im Gebiet der »Steinigen Tunguska« nieder, mit einer unendlich einsamen, öden Landschaft mit weiten Urwäldern, in unwegsamen, zumeist vereisten Sümpfen, in der da und dort Tungusenfamilien angetroffen werden, die mit ihren Rentierherden nomadisieren. Die nächste größere Siedlung ist Kirensk, aber nicht fern von der Einschlagstelle liegt eine Faktorei, Wanowara genannt; immerhin sind selbst von diesem einsamen Punkt aus noch hundert Kilometer zu bewältigen, um den Ort zu erreichen, wo sich diese himmlische Granate, in riesenhafte Splitter zerplatzend, ins Erdreich bohrte. Beobachter wollen gesehen haben, daß beim Fall eine ganze Reihe in glühende Wolken gehüllte Körper hintereinander herzogen, daß es sich also nicht um einen einzigen zusammenhängenden Körper gehandelt hat. Da die Erdbebenwarte zu Irkutsk den Aufschlag gemessen hat und auch die gewaltige Luftdruckwelle, die die Weltraumgranate erzeugte, an vielen

Punkten (auch in Deutschland) registriert werden konnte, war es möglich, ungefähr das Gesamtgewicht zu berechnen. Man kommt auf rund zehn Millionen Zentner, und dementsprechend sind auch die Verwüstungen, die die aufprallenden Massen anrichteten. Hunderte Quadratkilometer Urwald sind mehr oder weniger schwer mitgenommen worden. In weitem Umkreise wurden die Bäume entwurzelt und von dem glühenden Atem dieses Geschosses aus dem Sternenraum verbrannt. Im Zentrum des Zerstörungsgebietes wurden zwanzig Quadratkilometer Wald abrasiert. Selbst nach zwanzig Jahren war die Narbe noch nicht verharscht. Der Meteorit war von einer feurigen Gashülle umgeben, deren Durchmesser auf mehrere Kilometer geschätzt wird. So erklärt es sich auch, daß die wenigen Menschen, die der Aufschlagstelle nicht allzu fern waren (alles Tungusen-Nomaden), angaben, eine feurige Lohe habe sie fast erstickt und versengt. Der Luftdruck warf sie zu Boden, er erzeugte ein wildes Heulen. Eine schwere eiserne Ofenplatte wurde vom Herd gerissen und weit fortgeschleudert. Ähnliche Angaben machten Eisenbahnbeamte der 700 Kilometer entfernt liegenden Station von Kansk. Die russische Regierung hat mehrmals Expeditionen in das entlegene Gebiet geschickt, die von dem Astronomen Professor *Kulik* geleitet wurden. Die erste wäre um ein Haar in der Einöde umgekommen, vor allem weil Lebensmittel schwer zu beschaffen waren. Leider wird man in dem schwierigen, versumpften Gelände, der Boden ist meist tief gefroren und taut nur oberflächlich auf, kaum an die Meteormasse herankommen. Es wurde vielfach die Vermutung geäußert, die Masse könnte vom Kometen Pons-Winnecke stammen, der damals der Erde nahe war, sicher ist das keineswegs, aber wir können uns noch nachträglich gratulieren, daß sie uns nicht auf die Köpfe fiel. Nur ein paar in der Gegend nomadisierende Tungusen und große Rentierherden vernichtete die Weltraumgranate, aber einen Moment hing sie drohend über uns allen!

Man hat natürlich die Beschaffenheit der niedergefallenen meteoritischen Massen sehr eingehend studiert. Die Steinmeteoriten enthalten hauptsächlich solche Gesteinsarten, die auch in den Urgesteinen der irdischen Gebirge enthalten sind, nämlich Kalk- und Tonerde-Silikate, Magnetkies, Olivin (Magnesia), Schwefelkalzium, Schreibersit und Chromeisenerz. Die Eisenmeteoriten bestehen gewöhnlich aus etwa neunzig Prozent reinem Eisen und acht Prozent Nickel; hierzu kommen geringe Mengen von Phosphor, Kupfer, Silizium und Kohlenstoff; ein besonderes Charakteristikum für Meteoreisen sind die sogenannten »*Widmannstättenschen Figuren*«, die sich zeigen, wenn man eine Fläche des Metalls schleift, poliert und mit Schwefelsäure beizt. Erhitzt man die Meteorsteine und untersucht die aus ihnen entweichenden

Gase, so zeigen sie im Spektroskop die Linien, die auch den *Kometengasen* eigen sind.

Wir sehen, daß diese aus den fernsten Fernen des Weltenraumes zu uns kommenden Massen nur aus Stoffen bestehen, die wir überall auf Erden antreffen. Das ist ein gar wichtiger Umstand, denn er gestattet uns, zu schließen, daß allüberall im weiten Universum »nach demselben Rezept gekocht wird« wie hier bei uns, und da auch die Naturgesetze überall gültig sind, so muß im großen und ganzen überall im Weltenraum das gleiche entstehen, sich bilden und entwickeln können. – Organische Spuren hat man bisher in Meteorsteinen nicht mit Sicherheit nachweisen können; mit den seltsamen gallertartigen Massen, die man zuweilen findet und die der Volksmund als »Kometenmaterie« oder »Sternschnuppenmaterie« bezeichnet, hat es eine andere Bewandtnis. Die eingehende Untersuchung der fraglichen Substanzen hat ergeben, daß es sich hier zum Teil um gallertartige Klumpen einer Algenart handelt oder um organische Reste, die die Vögel aus der Luft als unverdauliche Speise wieder von sich geben.

Wie schon erwähnt, werden die meteoritischen Massen erst glühend und somit selbstleuchtend, wenn sie in unsere Erdatmosphäre eingedrungen sind. In den meisten Fällen hat die plötzliche Hitzeentwicklung die Massen außen mit einer schwarzen *Schmelzkruste* überzogen, die in der Regel Narben enthält, denen ähnlich, die entstehen, wenn man die Fingerkuppen in weichen Ton oder in Gips eindrückt.

Ehe wir näher darauf eingehen, wie sich physikalisch das *Erglühen* der Meteore erklärt, ist es notwendig, etwas über die *Geschwindigkeit,* mit der die Körper sich fortbewegen, und über die *Höhe,* in der sie uns zuerst sichtbar werden zu sagen.

Was die *Geschwindigkeit* der Meteore anbelangt, so scheint diese sehr verschieden zu sein, und wir wissen heute auch, daß es Meteorströme im All gibt, die in verschiedenen Bahnen und mit verschiedener Schnelligkeit weitereilen; aber es kommt auch darauf an, ob diese Körper unserer Erde, die sich ja selber mit einer Geschwindigkeit von 30 Kilometer in der Sekunde um die Sonne bewegt, entgegenkommen, oder hinter ihr hereilen. Wir dürfen für die Meteore einen Sekundenweg von 60 Kilometer als normal bezeichnen; kommt ein solcher Körper nun der Erde in ihrem Flug entgegen, so summieren sich für uns Erdbewegung und Meteorbewegung, der Stein scheint mit 90 Kilometer Geschwindigkeit pro Sekunde in die Erdatmosphäre einzudringen. Jene Meteore aber, die von *»hinten«* auf die Erde zustreben, also sozusagen hinter ihr herfliegen, dringen nur mit etwa 30 Kilometer Geschwindigkeit in die Lufthülle des Planeten ein.

Manche Meteore beschreiben ganz sonderbare Kurven am Himmel. Der Verfasser sah einmal eine Sternschnuppe, die plötzlich wie ein Stern hoch am Himmel auftauchte und stillzustehen schien, weil sie sich genau auf den Beobachter zubewegte, dann lenkte sie ganz allmählich fast waagerecht, nach rechts in einem merkwürdigen Bogen ab und ging schließlich nicht nach unten, sondern nach oben zum Zenit. Offenbar war diese Sternschnuppe mit einer um nur wenige Meter schnelleren Bewegung hinter der Erde hergeeilt und daher in Bezug auf die Erde ganz langsam geflogen. Dann machte sich aber die Drehung der Erde um ihre Achse geltend, und der Erdort, auf dem der Beobachter stand, wurde nach Osten fortgedreht. Scheinbar bewegte sich allerdings die Sternschnuppe nach Westen. In Verbindung mit dem Fortschreiten der Erde im Raum kam schließlich die merkwürdige Kurve heraus, da sich drei verschiedene Bewegungen kombinierten. Manche Meteore beschreiben aber auch Zickzack- und Schlangenbahnen am Himmel, die durch Explosionskräfte beim Glühendwerden des Meteors zu erklären sind. Sonst ist übrigens an einem fliegenden Meteor wenig zu sehen, die Schnelligkeit der Bewegung verhindert ein Betrachten im Fernrohr, aber nicht selten bildet sich die leuchtende Spur auf einer Himmelsphotographie ab.

Die *Höhen*, in denen die Sternschnuppen und Meteore aufleuchten, sind durch andauernde Beobachtungen recht genau ermittelt worden. Die allermeisten Meteore leuchten schon 120 bis 150 Kilometer über der Erde auf und verlöschen bereits in 50 bis 100 Kilometer Höhe. Man hat früher nicht geglaubt, daß unsere Atmosphäre in so großen Höhen noch mechanische Wirkungen auszuüben vermag, hierfür vielmehr 80 Kilometer als oberste Grenze angegeben; die Meteore aber belehren uns eines Besseren, denn der Widerstand der Luft ist es, der sie zum Leuchten bringt.

Es kommt aber noch ein zweites, sehr wichtiges Moment hinzu. Es ist schon seit langem beobachtet worden, daß die niederfallenden Meteormassen durchaus nicht mit so großer Wucht aufschlagen, wie man nach der kolossalen oben beschriebenen Geschwindigkeit der Körper voraussetzen sollte. So blieben zum Beispiel kleine Meteorsteine auf der Fläche eines zugefrorenen Teiches liegen, während eine Pistolenkugel die Eisdecke glatt durchschlug. Auch wühlen sich größere Meteormassen durchaus nicht so stark in den Erdboden ein, wie nach Maßgabe ihrer Geschwindigkeit zu erwarten wäre. Dieser auffällige Umstand hat seine Erklärung darin gefunden, daß alle Meteore, abgesehen von den sehr großen, ganz kurze Zeit nach dem Eindringen in unsere Atmosphäre ihre Geschwindigkeit vollkommen verlieren, und zwar infolge des *Widerstandes der Luft.* Ob übrigens der Leuchtvorgang in allen Einzelheiten geklärt ist, erscheint nach einer neueren interessanten

Untersuchung zweifelhaft, auf alle Fälle spielt auch das Mitleuchten der heftig bewegten Luftteilchen in weitem Umkreise eine Rolle.
Schon ziemlich oberflächliche Untersuchungen zeigen deutlich, daß nicht zu allen Zeiten des Tages oder der Nacht gleich viele Meteore oder Sternschnuppen fallen. Im Winter, wo der Himmel bis gegen sechs Uhr morgens durch die Morgendämmerung nicht sehr beeinflußt wird, zeigt sich sehr deutlich, daß vor Mitternacht die wenigsten, nach Mitternacht mehr und mehr und in den Morgenstunden die meisten Sternschnuppen sichtbar werden.
Woher diese sonderbare Erscheinung? Sie hängt mit der Fortbewegung der Erde und mit ihrer Rotation zusammen! So wird eine Kanonenkugel, die einen Mückenschwarm durchfliegt, auf der vorangehenden Seite, der »Stirnfläche«, am meisten Mücken auffangen, und ganz ebenso muß diejenige Seite der Erdkugel, die beim Fluge durch den Raum *vorangeht*, am meisten von Sternschnuppen getroffen werden, denn sie fängt ja einen großen Teil davon ab.
Diese »tägliche Variation« der Meteorfälle erklärt sich also zwanglos aus der Fortbewegung und Rotation der Erde; wesentlich anders aber ist es mit der außerordentlichen Häufigkeit der Meteore an manchen Tagen des Jahres. So fallen in den Nächten vom *8. bis 13. August, 10. bis 14. November, 19. bis 28. April, 26. bis 28 November* und noch an einigen anderen Tagen in jedem Jahr weitaus mehr Sternschnuppen als gewöhnlich. Verfolgt man an solchen Abenden aufmerksam das Fallen jener schnellen Fünkchen, zeichnet man sich etwa die Wege mehrerer Sternschnuppen in eine Sternkarte ein, so findet man, daß der Ausgangspunkt all dieser Meteorbahnen eine ganz bestimmte Himmelsstelle ist. Von diesem Punkte also scheinen die Meteore ihren Ausgang zu nehmen. Man nennt diesen Ort den Radiationspunkt. So liegt der Radiationspunkt der Meteore, die in den Nächten um den 10. August herum fallen, im Sternbild des Perseus, weshalb man diese Meteore *Perseiden* nennt; die Meteore in den Nächten vom 10. bis 14. November strahlen aus dem Sternbilde des *Löwen* (leo) aus, heißen daher *Leoniden.* Da nun die Erde alle Jahre an den gleichen Tagen mit diesen Meteorströmen zusammentrifft, so ist damit der Beweis erbracht, daß *jene Meteorströme in festen Bahnen*, wie die Erde selbst, *um die Sonne wandern.* Daß dieser Schluß berechtigt ist, ergibt sich aus folgenden Erwägungen: Die Erde steht alle Jahre an bestimmten Tagen, zum Beispiel am 10. August, an der gleichen Stelle ihrer Bahn; da sie nun jedesmal an diesem Tage den Perseiden-Meteoren begegnet, so müßten diese entweder in Gestalt einer mächtigen Wolke ständig an diesem Punkt der Erdbahn stehenbleiben oder aber einen ungeheuer großen Ring (vielleicht eine Ellipse) bilden, die um die Sonne rotiert. Daß

nur das letztere möglich ist, wird sofort klar, wenn wir daran denken, daß ja unser ganzes Sonnensystem im Raume weitereilt und daher die Erde schon nach einigen Jahren weit von einer stillstehenden Meteoritenwolke entfernt sein würde. Außerdem lehren die Gesetze der Himmelsmechanik, daß in unserem Sonnensystem ein Körper unmöglich stillstehen kann; ein jeder muß sich vielmehr in Ellipsen, Parabeln oder Hyperbeln um die Sonne bewegen. Es gibt also gewaltige *Meteorringe*, die um die Sonne kreisen und die Erdbahn an verschiedenen Stellen berühren oder schneiden. Berührt die Erde diese Stellen, so treten jene *»periodischen«* Meteore auf. Es zeigt sich aber, daß jene Meteorringe nicht an allen Punkten gleich stark sind, denn in manchen Jahren fallen in den sternschnuppenreichen Nächten ganz besonders viele Meteore, so daß alle Welt darauf aufmerksam wird und das Publikum hinauseilt, um das wunderbare himmlische Feuerwerk mit anzusehen. Stundenlang fallen dann, wie ein Schneegestöber dicht, die leuchtenden Funken, so daß in einer einzigen Stunde 2000 bis 4000 Meteore von einem Beobachter gezählt werden können. Am 27. November 1872 zählte man in Göttingen in drei Stunden 7700 Meteore; in Rom gegen 14000 in fünfeinhalb Stunden; in Münster in einer Viertelstunde 900 Meteore und so weiter. Von einer wunderbaren Fülle und Großartigkeit muß der Sternschnuppenfall gewesen sein, den *Humboldt* und *Bonpland* am 12. November 1799 (es war also der Leonidenschwarm) zu Cumana in Südamerika beobachteten. Humboldt berichtet darüber: »Tausende von Feuerkugeln und Sternschnuppen fielen hintereinander stundenlang; kein Stück des Himmels so groß wie drei Monddurchmesser, das nicht jeden Augenblick von Feuerkugeln und Sternschnuppen gewimmelt hätte!«

Die Eingeborenen erzählten, daß auch im Jahre 1766 in der gleichen Nacht ein solches Feuerwerk eintrat, und man schloß daraus, daß auch 1833 ein ähnliches Phänomen zu erwarten sei. Dies traf denn auch ein; ebenso war 1866 das prächtige Schauspiel wieder zu beobachten. Offenbar also existiert in dem Ring der Leoniden-Meteore eine besonders dichte Stelle, die alle 33 Jahre die Erdbahn berührt; mithin können wir schließen, daß der ganze Ring der Leoniden in 33 Jahren einmal eine Rotation um die Sonne vollendet hat. – Ähnliches gilt auch von den Perseiden und anderen Meteorringen. Es ist anzunehmen, daß jene dichte Stelle die Hauptwolke der Meteore ist und daß sich von ihr aus die Meteore über die ganze Bahn *zerstreuen*, so daß schließlich einmal die Bahn überall gleichmäßig dicht mit Meteoren besetzt sein wird. – Der italienische Astronom *Schiaparelli* hat, wie wir bereits im Kapitel über die Kometen berichteten, die Bahnen solcher Meteorwolken um die Sonne genau untersucht und dabei die überraschende Entdeckung gemacht,

daß sie sich in genau den gleichen Bahnen bewegen wie bekannte Kometen. So ist die Bahn, welche die Perseiden beschreiben, zugleich die Bahn des dritten Kometen vom Jahre 1862, während sich die Leoniden in der Bahn des Kometen 1866 I bewegen. Auch für andere Meteorringe haben sich die »zugehörigen« Kometen gefunden; die Sternschnuppen, die Anfang Mai aus dem Sternbild »Wassermann« kommen, stammen vom Kometen Halley.
Der Kern eines Kometen (wir sprachen schon davon) ist eine Wolke von Gesteinen, die unter der Einwirkung der Sonne und der Planeten, denen der Schweifstern nahe kommt, gelockert, auseinandergezerrt, verstreut wird; so mancher Meteorstein, der in unseren Museen liegt, mag einmal Bestandteil eines Kometenkopfes gewesen sein. In diesem Zusammenhang soll noch erwähnt werden, daß die frühere Auffassung, ein beträchtlicher Teil der Meteore und der nichtperiodischen Sternschnuppen stamme aus dem Fixsternraum, heute nicht mehr aufrechterhalten wird. Die Anwendung der modernen Radarecho-Methode bei der Bahnbestimmung der kosmischen Kleinkörper hat die aus optischen Beobachtungen abgeleiteten Ergebnisse *nicht* bestätigt. Man darf vielmehr annehmen, daß auch die größeren Meteore und die Sternschnuppen, die keinem bekannten Strom zuzuordnen sind, aus Bezirken des Sonnensystems, aus seinen fernen Randgebieten stammen.

Wir wollen diese Welt der Kleinkörper nicht verlassen, ohne einer Erscheinung zu gedenken, die irgendwie mit ihr zusammenhängt. Es ist möglich, daß sie der Leser dieses Buches bei Wanderungen über die Heide schon gesehen hat, wenngleich sie in unseren Breiten gewöhnlich nicht sehr auffällig ist; wir sprechen vom *Tierkreislicht*, vom *Zodiakallicht.* Im Frühjahr, nach Einbruch der Dunkelheit, dort, wo die Sonne untergegangen ist, und im Herbst vor Sonnenaufgang, dort, wo das Tagesgestirn emporsteigen soll, ist zu manchen Zeiten ein zarter Lichtschein sichtbar, der in Gestalt eines unten breiten Kegels schräg zur Horizontlinie aufsteigt; seine Spitze liegt etwa in halber Höhe zum Scheitelpunkt des Himmels. In manchen Gegenden, vor allem in den Tropen und speziell auf den großen Grassteppen Mexikos, soll dieser Schein eine ganz auffällige, alltägliche Erscheinung sein, die das ganze Jahr hindurch beobachtet werden kann. Am ehesten wird ihn der Leser fern der Stadt und in Nächten ohne Mondlicht bei uns an Vorfrühlingsabenden im Westen erkennen. Die Spitze steht dann dem Siebengestirn nahe!
Bekanntlich heißt die schmale Zone, durch die die Sonne im Laufe eines Jahres bei ihrer Wanderung hindurchläuft, »Zodiakus« oder »Tierkreis«, und da jener merkwürdige Lichtschein stets in dieser nämlichen Zone liegt, hat

man ihn Zodiakallicht oder Tierkreislicht genannt. Es zeigt sich ferner deutlich, daß eine gerade Linie, von der Spitze des Lichtkegels durch dessen Mitte hindurchgelegt, auf die unter dem Horizont stehende Sonne zuführt. Mit der Stellung der Sonne und mit der Änderung der Lage des Tierkreises zum Horizont ändert sich auch die Lage des Zodiakallichtes, das wie der Strahl eines sehr schwachen Scheinwerfers am Himmel aufsteigt.

Fortgesetzte genaue Beobachtungen haben gezeigt, daß das Zodiakallicht in der Kegelspitze durchaus nicht sein Ende erreicht; es setzt sich vielmehr von dort aus in Form einer äußerst schwachen *Lichtbrücke* fort, nach der anderen Himmelsseite hinüber; hier wird dann der Schein wieder breiter, so daß also bei sehr klarem Himmel ein geübtes Auge nicht nur im Westen den Lichtkegel erblickt, sondern auch im Osten einen viel schwächeren *zweiten* Kegel, der mit dem ersten durch eine feine Lichtbrücke verbunden ist. Der erste, der diese Erscheinung sah, war der große Naturforscher *Alexander von Humboldt*, der auf einer Tropenreise darauf aufmerksam wurde.

Der Astronom *Brorsen* entdeckte dann in diesem schwachen Teil des Zodiakallichtes einen helleren Schein, der immer genau an dem Punkt des Himmels zu finden ist, der dem Orte, den die Sonne innehat, gegenüberliegt. Man hat diesen helleren Fleck den »*Gegenschein*« genannt. Diese Entdeckungen zeigten, daß das Zodiakallicht durchaus nicht ein einfacher, von der Sonne ausgehender Lichtstreifen ist, wie man wohl anfangs glaubte, sondern ein kompliziertes Gebilde. Zuweilen kann man in südlicheren Breiten sehen, daß es sich um einen den ganzen Himmel überziehenden Bogen handelt, ähnlich einem riesigen, farblosen Regenbogen, annähernd so breit wie das bekannte Sternbild des »Großen Wagens«.

Man hat natürlich das Licht des rätselhaften Gebildes untersucht, und das Polariskop, ein Instrument, das imstande ist, anzugeben, ob ein leuchtender Körper *selbstleuchtend* ist (wie etwa die Sonne) oder nur fremdes Licht *reflektiert* (wie der Mond oder ein beleuchtetes Blatt Papier), zeigt deutlich, daß es sich hier um reflektiertes Sonnenlicht handelt. Auch das Spektroskop weist mit Bestimmtheit darauf hin, daß wir es nur mit einer Zurückwerfung des Sonnenlichtes zu tun haben.

Das Zodiakallicht hat, so unscheinbar es ist, den Astronomen viel Kopfzerbrechen verursacht, und mancherlei Hypothesen versuchten seine Stellung im Sonnensystem klarzustellen. Heute kann das Problem im wesentlichen als gelöst angesehen werden. Es handelt sich bei der zarten Lichterscheinung offensichtlich um Materie in feinster Verteilung, die als eine Wolke in Gestalt einer relativ flachen Linse die Sonne umgibt und eine stärkere Verdichtung um die Ebene der Ekliptik aufweist. Diese Materiewolke erstreckt sich weit über die Erdbahn hinaus in den interplanetaren Raum. Ihre Dichte wird mit zunehmendem Abstand von der Sonne immer geringer. Die astrophysikalischen Untersuchungen deuten darauf hin, daß sich die Wolke aus winzigen Staubteilchen und freien Elektronen zusammensetzt und gewissermaßen als eine Fortsetzung und Erweiterung der Sonnenkorona erscheint.

Wir schließen hier unsere Betrachtungen über das Sonnensystem, unsere engere Heimat im Weltall, ab. Eine Fülle von sehr unterschiedlichen Himmelskörpern lernten wir in ihm kennen: den Glutball der Sonne, der das weite Reich beherrscht, Planeten aller Größen, vom Riesen Jupiter angefangen bis zu Planetoiden, die nur wenige Kilometer im Durchmesser haben. Kometen und Sternschnuppenschwärme, kosmische Staubmassen, Monde, die wieder die Planeten auf ihren Wegen begleiten, zogen an uns vorüber – überall Besonderheiten, eine Fülle von teils entschleierten, teils noch rätselhaften Erscheinungen. Die Erde, unser Wohnsitz, ist ein bescheidenes Glied dieser großen Weltkörperfamilie, vielleicht aber eben dadurch das wichtigste, daß hier unter Bedingungen, die der Bildung von Organismen besonders günstig sind, das Wesen entstand, in dem der Kosmos sich selber zum Bewußtsein kommt – der *Mensch.*

Und dieser Mensch erkannte nach und nach, daß seine Heimat im All klein ist, so groß sie scheinen mag, daß bis in aschgraue Unermeßlichkeiten der Raum erfüllt ist von Sonnenschwärmen, in denen sich vielleicht viel von dem wiederholt, was im Reich der eigenen Sonne erkannt wurde. Diesen Sonnen der Ferne wollen wir uns nun zuwenden.

Die Fixsterne und die galaktischen Nebel

Der Wanderer, der in der stillen Nacht in der Einsamkeit der großen Natur unter dem Sternendom dahinschreitet, fühlt sich dem Weltgeist näher als sonst! Er ahnt, auch wenn sein Wissen über diese Dinge noch so gering ist, daß die Schwärme der flimmernden Lichter da droben unvorstellbar Gewaltiges in sich schließen. Ihr magischer Schimmer, ihre Weltenferne, ihre Unveränderlichkeit seit grauen Zeiten, ihr immer gleicher Stand und Lauf im Wechsel der Monde, Jahre, Jahrhunderte kündet von ihrer Größe, zeugt davon, daß sie dem Verfall alles Irdischen entzogen sind, läßt Gesetzmäßigkeiten von ewiger Gültigkeit ahnen.

Freilich führt uns das beschauliche Genießen des herrlichen Lichterbaumes des Himmels nicht zu den wirklichen Erkenntnissen, die uns erst die alle Ahnungen übertreffenden gewaltigen Verhältnisse des Fixsternraumes und der in ihm dahineilenden Sternströme erschließen. Der äußere Anblick enthält viel Schein! Schon der Name »Fix«-Stern, was ja wörtlich feststehender Stern bedeutet, entspringt einer irrtümlichen Auffassung. Auch diese fernen Sonnen stehen nicht still, fliegen durch den Raum, nur ihre enorme Entfernung bewirkt, daß erst sorgsame Messungen das erkennen lassen, erst in Jahrtausenden Veränderungen der Sternbilder eintreten. Ob wir einen Knaben oder einen Erwachsenen auffordern, uns einen »Stern« zu zeichnen, er wird die alte, uns so vertraute Strahlengestalt, die wir eben einen »Stern« nennen, aufs Papier werfen, und doch ist schon sie eine Täuschung. Alle Fixsterne sind ferne Sonnen, glühende Gaskugeln wie unsere Sonne, eine strahlige Gestalt kommt ihnen nicht zu, sie entsteht erst durch Unvollkommenheiten unseres Auges, durch Beugungen der Lichtstrahlen. In den besten Fernrohren erscheinen die Fixsterne als strahlenlose Punkte, keiner von ihnen steht uns freilich so nahe, kein Fernrohr hat außerdem die optische Kraft, daß wir schon den eigentlichen Sternkörper als noch so winziges Scheibchen erkennen könnten. Auch das Flimmern der Sterne, das ihnen gewiß in den Augen des Naturfreundes einen besonderen Reiz verleiht, vom Astronomen aber mit gemischten Gefühlen betrachtet wird, ist keine Eigentümlichkeit der fernen Sonnen; sie flimmern ebensowenig, wie unsere Sonne etwa »flakkert«, erst das Durcheinanderwogen wärmerer und kälterer, dünnerer und dichterer Luftmassen in der Erdatmosphäre bewirkt diese unausgesetzte Ablenkung der Sternstrahlen, die uns als ein Flimmern erscheint.

Merkwürdig ist es, daß wir alle die Zahl der dem freien Auge sichtbaren Sterne weit überschätzen! Sie sind gar nicht »unzählig«, es sind im Gegenteil überraschend wenige, wenn wir uns ernsthaft ans Zählen machen. Der Astronom teilt die Sterne ihrer Helligkeit entsprechend in *Größenklassen* ein, nennt die hellsten »Sterne 1. Größe« und zählt so fort bis zur 20. Größenklasse hinunter; ein normales Auge vermag aber nur die Sterne 1. bis 6. Größe ohne optische Hilfsmittel zu erkennen.

Am ganzen Himmel finden wir 14 Sterne 1. Größe, 39 Sterne 2. Größe, 105 Sterne 3. Größe, 445 Sterne 4. Größe, 1460 Sterne 5. Größe, 4720 Sterne 6. Größe. Wir erhalten so 6783 Sterne, von denen wir aber nur jeweils 3200 bis 3500 in einer sternklaren Nacht über dem Horizont haben. Wir sehen: von »Milliarden« und »unzählbar« kann keine Rede sein. Die Namen der *Sterne 1. Größe*, die in unseren Breiten sichtbar sind:

Name	Zeichen und Sternbild
Aldebaran	*α* im Stier
Antares	*α* im Skorpion
Arktur	*α* im Bärenhüter
Atair	*α* im Adler
Betelgeuze	*α* im Orion
Fomalhaut	*α* im Südlichen Fisch
Kapella	*α* im Fuhrmann
Pollux	*β* in den Zwillingen
Prokyon	*α* im Kleinen Hund
Regulus	*α* im Großen Löwen
Rigel	*β* im Orion
Sirius	*α* im Großen Hund
Spika	*α* in der Jungfrau
Wega	*α* in der Leier

Aber schon ein Feldstecher läßt die Sternzahl gewaltig anschwellen, und je größer das Objektiv eines Fernrohres wird, je mehr Licht es also auffangen kann, um so riesenhafter wachsen die Ströme der fernen himmlischen Lichter, sie werden am größten bei mehrstündiger Belichtung auf photographischen Platten. So gibt es schon rund 46 000 Sterne 8. Größe, nahezu 380 000 der 10. Größe, 2 1/2 Millionen, die wir zur 12. Klasse zählen müssen, und alle Sterne bis zur 16. Größe zusammengezählt führen uns bereits auf die Zahl 110 Millionen! Aber auch das ist eine willkürliche Grenze. Wir werden bei der Besprechung der Milchstraße sehen, daß dieser den ganzen Himmel umspannende zarte Schimmer durch sehr ferne Sternwolken erzeugt wird, daß die ganzen Sternmassen rings um uns in ihrer Gesamtheit eine mächtige, in sich abgeschlossene Insel im Weltall bilden, die wir unser »Milchstraßensystem« nennen.

Wir begreifen leicht, daß uns die scheinbare Größe der Fixsterne nichts aussagt über die wahre Größe der fernen Sonnen, denn es ist uns allen aus tausend irdischen Wahrnehmungen bekannt, daß ein Licht um so schwächer leuchtet, um so unscheinbarer anmutet, je weiter wir von ihm entfernt sind. So kann der hellste Fixstern des Himmels, der *Sirius*, viel kleiner sein, eine Sonne von viel geringerem Umfang sein als ein unbeachtetes, winziges Sternlein irgendwo im Strom der Millionen, die sich auf photographischen Platten wie ein Schneegestöber abbilden. Erst wenn wir den *Abstand der Sterne* von uns kennen und nun ihre Leuchtkräfte miteinander zu vergleichen vermögen, entschleiern sich uns die wahren Verhältnisse. Wenn auch zutreffende Überlegungen schon in alten Zeiten da und dort annähernd richtige Anschauungen über die gewaltige Entfernung der Fixsterne aufkommen ließen, wie die Dinge wirklich liegen, konnte man erst von dem Augenblick an feststellen, da die erste Messung einer Fixstern-Entfernung gelang. *Bessel* in Königsberg konnte im Jahre 1838 am Stern 61 im Schwan zum erstenmal die Parallaxe messen und die Entfernung zu 9,3 Lichtjahren bestimmen. Darüber hinaus helfen uns andere Methoden, die zum Teil recht verwickelt sind und die wir hier zum Teil nur andeuten können. Die nähere Erforschung der fernen Fixstern-Sonnen hat ergeben, daß manche von ihnen – ob sie uns nun nah oder fern stehen, spielt dabei selbstverständlich keine Rolle – gewisse Eigentümlichkeiten aufweisen, die zusammenhängen mit ihrer Größe, ihrer Temperatur, ihrem inneren Aufbau. Wo immer der Astronom mit seinen Fernrohren und anderen Hilfsmitteln einen solchen Stern feststellt, weiß er, daß er den anderen, gleichgearteten, gleichzusetzen ist, alle diese Sterne sind *gleich hell*. Aber sie erscheinen uns nicht gleich hell, weil eben manche uns nahe stehen, andere viel, viel weiter in den Raum hinausgerückt sind, und nun haben wir eben dadurch ein Mittel, ihre Entfernung zu bestimmen, denn die Lichtstärke nimmt ja mit der Entfernung ganz gesetzmäßig ab. So wird es uns möglich, Entfernungen von Sternmassen anzugeben, die Zehntausende von Lichtjahren von uns abstehen, einfach indem wir ihr Licht mit uns nahe stehenden Fixstern-Sonnen vergleichen, deren Abstand sich noch nach den alten Meßmethoden gut ermitteln läßt. Kontrollen mancherlei Art haben die Zuverlässigkeit dieses Verfahrens erwiesen.

Wir haben an anderer Stelle gesagt, daß der Astronom, um nicht fortwährend mit unüberblickbaren Riesenzahlen operieren zu müssen, die Entfernungen im Universum nach *Lichtjahren* angibt, und wiederholen hier nur, daß das Lichtjahr eine Raumstrecke ist, die die Lichtstrahlen in einem Jahr zurücklegen, bei einem Sekundenweg von rund 300000 Kilometer. Das Lichtjahr entspricht demnach einer Entfernung von rund 9 1/2 Billionen Kilometer (etwa 63300mal die Entfernung Sonne–Erde). Eine zweite Entfernungsbezeichnung, »Parsek« genannt, kann man sich leicht umrechnen, wenn man sich merkt, daß 1 Parsek gleich 3 1/4 Lichtjahren ist.

Der nächste aller Fixsterne, der Stern 1. Größe »*Alpha Centauri*« am Südhimmel, steht 4,3 Lichtjahre von uns ab, die fernsten Milchstraßensterne müssen wir etwa 50000 Lichtjahre jenseits unseres Ortes im großen Sternenstaat suchen.

Wir werden später sehen, daß es *Riesensterne* und *Zwergsterne* gibt, wir haben heute Mittel, die es uns erlauben, den Durchmesser mancher Fixsterne zu messen, ja bei manchen auch die Massen festzustellen. Es wird uns dort auch deutlich werden, daß der Durchmesser einer Sonne von ihrer Beschaffenheit abhängt und im Laufe sehr langer Zeiträume sogar veränderlich ist. Ein Liter Wasser ist ein kleiner Körper, verdampfen wir diesen Liter Wasser, so kann er einen ganzen Saal füllen; ähnlich ist es bei den Sonnen. Sie sind Bälle glühender Gase, die Materieteilchen können in ihnen dichter oder weniger dicht beieinanderliegen, und so können zwei Sonnen von gleicher Masse (gleichem Gewicht) sehr verschieden groß sein. Wie gewaltig die Unterschiede sind, zeigen einige Vergleichszahlen. Viermal wird unsere Sonne im Durchmesser übertroffen von dem schönen, hellen Fixstern Wega im Bilde der Leier, zehnmal vom Polarstern, fast fünfzigmal vom Hauptstern Aldebaran im Stier und zweihundertachtzigmal von der Riesensonne Betelgeuze im Orion.

Aber es gibt auch Sonnen, die erheblich kleiner sind als unsere eigene, viel kleiner noch als die großen Planeten unseres Systems, Jupiter, Saturn, Uranus usw.; immerhin gehört die Lichtquelle, der wir untertan sind, zu den Zwergsternen. Aber, wie gesagt, wir dürfen die *Größen* nicht mit den *Massen* verwechseln! Denken wir an unser Beispiel vom Liter Wasser! Es hat sich gezeigt, daß die Massen sich nicht so erheblich unterscheiden. So gleicht zum Beispiel die Masse des uns nächsten Sternes, Alpha Centauri, völlig der unserer Sonne; könnten wir beide auf die Wiegeschale des lieben Gottes legen, sie hielten einander die Waage! Die Masse des Sirius ist noch einmal so groß, und ganz wenige Sterne übertreffen die Sonne fünfzig-, siebzigmal in dieser Hinsicht; andererseits scheinen die geringsten Massen etwa den zehnten Teil der Sonnenmasse zu betragen. Bei noch geringerer Masse reicht die von dem Stern aufgebrachte Energie, Temperatur, Leuchtkraft eben offenbar nicht mehr aus, um einen Jahrmilliarden leuchtenden Sonnenstern hervorzubringen.

Jahrtausendelang haben die Menschen in diesen gewaltigen Weltleuchten »Lichtlein« gesehen, festgeheftet am kristallenen Gewölbe des Firmamentes, nur Sonne und Mond, die Planeten und die Kometen bewegten sich zwischen Erde und Dach der Welt. So kam man auch zu der Bezeichnung »stellae fixae«, Fixsterne, feststehende Sterne. In der Tat, wir haben als Greise noch den Eindruck, daß der große Himmelswagen, die Zwillinge, der Orion noch genauso stehen, wie wir sie als Jünglinge sahen, und selbst ein Blick auf Jahrhunderte alte Sternkarten scheint uns zu beweisen, daß sich da bis zum heutigen Tage nichts geändert hat. Dennoch ist das eine Täuschung: auch die Sterne, die scheinbar ewigen, bewegungslosen, ruhen nicht! Sie sind nicht an die kristallene Schale des Himmelsgewölbes wie Nägel angeheftet, sie wandern, eilen mit unfaßbarer Geschwindigkeit durch den Raum. Und dennoch sehen wir die Sternbilder heute fast in derselben Gestalt, wie sie Hipparch sah, als er 150 Jahre v. Chr. den ersten Sternkatalog herstellte; wir sehen sie fast genau so, wie sie vor Jahrtausenden die Ägypter sahen, als sie ihre Pyramiden bauten. Ein Pharao würde, wenn er nach mehrtausendjährigem Todesschlaf nun wieder unter uns treten könnte, den Sternhimmel nicht wesentlich verändert finden, er sähe die ihm wohlbekannten Sternbilder leuchten wie damals, als er in Glanz und Pracht auf Erden wandelte, denn nur wenig ändert sich in einigen Jahrtausenden der Himmel. Und doch wissen wir, daß die Sterne zwanzig- bis fünfzigmal schneller durch den Raum fliegen als die Granaten unserer Geschütze. Erst der neueren Astronomie mit ihren feinen Meßinstrumenten ist es gelungen, die *Bewegung der Sterne* zu messen. Wie gering die scheinbare Verschiebung der Fixsterne trotz ihres rasend schnellen Fluges ist, erhellt daraus, daß derjenige aller Sterne, der die schnellste Bewegung hat (es ist ein kleines Sternchen im Sternbilde des »Maler« und wird von den Astronomen der Schnelläufer genannt), sich in jedem Jahrhundert um eine halbe Vollmondbreite weiterbewegt.

Halley war wohl der erste, der um 1718 erkannte, daß einige Sterne nicht mehr so standen, wie sie anderthalb Jahrtausende vorher Ptolemäus in Alexandrien im ältesten erhaltenen Sternverzeichnis angegeben hatte. Aber erst die mit größter Sorgfalt und mit den Präzisionsinstrumenten der neueren Zeit gemessenen Sternörter, die bis auf etwa den 20000. Teil einer Vollmondbreite genau sind, erlaubten zuverlässige Angaben. Es zeigte sich in der Tat bald, daß viele Sterne nach Jahrzehnten bei der Nachkontrollierung älterer Sternkataloge ihren Ort um ein geringes verändert hatten. Die Amerikaner haben auf eine etwas grobe und summarische Art versucht, ganze Gebiete des Himmels in dieser Hinsicht zu kontrollieren. Man macht von einer Himmelsstelle eine photographische Aufnahme, macht nach zehn Jahren wieder eine, deckt beide übereinander und kann nun, wenn man noch Lupen zu Hilfe nimmt, feststellen, ob Verschiebungen eintraten. Hier muß man aber vorsichtig sein, denn auch die Gelatineschicht der Platten verzieht sich etwas. Man hat aber heute Mittel, zwei solcher Aufnahmen mit den bekannten Stereoskopapparaten (die von zwei *fast* gleichen Aufnahmen ein und desselben Gegenstandes, ein und derselben Landschaft ein plastisches, ein »Raumbild« geben) anzuschauen und zu vermessen, man sieht dann direkt ein Vor- und Hintereinander der Sterne in der Aufnahme, die bewegten Sterne treten den unbewegten gegenüber hervor. Heute sind infolge fortgesetzter Messungen die Bewegungsverhältnisse von über hunderttausend Sternen, die uns näher stehen, bekannt.

Im allgemeinen zeigt sich folgendes: je näher uns die Sterne stehen, je schneller scheinen sie sich zu bewegen, je größer ist die meßbare Ortsveränderung in einigen Jahrzehnten. Das ist uns völlig verständlich, denn die alltägliche Beobachtung lehrt uns, daß annähernd gleich schnell bewegte Körper, sagen wir einmal Eisenbahnzüge, eine um so größere Ortsveränderung zeigen, je näher sie uns sind; im allgemeinen dürfen wir annehmen, daß ein Stern, der starke Ortsveränderungen erkennen läßt, uns näher steht als andere. Wir verstehen nun auch, weshalb Bessel, als er vor bald hundertfünfzig Jahren die erste Entfernungsmessung eines Fixsternes vornehmen wollte, den unscheinbaren Stern 61 im Schwan wählte, den man gerade noch mit unbewaffnetem Auge sehen kann; dieser Stern hat nämlich eine sehr große Eigenbewegung, in zehn Jahren verschiebt er sich um den 36. Teil einer Vollmondbreite; wirklich gehört er auch, wie wir wissen, mit seinen rund 10 Lichtjahren Abstand zu den uns nächsten Fixstern-Sonnen.

Aber, wie gesagt: nur im allgemeinen stimmt es, daß die uns näheren Sterne auch größere Ortsveränderungen zeigen; wir haben inzwischen sehr ferne Gestirne entdeckt, die in Wahrheit viel schneller laufen, viel auffälliger ihre

Position am Firmament verändern. Ganz allgemein darf man sagen, daß der Millionenstrom der Sterne sich im Jahr weniger als eine Bogensekunde am Himmel fortbewegt, wobei wir uns in Erinnerung zurückrufen wollen, daß die Scheibe des Vollmondes 1864 Bogensekunden breit ist. Wir geben in der nachstehenden Tabelle die Ortsveränderungen einiger besonders stark bewegter Fixsterne an und fügen auch die Ortsveränderungen einiger der hellsten und bekanntesten Sterne unseres nördlichen Himmels hinzu. Um die Sache zu verdeutlichen, wählen wir als Zeitspanne das Jahrhundert und geben an, wieviel Zeit vergeht, bis sich das Gestirn um eine Vollmondbreite am Himmel weiterbewegt hat.

Gestirn	Ortsveränderung im Jahrhundert in Bogensekunden	Verschiebung um eine Mondbreite
Barnards Stern im Schlangenträger	1030″	in 180 Jahren
61 im Schwan	520″	in 360 Jahren
Arktur im Bärenhüter	230″	in 810 Jahren
Sirius im Großen Hund	130″	in 1430 Jahren
Pollux in den Zwillingen	62″	in 3000 Jahren
Wega in der Leier	35″	in 5300 Jahren
Regulus im Löwen	24″	in 7760 Jahren
Aldebaran im Stier	20″	in 9320 Jahren

Auf den ersten Blick will es uns scheinen, als ob diese Ortsveränderungen gering sind, denn der kurzlebige Mensch ist geneigt, ein Jahrtausend zu überschätzen, bedenken wir aber, daß unsere Anthropologen der Anschauung sind, daß der Mensch seit etwa einer Million Jahren auf Erden wandelt, daß vor dreihunderttausend Jahren schon verhältnismäßig große Ansiedlungen des Steinzeitmenschen bestanden haben, dann erkennen wir, daß seit diesen Tagen große Veränderungen am Himmel vor sich gingen, die Sternbilder sehr wesentlich anders ausgesehen haben müssen als heute.
Es ist einleuchtend, daß bei der großen Zahl von Fixsternen auch solche vorhanden sein werden, die direkt von uns forteilen oder auf uns zukommen und die daher, obwohl sie sich bewegen, keine Ortsveränderungen am Himmel zeigen, eben weil keine Seitwärtsbewegung zu bemerken ist. Wenn wir uns zwischen die Schienen einer sich schnurgerade in der Ferne verlierenden Eisenbahnstrecke stellen, auf der in der Nacht ein Zug daherkommt, der

Orion *Das ganze Sternbild Orion, in Nebelschleier eingehüllt. Links unten am Rande ist Sirius als heller Stern erkennbar. Aufnahme: Mount-Wilson-Observatorium, Belichtung 10 Stunden, Tessar-Linse (oben links). – Der Pferdekopfnebel im Sternbild Orion ist eine phantastisch geformte Dunkelwolke aus Staub und Gas. Aufnahme: Palomar-Observatorium, 5-m-Spiegelteleskop (oben rechts). – Der große Orion-Nebel ist eine wundervolle chaotische Nebelmasse, deren Tiefenausdehnung einige hundert Lichtjahre ausmachen dürfte. Der Nebel reflektiert das Sonnenlicht, gibt es aber auch auf indirektem Weg nach vorheriger Absorption wieder ab. Entfernung: 1700 Lichtjahre. Aufnahme: Mount-Wilson-Observatorium, 2 1/2-m-Spiegelteleskop, Belichtung 3 Stunden (unten)*

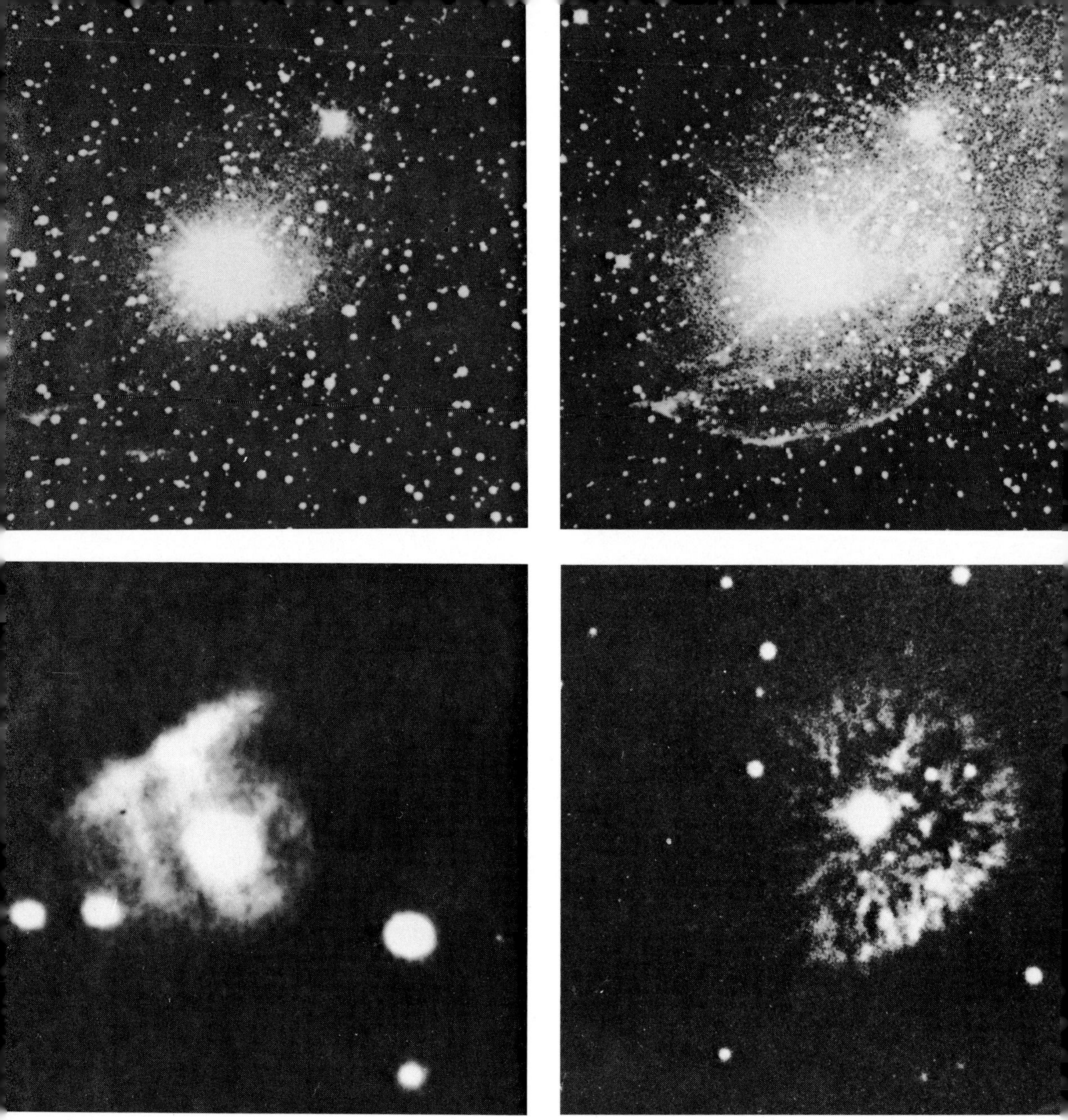

Galaktische Nebel *Nebelmaterie um den Neuen Stern im Perseus, 20. 9. 1901 (oben links). – 13. 11. 1901 (oben rechts). – 15. 11. 1917 (unten links). – 1954 (unten rechts)*

noch weitab am Horizont ist, dann sehen wir keinerlei Bewegungen der Lichter der Lokomotive; erst aus dem Hellerwerden dieser Lichter schließen wir, daß der Zug sich nähert. Genau so geht es uns bei jenen Sternen, die direkt auf uns zukommen oder von uns fortstreben, aber wir müßten Jahrtausende und aber Jahrtausende warten, ehe wir aus ihrer Helligkeitszunahme oder -abnahme Schlüsse auf ihre Bewegung tun könnten. Es ist eines der interessantesten Kapitel der Sternforschung, daß es dennoch gelungen ist, diese Bewegung sichtbar zu machen; die Spektralanalyse wird hier wie auf vielen anderen Gebieten Helferin, und wir haben in dem Kapitel, das diesem Forschungszweig gewidmet ist, schon darauf hingewiesen, daß Joh. Christian Doppler aus Salzburg 1843 zum erstenmal das Mittel angab, solche *Sternbewegungen »in der Gesichtslinie«*, wie der Astronom sich ausdrückt, zu erkennen. Der Engländer Huggins, vor allem aber der deutsche Astrophysiker *Vogel* vom Potsdamer Observatorium haben das Verfahren ausgebaut; heute ist es ein besonderer Zweig der Wissenschaft von den Sternen. Wir erinnern uns, daß im Spektrum der Sterne die *»Fraunhoferschen Linien«* auftreten, die uns anzeigen, welche Stoffe in den fernen Sonnen glühen und leuchten; wir sprachen von Natriumlinien, Eisen-, Helium-, Wasserstofflinien usw. All diese Linien stehen an ganz bestimmten Stellen des Spektrums und behalten diese Stellung auch bei, solange das Gestirn nicht seine Entfernung von uns ändert, also sich bewegt. Wir wissen zum Beispiel, daß die Sonne sich in 25 Tagen einmal um ihre Achse dreht, der linke Sonnenrand kommt auf uns zu, der rechte dreht sich von uns fort, und deutlich ist das im Spektralapparat daran zu erkennen, daß sich die Fraunhoferschen Linien des linken Sonnenrandes nach dem violetten Ende des bunten Farbenbandes verschieben, die Linien des rechten dagegen nach dem roten Ende. Ganz so ist es bei den Sternen! Nähert sich uns eine solche ferne Sonne, dann erscheinen die Spektrallinien nach Violett verschoben, strebt sie von uns fort, weichen sie nach Rot hin aus; die Größe der Verschiebung gibt uns die Geschwindigkeit an. Der Astronom erzeugt in einer elektrischen Flamme neben dem Fernrohr und Spektralapparat, mit dem er das Spektrum des Sternes entwirft, Linien gleicher Art (sagen wir einmal Eisenlinien) und vergleicht nun Eisenspektrum und Sternspektrum. Ändert der Stern seinen Abstand von uns nicht, so decken sich die Linien, im anderen Fall verschieben sie sich. Die Größe der Verschiebung ist ein Maß für die Geschwindigkeit des Gestirns.

Wir haben hier ein ungemein wichtiges Mittel, die Bewegungen großer Sternmassen zu erkennen und erlangen gleichzeitig andere Aufschlüsse über die Zusammenhänge im Sternenraum. Es läßt sich unter anderem zeigen, daß sich der Sirius in jeder Sekunde unserem Sonnensystem 7 Kilometer nähert, daß die schöne Wega in der Leier um den doppelten Betrag auf uns zustrebt; der Abstand des allernächsten Fixsternes, Alpha Centauri, vermindert sich in der Sekunde um 22 Kilometer. Umgekehrt strebt der rötliche Betelgeuze im Orion von uns fort, entfernt sich mit einer Sekundengeschwindigkeit von 21 Kilometer; bei der Kapella im Fuhrmann sind es 29 Kilometer, beim Hauptstern Aldebaran im Stier gar 54 Kilometer, und Regulus im Löwen vergrößert seine Entfernung von uns nur um 4 Kilometer von einem Herzschlag, den wir tun, bis zum nächsten.

Faßt man alles, was wir heute über die Bewegung der Sterne im Raum wissen, zusammen, so dürfen wir sagen, daß diese Sonnen sich mit Geschwindigkeiten bewegen, die im allgemeinen zwischen 10 und 30 Kilometer/Sekunde liegen, wenn auch Objekte vorkommen, die sogenannten »Schnelläufer«, die 300 bis 400 Kilometer in einer einzigen Sekunde durchsausen. Hier scheinen besondere Verhältnisse vorzuliegen, über die wir noch im unklaren sind.

Noch einer Erscheinung muß hier gedacht werden. Bei der großen Durchmusterung des ganzen Himmels fiel es bald auf, daß manche Sterne gemeinsam auf der Wanderschaft sind, gleiche Wege, gleiche Geschwindigkeiten haben; es macht den Eindruck, daß sie überhaupt zusammengehören, Sternfamilien bilden, ja vielleicht zusammen entstanden sind. Der Leser kennt eine solche *Sternfamilie* und hat sie oft am Himmel gesehen: die Plejaden, das *Siebengestirn.* Hier erkennt man ja schon aus dem engen Beieinander, daraus, daß sich die zierliche kleine Sterngruppe heraushebt aus der Umgebung, daß diese fernen Sonnen wie ein Schwarm Vögel beieinander bleiben, gemeinsam ziehen. Wirklich eilt dieser Sternhaufen, der etwa 300 Lichtjahre fern von uns steht und aus rund 400 Sonnen gebildet wird, getrennt von den Sonnen der Umgebung dahin.

Solcher Sternströme gibt es noch eine ganze Anzahl, sie brauchen am Himmel durchaus nicht in einem »Sternhaufen« nebeneinander zu stehen, sie können oft weit verteilt sein. Es ist im Sterngewimmel wie auf einer großen Spielwiese, wenn die Menschen abends heimwärtsschreiten, die einen hierhin, die anderen dorthin. Freunde, die zueinandergehören, sich vielleicht weit voneinander entfernten, über die ganze Wiese verstreut, aber die Verabredung getroffen haben, am Abend an dem und dem Ausgangspunkt zusammenzutreffen, werden nun alle diesem Punkt zuwandern und damit ihre Zusammengehörigkeit zeigen. So auch im Millionenheer der Sterne! In dem uns wohlbekannten Sternbild des Großen Wagens (Großer Bär) wandern einige Sterne gemeinsam, andere ziehen fast in entgegengesetzter Richtung.

Der Sternfreund, der mit einem kleinen Fernrohr den Himmel durchmustert, wird sehr häufig finden, daß zwei Sterne eng beieinanderstehen. In dem Millionengewimmel erscheint uns das zunächst als ein ganz verständlicher, nicht weiter auffälliger Anblick; so mag im Lichtergewirr einer großen Stadt, der wir uns mit der Bahn nähern, ein scheinbar nahes Beieinander der Lampen erkennbar werden, und doch können zwei solcher sich fast berührenden Lichter ganze Straßenzüge auseinanderliegen. Sollte es bei diesen *»Doppelsternen«* nicht ebenso sein? Der eine Stern mag uns verhältnismäßig nahe sein, der andere rein zufällig in gleicher Blickrichtung stehen, in Wahrheit Hunderte von Lichtjahren vom näheren entfernt. Der mittlere Stern der »Deichsel« des Großen Wagens (Großer Bär), er führt den Namen Mizar, hat dicht neben sich ein winziges Sternchen, das bei den Arabern als Probe für ein gutes Kriegerauge gedient haben soll und Alkor oder Reiterchen heißt. Schaut man durchs Fernrohr, so trennt es das Reiterchen weit ab, ja, es werden noch kleine Sternchen zwischen Mizar und dem Reiterchen sichtbar; aber nun erkennen wir, daß ganz dicht neben Mizar (der Abstand beträgt den 133. Teil einer Vollmondbreite) ein anderer Stern aufgetaucht ist; Mizar ist 2., der Begleiter 4. Größe. Hier haben wir nun einen wirklichen *Doppelstern* vor uns! Das Reiterchen steht dem größeren Stern nur scheinbar nahe, aber jener dritte Stern ist *wirklich* im nächsten Anziehungsbereich Mizars, ist mit ihm verbunden, wir haben hier eine Sternenehe oder ein Brüderpaar unter den Sternen, zwei Sonnen, die umeinanderkreisen, wahrscheinlich gemeinsam entstanden sind. Freilich, hier dauert der Umlauf sehr lange, wahrscheinlich über tausend Jahre, aber es gibt andere Doppelsterne, die sich in wenigen Jahren (bei einigen in fünf bis sechs Jahren) um den gemeinsamen Schwerpunkt schwingen, man kann die Umläufe bequem verfolgen.

Heute sind Zehntausende in den Sternkatalogen zu finden, und dem Liebhaber der Astronomie, der über ein bescheidenes Fernrohr verfügt, macht es ein Vergnügen, sie zu betrachten. Vielfach zeigen diese Doppelsonnen verschiedene Färbungen, der eine Stern ist gelb, der andere bläulichweiß oder rot, je nach der Temperatur und der Beschaffenheit jener Sonnen. Es gibt Doppelsterne, die so eng beieinanderstehen, daß selbst Riesenfernrohre sie nur schwer trennen, die nur den 18000. Teil einer Mondbreite voneinander entfernt sind und bei denen zuweilen der eine Stern sehr hell ist, der andere an der Grenze der Wahrnehmbarkeit steht und im Strahlenmeer des großen untergeht. So war man zum Beispiel längst darauf aufmerksam geworden, daß einer der hellsten Sterne unseres Himmels, Prokyon im Kleinen Hund, um ganz geringe Beträge am Himmel hin und her pendelte; irgendein anderer Stern in seiner nächsten Nähe mußte ihn stören, er mußte eine Bahn beschreiben. Endlich fand man mit dem gewaltigen Fernrohr der Lick-Sternwarte im Strahlenkranz Prokyons einen Stern 13. Größe auf, den Begleiter des hellen Gestirns; in 39 Jahren vollführen beide Sonnen einen Umlauf um den Schwerpunkt. Auch der *Sirius* ist ein Doppelstern, ja sein Begleiter ist besonders interessant; lange Zeit glaubte man, er sei dunkel, sei eine bereits erloschene Sonne, deren Dasein sich nur durch die leisen Pendelungen des hellen Sirius verriet, und in genialer Weise hatte der Astronom Peters in Königsberg um 1850 sogar den Ort, die Bahn dieses dunklen Begleiters berechnet. Da gelang es den Amerikanern zehn Jahre später mit einem neuen Riesenfernrohr, das Gestirn aufzufinden; ein Stern 9. Größe verkroch sich unter den Strahlenflügeln des Sirius. Über dieses Doppelsternsystem sind wir besonders gut unterrichtet. Will sich der Leser eine einigermaßen zutreffende Vorstellung machen, dann stelle er sich den Siriusbegleiter so groß vor wie einen Stecknadelkopf und Sirius selbst so groß wie einen Apfel; der Stecknadelkopf bleibt im Mittel beinahe hundert Meter vom Apfel entfernt. Wollen wir im gleichen Maß die Sonne darstellen und die Entfernung Sonne–Erde, so müssen wir unserer Sonne die Größe einer Walnuß geben und die Erde zu einem mikroskopisch winzigen Stäubchen machen, das fünf Meter von ihr entfernt schwebt.

Der Siriusbegleiter vollendet in 50 Jahren einen Umlauf. Er ist ein in vieler Hinsicht interessanter Stern. Wohl ist er viel kleiner als Sirius, aber er besteht aus viel schwererem Stoff, hat eine erstaunlich große »Masse« und zwingt seinen Nachbar Sirius zu sehr merkbaren Bewegungen um den Schwerpunkt dieses Doppelsternsystems.

Aber es gibt nicht nur Doppelsterne, zuweilen bilden drei, vier, ja sechs Sonnen eine kleine Familie.

Wir wollen den Leser nicht mit der Aufzählung vieler *Mehrfachsternsysteme* ermüden, aber wer Freude an astronomischen Träumereien hat, mag sich ausmalen, wie sonderbar es auf einer »Erde« aussieht, die zum System eines solchen vielfachen Sternes gehört; drei, vier Sonnen leuchten an ihrem Himmel, oft Sonnen verschiedener Färbung, verschieden weit entfernt, verschieden groß, wechselnd in den Stellungen. Da mag es weiße und rötliche Tagesstunden geben, ein ewiges Schwanken der Helligkeit und der Wärme und vielleicht selten wirkliche Nacht.

Bei der großen Anzahl der Doppelsterne, bei der sehr verschiedenen Lage ihrer Bahnen im Raum, wird es auch vorkommen, daß, von der Erde aus gesehen, die beiden Sonnen sich bei ihrer Umkreisung dann und wann *gegenseitig ganz oder teilweise verdecken.* Eines der interessantesten Doppelstern-

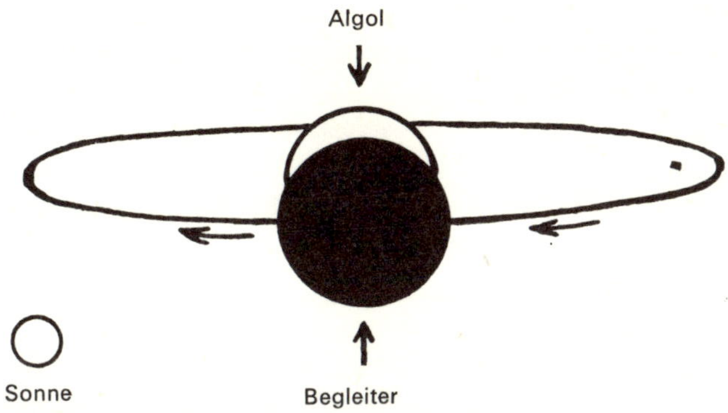

Der veränderliche Stern Algol im Sternbild Perseus (Beta Persei)

systeme ist der Stern β im Perseus, der den Namen *Algol* führt und dessen Beobachtung wir dem Leser empfehlen. Die Astronomen haben seit hundert Jahren allen Scharfsinn aufgewendet, um die Merkwürdigkeiten dieses Gestirns bis in letzte Einzelheiten aufzuklären. Wir sehen, daß wir da zwei Sonnen vor uns haben, die um den gemeinsamen Schwerpunkt kreisen, und daß auf unserem Bilde die eine Sonne, die kleinere, lichtschwächere, sich gerade vor der größeren befindet und sie zum Teil verdeckt. Ohne Zweifel muß sich das in *Helligkeitsänderungen* des Sternes Algol (wir sehen beide ganz eng beieinanderstehende Gestirne auch in den besten Fernrohren nur als *einen* Stern!) auswirken, wir haben hier einen »*veränderlichen* Stern« vor uns, einen »Bedeckungs-Veränderlichen«, wie der Astronom sagt. Algol leuchtet normal als Stern 2. Größe, der Sternfreund wird alle Phasen seines Lichtwechsels ohne Mühe verfolgen können. Man bemerkt dann, wie die Helligkeit langsam abnimmt, und nach fünf Stunden erscheint Algol nur noch im Licht der Sterne 3. bis 5. Größe. Sofort aber nimmt die Helligkeit wieder zu, und abermals fünf Stunden später ist das ursprüngliche Licht wieder erreicht. Nach zwei Tagen und fast einundzwanzig Stunden wiederholt sich das Spiel. Vogel vom Potsdamer Observatorium war der erste, der 1890 nachwies, daß Algol ein Doppelstern ist, daß der Lichtwechsel also durch einen fast dunklen, bedeckenden Begleiter verursacht wird. Heute wissen wir, daß beide Sterne einander außerordentlich nahe stehen; es sind zwei Sonnen, die 6 und 4 Millionen Kilometer Durchmesser haben. Selbst die kleinere übertrifft also unsere eigene Sonne um das Dreifache; diese Riesensonnen stehen so nahe beisammen, daß zwischen ihren Oberflächen nur eine Raumstrecke von nahezu 6 Millionen Kilometer bleibt. Sehr wahrscheinlich waren beide Massen einst in einer vereinigt. Untersuchungen, auf die wir später noch eingehen, wenn wir über das Werden der Welten sprechen, zeigen, daß große Massen, die sich sehr schnell drehen, ihre Kugelgestalt verlieren, zu einem birnenförmigen Körper werden, der sich einschnürt und schließlich in zwei Massen zerfällt. So mag sich die Geburt mancher Zwillings-Sonnen erklären.

Algol ist keineswegs der einzige seiner Art, es gibt viele tausend veränderliche Sterne und darunter auch manchen, der sein Licht ändert, weil ein Begleiter ihn periodisch teilweise oder ganz bedeckt, und viele sehr interessante Größen- und Bahnverhältnisse wurden durch Beobachtungen dieser Gestirne entschleiert.

Wenn wir es mit dem Wort genau nehmen, handelt es sich bei diesen eben besprochenen Gestirnen gar nicht um Veränderungen ihres Lichtes, ihrer Helligkeit, genauso wenig wie sich die Helligkeit unserer Sonne ändert, wenn der Mond vor sie tritt und sie ganz oder teilweise für kurze Zeit verdeckt. Es gibt aber andere Gruppen von veränderlichen Sternen, bei denen nun wirklich die fernen Sonnen selber *die Stärke ihrer Strahlung erhöhen und vermindern*. Eine von ihnen befindet sich im Sternbilde des Walfisches. Es ist der Stern Mira, d. h. der »Wunderbare«, dessen Helligkeit so stark schwankt, daß er zuweilen nur in einem Fernrohr gesehen werden kann, und dann wieder so lichtstark ist wie die hellsten Sterne im bekannten Sternbild Großer Wagen; zwischen der 2. und der 10. Größenklasse schwankt das Licht, aber auch das ist wechselnd, denn weder das Maximum noch das Minimum sind immer gleich. Während bei den oben erwähnten »Bedeckungs-Veränderlichen« die Periode außerordentlich regelmäßig ist, denn sie ist ja bedingt durch die sich niemals in kurzer Zeit ändernden Bahnbewegungen zweier Sterne, schwankt die Periode bei Mira im Walfisch um Monate; im Mittel dauert sie 332 Tage.

Selbstverständlich hat man auch das Spektrum dieses Sternes in allen Phasen seines Lichtwechsels untersucht und hat gefunden, daß auch hier sehr deutliche Veränderungen eintreten, die in ihrer Gesamtheit den Schluß rechtfertigen, daß sich der ganze Zustand der fernen Sonne ändert, auch ihre Temperatur; der Stern Mira ist im geringsten Licht weniger heiß an seiner Oberfläche als im größten.

Es ist nicht einfach, dafür eine Erklärung zu finden. Heute wird in der Astronomie allgemein angenommen, daß sich Mira im Verlaufe des Lichtwechsels ausdehnt und wieder zusammenzieht, und damit vielleicht mit einem Kinderluftballon verglichen werden kann, der in einem gewissen Rhythmus aufgeblasen wird und dessen Luft danach wieder zum Teil entweicht.

Ob die Dinge nun wirklich so liegen, wissen wir nicht; aufschlußreich ist aber die Tatsache, daß alle Sterne, die sich ähnlich verhalten wie Mira, rötliche

Farbe zeigen, also Sonnen geringerer Temperatur sind als die weißen und gelblichen Sterne. Auch das deutet darauf hin, daß nur Sonnen, die sich in einem ganz bestimmten Entwicklungszustand befinden und zur Klasse der sogenannten Riesen und Überriesen gehören, einen Lichtwechsel der beschriebenen Art zeigen können und daß die *physikalische Beschaffenheit* dieser Glutbälle die Helligkeitsschwankungen bedingt.
Eine andere Gruppe von Veränderlichen zeigt wieder andere charakteristische Merkmale. Als ihr bekanntester Vertreter wird der Stern 4. Größe im Sternbild Kepheus genannt, der den Buchstaben δ (Delta) führt; man spricht, alle ähnlichen Fixsterne hier zu einem Begriff zusammenfassend, von »*Delta-Kephei-Sternen*«; übrigens gehört auch der Polarstern zu ihnen. Der Lichtwechsel ist hier sehr regelmäßig, und die Helligkeitsschwankungen sind nicht besonders groß, aber auch hier zeigt sich eine mit der Lichtabnahme gleichlaufende Veränderung des Spektrums und eine Verschiebung der Fraunhoferschen Linien, über die wir schon mehrfach gesprochen haben und von der wir wissen, daß sie mit Bewegungen des leuchtenden Körpers auf uns zu oder von uns fort zusammenhängt. Gleichzeitig ändert sich aber auch die *Temperatur* des Sternes, und so haben wir eine Fülle von Erscheinungen, die alle miteinander zusammenhängen, sich einander bedingen, eine gemeinsame Ursache haben müssen, die freilich schwer zu finden ist. Wir dürfen ja nie vergessen, daß diese Sterne da droben keine flackernden Lichtchen im Wind sind, sondern riesenhafte glühende Gasbälle, millionenmal größer als unsere Erde, daß eine tausendfache Zunahme der Helligkeit oft innerhalb weniger Tage (bei Delta im Kepheus dauert die Periode $5^1/_3$ Tage, beim Polarstern 4 Tage, bei einem Stern in der Kassiopeia 2 Tage), eine gleichzeitige Steigerung der Temperatur um 2000 Grad, ganz gewaltige Umwälzungen voraussetzt. Geklärt sind die Dinge auch heute noch keineswegs, aber die Erscheinungen ließen sich ziemlich zwanglos deuten, wenn man annimmt, daß die mächtigen Gaskugeln dieser Sterne sozusagen »atmen«, sich in regelmäßigen Zwischenräumen *aufblähen und wieder zusammenziehen*, etwa wie wir eine Seifenblase durch Lufteinblasen und Luftansaugen vergrößern und verkleinern können. So ließen sich auch die Verschiebungen der Fraunhoferschen Linien im Spektrum dieser Sterne deuten, die uns ja beweisen, daß die Oberfläche des Sternes bald auf uns zustrebt, bald sich von uns entfernt. Mit der Zusammenziehung der glühenden Gaskugel erhöht sich die Temperatur des Sternes, sie sinkt, wenn die ferne Sonne sich, ihren Umfang vergrößernd, aufbläht. Derartige Vorgänge sind nach unserer heutigen Kenntnis der Zustände im Innern der Sonnen durchaus möglich.

Als Tycho Brahe, der bedeutendste Sternbeobachter jener Tage (auf Grund seiner Arbeit entdeckte J. Kepler die Gesetze der Planetenbewegung), am 11. November des Jahres 1572 in später Abendstunde sein Laboratorium und Observatorium nahe Knudstrop in Dänemark verließ, bemerkte er hoch am Himmel im Sternbild Kassiopeia einen Stern von ganz außerordentlichem Glanz, der nie zuvor dort gestanden. Selbst bei Tage war dieser plötzlich aufgetretene Stern sichtbar: er stand unbeweglich, wie alle anderen Gestirne, und erlosch nach siebzehn Monaten im März 1574. Seitdem hat man keine Spur mehr von ihm entdecken können. Dieser Fall steht durchaus nicht vereinzelt da. Besonders in neuerer Zeit hat man öfter eine *»Nova«,* einen *»neuen Stern«,* wie man diese Objekte nennt, beobachtet. In alten Chroniken wird vielfach über das plötzliche Aufflammen heller Sterne berichtet. So veranlaßte ein 123 n. Chr. erschienener Stern, der im Sternbilde des »Skorpion« auftauchte, den griechischen Astronomen *Hipparch* zur Anfertigung eines Sternkatalogs, mit dessen Hilfe er solche Ereignisse besser zu kontrollieren gedachte. Am 10. Dezember des Jahres 172 erschien, nach chinesischen Annalen, nahe dem Stern Alpha Centauri ein helleuchtender Fixstern, der acht Monate sichtbar war und, wie der Berichterstatter sich ausdrückt, in fünf Farben funkelte. Eine griechische Quelle erwähnt einen Stern vom Jahre 389, der dicht bei Atair im »Adler« stand, der Venus an Glanz gleichkam und nach drei Wochen verblaßte. Am 10. Oktober 1604 entdeckte ein Schüler Keplers im Sternbilde des »Schlangenträgers« einen neuen Stern, »heller als Jupiter, aber nicht so hell wie die Venus«. Über dieses Gestirn hat Kepler eine Broschüre geschrieben. Es funkelte außerordentlich stark und wechselte seine Farbe. Langsam nahm der Stern an Helligkeit ab und verschwand im Frühjahr 1605 vollkommen. In neuerer Zeit war besonders interessant und aufschlußreich die so berühmt gewordene *»Nova Persei«* vom Jahre 1901. Dieser Stern wurde von dem Amateur-Astronomen Anderson aufgefunden, und zwar am 21. Februar. Es zeigte sich später, daß diese Himmelsgegend tags zuvor photographiert worden war und daß keine Spur von dem Gestirn auf diesen Platten entdeckt werden konnte. Der Stern war also ganz plötzlich aufgeflammt. Er hatte anfangs ungefähr die Helligkeit eines Sternes 3. Größe, nahm jedoch noch an Leuchtkraft zu und erreichte die Helligkeit der Sterne 1. Größe. Vom 23. Februar an nahm die Helligkeit des neuen Gestirns wieder ab.

Das Merkwürdigste aber war, daß sich nach einiger Zeit um den Stern mächtige *Nebelmassen* zeigten, die in ungeheuer schneller Bewegung begriffen schienen. Für diesen überraschenden Vorgang ergab sich nur eine Erklärung: Der Stern befand sich in einer ausgedehnten Wolke feinster kosmischer

Materie aus Gas und Staub. Nach dem Ausbruch wurden diese Nebel durch die plötzliche Lichtfülle der Nova fortschreitend erleuchtet oder zum Leuchten angeregt.

Alle Erscheinungen haben bewiesen, daß wir es bei diesen Gestirnen natürlich nicht mit »neuen« Sternen zu tun haben. Sterne, glühende Gaskugeln von Millionen Kilometer Durchmesser, entstehen und vergehen nicht von heut auf morgen; diese Sterne waren längst da, sie waren unscheinbar im Licht, und erst ein Vorgang besonderer Art hat sie angeregt, urplötzlich ihre Helligkeit um das Zehntausendfache und mehr zu erhöhen, um schnell wieder zusammenzusinken.

Namentlich die 1918 im Adler und 1925 im Sternbild »Maler« (am Südhimmel) aufflammenden Sterne haben, mit immer vollkommeneren Instrumenten beobachtet, wichtige Aufschlüsse gebracht. Die Messungen am Neuen Stern im Adler ergaben, daß die Gashülle jener Sonne sich mit einer Sekundengeschwindigkeit von 600 Kilometer ausdehnte, der Stern schien sich aufzublähen und endlich um das Zweihundertfache seines früheren Durchmessers gewachsen zu sein; geschähe derlei bei unserer Sonne, so würde sie also in wenigen Tagen mit ihren äußersten Glutmassen nahezu den Erdball erreichen! Die Nova im »Maler« wurde von einem Telegraphenbeamten in einem kleinen Ort in der Kapkolonie zuerst gesichtet; er hatte oft Nachtdienst, kannte den Himmel gut, und so fiel ihm sofort der helle, vordem nie gesehene Stern auf. Dieser Mr. Watson war verständig genug, sich nicht auf eigene Beobachtungen zu verlassen, er rief die Kap-Sternwarte an, und nun wurde der interessante Stern aufs Korn genommen; bald beteiligten sich alle Observatorien der Südhalbkugel an den Forschungen. Vor dem plötzlichen Hellerwerden hatte dieses Gestirn die 12. Größenklasse besessen, war also nur mit kräftigeren Fernrohren sichtbar; nun änderte sich das Spektrum fortwährend, starke Bewegungen der Massen machten sich bemerkbar, manche Linien deuteten darauf hin, daß glühendes Wasserstoffgas aus dem Stern hervorschoß. Anfang des Jahres 1928 verschwand die Nova für das unbewaffnete Auge. *Hartmann* auf der La-Plata-Sternwarte beobachtete, daß der Stern zu einer *Nebelscheibe* geworden war, und seine Messungen ergaben, daß sich die Oberfläche des Gestirns mit einer Geschwindigkeit von 140 Kilometer in der Sekunde auf uns zu bewegte. Er überraschte damals die Fachwelt mit einer Mitteilung, die besagte, daß die Erscheinungen sich nur erklären ließen, wenn man annehme, *daß der Stern so etwas wie eine Explosion durchgemacht habe*, sein Durchmesser war nun über zweihundertmal größer als vor dem Aufleuchten.

Wirklich scheinen die Dinge so zu liegen: aus noch unbekannten Gründen

wird das Gleichgewicht in den gewaltigen glühenden Gaskugeln der Fixsterne gestört, der Druck von innen, der »Strahlungsdruck«, vergrößert sich so, daß sich die ferne Sonne aufbläht, ja daß die Gasschichten ihrer Oberfläche abgestoßen werden, von dem Körper forteilen. Der ganze Stern wird offenbar nicht zerstört, er sinkt, nachdem der Überdruck, wie wir es einmal ausdrücken wollen, durch die Explosion beseitigt ist, in sich zusammen, er ist nach dem Massen- und Energieverlust ein kleinerer Stern geworden.
Wer weiß, ob wir nicht, wenn da eine Nova im Fernen aufleuchtet, Zeugen eines schaurigen Weltunterganges sind! Aber wir können uns mit der Vorstellung trösten, daß unser Bedauern auf alle Fälle zu spät kommt; die Nova im »Maler« steht so weit von uns ab, daß der Lichtbote gegen viertausend Jahre unterwegs war, der uns Mitteilung von der Katastrophe machte; die Pharaonen lebten noch, als jene Sonne plötzlich explodierte.
Eine der ungewöhnlichsten Erscheinungen und zugleich der größten Katastrophen, die das Weltall zu bieten hat, knüpft sich an die Bezeichnung »Supernovae«. Es handelt sich dabei nicht um besonders helle Novae, sondern um einen Vorgang ganz anderer Art, bei dem der Stern während des Ausbruches *den größten Teil des gesamten Energieinhalts* verbraucht. In 25 Tagen strahlt eine Supernova soviel Energie aus wie unsere Sonne in einer Million Jahren. Es sind sehr seltene Erscheinungen. Man schätzt, daß in unserer Milchstraße in einem Jahrtausend etwa drei Supernovae auftreten, nach anderen Schätzungen zehn bis zwanzig. Gelegentlich werden sie auch in anderen Sternsystemen beobachtet. In unserer Milchstraße sind bisher drei dieser in einer Riesenexplosion zerberstenden Sterne gesehen worden: 1054, 1572 und 1604. Endgültiges läßt sich über diese rätselhaften Sonnen noch nicht sagen, aber die volkstümliche Bezeichnung »Atombomben des Weltalls« ist vielleicht eine brauchbare Formulierung des ungewöhnlichen Geschehens.

Der Sternfreund, der mit seinem Glas den Himmel absucht, findet immer wieder nebelige Objekte, die sich bei näherer Betrachtung als Ansammlungen von Sternen (von Sonnen) entpuppen; nur die geringe optische Kraft des verwendeten Instrumentes täuscht die Nebelhaftigkeit vor, bessere oder gar Riesenfernrohre lassen offene Sternhaufen, Kugel-Sternhaufen und spiralige Weltinseln erkennen. Aber die Welt ist so unvorstellbar groß und vielgestaltig, daß neben all diesen Objekten auch wirkliche Nebelwolken, besser Staubwolken und Gasmassen, da zu finden sind, die riesige Räume zwischen den Sternströmen erfüllen. Das schöne Winter-Sternbild Orion enthält dafür ein eindrucksvolles Beispiel. Unter den drei Sternen ζ, ε, δ, die den Gürtel des wilden himmlischen Jägers bilden (die Germanen nannten diese drei Sterne »Friggas Spinnrocken«), ist das Wehrgehänge zu sehen, und in der Mitte dieser kleinen Sterngruppe kann der Leser in einer klaren, möglichst nicht durch Mondlicht erhellten Nacht, mit einem Feldglas einen leuchtenden Nebelschimmer erkennen, der in einem besseren Fernrohr zu einer wundervollen, sich weit dehnenden, schimmernden Wolke wird, in der auch dunkle Höhlen, kleine Arme und Ausläufer sichtbar werden, wenn sich das Auge erst daran gewöhnt hat, zartere Einzelheiten aufzuspüren. *Da haben wir nun einen wirklichen Nebel vor uns, den berühmten Orion-Nebel*, eines der schönsten und bekanntesten Objekte am ganzen Firmament, Gegenstand fortgesetzter Untersuchungen seit Jahrhunderten. Erst die Himmelsphotographie, die gerade auf dem Gebiet der Nebelforschung die direkte Beobachtung im Fernrohr weit übertrifft, läßt uns die ganze Schönheit, Eigenart, Ausdehnung der mächtigen Gasmasse erkennen, und wir sehen da deutlich ein wogendes, strömendes, ganz offenbar in den verschiedenen Teilen verschieden bewegtes Gebilde. Der Anblick in einem großen Fernrohr ist deswegen eindrucksvoller und schöner, weil hier die einzelnen blinkenden Sterne, die in und bei der Nebelwolke stehen, das Bild beleben.

Hier also haben wir nun wirklich Gasschwaden vor uns, nicht mehr Sternströme, und auch der Spektralapparat beweist uns, daß das Licht von einem leuchtenden Gas ausgeht; das Spektrum zeigt helle Linien, genauso wie wir sie erhalten, wenn wir im Laboratorium des Chemikers ein Gas auf gleiche Weise untersuchen. Wasserstoff, Helium, Stickstoff und eine besondere Art des Sauerstoffes lassen sich nachweisen. Die Art des Leuchtens ist freilich noch nicht ganz geklärt, wir haben es nicht mit einem Glühen normaler Art zu tun, sondern mit einem Leuchtvorgang, der von außen her angeregt wird, durch sehr heiße, in der Nachbarschaft des Nebels stehende Sonnen, deren Strahlungsenergie die Gasteilchen der Wolke zu einer Eigenstrahlung anregt, die vielleicht am besten mit dem Leuchtvorgang in Polarlichtern verglichen werden kann. Wir wissen, daß eine Stimmgabel, die genau auf eine zweite Stimmgabel abgestimmt ist, von selbst zu tönen beginnt, wenn man die erste Gabel mit dem Geigenbogen anstreicht; etwas Ähnliches haben wir bei manchen Leuchtvorgängen; die kleinsten Materieteilchen können unter der Strahlungswirkung einer Lichtquelle von großer Energie unter gewissen Umständen angeregt werden, selber in Schwingungen zu geraten und Licht auszusenden.

In einem sehr lichtstarken Fernrohr oder noch besser auf Photographien, die an großen Spiegelteleskopen in langer Belichtungszeit hergestellt wurden, läßt sich zeigen, daß dieser große Nebel im Orion eine Fläche bedeckt, die (auch wenn man von äußersten zarten Partien absieht) zehnmal größer ist als der Vollmond; die wahre Ausdehnung kann man, da die Entfernung der Gasmasse von uns zu ungefähr 1700 Lichtjahren Entfernung berechnet wurde, auf rund 100 Lichtjahre ansetzen; unser Sonnensystem, in die Mitte des Nebels versetzt, wäre in unseren Fernrohren ein kaum wahrnehmbares Pünktchen. Dennoch ist die Masse des Nebels verhältnismäßig klein, denn man muß sich vorstellen, daß die Materieteilchen unendlich weit verstreut sind; unsere irdische Luft ist, damit verglichen, ein fester Körper, und selbst in einer »luftleer« gemachten Glasröhre, wie sie der Physiker bei seinen Experimenten verwendet, herrscht der Nebelleere gegenüber ein dichtes Gedränge der Teilchen. Nur die gewaltige Ausdehnung der Wolke, das viele Lichtjahresweiten tiefe Hintereinander täuscht uns ein dichtes, leuchtendes Gas-Chaos vor. Man hat berechnet, daß sich aus der Masse des Orion-Nebels etwa hundert Sonnen (also etwa fünfunddreißig Millionen Erdkugeln) formen ließen, und das ist angesichts der unvorstellbaren Räume, die die Wolke im Universum füllt, wenig. Linienverschiebungen im Orion-Nebel deuten auf Bewegungen der Massen hin, die eine Durchschnittsgeschwindigkeit von annähernd 15 Kilometer in der Sekunde ergeben. Übrigens entfernt sich die ganze Wolke von uns mit einer annähernd ebenso großen Schnelligkeit.

Der Orion-Nebel ist nicht der einzige seiner Art. Es gibt zahlreiche ähnliche Objekte, wenn sie auch bei weitem nicht so glänzend im Fernrohr erscheinen wie der »Parade-Nebel« im Schwertgehänge des Orion. Sehr merkwürdig ist der zarte Schleiernebel im Sternbilde des Schwanes, der wie eine vom Sturmwind getriebene und zerzauste Zirruswolke erscheint. Es wird vermutet, daß es sich dabei um den Überrest einer alten Supernova handelt, die ihre Materie in den Raum warf. Mitten in der Sternfamilie des »Siebengestirns« schweben weitdehnende Nebel, die bewirken, daß auf photographischen Aufnahmen dieses Sternhaufens die fernen Sonnen vernebelt erscheinen. Auch hier werfen die Nebel nur das Licht jener Sonnen zurück. Weite Gebiete des Himmels zeigen bei lang ausgedehnten Aufnahmen zartestes Nebelgewölk, das im Fernrohr gar nicht auffällt, und *häufig schließen sich an die leuchtenden Wolken merkwürdig dunkle Gebiete an.* Man meint zunächst, hier in völlig sternleere Räume des Universums zu schauen, und man hat das in der Tat auch anfangs so aufgefaßt, bis unverkennbar wurde, daß hier dunkle Wolken schweben, die an manchen Stellen plötzlich in leuchtende übergehen. Eines der interessantesten Objekte dieser Art haben wir bei dem Stern Zeta im Orion, und besonders die vorgeschobene Wolkennase fällt uns da auf, die sich von helleren Säumen abhebt. Hier haben wir es nun nicht mit leuchtenden Gasmassen zu tun, sondern mit *Staubwolken* im All, die nur teilweise von Sternen, die in ihrer Nähe stehen, beleuchtet werden, wie etwa eine dunkle Wolke, die über unseren Himmel zieht und uns die Sterne verdeckt, durch einen Scheinwerferstrahl beleuchtet werden kann.

Alle diese sehr verschiedenen Nebel, die leuchtenden und nichtleuchtenden, die Gasmassen und die Staubmassen, gehören unserer engeren Sternenwelt an, schweben in der großen Sterneninsel, der wir angehören. Was aber sind sie eigentlich, welche Bedeutung kommt ihnen im Kosmos zu? Es besteht kaum ein Zweifel, daß wir mindestens in den leuchtenden Gasnebeln die Materie im Urzustand vor uns sehen, jene Materie, aus der sich durch Verdichtung gewaltiger Massen (wir hörten, daß der Orion-Nebel die fünfzigfache Sonnenmasse enthält) die Sterne im Laufe sehr langer Zeiträume bilden. Unsere ganze Sterneninsel und alle Spiralnebel, die wir heute als mächtige Sternenstaaten erblicken, müssen einmal unvorstellbar ausgedehnte Gasansammlungen gewesen sein; die Gasnebel, die wir heute noch in unserer Sternenwelt wahrnehmen, sind demnach letzte Reste jenes Stoffes, aus dem die Welt wurde.

Aber es läßt sich noch etwas mehr sagen. Die beobachteten Sterne haben ein sehr verschiedenes Alter und können nicht gleichzeitig »auf die Welt gekommen sein«. Es muß angenommen werden, daß seit der Entstehung der Milchstraße fortlaufend neue Sterne entstanden sind und auch in der Gegenwart noch immer entstehen. »Die ungeheuren Massen von Staub und Gasen im Weltraum«, so sagte ein namhafter Himmelsforscher, »sind nicht nur der Abfall, der aus den Überresten zerstörter Himmelskörper bestehen mag, eine Art kosmischen Mülls gewissermaßen, sondern auch der Urstoff, aus dem neue Sterne geboren werden.«

Wir sehen, daß der Fixsternraum eine große Fülle von sehr unterschiedlichen Objekten enthält, daß sich, wenn wir die beschauliche, genießende Betrachtung des gestirnten Firmamentes aufgeben und hinter dem Geflimmer mit dem Auge des Forschers »zu den Quellen steigen«, die Wunder und die Probleme häufen. Veränderliche Sterne und Doppelsterne, Riesen-Sonnen, neue Sterne, Sternfamilien, Sternströme, Sternhaufen, leuchtende Gase, dunkle Staubwolken, unsichtbare Schleier, die den Raum füllen, fielen uns auf, und um all das, mit seinen vielen Besonderheiten, rankt sich Suchen und Finden, Wissen und Vermuten. »Die Welt ist tief, und tiefer als der Tag gedacht!«

Die Milchstraße und das Milchstraßensystem

Eine schimmernde Brücke überspannt in kühnem, gewaltigem Bogen das Himmelsgewölbe; die alten Mexikaner sagten von ihr, daß sie die »Schwester des Regenbogens« sei. Wie ein feiner leuchtender Schleier zieht das zarte Lichtband durch all die funkelnden Sterne und Sternlein hindurch, und wenn in klaren Winternächten tiefdunkel der Himmelsgrund sich ins Unendliche zu dehnen scheint und die Lichter des Himmels klar und rein erstrahlen wie viele tausend blitzende Diamanten auf schwarzem Samt, dann scheint auch der Schimmer des mächtigen Lichtbandes zu wachsen, und zuweilen ist es, als ob Millionen winzig-winzige Fünkchen ihn zusammensetzen. *Die Milchstraße!* Der Riesensäugling Herkules, so will es die Sage, ließ einst, als er am Busen der Juno trank, einen Tropfen Milch fallen; der Tropfen rann in den Himmelsraum und rann und rann, seine Spur hinterlassend, weiter und weiter, so entstand die Milchstraße. Theophrastus glaubte, der schimmernde Ring sei die Stelle, an der die beiden Himmelshalbkugeln zusammengeschweißt seien, und andere Gelehrte des Altertums waren der Ansicht, der Sonnenwagen sei früher an jener Stelle gefahren und die Milchstraße sei das ausgefahrene Geleise, das der feurige Wagen mit den Spuren seines jahrtausendelangen Rollens bedeckt habe. Entsetzliche Taten der Menschen sollen den Lenker der feurigen Rosse bewogen haben, nun in anderer Bahn um die Erde zu kreisen. Aber auch von einem »Götterpfad« erzählen die Alten, die noch glaubten, daß die Himmlischen zuweilen zu den Menschen niederstiegen. Die Völker des Nordens, denen Schneestaub und Eis so wohlvertraut waren, sahen in dieser Spur die Straße der Reif- und Eisriesen, denn im nordischen Winter zog die im Sommer fast unsichtbare Milchstraße von Horizont zu Horizont über den ganzen Himmel hinweg.

Spät erst hat der Mensch die wahre Natur dieses mächtigen Gebildes, das den ein wenig lächerlichen Namen Milchstraße führt, erkannt; wir wissen heute, daß dieser Schimmer von Millionen Sternen, Millionen Sonnen gebildet wird, die in unermeßlichen Fernen im Raum schweben. Der Philosoph *Demokrit* hat freilich schon fünf Jahrhunderte vor Beginn unserer Zeitrechnung vermutet, daß die Milchstraße aus unendlich vielen kleinen Sternen gebildet werde, aber erst *Galilei* hat mit dem 1608 erfundenen Fernrohr sich von der Tatsache überzeugen können. Dieser ungeheure leuchtende Streif ist nicht nur auf der nördlichen Halbkugel des Himmels anzutreffen, er überzieht die *ganze* Himmelskugel, wie ein *Ring*, der das Sterngewölbe umspannt. Und dieser Ring ist nicht überall von gleichmäßiger Helligkeit. Wir sehen auch, daß sie kein einfacher Ring in schlichter Form ist, sondern Abzweigungen, Teilungen, Ausläufer zeigt, dunkle Zwischenräume; besonders auffällig tritt an unserem nördlichen Himmel die Gabelung der Milchstraße im Sternbilde des Schwanes hervor, und im gleichen Sternbild wie in dem benachbarten des Adlers fallen uns auch hellere Wolken auf. Bereits die Durchmusterung des Himmels mit den großen Fernrohren, die Herschel anwendete, ließ den mächtigen Strom ferner kleiner Sterne erkennen, der in seiner Gesamtheit uns das Bild der Milchstraße vorzaubert, aber erst die Himmelsphotographie, die mit mehrstündigen Daueraufnahmen noch Sterne der 23. Größenklasse erfaßt, gibt einen wahren Begriff von dem Sternenreichtum. Der Leser werfe einen Blick auf unsere Abbildungen. Wir sehen ein Schneegestöber von fernen Sonnen, und auch in ihm erkennen wir wieder eine besonders sternenreiche Gegend, in der das Licht unzähliger Objekte fast zu einer zusammenhängenden leuchtenden Fläche wird. Erst die Sterne der 13. bis 20. Größenklasse und darunter weben den Milchstraßengürtel, der natürlich auch von helleren Sternen unserer näheren Umgebung überlagert wird, denn naturgemäß stehen uns verhältnismäßig wenige Sterne »nahe« und die unzähligen fern, so daß ganz allgemein gesprochen eben die fernen, lichtschwachen, sich in gewaltiger Fülle darstellen müssen. Wir erinnern uns, daß alle mit freiem Auge sichtbaren Fixsterne nur die Gesamtzahl 6800 ergeben, dagegen zeigen die Durchmusterungen des Himmels, daß die Gesamtzahl bis zur 21. Größenklasse schon nahe bei 1000 Millionen liegt. Es ist fast unmöglich, zu sagen, wie viele Sonnen überhaupt in unserer großen Sterneninsel vorhanden sind; wenn wir die Zahl 100 Milliarden nennen, so sind wir sehr vorsichtig.

Mitten in dem unübersehbaren, leuchtenden Strom fallen aber plötzlich Sternleeren auf, völlig dunkle Stellen; sie wirken wie Löcher im schimmernden Gürtel der Urania, haben zuweilen die Form von dunklen Kanälen. Wir haben diese »*Dunkelwolken*« schon kurz besprochen und erinnern uns, daß diese einst recht rätselhaften Gebilde heute als wirkliche Wolken einer dunklen Materie fern im Raum erkannt worden sind. Es handelt sich also nicht um Löcher, um sternleere Gegenden, hinter denen die dunkle Tiefe der Unendlichkeit liegt, sondern um Wolken, die das Licht der dahinterstehenden Sternströme verhindert, zu uns zu dringen; der Amerikaner *Barnard*, lange Zeit Leiter der Lick-Sternwarte, war der erste, der ihren wahren Charakter erkannte. Aber neben diesen Dunkelnebeln, den Wolken kosmischen Staubes von unvorstellbarer Ausdehnung, liegen im Milchstraßengebiet auch jene echten Gasnebel, jene leuchtenden Schwaden, die vor allem durch den prächtigen Orion-Nebel charakterisiert sind; sie drängen sich hier, in diesem breiten Sternengürtel, zusammen, außerhalb der Milchstraße sind sie viel seltener. So wird die Milchstraße zu einem sehr verwickelten Gebilde, und der Leser vermag sich keine Vorstellung davon zu machen, wie überaus mühevoll es war, was für ein Stab von Astronomen in allen Ländern über ein Jahrhundert tätig war und noch tätig ist, um den Bau, die Natur dieses leuchtenden Gürtels zu klären.

Wenn irgendwo in der Welt, dann gilt hier das Wort, daß Schein und Sein sich oft schwer vereinen! Wir dürfen folgendes nicht vergessen: Wir sehen dieses seltsame Ding, das wir *Milchstraße* oder die *Galaxis* nennen, von dem kleinen Stern Erde aus perspektivisch völlig verzerrt. Im Mittelpunkt des Raumes schwebt die Erde, ringsum im Nahen und Fernen schweben die Sterne der Sternbilder, die hellen und auch etwas weniger hellen Sterne unserer Umgebung, und nun legt sich um diese Fixsternwelt herum außen, als seine Grenze, der Milliardenring der fernsten Milchstraßensterne. Ist dieses Bild richtig oder falsch? Wir können es offenbar erst feststellen, wenn wir über die Verteilung der Sternmassen im Raum eine *bessere* Vorstellung gewinnen, wenn wir in der Lage sind, dieses *Nebeneinander* der Sternströme der Milchstraßenphotographien in ein *Hintereinander* aufzulösen. Aber noch etwas anderes kommt hinzu! Wo stehen wir denn selbst in diesem Sterngewimmel? Befinden wir uns, wie es die naive Anschauung gern sehen möchte, wirklich im Mittelpunkt all dieser Sternenheere? Das annehmen, hieße den Menschen und seine kleine Erde abermals in den Weltmittelpunkt rücken, aus dem sie Kopernikus entfernte. Es ist nicht sehr wahrscheinlich, daß von den rund 100 Milliarden Sonnen rings im Raum nun ausgerechnet die unsere dem Zentrum angehört und ihm nahe ist, wenngleich naturgemäß auch wieder mit dem Zufall gerechnet werden muß, daß das Sonnensystem tatsächlich wenn auch nicht im Mittelpunkt steht, so doch immerhin den zentralen Teilen unserer Sternenwelt nahe ist.

Nordamerikanebel *Der Nordamerikanebel im Sternbild Schwan, der wegen seiner überraschenden Ähnlichkeit mit dem nordamerikanischen Kontinent diesen Namen erhielt. Nahe dem rechten Bildrand erkennt man den Pelikannebel an einem Vogelkopf mit leicht geöffnetem Schnabel*

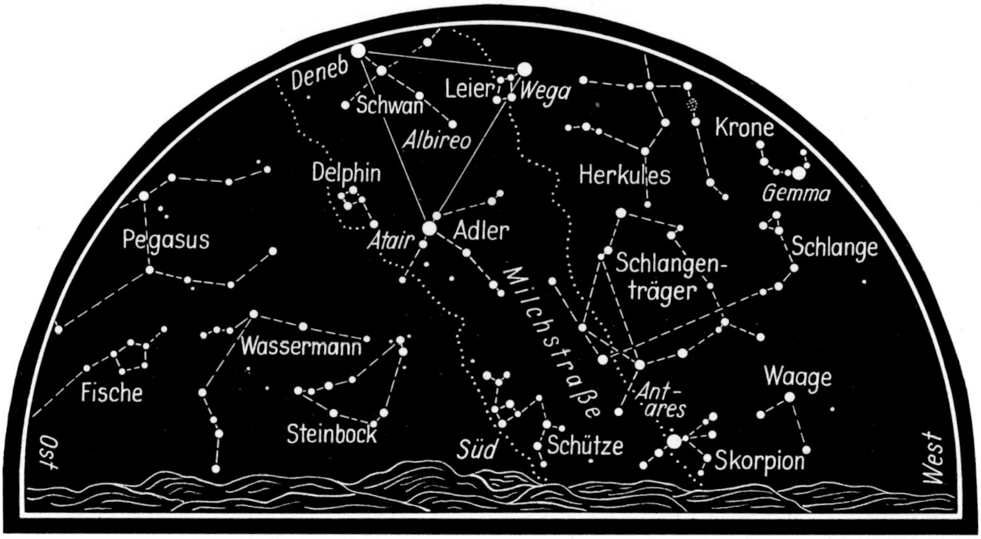

Milchstraße *Der Sternenhimmel Mitte September, Blick nach Süden gegen 20.00 Uhr, zeigt eindrucksvoll das Band der Milchstraße, punktierte Linien (oben). – Aufnahme der Milchstraße im Sternbild Schlangenträger. Kosmische Gas- und Staubwolken täuschen hier sternarme Gegenden und dunkle Löcher vor (links unten). – Das Sternsystem NGC 1232, das in seinem Aufbau und in der Anordnung seiner Spiralarme mit unserer Milchstraße die größte Ähnlichkeit hat. Aufnahme: Lick-Observatorium, 25. 1. 1935 (unten rechts)*

Der Leser erkennt die Schwierigkeiten, die sich hier türmen! Es geht uns so, wie es einer intelligenten Fliege gehen würde, die der Sturmwind hoch ins Luftmeer emporwirbelte und die nun irgendwo innerhalb einer mächtigen Kumuluswolke am Himmel dahintreibt. Wir, die wir unten auf der Erde stehen und diese Wolke im Blauen dahinsegeln sehen, können leicht ihre Gestalt erkennen, können mit einer einfachen Winkelmessung ihre Höhe, ihre Ausdehnung und Dicke feststellen, aber die Fliege in der Wolke, selbst wenn wir ihr eine hohe Intelligenz zubilligen, hat es außerordentlich schwer, zu ermitteln, wie die Milliarden Wassertropfen der Wolke angeordnet sind, ob sie dem Rande oder der Mitte nahe ist und welche Gestalt und Größe das Gebilde hat. Seit den Tagen Herschels arbeiten wir an dem Problem; viele Namen deutscher und ausländischer Sternforscher müßte man nennen, wollte man all diesen Suchern und Findern gerecht werden. Unermüdliche Kleinarbeit über die Verteilung der Sterne im Raum mußte geleistet werden, Ortsbestimmungen, Sternkataloge, Helligkeitsmessungen, Entfernungsbestimmungen, Arbeiten über die Fortbewegung der Sterne gaben die Unterlagen.

Vor allen Dingen war eines klar: Der Verlauf der Milchstraße, die sich ja als ein mächtiger, verhältnismäßig schmaler Ring um unseren Himmel legt, zeigt allein schon, daß sich das Heer der uns umgebenden Sterne eben in dieser Richtung weithin dehnt, während es an den anderen Punkten der Himmelskugel offenbar bald eine Grenze findet, denn hier ist (immer verglichen mit der Milchstraße) die Zahl der Sterne gering, sie wächst mit Annäherung an den Milchstraßengürtel. *Etwa in Form einer flachen Linse ordnen sich scheinbar die Millionenheere der Sonnen an*, und nicht allzu weit von der Mitte der Linse schweben die Sternströme, denen wir selber angehören, die uns näheren Fixsterne unserer Sternbilder. Ungefähre Schätzungen ließen vermuten, daß sich die Breite der Linse zu ihrer Dicke etwa wie eins zu fünf verhält; Herschel kam auf Grund seiner Himmelsdurchmusterungen zu einer bestimmten Figur, aber am Ende seines Lebens hielt er es doch für zu gewagt, in dieser Sache ein Urteil zu haben, ja, er zweifelte daran, daß man jemals die Form des Weltgebäudes, in dem wir leben, ermitteln könnte.

Das war in der Tat erst nach viel ausgedehnteren Untersuchungen möglich. Wohl erkannte man bald, daß die Sternenheere nicht bis in alle Unendlichkeit reichen, daß wir in einem ungeheuren Sternhaufen leben, einer *begrenzten* Sterneninsel, Sternenwolke im Weltall, und die Form einer Linse konnte als erste grobe Annäherung gelten, aber die wahre Gestalt mußte doch viel verwickelter sein. Erst die Untersuchungen der neueren Zeit haben uns die Dinge deutlicher erkennen lassen. Zunächst wurde immer klarer, daß der

Raum in unserer nächsten Nachbarschaft dichter mit Sternen erfüllt ist als Bezirke, die den Grenzen der Riesenlinse näher liegen; die Zusammendrängung der Sterne im Milchstraßenring ist die bekannte Täuschung, der wir auch unterliegen, wenn wir inmitten des Waldes uns umschauen: nahebei ist Abstand zwischen den Stämmen, weiter fort scheinen sie so eng zu stehen, daß sie sich berühren, es wird eben das Hintereinander zum Nebeneinander. Messungen und wohlbegründete Schätzungen ließen erkennen, daß die einzelnen Milchstraßenwolken sich sehr tief in den Raum hinein erstrecken, obwohl sie uns am Himmel flächenhaft erscheinen; es gibt Wolken, deren nächste Teile uns 10000 Lichtjahre näher liegen als ihre fernsten. Die nächsten Milchstraßenwolken scheinen etwa 5000, die fernsten gegen 50000 Lichtjahre Abstand zu haben. Unser Sonnensystem und all die uns näher liegenden Fixsterne, die den nächtlichen Himmel zieren, sind Mitglieder einer kleineren Sternwolke, die wieder nicht allzu weit von der Mitte der großen Milchstraßenwolken liegt. Längere Zeit schien es, als ob die Hauptwolke der ganzen mächtigen Sterneninsel durch jene helle Milchstraßenwolke angedeutet ist, die wir im Sternbild des Schwanes sehen, aber diese Vorstellung hat man aufgegeben. Der Holländer Easton hat im Jahre 1900 versucht, einen Gesamtüberblick zu geben. Dem Mittelpunkt nahe, steht nach der Meinung des bekannten Astronomen unser Sonnensystem. Easton faßt unser ganzes Sternsystem, das die Bezeichnung *Milchstraßensystem* trägt, als einen spiraligen Körper auf, ähnlich den vielen *Spiralnebeln*, die wir am Himmel sehen. In Richtung des Sternbildes Schwan liegt, nach Easton, die Kernwolke, von der in großen Zügen spiralig geordnete Sternströme ausgehen, die sich in großen Windungen, Armen, Ausläufern um den Kern legen; rechts, dem Schwan gegenüber, liegen die Milchstraßenpartien, die am Himmel des Südens, zwischen dem Sirius und dem Kreuz des Südens, sich dehnen.

Ohne Zweifel hat die Erforschung der Spiralnebel, denen wir uns im nächsten Abschnitt zuwenden wollen, die modernen Ansichten über den Bau des Milchstraßensystems stark beeinflußt. Wir haben in ihnen die fernsten, überhaupt wahrnehmbaren Objekte im All vor uns, sie liegen weit, weit ab von unserem eigenen Sternsystem, sind Inseln im Raum, die ebenfalls aus Millionen Sonnen gebildet werden und von denen die größten sicher auch Zehntausende von Lichtjahren Durchmesser haben. Wenn man sich auf einen Stern in den mittleren Partien eines sogenannten Spiralnebels versetzt denkt, können wir wohl einen ähnlichen Eindruck haben, wie wir Bewohner der Erde ihn vermittelt bekommen durch die Sternwolken in unserer Nähe und durch die Milchstraßenarme, Knoten, Nebelmassen. Der Gedanke liegt nahe, daß unsere mächtige Sternansammlung nichts anderes ist als ein solcher Spiralnebel, daß sie, von einer jener fernen Inseln aus gesehen, sich nicht wesentlich anders ausnehmen würde als diese für uns. Auch diese Spiralnebel sind keineswegs alle gleich; möglich, daß auch sie in Jahrmilliarden sich umgestalten, und so braucht denn auch das Milchstraßensystem nicht einem jener Nebel aufs Haar zu gleichen.

In neuerer Zeit haben nun die *Kugel-Sternhaufen* das Bild, das wir vom Weltbau haben, etwas umgestaltet. Sehen wir uns das Bild des prächtigen Kugelhaufens im Sternbilde des Herkules an. Wir erinnern uns, daß hier rund hunderttausend Sonnen einen in sich abgeschlossenen Staat bilden, daß die Entfernung dieses Haufens von uns gegen 35 000 Lichtjahre beträgt, daß wir der Sternenkugel einen Durchmesser von annähernd 130 Lichtjahren zubilligen müssen. Schon dieser eine Kugelhaufen, der dem Auge als ein winziges Nebelsternchen sichtbar ist, steckt voller Wunder und Unbegreiflichkeiten!

Es scheint, als ob es ihrer nicht viele gibt, nicht viel mehr als hundert sind uns bis jetzt bekanntgeworden, aber was sie dem Astronomen besonders interessant macht, ist ihre Lage im Raum. Die Entfernung läßt sich mit recht hoher Sicherheit bestimmen, denn in ihnen werden einzelne Sterne erkennbar, die einen besonderen Charakter haben, eine ganz bestimmte Größe, die uns also erlaubt, zu sagen, wie fern sie uns stehen und wie fern demnach der ganze Kugelhaufen sein muß. Die gemessenen Abstände schwanken nun zwischen rund 20 000 und 200 000 Lichtjahren, und damit ist bewiesen, daß sie zwar noch zu unserem Milchstraßensystem gehören, daß aber die fernsten viel weiter von uns abstehen als manche Sternwolken der Milchstraße. Sie erscheinen uns wie Außenposten unseres Reiches, mächtige Inseln, die unserem Sternenkontinent vorgelagert sind. Wirklich ist es so! Die Arbeiten des Amerikaners *Shapley*, der sich besonders mit diesen Objekten befaßte, aber auch die Untersuchungen anderer Astronomen beweisen, daß diese Kugel-Sternhaufen die Mittelpartien unserer großen Sternenlinse umgeben, sie schweben über und unter der Milchstraßeninsel im Raum.

Ein anderer wichtiger Umstand kommt hinzu: Von allen Seiten nähern sich diese Kugelhaufen der großen Insel, als ob sie sich mit ihr vereinen wollen, als ob sie in ihr untertauchen wollen, von ihrer ungeheuren Masse gezwungen, ihre Selbständigkeit aufzugeben. Es ist die Vermutung ausgesprochen worden, daß sie wirklich sich der Milchstraße eingliedern nach kleinen Ewigkeiten, sich in ihr auflösen, in ihr zu Sternströmen werden.

Wir kommen, wenn wir diese Forschungen berücksichtigen, zu einem vielleicht einigermaßen zutreffenden Gesamtbild. Annähernd im Zentrum des

Milchstraßensystems lägen dann die Hauptmassen der Sterne, die von uns aus gesehen in den hellen Milchstraßenwolken im Schützen und in seiner Nachbarschaft (teilweise durch Dunkelwolken verdeckt) zu suchen wären. Unser Sonnensystem und die uns nahen Sternmassen gehören einem anderen, kleineren Massenzentrum an, gegen 30000 bis 40000 Lichtjahre vom Zentrum entfernt. Die Kugelhaufen scheinen ziemlich unregelmäßig verteilt zu sein, lassen aber doch eine deutliche Beziehung zum Zentrum des großen Systems erkennen. Den größten Durchmesser des Systems der Kugel-Sternhaufen kann man auf etwa 150000 Lichtjahre veranschlagen. Man nennt den Riesenraum um unser Sternsystem, der seiner Gestalt nach vielleicht mit einer nicht scharf begrenzten Wolke verglichen werden kann, den *Halo*. In ihm befindet sich außer den Kugelhaufen und einer bestimmten Art veränderlicher Sterne vermutlich auch hochverdünntes, sehr heißes Gas, das vielleicht der Korona der Sonne nicht unähnlich ist. Man könnte vergleichsweise den Halo auch als die »Korona des Milchstraßensystems« bezeichnen. Ein Teil der Radiostrahlung, die von allen Richtungen kommend die Erde erreicht, soll aus dem Halo stammen.

Unser Milchstraßensystem ist eines von Milliarden im unermeßlichen Raum. In jüngster Zeit haben die Astronomen die Struktur von 50 Spiralnebeln in der näheren oder weiteren Milchstraßennachbarschaft eingehend untersucht, um einen solchen herauszufinden, bei dem ein Teilbereich eine ähnliche Gestaltung aufweist wie ein gut bekannter Teil unserer Milchstraße. Eine solche Übereinstimmung in einem wesentlichen Gebiet dürfte einer genäherten Übereinstimmung im ganzen entsprechen. Es fand sich unter den 50 Systemen tatsächlich nur ein einziges, dessen Auflockerung der Spiralarme und gleichzeitig deren Gruppierung um das Kerngebiet eine große Ähnlichkeit mit unserer eigenen Sterneninsel hat. Es ist das System, das die Katalognummer NGC 1232 hat, mit einer Spiralanordnung von mittlerem Auflösungsgrad und recht auffälligem Kerngebiet. Es hat einen Durchmesser von 100000 Lichtjahren und ist damit genauso groß wie unser Milchstraßensystem. Wenn wir unsere Milchstraße »von außen« betrachten könnten, würde sie etwa ebenso aussehen wie der Spiralnebel NGC 1232.

Neuere Erkenntnisse scheinen zu beweisen, daß sich das Milchstraßensystem nicht nur um seine Achse schwingt, sondern daß es auch mit großer Geschwindigkeit im All weitereilt. Daß die Sternmassen des Systems sich bewegen, wurde schon früher gesagt, sie umwirbeln das Zentrum, müssen (genauso wie die Planeten, die um die Sonne kreisen) in den Mittelpartien eine höhere Geschwindigkeit haben als an den Rändern des Systems, und wenn man heute ausspricht, daß unser Sonnensystem in 200 Millionen Jahren

einen Umlauf um das Zentrum vollendet, so dürfte das ungefähr der Wahrheit nahekommen.
Es ist eines der schönsten Vorrechte der Wissenschaft, sagen zu dürfen: »Wir wissen es nicht!« Nur die Hypothesenschmiede und Überklugen haben der Weisheit letzten Schluß gefunden und wissen alles! Es sei daher noch einmal betont, daß wir in einigen Darlegungen vielleicht schon ein wenig über das, was die Astronomie heute mit gutem Gewissen als Forschungsergebnis aussagen kann, hinausgegangen sind. So ähnlich werden die Dinge wohl im großen und ganzen liegen, aber in den Einzelheiten mag noch manches von der fortschreitenden Wissenschaft geändert werden.

Das Unendliche

Ausblicke ins Uferlose

Die *»Welt«* . . . was ist das? Das Allumfassende soll es sein, das alles in sich Schließende. Wir sahen, daß dieser Begriff sich wandelte, wie der Mensch sich im Laufe der Jahrhunderte und Jahrtausende selber wandelte, sein Blick sich erweiterte und vertiefte, sein »Bild von der Welt« wuchs und wuchs. Am Anfang der Menschheitsgeschichte gab es keine Welt, gab es kein Universum! Der Mensch der Frühe sieht über seine engere Heimat nicht hinaus, ihm sind die Wälder, die Heiden, das Flußtal, in dem er haust, die »Welt«, und sie wird in der Ferne abgeschlossen durch das Meer oder durch Bergwände, die er nicht zu übersteigen wagt. Von der Bedeutung der Sterne hat er noch keine Ahnung, die Sonne ist ein strahlender Gott, ein wärmendes Feuer, die tausend Lichter der Nacht sind Rätsel, aber doch wohl im Grunde nicht rätselvoller als die Lichter der Glühwürmchen und der Leuchtkäfer, die in lauer Sommernacht unter den Büschen schwärmen.

Wir haben gesehen, wie dann die *Erde* selbst zur »Welt« wird, schwere Kämpfe, ein langes, mühsam erworbenes Wissen bringen endlich die Gewißheit, daß es außer dieser Erde noch »Welten« gibt, und nun wird die Sonne zum Mittelpunkt eines erweiterten Weltbegriffes, das *Sonnensystem* wird Inhalt der Welt. Gewiß gibt es erlesene Geister, die schon darüber hinweg denken, in Fixsternweiten hinein, aber vergessen wir nicht, daß selbst ein Kopernikus, rund fünf Jahrhunderte trennen uns von seiner Zeit, mit den Fixsternen noch nichts Rechtes anzufangen wußte, daß selbst er noch hinsichtlich einer viel größeren Welt, in der dieses Sonnensystem als ein Teilchen untergeht, ganz im unklaren war.

Aber die fortschreitende Erkenntnis macht jene abertausend *Fixsterne* endlich zu fernen Sonnen, die Vermutung liegt nahe, daß auch sie Planeten um

sich versammeln, daß es also unzählige Sonnensysteme gibt, und die neuere Zeit, die immer tiefer in diese Sternenheere eindringt, ihre Entfernungen, ihre Bewegungen, ihre Anordnungen zueinander entschleiert, kommt zu der Feststellung, daß sich diese Sonnenschwärme nicht bis in die Unendlichkeit dehnen, daß es auch da eine Grenze gibt, daß all diese Welten in ihrer Gesamtheit eine »Welt« bilden, einen in sich geschlossenen gewaltigen Körper, das *Milchstraßensystem*, in dem unser eigenes Sonnensystem nicht mehr bedeutet als in unermeßlichen Urwäldern der einzelne Baum.
Unsere Feststellungen in den vorangegangenen Kapiteln führten uns zu der Gewißheit, daß diese unsere Welt aus mindestens 100 Milliarden Sonnen besteht, die in einer flachen spiraligen Insel im Universum schweben, daß diese Insel einen Durchmesser von annähernd 100 000 Lichtjahren hat, daß sich die Sternströme in ihr um den Kern bewegen, in Hunderten von Jahrmillionen eine Drehung vollendend, und daß die ganze Insel überdies im Weltall mit hoher Geschwindigkeit dahinfliegt.
Das also war nach neueren Begriffen die »Welt«; noch vor rund hundert Jahren umschloß sie nach den Anschauungen maßgebender Sternforscher alle am Firmament sichtbaren Objekte. Aber wir sind vorsichtig geworden! Zu oft hat der Geist des forschenden Menschen erlebt, daß die »Grenzen«, die wir setzten, willkürlich waren, daß hinter den Zäunen, die nichts anderes begrenzten als die eben gerade zu jenem Zeitpunkt bekannten, angesammelten Erkenntnisse, noch immer »Welt« ist, und so beginnt etwa mit dem Anfang des neunzehnten Jahrhunderts der Gedanke zu keimen, daß auch die mächtige Insel unserer Milchstraßenwelt eine von vielen sein könnte. Wir erinnern uns, daß der Elsässer *Lambert* um 1761 diesen Erwägungen schon kühn vorausgreift, daß er in manchen lichten Sternenwolken, die im Himmelsraum schweben, für die Fernrohre der damaligen Zeit noch undeutlich und unerschlossen, unendlich ferne Weltinseln sieht und von einer Unendlichkeit des mit Sternsystemen erfüllten Raumes überzeugt ist.
Heute gehen wir mit einer Fülle von inzwischen erworbenen Kenntnissen an diesen Gedanken heran. Wir haben gesehen, daß die *»Spiralnebel«* nicht mehr unserem Milchstraßensystem angehören, daß sie wirklich mächtige Weltsysteme außerhalb des unseren sind, daß die nächste dieser Inseln, der Andromeda-Nebel, über zwei Millionen Lichtjahre von uns entfernt ist und einen Durchmesser von mehr als 100 000 Lichtjahren hat.
Heute kann kein Zweifel mehr darüber sein, daß es eine »Welt hinter der Welt« gibt, daß auch unser Milchstraßensystem wieder ein Einzelgebilde ist, wobei es zunächst nicht von Belang ist, ob diese unsere Heimatinsel nun ein ganz besonders großer Spiralnebel ist. Tatsache ist jedenfalls, daß Millionen

und aber Millionen Spiralnebel sich bis in nicht mehr ausdenkbare und völlig unüberschaubare Räume dehnen, kein noch so großes Riesenfernrohr hat bisher eine Grenze des mit Weltsystemen erfüllten Universums feststellen können. »Steh, Pilger, du segelst umsonst, vor dir Unendlichkeit!«
Dennoch versuchen wir, einen Begriff zu bekommen von der Anordnung dieser Weltinseln, auch da vielleicht Gesetzmäßigkeiten zu finden, und wir dürfen sagen, daß sich doch manches nach und nach klärt, wenn wir auch hinsichtlich der Astronomie des Unendlichen noch da stehen, wo man zu Herschels Zeiten hinsichtlich der Erforschung unserer Fixsternwelt stand.
Zunächst wissen wir jetzt, daß die Anzahl der heute schon durch photographische Durchmusterung des Himmels an den lichtstärksten Teleskopen erfaßbaren Spiralnebel bei mehr als hundert Millionen liegt. Vor allem hat sich der Amerikaner *Hubble*, dem die mächtigen Instrumente des Observatoriums auf dem Mount Wilson zur Verfügung standen, mit der Erforschung dieser fernen Welt befaßt, und seinen Arbeiten schließen sich die *Shapleys* an. Hubble zum Beispiel hat die Verteilung von über 40000 Spiralnebel im Raum untersucht.
Es zeigt sich, daß sie nicht gleichmäßig über den ganzen Himmel verstreut sind, aber hier spielen die von uns schon mehrfach erwähnten Wolken dunkler Materie im Sternenraum eine Rolle, die es uns verwehren, nach allen Richtungen bis ins Unendliche zu schauen. Dennoch ließ sich mit Sicherheit nachweisen, daß wirkliche *Anhäufungen* von Spiralnebel an verschiedenen Stellen des Universums vorkommen; genauso wie in unserer Fixsternwelt keine gleichmäßige Verteilung der Sonnen vorhanden ist, sondern auch große Sternfamilien, Sternströme, Sternhaufen vorkommen, gibt es ganze Nebelfelder. Wir unterliegen hier nicht etwa einer Täuschung, die hervorgerufen wird durch die zufällige Blickrichtung von der Erde aus, nein, diese Spiralnebel sind tatsächlich hier enger gedrängt, man könnte, wie man von Sternhaufen spricht, von *Spiralnebelhaufen* reden, nur sind eben die Maßstäbe viel, viel größer. Namentlich im Sternbild der Jungfrau, im ihm benachbarten zierlichen Bild, das wir »Haar der Berenike« nennen, in den Jagdhunden und im Bilde des großen Himmelswagens finden sich solche Nebelnester. Die Abstände der fernsten heute erkennbaren Weltinseln dieser Art schätzt man auf eine Milliarde Lichtjahre! Unausdenkbarkeiten, mit denen das menschliche Vorstellungsvermögen nichts mehr anfangen kann. Vielleicht irren sich die Astronomen da, sagen die Leute, vielleicht sind die Meßmethoden mit unbekannten Fehlern behaftet. Kann man denn da überhaupt noch messen? Der Nichtfachmann wird wohl so viel Zutrauen zu den mit allen Gesetzen der Physik und Mathematik vertrauten Fachleuten haben, daß sie

Kugel-Sternhaufen *Man kennt etwa 100 Gebilde dieser Art, die als selbständige Sternsysteme im Halo des Milchstraßensystems liegen und an der galaktischen Rotation nicht teilnehmen. Der Kugel-Sternhaufen im Herkules (oben) ist mit freiem Auge als mattes Wölkchen erkennbar und besteht aus ca. 1 Million Sonnen. Aufnahme: Mount-Wilson-Observatorium, 1 1/2 m-Spiegelteleskop, Belichtung 11 Stunden*

Andromedanebel *Der Andromedanebel, eine Nachbarmilchstraße und das einzige mit freiem Auge als schwaches Nebelfleckchen erkennbare Sternsystem. Entfernung: 2,3 Millionen Lichtjahre*

Andromedanebel *Die dicht zusammengedrängt stehenden Lichtpunkte, die Sternwolken gleichen, sind die einzelnen Sonnen des Andromedanebels (südlicher Teil). Die hellen und weiter verstreuten Lichtpunkte sind noch Sterne unserer eigenen Milchstraße. Aufnahme: Mount-Wilson-Observatorium, 2 1/2-m-Spiegelteleskop (links). – Ein anderes Milchstraßensystem (NGC 891) im Sternbild Andromeda von der Kante gesehen. In der Ebene ist deutlich eine Schicht dunkler, lichtverschluckender Materie erkennbar. Aufnahme: Mount-Wilson-Observatorium (unten)*

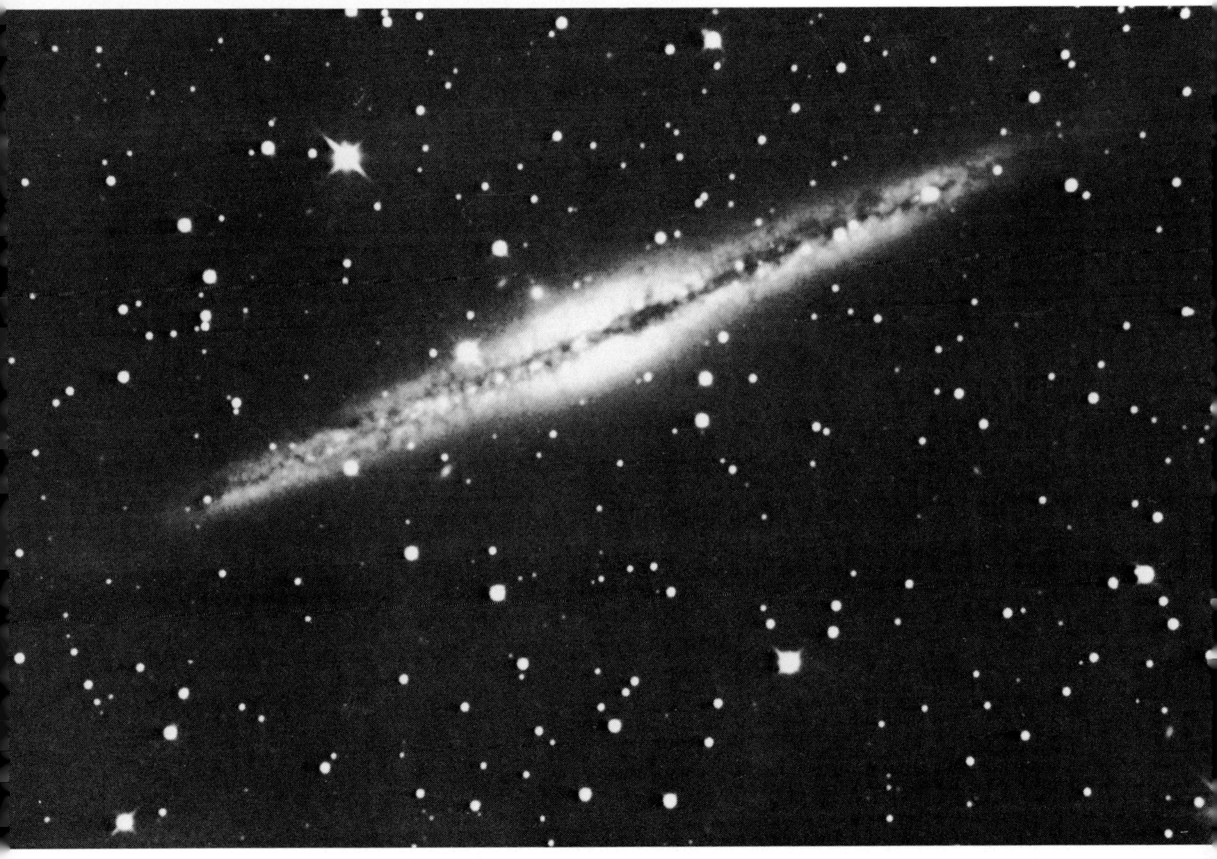

Ausblicke ins Uferlose *Ein Feld mit zahlreichen Spiralnebel im Sternbild Fische. Die schwachen Objekte sind am Okular des Fernrohrs nicht zu sehen und werden erst nach stundenlanger Belichtung von der photographischen Platte erfaßt. Aufnahme: Mount-Wilson-Observatorium, 1 1/2-m-Spiegelteleskop, Belichtung 4 Stunden, 15 Minuten (rechts). – Photographierte Unendlichkeit! Ein Himmelsfeld mit sehr schwachen außergalaktischen Nebel im Sternbild Haar der Berenike. Zwei waagerechte Querstriche markieren einige Objekte. Entfernung der kaum wahrnehmbaren Milchstraßensysteme: 500 Millionen bis eine Milliarde Lichtjahre. Aufnahme: Palomar-Observatorium, 5-m-Spiegelteleskop (unten)*

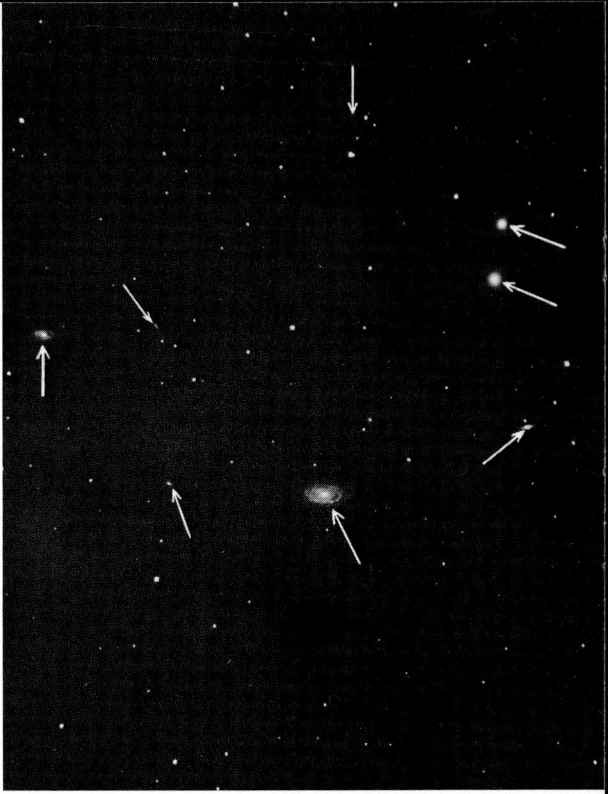

ihre Angaben nicht aus dem blauen Dunst holen und weder diese Gesetze außer acht lassen noch die der strengen Logik. Es gibt verschiedene Möglichkeiten, die Nebelentfernungen zu ermitteln, und am äußersten Ende stehen noch immer durchaus vertretbare Schätzungen. Ein Beispiel dafür: Die Spiralnebel sind in der Hauptsache ungeheure Zusammenballungen von Sternen, von fernen Sonnen. Wenn wir im Riesenfernrohr einen sehr fernen Spiralnebel als eine winzige leuchtende Fläche sehen, so bedeutet das doch, daß wir hier das Licht von Millionen Sternen auf kleinstem Raum vereinigt erblicken, Millionen Sterne werden zu *einem* Stern. Mit den Photometern kann die Helligkeit dieses Sternes mit großer Schärfe bestimmt werden, man kann sie mit der Helligkeit uns *naher* Spiralnebel, deren Abstand noch auf andere Weise mit hinreichender Genauigkeit zu bestimmen ist, vergleichen. Da wir nun genau wissen, in welcher Gesetzmäßigkeit die Helligkeit einer Lichtquelle mit ihrer Entfernung von uns abnimmt, haben wir so ein Mittel, zu sagen, wieviel ferner jene äußersten Nebel stehen als jene nahen. Gewiß wird man da zuweilen in den Einzelheiten zu Fehlmessungen, zu Irrtümern kommen, aber wenn Hunderte von Nebel so auf ihren Abstand untersucht werden, kommt man zu mittleren Werten, die zuverlässig sind und selbst dann noch unser Bild vom Weltbau nicht erheblich ändern, wenn sie um zehn Prozent falsch sein sollten.

Zweihundert, fünfhundert, tausend Millionen Lichtjahre! »Undenkbar!« Aber selbst wenn wir zugeben würden, daß die Entfernungsbestimmungen zehnmal größer ausfielen, als es der Wahrheit entspricht, und das ist recht wenig wahrscheinlich, wäre die Entfernung einer Insel, von der der Lichtstrahl, der heute bei uns eintrifft, vor zwanzig Millionen Jahren ausging, etwa vorstellbarer und begreiflicher? Wir müssen eben die kleinen menschlichen Maßstäbe von Raum und Zeit daheim lassen, wenn wir in die Sternenräume hinausgehen, wie etwa ein Bakterium, das seinen Wassertropfen verließe, um den Stillen Ozean auszuloten, die im Wassertropfen gangbaren Größen beiseitelassen muß! Im übrigen ist die mikroskopische und untermikroskopische Welt des Wassertropfens genauso unfaßlich wie die große des Universums. Wo kämen wir hin, wenn wir die Welt nur so weit erfassen wollten, als unser »Vorstellungsvermögen« reicht?

Zudem: auch diese fünfhundert oder tausend Millionen Lichtjahresweiten bringen uns ja an keine Grenze! Noch lichtstärkere Fernrohre würden in viel fernere Räume schauen, hinter den bekannten neue Schwärme von Weltinseln auftauchen. Es erhebt sich die Frage, ob es da überhaupt eine Grenze gibt. Es wäre denkbar, daß Millionen Spiralnebel in ihrer Gesamtheit wieder einen in sich geschlossenen Körper zusammensetzen, wie die Millionen Fixsterne unseres Milchstraßensystems, des Andromeda-Nebels usw. Weltinseln aufbauen. Es ist oft von den Mathematikern darauf hingewiesen worden, daß man zu unlösbaren Schwierigkeiten kommt, wenn man annimmt, daß wir in einer unendlichen Welt leben, in der bis ins Unendliche unendlich große Sternmassen vorhanden sind. Olbers hat schon über diese Frage geschrieben, Seeliger hat sie behandelt. Unendliche Massen haben unendliche Anziehungskräfte, und das müßte sich in der Bewegung der Gestirne bemerkbar machen. Charlier geht von diesen Überlegungen aus und kommt zu dem Schluß, daß sich die Schwierigkeiten nur beseitigen lassen, wenn man annimmt, daß die *Massen* durch um so größere *Räume* getrennt sind, je mächtiger sie selber sind.

Die mathematische Behandlung des Problems führt Charlier zu der Überzeugung, daß die Zahl der Spiralnebel genausowenig bis in alle Unendlichkeit gehen kann, wie in unserem Milchstraßensystem die Zahl der Sterne unendlich sich aneinanderreiht. Sehr viele dieser Weltinseln bilden nach ihm einen in sich geschlossenen Körper, eine »Welt« riesigen Ausmaßes in der Welt, aber doch nicht unendlich groß. Dann aber gähnt bis in aschgraue Unermeßlichkeiten leerer Raum, und das nächste ähnliche System muß so fern sein, daß kein Fernrohr der Welt je eine Spur von ihm erkennen lassen könnte.

Aber verlassen wir diese heute doch noch unlösbaren Probleme, sie bringen uns in eine Situation, die der des bekannten Blinden ähnelt, der mit seinem Stock im dichten Nebel in einer endlosen Wüste umhertastet. Viel näher liegt eine andere Eigentümlichkeit der Spiralnebel, die aber nicht minder rätselvoll ist und zu höchst seltsamen Folgerungen führt. Wir wissen, daß es keine stillstehenden Körper im Weltall gibt, und so war es nicht verwunderlich, daß man Ortsveränderungen der Spiralnebel erkannte. Höchst merkwürdig aber ist die Art dieser Bewegung der großen Inseln. Nicht nur ist die Geschwindigkeit der Fortbewegung gewaltig, zum Erstaunen der Astrophysiker eilen auch alle Nebel – von einigen der näheren Umgebung abgesehen – von uns fort, genauer gesagt: nicht nur vergrößert sich der Abstand der Spiralnebel von unserem Milchstraßensystem, *sie streben auch auseinander, die Welten fliehen scheinbar einander*. Man stelle sich vor, daß auf einem freien Platz eine große Schar von Tauben hingestreute Erbsen aufpickt und daß ein Knabe seinen Ball mitten in den Taubenschwarm hineinwirft: die Vögel werden erschreckt nach allen Richtungen auseinanderfliegen, der Schwarm, der vordem auf engem Raum zusammengedrängt war, wird also einen immer größeren Raum einnehmen, wenn auch die Dichte des Schwarmes naturgemäß geringer wird.

So ähnlich die Spiralnebel. Wir haben ja schon mehrfach gehört, daß der Astrophysiker am Spektralapparat (er ist hier an einem mächtigen Fernrohr befestigt) solche Bewegungen der Gestirne von uns fort oder auf uns zu dadurch feststellt und mißt, daß er neben seinem Apparat gewisse im Spektrum des Sternes sichtbare Fraunhofersche Linien künstlich erzeugt und nun diese ruhenden irdischen Linien mit denen im Spektrum des Sternes zusammen betrachtet und vergleicht. Beide Linien decken sich, wenn der Stern seinen Abstand nicht ändert, sie verschieben sich nach Rot oder Violett, je nachdem ob der Himmelskörper sich entfernt oder nähert.

Geschwindigkeiten von Hunderten, Tausenden, Zehntausenden von Kilometern in der Sekunde wurden so ermittelt, und ganz allgemein ergibt sich als Gesetzmäßigkeit, daß die Geschwindigkeit der Nebelflucht um so größer wird, je ferner die Inseln stehen. Selbstverständlich sind sich auch die Astronomen bewußt, daß es schier unglaubhaft ist, daß Inseln, die aus unzähligen Sonnen bestehen, in jeder Sekunde zehntausend Kilometer und mehr durchrasen sollen, und anfangs glaubte man an irgendwelche Meßfehler, Täuschungen; heute ist sicher, daß die Instrumente einwandfrei diese Bewegungen entschleiern; wenn nicht irgendwelche, noch ganz unbekannte, unentdeckte physikalische Gesetzmäßigkeiten hier mitspielen, muß man die Messungen für richtig halten.

Aber mindestens ebenso sonderbar ist der Umstand, daß all die Inseln auseinanderstreben, sich fliehen. *Das uns sichtbare Weltall dehnt sich also mit explosionsartiger Geschwindigkeit aus!* Gehen wir aber in die Vergangenheit zurück, dann muß doch die ganze Materie dieser Inseln einst, vor Äonen von Jahren, im Mittelpunkt vereinigt gewesen sein. Was veranlaßte die Materie, sich auszudehnen? Begann damals überhaupt erst die Bildung der Weltinseln, wurde das große »Es werde!« gerufen, das Millionen Sonnen in Millionen Weltinseln schuf?

Das alles ist rätselvoll, ist heute nicht zu beantworten, wird vielleicht, wie alle Fragen nach den letzten Ursachen, nach Anfang und Ende der Welt, niemals zu beantworten sein. Ganz nebenbei wollen wir erwähnen, daß dieses Problem im Verfolg der Relativitätstheorie, die uns ja Raum und Zeit in einer ganz anderen Beleuchtung zeigt, viel besprochen wurde. Die beiden Mathematiker *Willem de Sitter, Georges Lemaître* und andere versuchten zu zeigen, daß eine stabil bleibende Welt überhaupt nicht möglich ist, daß sie sich ausdehnen oder zusammenziehen muß und daß die unsere sich eben ausdehnt. Nun, faßbarer werden die Dinge uns dadurch auch nicht; gestehen wir ruhig, daß hier ein Problem vorliegt, das wir noch nicht zu überschauen vermögen.

Wenn wir die Aufnahme des Spiralnebels betrachten, wird uns sofort deutlich, daß da um den Kern heftige Bewegungen vor sich gehen, und bei einigen näheren Nebel hat man sogar solche Bewegungen in den Randpartien messen können. Auch hier Geschwindigkeiten von Hunderten von Kilometern in der Sekunde. Ob und wie sie mit einer etwaigen Entwicklung der mächtigen Sternenstaaten zusammenhängen, läßt sich zur Zeit noch nicht sagen, aber es ist zweifellos, daß diese Gebilde ebenfalls einen Entwicklungsprozeß durchmachen. Das Spektrum zeigt, daß, ganz allgemein gesprochen, die Sterne in diesen Inseln der Sonne ähnlich sind, aber bei einigen konnte nachgewiesen werden, daß in den Kernen der Spiralnebel Sonnen anderer Entwicklungsstufen vorhanden sind als in den äußeren Spiralarmen. Wir erkennen, daß auch in unserer Sternenwelt die Sonnen nicht alle gleich sind und daß die Vermutung naheliegt, sie seien verschiedene Entwicklungsstufen in der Lebensgeschichte eines Sternes, seien verschiedenen Alters, das eben verschiedene Dichten, Temperaturen, Massen, auch verschiedene physikalische Zustände an den Oberflächen bedingt, die sich im Spektrum bemerkbar machen. Verfolgt man diesen Gedankengang weiter, dann drängt sich die Vorstellung auf, daß die Sternentwicklung in den Kernen und Spiralarmen der großen Nebel zu verschiedenen Zeiten begonnen haben könnte oder dort anders verläuft als hier, aus Gründen, die wir noch nicht überschauen können. Keineswegs sind alle Spiralnebel einander gleich, sehr verschiedene Typen lassen sich nachweisen, und es ist in hohem Maße wahrscheinlich, daß die riesigen Weltsysteme ebenfalls *eine Entwicklung durchmachen*, daß keineswegs die Sonnenschwärme in ihnen von Anfang an da sind.

Über all das wissen wir heute noch wenig; vorsichtig beginnen die Astronomen der Gegenwart mit immer mächtigeren Instrumenten und immer geistvolleren Methoden diese fernsten Objekte des Universums zu untersuchen, viele interessante Aufschlüsse sind in dieser Hinsicht in der Zukunft zu erwarten.

So türmen sich viele, viele riesenhafte Fragezeichen an den Grenzen der uns heute sichtbaren Welt auf, die so endlos, so kompliziert, so unüberschaubar, so allem menschlichen Vorstellungsvermögen entrückt ist. Es gibt genug Leute, denen diese Unendlichkeit mit ihren mit explosionsartiger Geschwindigkeit dahinsausenden Welteninseln und Milliarden Sonnen in Hundertmillionen Lichtjahresweiten etwas unheimlich erscheint, und nicht selten melden sich Stimmen in der Gegenwart, die die naive Frage stellen, ob ein solches Weltbild den Menschen nicht zu einem Geschöpf mache, das so wenig bedeutet wie das Bakterium auf einem Apfel innerhalb einer jener viele Quadratkilometer bedeckenden kalifornischen Apfelplantage. Diese Denkweise ist abwegig! Wollen wir etwa den Menschen wieder in den Weltmittelpunkt stellen? Insofern wird er es immer sein und bleiben, als die Vorsehung ihm die wunderbare Fähigkeit mitgegeben hat, über diese Welt nachzudenken, sie zu erkennen, zu erforschen, so weit eben menschliche Unzulänglichkeit das vermag. Die Welt kommt sich in ihm zum Bewußtsein, darin liegt seine Begnadung und seine Größe! Aber ihren letzten Sinn, Zweck, ihren Ursprung, ihre Zukunft kann er nicht ergründen, seine Maßstäbe in Raum und Zeit sind nichts anderes als Gleichnisse.

Sterne und Menschen

Der Raum ist erfüllt von Sternschwärmen, von Sonnen, die auf uns den Eindruck machen, daß sie verschiedenen Entwicklungsstufen angehören, daß sie verschiedenen Alters sind. Wenn wir dieser Annahme folgen, dann drängt sich uns sofort die Frage nach dem *Anfang* und nach dem *Ende* auf. Wir sehen in einer großen menschlichen Gemeinschaft Persönlichkeiten jedes Alters: Säuglinge, Jünglinge, Männer, Greise, aber wir wissen auch, daß der Entwicklungsweg nicht beim Säugling anfängt und nicht beim Greis endet, daß ein Zeugungsakt den Keim schuf, der im Mutterschoß sich entwickelte, lange ehe der Säugling an der Mutterbrust ruhte, und daß einst aus dem Greis der letzte Lebensodem entflieht und er »der Erde und der ewigen Sonne die Atome wiedergibt, die sich zu Lust und Schmerz in ihm gepaart«, daß in Staub zerfällt, was einmal Leben war.
Wenn wir die roten Riesensterne als »Säuglinge« unter den Sonnen ansehen wollen, die roten Zwerge als Greise, so muß es auch Sonnen im Embryonalzustande geben, und auf der anderen Seite »tote« Sonnen, erloschene, dunkle, ja vielleicht auch den »Staub«, in den die Sterne zerfallen. Und noch weiter geht unser Grübeln über diese Dinge. Ist die Welt ein ablaufendes Uhrwerk, dessen Zeiger einmal stillstehen, wenn die Gewichte am Boden angekommen sind, das Pendel seinen letzten Schlag getan hat, oder wird dieses Uhrwerk immer wieder aufgezogen, zu neuen Kreisläufen angeregt? *Gibt es Geburt und Tod, Auferstehen und Neuwerden im All?*
Das sind schwere und gewichtige Fragen! Kann sie der kleine sterbliche Mensch, Bewohner eines winzigen Sterns, überhaupt je beantworten? Endgültig wohl kaum! »Mit den Göttern soll sich nicht messen irgendein Mensch . . .!« Aber auch wenn wir uns der Unzulänglichkeit unseres

Menschentums bewußt sind, reizt es uns, Möglichkeiten abzuwägen, das, was wir sehen, wissen, vermuten, vorsichtig zusammenzusetzen zu einer Hypothese, die vielleicht Wahrheitskeime enthält. Versuchen wir, wie weit uns solche Ausflüge ins Unbekannte tragen!

Wir sahen, daß die Millionen Sonnen in gewaltigen Inseln zusammengefügt sind, den Spiralnebel, und hatten schon bei der Betrachtung dieser großen Weltsysteme den Eindruck gewonnen, daß auch sie nicht alle gleich sind, daß auch sie vielleicht in verschiedenen Entwicklungsstadien sich befinden; ja aus einigen Beobachtungen geht hervor, daß die den Kernen näheren Sonnenschwärme dieser Inseln einen anderen Spektralcharakter haben als die in den Außenarmen der Spiralen. Unsere weiteren Betrachtungen zeigten uns, daß die Sternentwicklung ohne jeden Zweifel eine Reihe von Jahrmilliarden in Anspruch nimmt, daß die jüngsten Sonnen, die roten Riesensterne, eine ungemein geringe Dichte haben; die Gasmassen sind so dünn in diesen Sonnen, daß unsere irdische Luft dagegen ein sehr dichter, fast fester Körper ist. *Am Anfang aller Sternentwicklung muß ein ungeheuer dünnes, fein verteiltes Gasgemisch stehen,* die Atome sind so weit verstreut, daß, wie einmal der englische Astronom Jeans scherzhaft sagt, in einem Raum von der Größe einer mächtigen Bahnhofshalle nur ein einziges Atom schwebt.

Wem fielen da nicht die wunderbaren kosmischen Gaswolken ein, die wir in einem früheren Kapitel betrachteten! Der *Orion-Nebel* darf als typisches Beispiel dienen.

In der Tat haben viele Astronomen seit Herschels Tagen in diesen Gasnebeln den Stoff gesehen, aus dem die Sterne »gemacht« werden. Durch langsame Verdichtung, so sagte man sich, entstehen aus und in diesen ungeheuren Schwaden zunächst sehr wenig dichte Gaskugeln, die endlich, mit zunehmender Verdichtung und dadurch bewirkter Wärmesteigerung, aufzuleuchten beginnen; eine Sonne ist geboren! »Gebt mir einen Stützpunkt«, rief einst Archimedes aus, »und ich hebe die Welt aus ihren Angeln!« »Gebt mir Materie«, sagte Kant, »und ich will eine Welt daraus bauen!« Ja, der große Königsberger Philosoph ist der Vater dieser *»Nebularhypothese«*, und es macht auch heute noch Vergnügen, seinen geistvollen Ausführungen in der »Naturgeschichte und Theorie des Himmels«, die der Neunundzwanzigjährige 1754 schreibt, zu folgen. Mitten in den stürmischen Zeiten der großen Französischen Revolution findet dann der berühmte Franzose *Laplace* Zeit und Muße, die Welt aufzubauen; beide Hypothesen werden oft fälschlich miteinander verbunden, unterscheiden sich aber in wesentlichen Punkten. Nach Kant war der riesige Raum, den heute unser ganzes Sonnensystem einnimmt, mit einem außerordentlich fein verteilten Gas erfüllt. Die Materie, die heute die Sonne mit ihren Planeten und Monden bildet, war in äußerster Verdünnung über diesen ganzen Raum verteilt. Diese Materie, dieser große Gasfladen, befand sich in langsamer Rotation. Kant versucht auch, den Ursprung dieser Bewegung zu erklären, Laplace hingegen wagt sich an diese außerordentlich schwierige und auch durch Kant durchaus nicht gelöste Frage nicht heran und nimmt diese Umdrehung der großen Nebelmasse als etwas von Anfang an Gegebenes hin. Der Gasfladen hatte eine ziemlich flache, rundliche, linsenförmige Gestalt, er verdichtete sich mehr und mehr; infolge der stärkeren Anziehung der inneren Massen auf die äußeren zog sich die Materie auf den Mittelpunkt, den Kern der ganzen Gasmasse, zusammen, der später die *Sonne* bildete. Aber auch außerhalb dieser Zentralmasse, um die sich alles drehte, und in verschiedenen Abständen von ihr bildeten sich nach Kant Sammelpunkte der Materie, Massenanhäufungen, aus denen sich die einzelnen *Planeten* entwickelten, die (wie es ja in der Tat geschieht) alle in derselben Richtung den Zentralkörper, die Sonne, umkreisen mußten. Innerhalb der Gasbälle, die die Planeten formten, entstanden wiederum je nach der Größe der Bälle ein oder mehrere kleinere Massenanhäufungen, und aus ihnen entwickelten sich die *Monde* der betreffenden Planeten, die naturgemäß wieder in der nämlichen Richtung, in der sich die Planetenbälle um ihre Achse drehten, um die Planeten kreisen mußten, was ebenfalls (von einigen Ausnahmen abgesehen) zutrifft. Kant weist auch auf sehr geistvolle Weise nach, weshalb die ferneren Planeten größer werden mußten als die inneren, und er zeigt außerdem, daß, wie es in Wirklichkeit ebenfalls zutrifft, die der Sonne näheren Planeten dichter werden mußten.

Laplace setzt von Anfang an den glühenden Sonnenball, der sich um seine Achse schwingt, als vorhanden voraus. Aber dieser Sonnenball hatte nach ihm damals eine ungeheure Atmosphäre, eine Gasschicht um sich, die noch weit über den Raum, den heute der äußerste Planet der Sonne einnimmt, hinausragte. Die Temperatur dieser großen Kugel sank, die Masse zog sich auf einen kleineren Raum zusammen, und so mußte nach physikalischen Gesetzen die Schnelligkeit der Umdrehung dieser Kugel stark zunehmen, so stark, daß sich die äußeren Gasmassen *lostrennten*, wie wir ja täglich an in schneller Drehung befindlichen Körpern sehen, daß Teilchen von ihrem Rande abgeschleudert werden. *Es lösten sich nach und nach mehrere Gasringe vom Sonnenkörper los*, die Ringe zerfielen, die Masse eines jeden Ringes zog sich auf einen besonders dichten Punkt, einen Kern des Ringes, zusammen, und so entstand aus jedem Ring ein Ball, *ein Planet*, der heute in der Bahn, die früher der Ring einnahm, die Sonne umkreist. Wie von dem großen Sonnenball die Ringe abgeschleudert wurden, die die Planeten bildeten, so trennten sich aus gleichen physikalischen Gründen von den Planetenbällen Gasringe ab, die später die *Monde* der Planeten formten.

Wir wollen uns an dieser Stelle nicht eingehender damit beschäftigen, wie aus dem losen Gasball eines Planeten infolge zunehmender Verdichtung langsam ein glühend-gasförmiger, dann bei immer stärkerer Abkühlung ein glühend-flüssiger und schließlich ein glühend-fester Körper wurde, auf dem endlich eine dunkle, feste Schlackenkruste entstand; es soll uns hier nur die Bildung eines Sonnensystems in ihren Anfängen interessieren, und man muß zugestehen, daß Kant und Laplace mit ungeheuer einfachen Mitteln die Welt aufbauen. Gerade diese Einfachheit ist es, die uns ihre Hypothesen über die Entstehung des Sonnensystems so sympathisch macht; sie erklären zwanglos eine ganze Anzahl von Eigentümlichkeiten, die den verschiedenen Gliedern unseres Planetensystems eigen sind: man denke nur an die überall gleichgerichtete Bewegung der Körper von West nach Ost.

Den Erkenntnissen einer neuen Zeit haben freilich diese Spekulationen der beiden berühmten Weltbaumeister nicht standhalten können, und manche in unserem Sonnensystem gegebenen Eigentümlichkeiten müssen auf andere Weise zustande gekommen sein. In seinen Grundzügen paßt das Bild einer chaotischen Nebelmasse als Anfangszustand der Entstehung und Entwicklung eines Fixsterns durchaus in die Vorstellungen der modernen Astrophysik. Auch heute noch entstehen Sterne wahrscheinlich aus Zusammenballungen interstellarer Materie, aus Wolken aus Gas und Staub. Besonders die Arbeiten von Carl Friedrich von Weizsäcker und G. P. Kuiper haben zu einer gewissen Aufhellung des Problems beigetragen.

Von Weizsäcker zeigt, daß bei der Zusammenballung des Urnebels nicht allein die Schwerkraft, sondern auch Reibungskräfte, die im Innern der in starker Bewegung befindlichen Gas- und Staubmassen herrschen, eine Rolle spielten. Ebenso der Gasdruck, den die nach allen Seiten, nach außen und nach innen drängenden Gasmoleküle auf ihre Umgebung ausüben. Das Zusammenspiel aller dieser Kräfte mußte schließlich dazu führen, daß der Urnebel die Form einer flachen Scheibe annahm. Die Planeten und ihre Monde haben sich mehr oder weniger gleichzeitig in dieser flachen, rotierenden Gasscheibe gebildet. Der gesetzmäßig ablaufende Vorgang läßt die Vermutung berechtigt erscheinen, daß auch viele der anderen Fixsterne von Planeten umkreist werden.

Es ist wohl möglich, daß sich die Dinge so ähnlich abgespielt haben und noch vor unseren Augen im weiten Weltall, in den Millionen sehr unterschiedlichen Spiralnebel, heute so abspielen. Die ungeheuren Abmessungen und unsere Kurzlebigkeit lassen uns das nicht direkt sehen. Wie schade, daß wir hier nicht einen »Zeitraffer« haben, mit dem wir zuweilen im Kino sehr langsam abrollende Vorgänge auf wenige Minuten zusammendrängen können! Hätten wir ihn, vielleicht sähen wir dann Spiralnebelentwicklungen so, wie uns der Filmkünstler in drei Minuten das Wachstum einer Bohne auf der weißen Leinwand vorzaubert!

Aber immer wieder will es uns nach all dem, was wir in diesen ganzen Auseinandersetzungen hörten, scheinen, daß (da alle Sonnen schließlich ihre Energien in den Raum hinausstrahlen und erlöschen müssen) das Uhrwerk der Welt längst abgelaufen sein müßte, wenn sie nicht eine verhältnismäßig junge Welt ist, die vor höchstens fünfzehn Milliarden Jahren noch nicht da war. Und wo oder was war sie vorher? Immer wieder stehen wir in diesem Labyrinth vor himmelhohen Granitwänden, die so glatt sind, daß wir nicht an ihnen emporkommen können, um sie zu übersteigen.

Ist es nicht möglich, sagen einige Naturphilosophen der neueren Zeit, daß die Strahlung, die den Milliarden Sternen entweicht, irgendwo im All wieder Atome bildet, wieder *einen neuen Kreislauf einleitet*, ein neues Gasnebelstadium schafft? Es ist ein Gedanke, ist ein Versuch, einen uns unbefriedigenden, sich im Nebel verlierenden Endzustand in einen neuen Anfang umzudeuten, ist ein Schluß mit einem gewaltigen Fragezeichen. Alles Forschen endet mit Fragezeichen, denn letzten Endes sind wir Rätselrater alle nur »zitternde Vögel im Weltenbaum«.

Seltsam, daß der Mensch doch alles Geschehen um sich her nach der Zeitspanne bemißt, die sein eigenes Sein und Werden ausmacht! Ich erinnere mich, als Kind trübselige Betrachtungen darüber angestellt zu haben, daß ein Maikäfer sich nur wenige Wochen des Lebens erfreuen könne. Und doch durchlebt der braune Geselle in dieser Zeit all das, was auch des Menschen äußeres Sein bestimmt. Wenn dieses Geschöpf überhaupt denken könnte und wenn es einen Zeitbegriff hätte, so würde es vielleicht auch alles nach seiner eigenen Daseinsuhr bemessen und den Menschen, der sich in den wenigen Wochen nicht verändert, für »ewig« halten; ist doch im Leben des Maikäfers der Tag das, was im Leben des Menschen ein Jahr ist, ja deren mehrere sind! Dennoch ist so ein Maikäfer ein Methusalem gegenüber der Eintagsfliege, die nur einen Sonnenaufgang erlebt und für die sich der ganze bunte Traum des Lebens, Geburt und Jugendzeit, Lieben, Gebären, Leben und Sterben, in rasender Schnelligkeit vollzieht. Für sie ist der Maikäfer der Langlebige! Der Mensch, der fünfundzwanzigtausendmal älter wird als sie, würde ihr wohl so ewig, so unveränderlich erscheinen wie uns die Sterne. Wir aber stehen staunend und blicken ehrfurchtsvoll empor zu den dreitausendjährigen Riesenbäumen Kaliforniens.

Was sind Jahre, Jahrtausende im Strome der Ewigkeit! Machen wir Jahrhunderte zu Augenblicken, Sternenweiten zu Armeslängen, Weltkugeln zu Staubpartikelchen, wie wir sie im Sonnenschein durch unser Zimmer schweben sehen, so haben wir einen Weltenraum, ein Universum, wie es dem Wesen erscheinen würde, das Jahrmilliarden lebte, einem Riesenwesen, das in das Universum hineinblickte wie wir in das Getriebe der Stäubchen, die das Zimmer durchwirbeln. Dann sähen wir, wie die Sterne, die uns so unveränderlich, so unbeweglich scheinen, hin und her eilen, auftauchen und untertauchen. Wir sähen dort welche im Dunkel versinken, hier neue aufblitzen, ein ewig wallender, bewegter Strom von Welten, der langsam aufglüht, sich versprüht, in tiefer Rotglut verlischt, dem Sehbereich des Menschen entzogen.

Im Gewimmel der Unzähligen rast ein Gasball dahin und beginnt zu leuchten: *unsere Sonne ist es.* Materie löst sich von ihr ab, und eines dieser Gaswölkchen ist die werdende *Erde.* Wie schnell verliert das winzige Sternchen, aus dieser Perspektive gesehen, sein Licht und seine Glut, wie schnell umzieht es sich mit einer Schlackenkruste, legt sich eine Dampfhülle um die rollende Kugel! Freilich, immer wieder wird die noch dünne Gesteinshülle zerrissen, schießen aus der Tiefe die feurigen Massen und überfluten weite Gebiete; noch wogen all die gewaltigen Wassermassen, die später einmal die Meere jener Welt bilden werden, als dichter Dampfmantel rings um das Gestirn. Sobald die Temperatur in dieser Lufthülle auf etwa 600 Grad gesunken ist, werden sich die Elemente Wasserstoff und Sauerstoff zu *Wasser* verbinden; in jahrtausendelangen ungeheuren Regengüssen wird sich aus der Atmosphäre Wasser niederschlagen und auf das noch heiße Land, die Urkruste des erloschenen Sternes, zischend und zunächst wieder verdampfend, niederprasseln. Das erste, noch heiße *Urmeer* entsteht! Gewaltige Zusammenschiebungen, Hebungen und Senkungen der riesigen Schollen in und auf der steinernen Rinde des Sternes setzen ein. Langsam, ein Jahrmillionenwerk, heben sich aus dem Urmeer die Schollen empor, die das Festland bilden, senken sich die endgültigen Becken der Ozeane. Die lösenden Wasser der Urmeere nagen und waschen das Gestein aus, gegen das die Wellen unablässig branden, sie schlämmen langsam im Laufe großer Zeiträume Schichten ab und schwemmen sie als feinen Sand an anderen Stellen an, so die lockeren Erdschichten bildend, auf denen später das Leben Wurzel schlagen kann. Und die Abkühlung schreitet unablässig vorwärts, sie verursacht Spannungen, Pressungen in der steinernen Haut des Sternes, diese faltet sich da und dort, hebt sich hier empor, sinkt dort auf entstandene Hohlräume zurück: *Gebirge* und *Täler* entstehen. Wie sich die Haut eines eintrocknenden

Apfels in Falten legt, runzlig wird, da sie nun für den schrumpfenden Kern zu groß geworden ist, so muß auch die steinerne Haut eines Weltkörpers, die feste Kruste, die sich aus den obersten, erstarrten Massen des Glutmeeres bildete, faltig werden, wenn sich bei fortgesetzter Abkühlung des Sternes dessen Kern verkleinert. Diese Falten und Runzeln in der Haut des Weltkörpers, diese Erhöhungen und Vertiefungen sind die Berge und Täler, sind die mächtigen Mulden, in denen sich die Wasser der Ozeane sammeln, die gewaltigen Höhenzüge, um deren Gipfel die Wolken schweben. Luft und Wasser, Wind, Hitze und Frost fressen am Gestein der Berge, zermürben es, tragen es zu Tal als Staub, Sand, Schlamm, Geröll, füllen Tiefen, tragen ganze Berge ab und bilden in der Ebene das Erdreich, auf dem Flora ihr buntes Reich errichten kann. Häufig durchbricht noch in der ersten Zeit das glühende Innere die Kruste, Vulkanberge werden gebildet, mächtige Lavafelder aufgeworfen, immer mehr nimmt der einst heiße Weltball den Charakter eines »Erdensternes« an.

Immer wieder fragen wir nach dem Ursprung des Lebens, fragen, ob es nun auf einem Planeten der Sonne oder auf einem Planeten des Sirius entstand.

Unendlich primitiv müssen sie gewesen sein, die ersten Keime des Lebens, die wahrscheinlich schon im dichten Dampfmantel der urzeitlichen Erde schwebten oder in den warmen Tümpeln zwischen Fels und Schlamm. Das *Protoplasma*, ein Eiweißkörper, ist der Träger des Lebens; aber wie kompliziert ist schon wieder ein Eiweißmolekül gebaut, von dem wir heute wissen, daß es ungefähr den dreihunderttausendsten Teil eines Millimeters groß ist! Kohlenstoff-, Wasserstoff-, Sauerstoff-, Stickstoff-, Schwefel-, Phosphoratome setzen es zusammen. Man hat tief hineingeschaut in diese geheimnisvollen Verbindungen, in die Werkstätten des Lebens, und man hat aus den Aminosäuren eiweißartige Stoffe zu erzeugen vermocht. Aber wie eine Zusammenwürfelung von Federn, Rädern, Achsen, Hebeln noch keine Taschenuhr ergibt, so hier. Das »Agens« fehlt, das Herz, der Motor, der Befehl: *»Lebe!«*

Was sind das für sonderbare Gebilde, die wir *Bakterien* nennen und die oft nur den tausendsten Teil eines Millimeters groß sind? Wie merkwürdig, daß manche der niedersten Organismen noch bei 90 Grad Hitze in den heißen Quellen leben können und gleichzeitig die tiefsten überhaupt möglichen Temperaturen nahe dem absoluten Nullpunkt, bei −273 Grad, unbeschadet auszuhalten vermögen. In was für eine Welt lassen uns die neuen *Virus*-Forschungen schauen! Hier haben wir Gebilde, die Krankheiten erregen, Eiweißkörper, die zuweilen nur den hunderttausendsten Teil eines Millimeters messen, sich in den Körperzellen der befallenen Geschöpfe vermehren

können, ja in ihnen merkwürdige Wandlungen durchmachen.
Ist das noch Leben? Ist es nur eine chemische Verbindung, die im Leben zum Eigenleben wird? Wo ist die Grenze?
Immer neue, immer höhere Formen bringt die schöpferische Erdennatur im Laufe der Jahrmillionen hervor, und aus der »gestaltenreichen Schar« tritt endlich, in den letzten fünf Minuten der Erdgeschichte, aus dem Dämmer langer Vorfahrenreihen der *Mensch.* In ihm kommt die Natur, der ganze gewaltige Kosmos, sich selber zum Bewußtsein! Vom Chaos zum Kosmos, vom Leblosen zum Organischen, vom Unbewußten zum Bewußten, vom dumpfen Erfühlen zum Erkennen, zur geistigen Durchdringung, das ist der Entwicklungsgang der Materie im All, die einst ein Gasschwaden war. Ist es so?
Mir fällt der Streit zwischen dem Menschen und der Materie ein, den *Schopenhauer* uns vor Augen führt. Der Mensch spricht da etwa: »Ich bin, und außer mir ist nichts, denn die Welt ist *meine Vorstellung*!« Aber die Materie antwortet ihm: »*Ich* bin, und außer *mir* ist nichts! Die Welt ist ja nur meine Form, und du bist ein Teilchen dieser Form. Nur kurze Zeit, und du bist mit all deiner Großsprecherei ins Nichts versunken, ich aber bleibe von Jahrtausend zu Jahrtausend und schaue unerschüttert dem Wechsel meiner Formen zu!« Darauf der Mensch: »Die Unendlichkeit in Raum und Zeit, der du dich rühmst, das alles ist ja nur in meiner Vorstellung vorhanden, *ich erst denke dich und sie.* Und wenn du mir drohst, daß ich einst nicht mehr sein werde, so sprichst du dir damit selbst dein Todesurteil, denn du bist nur so lange, als ich dich denken und vorstellen kann!« Ist es so?
Die letzten großen Fragen, nach deren Beantwortung wir alle Sehnsucht haben, sind aus wissenschaftlichen und aus rein menschlichen Gründen nicht zu lösen. Die Welt ist ein Wunderbaum! Was können wir Besseres tun, als uns demütig unter seiner gewaltigen Krone verneigen vor dem Unbegreiflichen, das ihn wachsen ließ, und versuchen, uns seiner Segnungen würdig zu erweisen! –
Der Zweck der Welt und der unseres eigenen kleinen Seins liegt verborgen, aber wer wäre so vermessen, nicht doch anzuerkennen, daß ihr ein tiefer, ein erhabener Sinn innewohnen muß, dieser Unendlichkeit in Raum und Zeit, die voller Glanz, Zauber, Unbegreiflichkeit und Beglückung ist, auch wenn wir weder ihren Anfang noch ihr Ende überschauen können, noch den Plan, der ihr zugrunde liegt! –

Interessante Objekte am Himmel

Die hier aufgeführten Himmelskörper können zum Teil mit freiem Auge, mit einem Feldstecher oder mit kleinen Fernrohren von 5–8 cm Linsendurchmesser gesehen werden. Der Ort ist nach Rektaszension und Deklination angegeben. Eine drehbare Sternkarte und ein Sternatlas erleichtern und fördern das Vertrautwerden mit den Erscheinungen am Firmament. Bei den Abständen der Doppelsterne wolle man sich erinnern, daß 10 Bogensekunden (″) gleich dem 186. Teil einer Vollmondbreite sind. Sternhaufen und Nebel können nur in sehr klaren Nächten ohne Mondlicht beobachtet werden.

Veränderliche Sterne

Name und Sternbild		Ort Rektaszension	Deklination	schwankt zwischen Größen	Periode
o	Walfisch (Mira)	$2^h\ 17^m$	− 3° 10′	2,0–10,1	332 Tage
R	Dreieck	$2^h\ 34^m$	+34° 4′	5,3–12,0	268 Tage
RZ	Kassiopeia	$2^h\ 45^m$	+69° 27′	6,3– 7,8	29 Stunden
β	Perseus (Algol)	$3^h\ 5^m$	+40° 46′	2,2– 3,5	69 Stunden
η	Zwillinge	$6^h\ 12^m$	+22° 32′	3,2– 4,2	234 Tage
RT	Fuhrmann	$6^h\ 26^m$	+30° 32′	5,4– 6,6	3,7 Tage
ζ	Zwillinge	$7^h\ 1^m$	+20° 39′	3,7– 4,1	10,2 Tage
R	Löwe	$9^h\ 45^m$	+11° 38′	5,0–10,5	309 Tage
U	Schlangenträger	$17^h\ 14^m$	+ 1° 16′	5,7– 6,4	40 Stunden
u	Herkules	$17^h\ 16^m$	+33° 9′	4,6– 5,3	49 Stunden
β	Leier	$18^h\ 48^m$	+33° 19′	3,4– 4,3	12,9 Tage
R	Adler	$19^h\ 4^m$	+ 8° 10′	5,5–11,8	301 Tage

Name und Sternbild	Ort Rektaszension	Deklination	schwankt zwischen Größen	Periode
U Pfeil	$19^h 17^m$	+19° 32′	6,5– 9,4	3,4 Tage
RR Leier	$19^h 24^m$	+42° 42′	7,1– 7,9	13,6 Stunden
R Schwan	$19^h 36^m$	+50° 6′	5,6–14,4	430 Tage
χ Schwan	$19^h 49^m$	+32° 48′	4,2–14,0	413 Tage
η Adler	$19^h 50^m$	+ 0° 53′	3,7– 4,4	7,2 Tage
S Pfeil	$19^h 54^m$	+16° 31′	5,8– 6,8	8,4 Tage
T Füchslein	$20^h 50^m$	+28° 5′	5,4– 6,3	4,4 Tage
δ Kepheus	$22^h 28^m$	+58° 11′	3,7– 4,4	5,4 Tage

Sternhaufen

Name und Sternbild	Ort Rektaszension	Deklination	Beschreibung
Doppelsternhaufen im Perseus	$2^h 16^m$	+56° 52′	
Siebengestirn (Plejaden) im Stier	$3^h 44^m$	+23° 55′	Im Fernrohr gegen 300 Sterne 3. bis 12. Größe
Hyaden im Stier	$4^h 20^m$	+17° 0′	150 Sterne 4. bis 12. Größe weit verteilt, nahe dem Stern Aldebaran
Sternhaufen im Fuhrmann	$5^h 49^m$	+32° 32′	Etwa 600 schwache Sterne auf einer Fläche von fast Mondgröße
Sternhaufen in den Zwillingen	$6^h 6^m$	+24° 21′	Hell, gegen 300 Sterne auf engem Raum
Sternhaufen im Großen Hund	$6^h 45^m$	−20° 41′	Unter dem Sirius, hell, 150 Sterne, gedrängt
Sternhaufen im Schiff Argo	$7^h 34^m$	−14° 22′	50 Sterne auf engem Raum
Krippe (Praesepe) im Krebs	$8^h 37^m$	+20° 12′	50 Sterne 7. bis 12. Größe, offener Sternhaufen
Sternhaufen im Krebs	$8^h 48^m$	+12° 0′	230 schwache Sterne in einem Halbkreis heller Sterne
Kugel-Sternhaufen in den Jagdhunden	$13^h 40^m$	+28° 38′	Die Kugelhaufen bestehen aus 10000 bis 20000 Sternen
Kugel-Sternhaufen in der Schlange	$15^h 16^m$	+ 2° 16′	Die beiden hier genannten sind über 30000 Lichtjahre entfernt
Kugel-Sternhaufen im Herkules	$16^h 40^m$	+36° 33′	Im Feldstecher ein nebliger Stern
Sternhaufen im Schützen	$17^h 54^m$	−19° 0′	Über 100 Sterne, dicht gedrängt, 2000 Lichtjahre entfernt
Sternhaufen im Sobieski-Schild	$18^h 48^m$	− 6° 30′	Stark gedrängter, sehr reicher Haufen

Nebel

Name und Sternbild	Ort Rektaszension	Deklination	Beschreibung
Großer Nebel in der Andromeda	$0^h\,40^m$	+40° 59′	Spiralnebel, mit bloßem Auge sichtbar
Nebel im Dreieck	$1^h\,31^m$	+30° 23′	Spiralnebel, groß, matt
Nebel im Krebs	$5^h\,32^m$	+21° 59′	Matter Gasnebel am Ort der Supernova von 1054
Großer Nebel im Orion	$5^h\,33^m$	− 5° 26′	Gasnebel, steht in einer Gruppe heller Sterne
Nebel in den Jagdhunden	$13^h\,28^m$	+47° 27′	Spiralnebel, zwei helle Knoten
Omega-Nebel im Schützen	$18^h\,18^m$	−16° 12′	Gasnebel, lichtschwach
Ringnebel in der Leier	$18^h\,52^m$	+32° 57′	Gasnebel, ringförmig, in kleinen Fernrohren als Nebelstern
Hantel-Nebel im Füchslein	$19^h\,58^m$	+22° 35′	Großer planetarischer Nebel (Dumbbell-Nebel)
Planetarischer Nebel im Wassermann	$21^h\,1^m$	−11° 33′	Erscheint als unscharfes Sternchen
Dunkel-Nebel im Schwan	$22^h\,30^m$	+60° 0′	Auffällige dunkle Wolke in der Milchstraße

Doppelsterne

γ	Widder	$1^h\,51^m$	+19° 9′	Zwei Sterne 4. u. 5. Größe in 8″ Abstand
γ	Andromeda	$2^h\,1^m$	+42° 6′	Sterne 3. u. 5. Größe in 10″ Abstand, gelb und blau
ϑ	Orion	$5^h\,33^m$	− 5° 25′	Im Orionnebel, vierfacher Stern 5. bis 8. Größe
α	Zwillinge (Kastor)	$7^h\,31^m$	+32° 0′	Sterne 3. Größe in 6″ Abstand
τ	Löwe	$11^h\,25^m$	+ 3° 8′	Sterne 5. u. 7. Größe in 90″ Abstand
ζ	Gr. Wagen (Mizar)	$13^h\,22^m$	+55° 11′	Sterne 2. u. 4. Größe in 14″ Abstand
β	Skorpion	$16^h\,2^m$	−19° 40′	Sterne 2. u. 5. Größe in 14″ Abstand
ν	Drache	$17^h\,31^m$	+55° 13′	Sterne 5. Größe in 62″ Abstand
ζ	Leier	$18^h\,43^m$	+37° 33′	Sterne 5. u. 6. Größe in 45″ Abstand
ϑ	Schlange	$18^h\,54^m$	+ 4° 8′	Sterne 4. u. 5. Größe, in 22″ Abstand, gelb
β	Schwan (Albireo)	$19^h\,29^m$	+27° 51′	Sterne 3. u. 6. Größe in 34″ Abstand, blau und gelb
γ	Delphin	$20^h\,44^m$	+15° 56′	Sterne 4. u. 6. Größe in 11″ Abstand, gelb und blau
61	Schwan	$21^h\,4^m$	+38° 33′	Sterne 6. Größe in 23″ Abstand, gelb

Einfache Messungen am Himmel

Sollen bestimmte Wahrnehmungen am Himmel, z.B. das Auftauchen von Meteoren und Feuerkugeln, der wissenschaftlichen Bearbeitung zugeführt werden, so sind neben der Feststellung der genauen Zeit der Erscheinung auch einige Messungen unerläßlich. Schätzungen allein sind sehr unzuverlässig. Ein erfahrener Beobachter wie C. Hoffmeister sagt deshalb: »Die roheste Messung ist immer noch besser als die bloße Schätzung.« Was kann, wenn keine besonderen Meßgeräte zur Hand sind, als Hilfsmittel für einfache Messungen dienen?

Hält man ein Lineal mit Zentimetereinteilung, einen Zollstock oder dergleichen mit ausgestrecktem Arm zur Blickrichtung, so erscheint 1 Zentimeter unter einem Winkel von etwas weniger als 1 Grad (0,9 Grad). 20 Zentimeter verdecken danach 18 Grade am Himmel. Brauchbar ist für solche Messungen auch ein Strohhalm, ein Bleistift oder ein anderer länglicher Gegenstand, dessen Länge später ermittelt werden kann.

Vom obigen Winkelbetrag des Zentimeters ausgehend, kann man folgende kleine Übersicht von Meßbehelfen aufstellen:

Ein Zentimeter	=	knapp 1°
Eine Fingerbreite (Mittelfinger)	=	2°
Eine Daumenbreite	=	$2^1/_4$°
Eine Faustbreite (ohne Daumen)	=	8°
Eine Handspanne	=	20°

Der Scheibendurchmesser von Sonne und Mond beträgt $^1/_2$°. Mit dem vierten Teil der Fingerbreite kann die Scheibe des Tag- und die des Nachtgestirns verdeckt werden. Ein Meteor, das »fünf Faustbreiten hoch« über dem Horizont verlöscht, hatte seinen Endpunkt in rund 40° Höhe.

Bürgels literarisches Schaffen

Bruno H. Bürgel war nicht nur einer der erfolgreichsten, sondern auch einer der fruchtbarsten naturwissenschaftlichen Schriftsteller. Fast unübersehbar groß ist die Fülle der astronomischen, naturwissenschaftlichen und philosophischen Aufsätze und Plaudereien, die aus seiner Feder als »Eintagsfliegen« in die breitesten Schichten des Volkes drangen und auch in ausländischen Zeitungen und Zeitschriften erschienen. Ihre Zahl geht in die Tausende. Außerdem gibt eine stattliche Reihe volkstümlich-wissenschaftlicher Werke Kenntnis von seinem unermüdlichen Schaffen. Die Gesamtauflage seiner Bücher hat bis jetzt die Zahl von rund fünf Millionen Exemplaren erreicht, abgesehen von den in englischer, französischer, holländischer, italienischer, rumänischer, russischer, spanischer, tschechischer und ungarischer Sprache erschienenen Ausgaben.
Im folgenden geben wir eine Übersicht über die von Bruno H. Bürgel veröffentlichten Bücher. Ort und Jahreszahl beziehen sich auf die zuerst erschienene Auflage des betreffenden Werkes. In späteren Jahren sind fast alle seiner Bücher in neuen Auflagen herausgekommen.

Himmelskunde	(Im Rahmen des Sammelwerkes »Bibliothek des allgemeinen und praktischen Wissens«), Berlin 1907
Aus fernen Welten	Eine volkstümliche Himmelskunde, Berlin 1910
Der Komet Halley	Berlin 1910

Vom Arbeiter zum Astronomen	Der Aufstieg eines Lebenskämpfers, Berlin 1919
Die seltsamen Geschichten des Doktor Ulebuhle	Ein Jugend- und Volksbuch, Berlin 1920
Der Stern von Afrika	Ein Roman aus dem Jahre 3000, Berlin 1921
Gespenster	Ein spiritistischer Roman, Berlin 1921 (Der Roman wurde etwa 1923 verfilmt)
Menschen untereinander	Ein Führer auf der Pilgerreise des Lebens, Berlin 1922
Die Zeit ohne Seele	Ethik im Alltag, Leipzig 1922
Du und das Weltall	Ein Weltbild, Leipzig 1923 (Eine Neuauflage erschien 1946 unter dem Titel »Der Mensch und die Sterne« in Berlin, später in Minden/Westf.)
Im Garten Gottes	Wandertage und Plauderstunden eines Naturfreundes, Berlin ca. 1924
Weltall und Weltgefühl	Berlin 1925
Doktor Ulebuhles Abenteuerbuch	Erzählungen für Jugend und Volk, Berlin 1928
Die Weltanschauung des modernen Menschen	Das All – Die Erde – Der Mensch – Der Sinn des Lebens (Die späteren Auflagen erschienen unter dem Titel »Das Weltbild des modernen Menschen«), Berlin 1932

Die kleinen Freuden	Ein besinnliches Buch vom Glück im Alltag, Berlin 1934
Sterne über den Gassen	Roman, Berlin 1936
Hundert Tage Sonnenschein	Ein Buch vom Sonntag und Alltag des Lebens, Berlin 1940
Vom täglichen Ärger	Ein Lesebuch für Zornige, Eilige, Huschelpeter und lachende Philosophen, Leipzig 1941
Saat und Ernte	Betrachtungen über Leben und Tod (Spätere Auflagen erschienen unter dem Titel »Anfang und Ende«), Berlin 1942
Der Weg der Menschheit	Halle/Saale 1946
Die Fackelträger	Ein der jungen Generation gewidmetes Buch vom Aufstieg und Fortschritt der Menschheit, Berlin 1947

Personen- und Sachregister

Die kursiv gesetzten Seitenzahlen weisen auf Fotos und Zeichnungen hin

ABBILDUNGSNACHWEIS

Erich Krug 17, 18, 27, 35, 36, 54, 66, 69, 71 (o.), 81, 89, 90, 91 (l., r.), 102, 108, 113, 125, 126, 141 (o.), 142 (o. r.), 143, 147, 195 (o.), 203, 213, 218, 231, 232, 255, 267, 268 (o., u. l.). – Lick-Observatorium 71 (u.), 268 (u. r.). – Lowell-Observatorium 177 (o.). – Mount-Wilson-Observatorium 72, 107, 142 (u.), 195 (u.), 214 (o.), 249 (o. l., u.), 277, 279, 280 (o.). – Palomar-Observatorium 53, 214 (u.), 249 (o. r.), 250, 280 (u.). – USIS 141 (u. l., u. r.), 159, 160 (u.), 177 (M., u.), 178 (u.). – Yerkes-Sternwarte 142 (o. l.), 178 (o.), 196, 278